우리 나무 백가지

우리 나무 백가지

초판 1쇄 발행	1995년 2월 28일
초판 19쇄 발행	2004년 3월 10일
개정판 1쇄 발행	2005년 6월 10일
개정판 7쇄 발행	2012년 12월 20일
개정증보판 1쇄 발행	2015년 10월 30일
개정증보판 5쇄 발행	2023년 4월 25일

지은이	이유미
펴낸이	조미현

편집주간	김현림
책임편집	허슬기
디자인	김수미

펴낸곳	(주)현암사
등록	1951년 12월 24일 제10-126호
주소	04029 서울시 마포구 동교로12안길 35
전화	02-365-5051
팩스	02-313-2729
전자우편	editor@hyeonamsa.com
홈페이지	www.hyeonamsa.com

ISBN	978-89-323-1757-1 03480

이 도서의 국립중앙도서관 출판시도서목록(CIP)은
서지정보유통지원시스템 홈페이지(http://seoji.nl.go.kr)와
국가자료종합목록시스템(http://www.nl.go.kr/kolisnet)에서
이용하실 수 있습니다.(CIP제어번호 CIP2015028361)

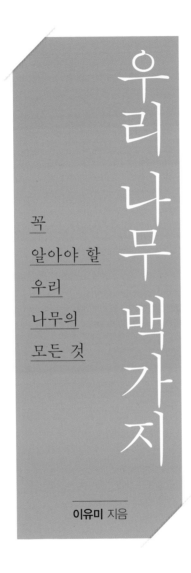

우리 나무 백가지

꼭
알아야 할
우리
나무의
모든 것

이유미 지음

ㅎ 현암사

일러두기

1 이 책은 『우리가 정말 알아야 할 우리 나무 백가지』(초판 발행 1995년, 개정판 발행 2005년)의 개정증보판이다.

2 이 책은 우리나라에서 자생하는 대표적인 나무와, 우리나라가 원산지는 아니지만 도입된 지 오래되어 '우리화'한 나무를 포함하여 100가지를 선정하였다. 그 기준은 지은이의 생각에 따른 것이다.

3 이 책은 100가지 나무를 크게 다섯 편으로 나누고 일반인들이 읽어가기 쉽도록 서술적으로 풀어 설명하였다.
필요에 따라 골라 보기 쉽게 가나다순으로 색인을 붙였다.

4 학명과 우리말 이름은 국가표준식물위원회(산림청, 한국식물분류학회 공동 운영)가 작성한 국가표준식물목록을 따랐다.
학명의 라틴어 발음 표기는 국립국어원 외래어표기법을 따르되, 대부분의 매체에서 통용되는 경우일 때는 그에 따르기도 했다.

5 식물의 용어는 가장 널리 통용되는 용어를 중심으로 하였으며 가능한 한 우리말로 쉽게 풀어 쓰는 것을 원칙으로 하였다.
반복되거나 헷갈리는 용어는 쉽게 파악할 수 있도록 책 뒷부분에 정리해두었다.

6 나무를 소개할 때는 이름, 학명, 특성, 분포, 쓰임새 등을 종합한 표를 실었으며 지도는 한반도 안의 분포만을 표시하였다.
해당하는 나무가 자생적으로 분포하는 곳은 분홍색으로, 인위적인 식재로 분포 가능할 때는 회색으로 표시하였다.

7 본문에 사용한 일부 사진은 이원규 작가로부터 도움을 받았다.

지은이가 근무하는 광릉의 숲. 그곳에 자리 잡은 연구실에서 바라보는 창밖은 아직 겨울이다. 시리도록 푸른 하늘. 그 사이로 앙상한 나뭇가지가 드러난 겨울나무들이 찬 바람을 따라 흔들거린다. 먼 산엔 아직 잔설이 있다. 이러한 겨울의 풍경에도 불구하고 내 마음은 벌써 부드러운 봄볕을 찾아 들로 산으로 떠나곤 한다. 메마른 겨울 숲에서 피어나는 샛노란 생강나무의 꽃송이, 물오른 고로쇠나무의 가지들이 가슴속에서 살아 움직이고 어느새 살아 움직이는 그 봄날의 숲에 가 있곤 한다.

이 땅 곳곳, 산과 들에서 식물과 벗 삼아 지내온 시간이 벌써 강산이 한 번 변할 만큼은 지났지만 이제 그 시간의 작은 결실로 『우리가 정말 알아야 할 우리 나무 백가지』를 내놓으려니 새삼 부끄럽다. 그간 박사 학위 논문을 비롯한 수십 편의 학술 논문과 여러 보고서를 내놓긴 했으나 이처럼 책을 내면서 떨리는 것은 지은이의 지식과 경험이 일천함을 고스란히 드러내는 듯싶어서이다. 그래도 감히 용기를 내어 이 일을 꾸려간 이유는 열심히 모은 자료들과 지은이의 작은 가슴으로 느껴온 나무에 대한 애정이 독자들에게 고스란히 전해져 나무와 좀 더 가까운 친구가 되고 이를 계기로 자연에 대한 진정한 사랑을 키워갔으면 하는 바람 때문이었다. 그렇다 보니 이 책에서는 나무에 대한 간략하고 정확한 지식을 나열하고 종합하기보다는, 한번 읽기 시작하여 그 흐름을 놓치지 않고 나무에 대한 지식을 늘려가고 이해를 키워가면서도 친숙한 느낌을 가질 수 있도록 노력하였다. 따라서 내용이 다소 감상적으로 빠지는 경우도 종종 있는데 이는 지은이가 나무의 참모습을 소개하기 위해 애쓴 노력의 흔적이려니 생각하고 이해하길 바란다.

흔히들 꽃과 나무라는 말을 하곤 한다. 그러나 나무의 상대말은 꽃이 아니라 풀이다. 모든 나무는 꽃을 피우고 열매를 맺으니 말이다. 이처럼 사소한 일에도 우리는 자연에 무심하다. 우리 주변에는 수많은 나무가 자란다. 이 나무들은 맑은 공기를 공급해주는 산소 공장이다. 또한 나무는 더러운 대기를 정화해주는 청소부가 되어주고, 가뭄 때는 품었던 물을 내주는 물탱크의 역할도 하는 등 수없이 많은 유형무형의 혜택을 주고 있음에도 우리는 그 흔한 소나무 하나조차 정확히 알지 못한다. 이 책을 읽어가며 이 땅의 나무들을 하나둘 가슴에 심어둘 수 있다면, 그것이 바로 아낌없이 주는 나무들에 대한 우리의 작은 보답이리라.

쓸데없는 걱정을 조금 보태면, 이 책에 수록된 약용, 식용 등 여러 용도를 정확히 알지 못하고 함부로 써서는 안 된다는 것이다. 본문에서도 여러 번 이야기했지만, 같은 식물이라도 잘 쓰면 약이요, 못 쓰면 독이 되는 것이 많기 때문이다.

이 책에서 '우리'의 범주에 드는 것은 우리나라에 자생하는 나무들은 물론이고 아주 오래전에 이 땅에 들어와 그 정서까지 우리 것처럼 변한 나무들도 포함되는 넓은 의미의 '우리'이다.

젊은 식물학자의 식물에 대한 깊은 사랑으로 쓰인 이 책은 오랜 시간이 흘러 살아 있는 경험으로 쓰인 책으로 거듭날 수 있으리라고 기대하면서, 부족한 책을 내놓으며 느끼는 마음속의 섭섭함을 달래고 싶다.

이 책을 기획하여 맡겨주신 현암사의 조근태 사장님, 형난옥 주간님과

정성껏 보고 다듬어준 현암사 편집부 직원들께 고마움을 표하며, 좋은 터에서 마음껏 식물을 연구할 수 있도록 도와주신 임업 연구원 조재명 원장님을 비롯한 국립수목원 직원 여러분, 식물 공부의 길로 이끌어주신 지도 교수 김태욱 선생님을 비롯한 서울대학교 산림자원학과 교수님들께도 깊이 감사드린다.

튼튼한 줄기와 깊은 뿌리를 가진 나무처럼 너른 가슴과 한결같이 아름다운 사랑을 품은 내 삶의 반려자 서민환 박사에게 이 책을 드린다.

1995년 2월 광릉 숲에서 지은이 이유미

『우리가 정말 알아야 할 우리 나무 백가지』가 처음 세상에 나오고 10년이라는 시간이 흘렀다. 강산도 변한다고 하는 시간이다. 정말 강산뿐 아니라 사람도 변하고, 더디 자란다는 나무도 어느새 훌쩍 커버렸다. 처음 서문을 쓰면서 "꽃과 나무가 아니라 풀과 나무랍니다" 했는데 이제 수많은 사람이 식물 이야기를 할 때마다 이 말을 하곤 한다.

이 책을 통해 만나 뵌 분이 얼마나 많은지. 함박꽃나무나 백서향의 아름다움을 처음 알게 되었다는 분, 시골 울타리에 찔레꽃을 심고 싶다는 분, 산초나무와 초피나무 구별법을 터득하셨다며 쓴 책이 베스트셀러가 된 분…….

시간이 흘러도 여전한 것은, 이 책을 쓰면서 내가 처음 알게 되고 느끼게 되었던, 나무를 향한 설레는 마음이다. 첫사랑 같은 마음 말이다. 식물을 공부하는 사람들에게는 식물이란 존재가 자칫 머릿속에만 있기 쉽다. 연구할 때는 지극히 이성적이고 합리적이어야 하니 당연하기도 하다. 그런데 나는 100가지의 나무를 쓰며 한 나무 한 나무를 완성할 때까지 찾아보고 생각하며 공유했던 시간들이 고스란히 마음에 남아, 이제 나무 이름만 떠올려도 이 산 저 산을 넘나들며 향기와 빛깔과 숨결을 느낀다. 연구하는 대상을 감정으로 사랑하는 행복한 식물학자로 거듭나게 된 것이다.

한 권의 책을 통해 나무나 풀을 바라보는 시각에 변화가 생기고, 그 이야기를 하게 되고, 많은 분의 넘치는 사랑을 받았으니 더없이 감사할 따름이다.

2005년 5월 광릉 숲에서 지은이 이유미

나무가, 책이 삶이 바꾸기도 합니다. 20년 전『우리가 정말 알아야 할 우리 나무 백가지』가 나오면서 내 삶도 바뀌었습니다. 정확히 말하면 삶의 색깔이 바뀌었습니다. 나무와 풀과 더불어 살아가는 삶이야 같았겠지만, 그들을 바라보고 품어내는 마음의 깊이가 바뀌었고, 그 마음이 책을 통해 전달되며 수많은 이들의 마음과 만났기 때문입니다. 나무 자체가 고귀한 생명이지만 나무로 이어지는 관계 또한 제게는 눈부시고 아름다운 생명이었습니다.

식물분류학자인 제가 나무를 보는 첫 시선은 차이점을 찾아내어 알아보고 구별하는 일이었습니다. 정확하게 이름 붙여주는 것이 무엇보다도 중요했습니다. 머리로 만나는 나무들이었지요. 하지만 백 가지 나무에 대한 자료를 모으고 생각하고 쓰면서 어느새 나무들은 마음으로 들어와 앉았고, 저는 나무 생각만으로도 웃고, 울고, 행복하고, 마음 아픈, 참으로 절절하게 나무를 품은 사람이 되었습니다. 신비스러운 일은 책에 담은 글자로 그 마음과 감정이 전달되는 것이었습니다. 부족하기 이를 데 없는 책임에도 많은 분들이 이 책을 통해 그분들의 삶도 나무를 담기 시작했다 말씀해주시고 간혹 그로 인해 나무를 만나면서 숲 해설가로 제2의 삶을 사신다는 분들이나 급기야 그 책을 읽으며 식물학자의 꿈을 구체화하여 국립수목원 연구자가 되었다고 말을 건네는 신입 연구자를 만나는 순간을 접하면 참으로 부끄러우면서도 '아! 이것은 마음을 담은 나무 책이 가진 생명이 만들어낸 기적이다' 싶었습니다.

겁도 없이 책을 처음 세상에 내놓은 지 20년이 지났습니다. 그때 천연기념물이었던 나무 가운데는 노쇠하고 쇠락해 지정 해제된 나무도 있고, 능소화의 꽃가루가 눈에 매우 위험하다고 기록했던 내용은 연구를 통해 아님이 밝혀졌으며, 한두 그루도 없어 전국을 찾아 헤매던 산개나리 자생지는 이제 여러 곳이 나타나 모니터링하는 중이지요. 그래서 변화된 내용도 고치면서 스스로 부족함을 잘 알고 있는 이 책을 다시 쓰고 싶은 생각이 지난 세월 내내 간절했습니다. 하지만 큰마음 먹고 교정지 앞에 앉은 저는 결국 알고 있는 오류를 고치는 만큼만 하고 펜을 놓았습니다. 찬찬히 다시 들여다보니, 나무들이 가진 이야기는 훨씬 견고하고 오래되었더군요. 섣부르게 원고를 가감하기보다는 『우리 나무 백가지』라는 책 그 자체의 색깔을 간직하는 것이 옳겠다 싶었습니다.

이 책의 부족함에 대한 송구스러움은, 훗날 제가 나무 책을 다시 쓴 만큼의 내용이 쌓인다면 그때 더 깊고 풍부하며 다른 색깔로 보여드리겠노라는 약속으로 대신하고자 합니다.

20년 전 서문의 마지막이 생각납니다. "나무같이 큰 그늘과 깊은 뿌리로 지지해준 내 삶의 반려자 서민환 박사에게 이 책을 드린다"라는 말이었습니다. 긴 세월이 흘렀으나 나무만큼이나 변하지 않은 그의 지지에 대한 고마운 마음을 책을 통해 다시 전합니다.

2015년 10월 광릉 숲에서 지은이 이유미

1장

모양새가 아름다워
가꾸고 싶은 나무

2장

도시에서 만날 수
있는 나무

3장

산과 들에서 자주 만나는 나무

1장

모양새가
아름다워
가꾸고 싶은
나무

능소화

요즈음은 능소화 구경하기가 수월치 않다. 주렁주렁 매달린 주먹만 한 꽃송이가 한여름의 무더위를 잊게 할 만큼 시원스러운 능소화. 지은이가 열 살이 갓 넘었을 무렵인가, 넓지 않은 마당에서는 정원 가꾸기 공사가 벌어졌다. 주목, 단풍나무, 영산홍 등과 함께 심은 능소화는 마당 한쪽에 자리 잡고 붉은 벽돌에 지네 다리처럼 생긴 흡착 뿌리를 단단히 박으며 잘도 자랐다. 그 무렵 지은이의 집을 찾은 손님들은 한결같이 한껏 꽃을 피운 능소화를 칭찬하곤 했다. 장마 후에 보는 모습이라서 더 돋보였는지도 모르겠다.

능소화는 중국이 고향인 능소화과의 덩굴성 목본식물이다. 중국에서도 강소성에서 가장 많이 볼 수 있다고 한다. 그러니 우리나라에는 들어온 꽃이 되지만 들어온 때가 언제인지 까마득하고 동양적인 정서가 같아서인지 능소화는 우리 꽃처럼 느껴진다.

대부분의 덩굴식물은 덩굴손을 가지고 다른 물체를 휘감아 오르며 자라는 것이 보통이다. 그러나 능소화는 튼실한 줄기가 꼬이며 자라 오르다가 줄기의 마디에서 생기는 흡반이라고 하는 뿌리를 건물의 벽이나 다른 나

• **식물명** 능소화
• **과명** 능소화과(Bignoniaceae)
• **학명** *Campsis grandiflora* K.Schum.

• **분포지** 중국이 원산이나 우리나라 중부 이남에 식재
• **개화기** 8~9월, 등황색 꽃
• **결실기** 10월, 갈색 삭과
• **용도** 약용, 정원수, 공원수
• **성상** 낙엽성 덩굴식물

무에 붙여가며 타고 오른다. 마치 담쟁이덩굴처럼.

그러나 담쟁이덩굴이 섬뜩하리만큼 무성하게 가지를 내는 것에 반해 능소화는 많지는 않아도 곧고 단정하게 줄기를 키워내며 자라 처마까지 닿는다. 그래서 벽면을 모두 덮기보다는 부챗살처럼 자연스레 옆으로 줄기를 뻗으며 커간다.

대부분의 낙엽성 나무는 가을이면 무성한 잎새를 모두 떨구어 초라해 보이게 마련이다. 그러나 능소화는 연한 회갈색 줄기며 세로로 벗겨지는 모양새가 고목처럼 기품 있어 보기에 좋다.

고목나무에 새순이 돋듯 봄이면 능소화 가지에서 잎이 나기 시작한다. 마주보며 달리는 큰 잎자루마다 다시 손가락 두 마디쯤 되는 작은 잎이 일곱 혹은 아홉 개씩 달리는데, 그 가장자리에는 톱니 같은 결각이 나 있고

능소화 꽃

능소화 수피

보송한 녹색의 털이 만져진다. 여름내 만들어지는 잎새들은 그 무성함에
비해 녹색이 진하지 않아 질리지 않고, 잎 만들기에 열심이던 능소화가 이
제 그만 여름나기에 지칠 즈음 시원스레 꽃차례(꽃이 줄기나 가지에 붙어 배
열되어 있는 상태)를 뽑아낸다. 가지 끝에서 자란 꽃대에 열 송이 안팎의 큼
직한 꽃송이가 달리면서 꽃자루는 힘에 겨운 듯 축 늘어진다. 크게 보면 거
꾸로 된 원뿔 모양이다. 이 꽃차례의 작은 꽃자루들은 동서로 남북으로, 다
시 동서로 엇갈려 갈라지면서 깔때기 같은 꽃송이를 매단다. 늘어진 자루
에 등을 대고 목에 한껏 힘을 주고 부는 나팔처럼 싱싱하게 고개를 쳐들고
능소화가 핀다. 꽃 색은 겉은 연주홍이지만 안을 들여다보면 나팔처럼 벌
어진 부분은 진한 주홍빛이고 긴 통으로 이어지면서 다시 연한 주홍색으
로 변하는데, 그 가운데 진홍빛 줄무늬가 세로로 보이며 곳곳에 갈색 반점
이 있어 전체적으로 아주 인상적인 꽃이다. 한여름에 피어나는 이 붉고 큰
꽃송이를 보면 시원함을 느끼게 된다.

다섯 갈래로 벌어진 꽃 속으로 한 개의 암술과 네 개의 수술이 드러나
는데 이 노란 수술은 끝이 구부러져 있다. 이 수술 끝에 달리는 꽃가루에
는 갈고리 같은 것이 있으므로 피부나 눈의 점막에 닿으면 염증을 일으
키거나 심지어 실명한다는 기록이 있어 오랫동안 혼란이 있었다. 위험하
니 공원이나 아이들이 있는 곳에서는 뽑아내야 하지 않느냐는 문의가 대
단했다. 국립수목원 연구자들이 주사전자현미경(SEM)으로 관찰하고 실
험한 결과 능소화 추출물에는 세포 독성이 거의 없으며, 꽃가루의 표면도
그물 모양으로 비교적 매끈한 것으로 밝혀졌다. 다만 꿀에는 약간의 독성

이 있는데 오래된 꿀을 먹거나 피부에 노출하지 않으면 된다 하니 일단은 안심이다. 능소화의 학명은 '캄프시스 그란디폴리아*Campsis grandifolia*'인데 여기서 '캄프시스*Campsis*'라는 속명은 그리스어로 '굽는다'는 뜻으로 수술이 휘어진 모양을 나타내고 있다.

꽃과 줄기를 이으며 함께 감싸는 꽃받침은 연둣빛과 노란색이 뒤섞여 기다란 종처럼 보이고 그 끝은 다시 다섯 갈래로 깊이 갈라져 있다. 바람이 불고 비라도 몹시 내리면 시계추처럼 흔들리는 이 능소화 꽃송이는 너무도 매력적이어서 언제까지고 바라보게 된다. 그러노라면 마치 꽃받침이 내는 연둣빛 종소리와 꽃송이가 부는 주홍빛 나팔 소리를 함께 들을 수 있을 듯싶다. 이렇게 무더위 속에서 피는 능소화는 오래오래 꽃을 볼 수 있고 지는 모습이 추하지 않아 더욱더 좋다.

10월이 되면 능소화도 결실을 하는데 네모난 열매가 둘로 갈라지면서 여문 씨앗이 드러난다. 이때쯤이면 하나둘 낙엽이 지고 견디기 어려운 겨울나기 준비를 시작한다.

옛날 우리나라에서는 이 능소화를 양반집 마당에서만 심을 수 있었다는 이야기가 있다. 혹 상민의 집에서 이 나무가 발견되면 관가로 잡아가 곤장을 때려 다시는 심지 못하게 엄벌을 내렸다. 그래서 능소화의 별명이 양반꽃이라고 하니 좀처럼 믿기 어려운 이야기지만 꽃의 수려함에 비해 그리 흔히 볼 수 없는 것으로 보면 꽤 설득력이 있기도 하다.

능소화는 한자로 능가할 또는 업신여길 '능陵' 자이고 소는 하늘 '소霄' 자이고 보면 하늘 같은 양반을 능가하고 업신여길 것을 염려해서일까, 아니면 귀한 것을 공유하기 싫어서일까. 지역에 따라서는 능소화 대신 금등화라고 부르기도 하였다. 서양에서는 능소화를 '차이니즈 트럼펫 크리퍼 Chinese trumpet creeper'라고 부르는데 이 꽃을 보고 트럼펫을 떠올리는 것을 보면 동서양을 막론하고 보고 느끼는 것은 같은 모양이다.

능소화를 자주 볼 수 없던 이유 중 하나는 추위를 이기는 힘이 약하기 때문인 것 같다. 서울에서는 장소에 따라 잘 자라기도 하지만 대부분은 따로 월동 준비를 해주어야 겨울을 무사히 나며 내륙보다는 따뜻한 바닷가에서 잘 자란다. 이웃에 탐나는 능소화가 있어 나누어 심고 싶으면 새로 난 가지가 굳기 시작하는 봄부터 꽃이 피기 전까지 1년생 가지를 20센티미터쯤 잘라다가 삽목하면 잘 산다. 나무를 잘 키우려면 따뜻하고 수분이 넉넉하며 비옥한 곳에 심어야 한다. 씨앗을 뿌려도, 뿌리 나누기를 하여도 되지만 줄기 곳곳에서 뿌리를 내므로 역시 삽목이 가장 손쉽다. 옮겨 심은 나무는 줄기가 굵어지면서 굵은 곁가지가 생기는데 큰 나무 줄기에 끈으로 잡아매면서 나무 모양을 만들어준다.

간혹 볼 수 있는 정원수로 미국 능소화가 있는데, 동양의 능소화보다 꽃이 조금 더 작고 색은 지나치게 붉으며 늘어지는 것이 없이 꽃이 한곳에 모여 달린다.

능소화는 꽃 색이 화려하고 크면서도 점잖고 동양적인 기품이 흘러 충청도 이남의 사찰에 많이 심었다.

정원수로 쓰는 이외에도 한방에서는 꽃을 약용한다. 꽃이 피는 시기에 따라서 말려서 이용하는데 피 가운데 나쁜 성분을 제거하여 어혈과 혈열로 인한 질병에 효과가 있다고 한다. 그 밖에도 줄기에 달리는 잎을 능소경엽, 뿌리를 능소엽이라 하여 쓰기도 한다.

배롱나무

배롱나무는 여름내 몇 달씩 장마와 더위를 거뜬히 이기면서 꽃을 피워낸다.

흔히 백일홍이라고 부르는 식물은 두 가지가 있는데 어렸을 적 작은 화단에 심던 멕시코 원산 초본성 백일홍이 그 하나이고, 또 다른 하나는 목본성으로 나무에 꽃을 피우는 목백일홍, 즉 배롱나무이다.

사람에 따라서는 나무백일홍이라 부르기도 하고, 초본과 구분 않고 그저 백일홍이라 부르기도 한다. 이 두 식물은 모두 꽃이 피면 100일을 간다는 연유로 같은 이름을 가졌지만, 초본과 목본인 것이 다르고 각각 국화

- **식물명** 배롱나무
- **학명** *Lagerstroemia indica* L.
- **과명** 부처꽃과(Lythraceae)

- **분포지** 중국이 원산이나 아주 오래전부터 우리나라 중부 이남에 널리 식재
- **개화기** 7~9월
- **결실기** 10월
- **용도** 정원수, 공원수, 약용, 가공재
- **성상** 낙엽성 교목

흰배롱나무 꽃 　　　배롱나무 수피

과와 부처꽃과에 속하는, 식물학적으로는 서로 전혀 무관한 식물들이다.

사람들은 화무십일홍花無十日紅이라 하여 열흘 이상 붉은 꽃은 없다고 하지만 배롱나무의 꽃은 100일을 간다 하니 이 말도 무색하다. 그러나 엄격히 말하면 배롱나무의 꽃은 한 송이가 피어 그토록 오랜 나날을 견디는 것이 아니고 수많은 꽃들이 원추상의 꽃차례를 이루어 차례로 피어나는데 그 기간이 100일이 되는 것이다.

배롱나무는 낙엽성 교목이다. 그러나 아주 크게 자라지는 못하며 대개 3미터 정도이고 다 자라야 7미터쯤 된다.

배롱나무의 줄기는 갈색에서 담홍색을 띠며 간혹 흰색의 둥근 얼룩이 있다. 껍질이 얇아 매우 매끄럽다. 이 매끄러운 줄기에는 많은 가지가 옆으로 달리고, 퍼져서 편편한 나무 모양을 이루어 부채꼴이 된다. 그래서인지 배롱나무는 어느 곳에 가도 무리 지어 심지 않아 한 그루씩 외로이 서서 그 아름다운 나뭇가지를 옆으로 드리우고 한껏 모양을 자랑한다. 이러한 특징은 배롱나무가 양지를 좋아하며 그늘에서는 잘 자라지 못하는 생육상의 특징과 잘 맞는다. 하지만 간혹 전통적인 꽃나무를 현대적인 식재 방법을 도입하여 줄로 심어 새로운 멋을 보여주기도 한다.

가지 가운데 가장 어린 가지들은 각이 져 있다. 여기에 두껍고 윤기 있는 잎이 마주 달리는데 잎자루가 거의 없어 줄기에 바로 매달린다. 잎의 모양은 둥근 타원형인데 잎의 폭은 위쪽이 좀 더 넓다.

꽃은 한여름에서 가을에 걸쳐 핀다. 대부분의 꽃은 봄, 혹은 이른 여름에 피거나 국화처럼 아주 가을을 택하는 경우가 많은데 배롱나무는 어른

손 한 뼘을 훨씬 넘는 화려한 꽃차례를 가지 끝에 매달고 한여름 내내 피고 가을까지 이어준다. 꽃 색도 아주 진한 분홍이다. 그러나 배롱나무의 꽃 빛이 모두 붉지는 않다.

우리가 볼 수 있는 것은 대부분 진한 분홍색 꽃이지만 간혹 흰색이나 다소 진하거나 옅은 분홍색 꽃도 있다. 그 가운데 특히 흰 꽃을 피우는 것을 흰배롱나무라 부른다. 이러한 꽃은 꽃잎의 모양 또한 색다른데 여섯 개로 갈라진 꽃받침에 바싹 붙어 역시 여섯 개로 갈라진 꽃잎이 달린다. 이 꽃잎은 부드러운 비단처럼 하늘거리며 많은 주름이 나 있다. 그 속에는 마흔 개에 가까운 수술이 있는데 가장자리의 여섯 개는 특히 길다.

이 많은 수술 속으로 한 개의 암술이 길게 자리한다. 한껏 꽃을 피워내던 배롱나무는 10월경 둥근 타원형 열매를 매달며 한 해를 마감한다.

배롱나무는 앞에서 이야기한 이름 이외에도 자미紫薇, 패양수伯痒樹, 만당홍滿堂紅 등의 한자 이름이 있다. 특히 자미화는 자주색 꽃이 핀다 하여 붙여진 이름으로, 중국 사람들은 이 꽃을 특히 사랑하여 이 나무가 많은 성읍을 자미성이라 이름 지었을 정도이다. 우리나라에서는 간질나무, 간지럼나무라고도 불렀다. 간질나무는 간지럼을 잘 타는 나무라는 뜻으로 얼룩덜룩한 배롱나무의 줄기 가운데 하얀 무늬를 손톱으로 조금 긁으면 나무 전체가 움직여 마치 간지럼을 타는 듯 느껴진다고 붙여진 별명이다. 제주도에서는 '저금 타는 낭'이라고 부르는데 이 역시 간지럼을 타는 나무란 뜻의 사투리이다. 그런가 하면 일본 사람들은 이 나무를 '사루스베리猿滑り' 즉 원숭이가 미끄러지는 나무라고 이름을 붙였다. 수피(나무 껍질)가 하도 미끄러워 그 나무를 잘 타는 원숭이도 미끄러진다는 이야기이다.

배롱나무는 본래 중국이 원산이다. 중국에서는 당나라 때부터 관청의 뜰에 흔히 심었다고 한다. 우리나라에서는 오래된 절이나 고옥의 마당에서 볼 수 있다. 또는 오래된 정자 옆이나 향교, 묘지에서도 드물지 않게 볼 수 있다. 요즈음은 간혹 남부 지방의 도로변에 조경용으로 심어놓은 것도 눈에 띈다. 이렇듯 배롱나무는 우리 주변에서 자라지만 우리나라에서 자생하고 있지는 않다. 즉 일부러 심기 전에는 저절로 자라지 않는다는 뜻이다. 그러나 오랜 옛날부터 우리의 조상들이 심어 가까이 하던 나무라서 오래된 역사와 내력을 가진 나무가 곳곳에 남아 있다. 그 가운데 가장 귀한 나무는 천연기념물 제168호로 지정된 배롱나무이다. 이 나무는 부산광역시 양정동에 있는데 약 800년이나 된 나무라 한다. 동래 정씨의 시조인 정문도공鄭文道公의 묘소 앞, 동쪽과 서쪽에 심었는데 이것이 자라나 지금은 그 키가 대단히 커서 8미터가 넘고 줄기 또한 굵어 가슴 높이의 둘레가 4미터에 달하며 땅에서부터 여섯 개의 굵은 가지가 부챗살처럼 뻗어 자라는 모습이 아름답다고 한다.

『삼국유사』에 나오는 서출지의 방죽에 비스듬히 줄기를 누이고 수백 년 동안 자라고 있는 배롱나무 또한 이 나무의 아름다움과 경륜 그리고 위엄을 한껏 말해준다. 그 밖에 남아 있는 여러 노거수 가운데 전북 순창군 용남리의 백 년이 넘은 나무는 서씨 성을 가진 사람이 모든 재난을 없애기 위해 심은 것이라고 하고, 창령 사리에도 임진왜란 때 의병장으로 활약했던 신초 장군이 정자를 짓고 노후를 보내면서 심었다는 배롱나무 무리 등 여러 곳에서 오래된 나무들을 볼 수 있다. 이쯤 되면 비록 배롱나무의 고향이 중국이어도 우리 꽃이 아니라고 할 수는 없는 일이다.

이렇듯 배롱나무는 많은 사랑을 받았으며 특히 선비들이 가까이하여 풍류를 논하는 정자 옆에는 으레 한 그루쯤 볼 수 있었다고 한다.

성삼문은 "지난 저녁 꽃 한 송이 떨어지고, 오늘 아침에 한 송이 피어, 서로 일백 일을 바라보니, 너를 대하여 좋게 한잔하리라昨夕一花衰 今朝一花開 相看一百日 對爾好銜杯"라고 노래했다. 또한 서울 민요 가운데는 "……100일을 피었으니 우리 부모도 너와 같이 백년 향수하옵소서"라는 노래가 있는가 하면 중국의 고시에서도 한여름 푸르름 속에서 붉게 피는 이

나무의 아름다움을 표현하고 있다.

배롱나무는 추위에 약하여 중부 이북 지방에서는 월동에 어려움이 있다. 경상북도에서는 도화道花로 지정되어 있다. 그러나 이상하게도 제주도 사람들은 이 나무를 싫어하여 심지 않는다고 한다. 나무껍질이 매끄러운 것을 두고 마치 살이 없고 뼈만 남은 꼴로 불길하다 했고 더욱이 빨간 꽃은 피를 상징한다고 여겨져 죽음을 연상시키는 불길한 나무라고 생각하는 것이다.

우리 선조들이 가까이하던 나무들이 흔히 그러하듯 배롱나무 역시 약으로 쓴다. 잎은 자미엽, 뿌리를 자미근이라 하는데 어린이들의 백일해와 기침에 특효가 있고, 여인들의 대하증, 불임증에도 좋은 약재가 되며 혈액순환과 지혈에도 효과가 있다고 한다. 그 밖에 배롱나무는 수피만 아름다운 것이 아니라 목재의 재질도 견고하여 세공하기에 알맞다. 실내 장식을 비롯한 여러 기구를 만드는 데도 이용한다고 한다.

백일홍의 꽃말은 '떠나간 벗을 그리워함'이다. 백일홍 꽃이 지면 이미 가을이 와 있으므로 떠나간 지난여름의 추억을 그리워하기 때문일까?

산사나무

세상이 자신의 참된 가치를 알아주지 않는다면 얼마나
세상살이가 어려울까? 나무도 마찬가지다. 우리의 선
조들과 함께 숨 쉬며 삶을 엮어가던 옛 영화를 아직도
생생하게 기억하거늘 이제 세상이 그 진정한 가치를 잊
어버려 숲 속의 잡목들 틈에 끼여 힘겨운 일생을 이어
가는, 그래서 더욱 외로운 우리 나무가 바로 산사나무
이다.

　늦은 봄, 주변이 환해지도록 하얗게 모여 피는 작은
꽃망울들, 우산살처럼 둥글게 모여 달리는 꽃차례들을
바라보면 마치 뭉게구름을 보는 것 같다. 아직은 이른
겨울, 유난히 검붉은 둥근 열매를 가득 매달고 밝게 웃
고 있는 모습은 바라만 보아도 즐겁고, 여느 잎새와는
달리 국화잎처럼 깊이 결각 진 개성 있는 초록빛 잎새
와 줄기에 나는 위엄 있는 가시는 산사나무만이 보여줄
수 있는 아름다운 모습이다. 게다가 그 앙증스런 열매
는 씹으면 사과처럼 아삭하며 새콤달콤하게 맛이 있고
여러 가지 약으로도 한몫을 하고 있으니 이 땅에 산사
나무만 한 나무가 어디 그리 흔하랴. 아름다운 정원수
로도, 과실로도, 약용식물로도 어느 나무와 견주어도 빠

- **식물명** 산사나무
- **과명** 장미과(Rosaceae)
- **학명** *Crataegus pinnatifida*
  Bunge

- **분포지** 전국의 산록 및 인가 주변
- **개화기** 5월, 백색
- **결실기** 9~10월, 붉은색
- **용도** 약용, 정원수, 공원수, 식용,
  가공재
- **성상** 낙엽성 소교목

지지 않는다.

　산사나무는 장미과에 속하는 낙엽성 소교목이다. 어떤 이는 산사나무의 붉은 열매와 흰 꽃을 붉은 태양이 떠서 환해지는, 즉 해 뜨는 아침으로 비유한다.

　중국의 산사수(山査樹)에서 이름을 얻은 산사나무는 이름 속에서 산(山)에서 자라는 아침(旦 : 해 뜨는 모양)의 나무(木)로 풀이된다. 우리나라에서는 지방에 따라 산사나무를 두고 아가위나무, 야광나무, 동배, 이광나무, 뚱광나무 등 여러 이름으로 부르곤 한다. 또 다른 한자 이름으로 산리홍(山裏紅), 산조홍, 홍과자, 산로라고 쓰기도 한다.

산사나무 열매   산사나무 수피

산사나무는 우리나라와 중국 북부, 사할린이나 시베리아 등에서 자라는 북방계 식물이다. 서양에도 유럽과 북미에 유사한 종들이 수없이 많아 100여 종에 이른다고 한다. 우리나라의 산사나무는 기본종 외에도 잎이 크게 갈라지고 열매가 큰 넓은잎산사, 잎의 열편이 좁은 좁은잎산사, 잎이 아주 깊게 갈라진 가새잎산사, 잎 뒷면에 털이 있는 털산사 등 여러 가지 변종이 있으며 서양의 산사나무는 꽃에 붉은빛이 돈다.

중국에서는 소화 계통에 영험하다고 하고, 일부 계층에서는 식용으로 이용하여 과실로 재배해왔는데 이때가 대략 15세기경인 명나라 때부터라고 한다. 우리나라에서 과수로 재배했다는 기록은 찾아볼 수 없지만 고궁의 뜰에 큰 나무가 자라고 있음을 미루어 볼 때 일부 계층에서 가꾸었음을 짐작할 수 있다.

『물류상감지物類相感誌』에는 늙은 닭의 질긴 살을 삶을 때 산사자(산사나무 열매) 몇 알을 넣으면 잘 무른다고 기록되어 있으며 생선을 먹다가 중독되었을 때 해독제로 이용하기도 했다 한다. 이러한 문화는 일본에까지 영향을 주었는데 생선 요리를 많이 하는 일본에서는 산사나무가 자라지 않으므로 조선 영조 때 우리나라에서 이 나무를 가져가서는 어약원御藥園에 재배했다는 기록이 남아 있다.

우리나라 서북 지방이나 중국에서는 집의 울타리로 많이 심었다고 한다. 이는 산사나무의 가시 때문인데 가시로 도둑을 막는다기보다는 가시가 귀신으로부터 집을 지켜준다는 벽사辟邪의 뜻이 담겨 있다.

산사 열매의 씨와 껍질을 벗긴 산사육에 찹쌀가루와 계피가루를 넣고 꿀을 타면 산사죽이 된다. 산사자를 걸러서 율무나 녹말가루에 풀어 끓이다가 설탕이나 꿀을 타서 먹는 것이 산사탕이고, 산사자를 쪄서 으깨어 체에 거른 것을 설탕이나 꿀과 녹말을 함께 넣어 끓인 다음 식히면 산사병山查餅이 된다. 또 중국에서는 꿀이나 설탕에 절인 이 열매를 후식으로 먹는데 당호로糖胡蘆라 부르며 몇 개씩 꼬치에 꿰어 팔기도 한다. 이것은 특히 고기를 먹고 난 다음에 즐겨 먹는 후식이라고 한다. 중국의 영향 때문인지 우리나라에도 북부 지방에는 이러한 음식이 있다.

또 열매로 만든 붉은 산사주는 겨울철 별미다. 250그램 정도의 열매에 1리터 정도의 소주를 붓고 기호에 따라 적절한 양의 설탕을 넣어 밀봉하고 2개월 후면 약효가 있는 산사주를 맛볼 수 있다. 산사나무 열매가 위를 튼튼히 하고 소화를 도우며 장의 기능을 바르게 한다고 하니 이렇게 이용하던 선조들의 지혜가 돋보인다. 특히 위장염이나 소화불량에 걸린 이들은 8그램 정도의 열매를 한 컵 정도의 물에 넣고 달여 장복하면 큰 효과를 본다. 그 밖에 민간에서는 식중독, 심장 쇠약 등에 이용하였으며 한방에서는 건위, 소화, 지혈, 식중독, 요통, 빈혈 등에 사용한다. 최근에는 백혈병에 좋다고 하여 주목받고 있다. 요즈음 산사로 만든 여러 종류의 술들이 나와 판매되는데, 선조들의 길을 눈여겨보면 많은 미래 자원이 보인다.

달여 마시는 산사나무의 맛은 약간 시큼하지만 향긋하므로 차로 마셔도 좋고 이 열매를 설탕을 넣고 조려 잼을 만들어 먹어도 좋다.

산사나무는 정원수로 개발하여도 조금도 부족함이 없다. 더욱이 산사나무 열매는 새들 또한 즐겨 먹으므로 산사나무가 있는 정원은 꽃 피는 봄에는 벌과 나비가, 열매가 달리는 가을과 겨울에는 새들이 찾아오는 낙원이 될 것이다. 그 나무를 바라보며 산사나무 차를 마시는 삶은 얼마나 풍요로울까?

서양에서는 산사나무를 '호손Hawthorn'이라 부른다. 이것은 '벼락을 막는다'는 뜻인데 이 나무가 천둥이 칠 때 생겨난 나무로, 벼락을 막아줄 것이라고 생각하여 밭의 울타리로 심기도 하였다. 또 예수가 이 나무의 가시에 찔려 흘린 피의 공덕으로 가지를 옷에 꽂아놓으면 벼락을 피할 수 있고 집 안에 꽂으면 화를 면할 수 있다는 산사나무에 대한 벽사 신앙을 서양에서도 많이 볼 수 있다.

영국의 일부 지방에서는 산사나무를 두고 '퀵(Ouick : 살아 있는 식물이라는 뜻의 고어)' 또는 '퀵셋quickset'이라고 하는데 목재가 아닌 살아 있는 산사나무로 생울타리를 만들었기 때문이라고 한다. 그 밖에도 5월을 대표하는 나무라 하여 '메이May'라고도 하는데, 1620년 유럽의 청교도들이 미국 신대륙으로 건너가면서 타고 간 배의 이름이 메이플라워The May Flower호이며 여기에는 산사나무가 벼락을 막아주리라고 기원하는 뜻이 숨겨져 있다.

서양의 옛이야기로 거슬러 올라가면, 그리스·로마 시대에는 결혼하는 신부의 관을 이 나무의 작은 가지로 장식했으며 신랑과 신부가 산사나무 가지를 든 들러리를 따라 입장하고, 이 나무로 만든 횃불 사이로 퇴장하였는데 이 역시 성스러운 결혼식에 마귀가 오는 것을 막기 위한 주술적인 의미가 있다 한다. 또 어린이들이 잠자는 동안 마귀가 해치지 않도록 산사나무 잔가지를 아기의 요람 곁에 놓아두기도 했다.

또한 영웅이나 성자가 산사나무 지팡이를 꽂으면 거기에서 뿌리가 내려 잎이 나고 꽃을 피웠다는 전설이 무성한데 성경에 나오는 아론의 지팡이도 그 한 예이다. 이후로 여러 기독교 국가에서 산사나무를 두고 '홀리손Holy thorn', 즉 '거룩한 가시나무'라고 불렀는데 예수가 수난을 받은 성聖금요일에는 꽃을 피운다는 것이다. 실제로 1932년 이탈리아의 안드레아 교회에서는 성금요일과, 천사 가브리엘이 성모에게 그리스도의 잉태를 고한 축제일이 겹치는 날에는 희미했던 나무껍질에 핏빛을 띠는 검붉은 얼룩이 생기는 기적이 일어났다고 크게 보도되기도 하였고, 같은 해

브릭센 성당의 나무도 피 같은 땀을 흘린다 하여 관심을 모으기도 하였다. 또 에게 해의 로도스 섬에 있는 산사나무는 성금요일의 기도 시간에는 반드시 꽃봉오리가 부풀어 오른다는 이야기도 있고, 아리마테의 요셉이라는 사람이 열한 명의 제자들과 함께 성배를 받들고 글래스톤베리라는 오래된 도시의 언덕에 올라서 산사나무 지팡이를 땅에 꽂고 쉬었더니 바로 뿌리가 내리고 가지가 무성해지며 한겨울이었음에도 꽃이 피었다는 전설도 전해지고 있다.

그러나 우리에게 산사나무는 호젓한 산길을 걷다 문득 만나 한눈에 반해버리는 그런 나무이다. 그리 흔하지는 않아도 남부 섬 지방을 제외한 우리나라 어느 곳엘 가나 볼 수 있으며 숲의 가장자리 시냇가, 숲 속의 오솔길 옆 같은 양지 녘에 자라 더욱 친근한 우리의 나무이다. 재질이 굳고 치밀하면서도 탄력이 있어 다식판을 비롯하여 상자, 지팡이, 목침, 책상 재료로 쓰고 화력이 좋아 장작으로 쓰려고 많이 베었기 때문에 크게 잘 자란 노거수는 찾아보기 어렵다.

강원도 원주시 신림리에 가면 산사나무로는 아주 드물게 가슴 높이의 둘레가 1미터에 이르는 300살이 넘은 큰 나무가 있는데 이 나무를 두고 그 동네 사람들은 '노인나무'라고 한다. 서울 한복판에서도 아주 잘 자란 산사나무를 볼 수 있다. 경복궁 정원에 가면 주변 나무의 방해 없이 아주 크게 잘 자란 나무를 볼 수 있는데 꽃도 열매도 아주 풍성하다. 그 큰 나무의 가지 가득 매달린 검붉은 열매를 보고 태양이 부서져 조각조각 별처럼 매달린 듯하다고 하기도 한다. 산사나무의 별칭 산리홍山裏紅이 호젓한 산길에서 붉은 열매를 달고 있는 나무라는 뜻일 테니 그 열매란 얼마나 화려하게 아름다운 것인가!

산사나무를 키우려면 씨를 뿌리면 된다. 파종을 할 때에는 종자의 껍질을 제거하고 한 달간 따뜻한 곳에 두었다가 석 달간 4도 정도의 온도에 두어야 바로 새순이 나온다. 이렇게 하지 않으면 종피(종자껍질)를 뚫고 싹을 틔우는 데만 2~3년이 걸린다. 그러나 이 나무는 뿌리가 직근성이므로 옮겨 심으면 잘 살지 못하니 주의해야 한다. 하지만 일단 활착活着에 성공하면 땅을 크게 가리지 않고 잘 자란다. 단 벌레가 잘 생기므로 적절한 관리가 필요하다.

의정부의 어떤 가정집에 지붕만큼 크게 자란 산사나무가 있는데, 십여 년이 넘도록 매년 봄마다 흰 꽃을 피워내던 나무에서 어느 해부터 진한 분홍색 꽃이 피었다. 원인을 여러 가지로 생각해보았는데 환경오염, 특히 토양오염이 원인일 것이라고 추측되었다.

아주 간혹 연한 분홍빛이 도는 산사나무 꽃이 보이기도 한다. 나무가 가지는 자연의 변이 속에서 어떤 특징들이 어떤 조건에서 발현되는지 안다면 환경 지표나 관상용 품종 개발에 도움이 될 텐데, 첨단을 연구하는 지금도 현상의 원인을 찾아내는 건 여전히 어렵다.

자귀나무

초여름, 무심결에 바라보던 창밖에서 한껏 꽃을 피워 자태를 자랑하는 자귀나무의 분홍 꽃을 보노라면 그렇게 시원스레 느껴질 수가 없다.

여름이 무르익기 시작할 무렵 고운 실타래를 풀어 피운 듯한 자귀나무의 붉은 꽃이 시원스럽게 느껴지는 것은 꽃의 색감이 아니라 그 모양새 때문이리라. 초록빛 잎새를 무성히 매달고 퍼지듯 사방으로 드리운 가지며 그 끝에 하늘을 향해 매달린 꽃송이는 야성의 싱그러움을 주면서도 그 개성 있는 조형미로 도시 건물 사이의 다듬어진 공원 한 모퉁이에서 아름다운 조화를 이루며 자라고 있다.

식물이 이름을 갖는 데는 겨울을 겨우겨우 살아가므로 겨우살이, 옛날 오 리를 지날 적마다 이정표로 심어서 오리나무, 쥐똥 같은 열매가 달려 쥐똥나무, 물에 담그면 푸른 물이 나와서 물푸레나무 등 제 나름대로 사연이 있다. 그러면 자귀나무는 왜 그런 이름을 붙였을까? 확인된 바는 없지만 어느 은사 말씀대로 혹시 잠자는 모양이 귀신 같아서 자귀나무일까? 자귀나무는 밤이 되면 어김없이 양쪽으로 마주난 잎을 서로 맞대고 잠을

- **식물명** 자귀나무
- **과명** 콩과(Leguminosae)
- **학명** *Albizia julibrissin* Durazz.

- **분포지** 황해도 이남, 주로 해안가
- **개화기** 6~7월
- **결실기** 9~10월
- **용도** 약용, 정원수, 공원수, 가공재
- **성상** 흔히 관목상으로 자라는 낙엽성 교목

자는데 그렇게 보면 그럴 듯싶기도 하다.

자귀나무는 콩과에 속하는 낙엽성 활엽수이고 다 자라 봐야 5미터를 넘지 못한다. 콩과 식물들은 크게 네 개의 아과亞科로 나뉘는데 자귀나무는 차풀 등과 함께 미모사과에 속한다. 미모사는 톡 하고 건드리면 잎새가 움츠러드는데 이는 미모사 작은 잎의 자루 아래쪽에 있는 세포에 물이 많이 저장되어 꼿꼿함을 유지하다가 자극을 받으면 수분이 빠져나가 팽압이 감소하면서 잎이 닫히는 현상이다. 자귀나무의 수면 운동은 닿기만 하면 잠드는 미모사의 수면 운동과는 성질이 조금 다른 것으로 외부의 자극 없이 일어난다. 그러나 이는 실제로 눈에 보이는 기계적인 자극이 아니라 온도 등과 같이 사람은 볼 수 없지만 식물만이 민감하게 느끼는 자극이다.

자귀나무처럼 잎이 넓게 퍼지는 식물은 폭풍우가 몰아칠 때는 잎을 최대한 움츠려 방어 태세를 갖추기도 하고 양분을 만들 수 없는 밤에는 에너지를 발산하는 잎의 표면적을 되도록 적게 할 필요도 있을 것이다.

두 잎을 맞대고 밤을 보내는 이 특성 때문에 자귀나무는 합환목, 합혼수, 야합수, 유정수 등 여러 가지 이름이 있으며 예로부터 신혼부부의 창가에 이 나무를 심어 부부의 금실이 좋기를 기원하곤 하였다.

자귀나무는 줄기에 바로 잎이 하나씩 달리지 않고 아까시나무나 장미의 잎처럼 작은 잎들이 모여 하나의 가지를 만들고 이들이 다시 줄기에 달리는데, 이를 복엽(겹잎)이라 한다. 그러나 재미있는 일은 대부분의 복엽은 작은 잎들이 둘씩 마주나고 맨 끝에 잎이 하나 남게 마련인데 자귀나무는 작은 잎이 짝수여서 밤이 되어 잎을 닫을 때면 홀로 남는 잎이 없다는 점이다. 짝 없이 홀로 남는 잎이 있었다면 진정한 의미의 금실 좋은 합혼수는 될 수 없을 것이다.

자귀나무는 꽃이 유난히 인상적이다. 소나기가 몰려간 뒤 청명한 하늘에 흰 구름을 배경 삼아 나무의 가장 높은 곳에서 피어나는 꽃은 한 가지에 스무 개쯤 되는데 우산 모양으로 모여 한 덩어리를 이룬다. 술처럼 늘어진 아름다운 꽃은 수꽃의 수술이다. 수꽃은 꽃잎이 퇴화된 채 3센티미터쯤 되는 수술이 스물다섯 개가량씩 다섯 방향으로 갈라진 술잔 모양의 꽃받침 잎에 싸여 있다. 이 수많은 수술은 윗부분이 분홍색이고 아랫부분은 흰색이어서 이 나무의 꽃 모양을 더욱 신비스럽게 만든다. 이러한 수꽃이 공작새의 날개처럼 한껏 아름다움을 과시하는 사이에서 암꽃의 꽃차례가 달리는데 수수한 암꽃은 미처 터지지 않은 꽃봉오리처럼 봉곳한 망울들을 맺고 있다.

자귀나무는 잎의 모양도 꽃만큼이나 색다르다. 줄기마다 엇갈려 달리

자귀나무 꽃

자귀나무 잎

는 잎은 깃털 모양으로 갈라지고 이 각각에 다시 원줄기를 향해 낫처럼 휜 작은 잎새들이 달린다. 잎의 중앙에 자리 잡아야 할 엽맥은 한쪽으로 치우쳐 잎의 양쪽 크기는 동일하지가 않다.

10월이 되어 선선한 바람이 불 때 익는 열매는 콩깍지 모양이다. 이 열매의 모양을 보면 자귀나무가 콩과 식물임을 잘 알 수 있다. 모든 나무가 잎을 떨구고 스산한 겨울바람이 일면 이 자귀나무의 긴 열매는 바람에 부딪혀 달가닥거린다. 이 소리가 유난스러워 거슬렸던지 사람들은 여설목(女舌木 : 여자의 혀와 같은 나무)이라 불러 그 소리의 시끄러움을 묘사하기도 했다.

자귀나무는 아시아 및 중동 지역이 원산인데 우리나라에서도 황해도 이남에서 자생한다. 그러나 중부 이북 지방에서는 추운 겨울에 드물게 동해凍害를 입기도 한다.

요즈음은 자귀나무를 깊은 산에서 우연히 마주치기보다는 도심의 공원이나 강변도로에서 자주 보게 되고 모양도 썩 어울려 자귀나무가 여느 조경수처럼 외국에서 들여온 나무가 아닐까 생각하기 쉬우나 자귀나무는 오랜 옛날부터 우리의 선조들과 함께 지내온 이 땅의 나무이다.

자귀나무의 마른 가지에서 움이 트기 시작하면 농부들은 이제 늦서리 걱정을 덜고 서둘러 곡식을 파종하고, 싱그럽게 커가던 자귀나무에 첫 번째 꽃이 필 무렵이면 밭에 팥을 뿌린다. 하나둘 터뜨린 꽃망울이 어느새 만발하면 농부들은 굽혔던 허리를 펴고 땀을 식히며 그해 팥농사는 풍년일 것을 미루어 짐작하기도 한다.

자귀나무 열매

자귀나무 수피

　자귀나무는 소가 무척 좋아해서 이 나무가 나지막이 자라고 있으면 소는 어디든지 쫓아간다. 그래서 자귀나무를 소쌀나무라고 부르기도 한다. 농가에서 가장 소중한 소가 유난스레 좋아하는 나무이고 보면 농부들의 주름진 눈가에 자귀나무가 곱게 보이는 것은 당연한 일인 듯싶다.

　그러나 나무를 '낭'이라 하여 자귀나무를 '자구낭'이라 부르던 제주도에서는 오랜 옛날에는 집에 심기를 금하는 나무들 가운데 하나였다. 그 이유는 아이가 이 나무 밑에 누우면 학질에 걸리기 때문이란다. 그러한 금기가 생긴 이유는 알 수 없으나 그러한 섬의 풍속은 옛이야기 속에 묻히고 자귀나무를 마당가에 심으면 부부의 금실이 좋아져 이별을 막는다는 뭍의 이야기만이 무성하다.

　자귀나무의 줄기나 뿌리의 껍질을 합환피라고 부르고 늑막염과 타박상을 비롯하여 살충제, 강장제, 구충제, 이뇨제 등으로 이용하였고 잎을 불살라 고약을 만들면 접골에 효과가 있다고 한다.

　간혹 열매를 말려 불에 볶아서 약으로 먹기도 하였다.

　자귀나무는 큰 목재로는 이용할 수 없지만 가공이 쉬워 간단한 기구를 만들거나 조각의 재료로 쓰인다.

　자귀나무는 가까운 중국과 일본에서도 널리 알려진 나무이다. 중국에서는 자귀나무를 뜰에 심으면 미움이 사라지고 친구의 노여움을 풀고자 할 때는 잎을 따서 보내어 풀곤 하였다고 한다.

　조씨라는 어느 현명한 아내는 단옷날 자귀나무 꽃을 따다 말려 베개 밑에 넣어두었다가는 남편의 마음이 좋지 않을 때면 조금씩 꺼내어 술에 넣어주곤 하였다고 한다. 울적한 심사에 부인이 건네주는 향긋한 술잔이 어찌 마음에 흡족하지 않을 수 있으랴!

일본에서도 자귀나무의 줄기로 절굿공이를 만들어 부엌에 두고 쓰면 집안이 화목해진다는 이야기가 있고, 서양에서는 자귀나무를 비단나무 Silk tree 라고 부르는 것을 보면 동서양을 막론하고 좋은 이미지의 나무임이 틀림없다.

동백나무

동백나무는 겨울 꽃일까? 봄을 알리는 봄꽃일까? 이름에 겨울 동冬 자를 붙였으니 겨울일 듯하기도 하고 이른 봄소식을 전할 때 동백나무를 들먹이니 봄일 듯도 싶다. 그러나 아주 따뜻한 남쪽의 섬 지방, 동백나무의 제고장에 가보면 동백나무가 겨울 꽃임을 알 수 있다. 그곳에서는 1월이면 벌써 동백꽃이 한창이기 때문이다. 좀처럼 흰 눈을 볼 수 없는 남쪽 섬, 불붙듯 피어난 붉은 꽃잎에 바다 소금이 변하여 된 듯 흰 눈 자락이라도 흩날리다 앉으면 동백나무는 세상에서 가장 아름답고 귀한 모습이 된다.

동백나무는 상록성이며 잎이 넓은 활엽수이다. 크게 자라면 7미터 정도까지 자라는데 간혹 더 크게 자라 최고 18미터까지 자란 나무도 있다고 한다.

언제 보아도 싱그러운 잎새는 사시사철 윤기로 반질거리며 가장자리에는 잔 톱니가 있어 물결치는 듯 보인다. 꽃은 가지 끝이나 잎겨드랑이에 꽃자루도 없이 달린다. 다섯 장의 꽃잎은 간혹 일곱 장이 되기도 하고 서로 조금씩 겹쳐져 아랫부분은 붙어 있다. 그 사이로 드러나는 수많은 수술을 마치 일렬로 붙여 돌돌 말아놓은

- **식물명** 동백나무
- **과명** 차나무과 (Theaceae)
- **학명** Camellia japonica L.

- **분포지** 남부 도서 지방과 해안가
- **개화기** 12~3월, 붉은색
- **결실기** 10월, 갈색 삭과
- **용도** 관상용, 약용, 기구재, 기름
- **성상** 상록성 활엽 관목

듯 단정하다. 짙푸른 잎새에 붉은 꽃잎 그리고 샛노란 수술이 만들어내는
색의 조화는 아무도 흉내 낼 수 없는 동백나무의 아름다움이다. 여기에
오래되어 회갈색으로 매끈거리는 그 운치 있는 수피라도 어울리면 동백
나무는 완벽한 아름다움을 세상에 선보인다. 동백나무의 꽃은 자라는 곳
에 따라 11월에 이미 꽃망울을 달고 있는 곳도 있고 해를 넘겨 3월 혹은
4월에 꽃이 피기도 한다.

　동백나무는 열매도 보기 좋다. 녹색의 작은 방울 같던 열매가 갈색으
로 익으면서 세 갈래로 벌어지고 그 속에는 잣처럼 생겼으나 조금 더 큰
종자가 드러난다.

선운사에 가신 적이 있나요
바람 불어 설운 날에 말이에요
동백꽃을 보신 적이 있나요
눈물처럼 후두둑 지는 그 꽃 말이에요

〈선운사〉라는 대중가요가 있는데 그 노래를 아름다운 테너의 목소리로 부르는 것을 들은 적이 있다. 동백꽃의 그 장렬한 낙화를 두고 눈물처럼 후두둑 진다는 이 시보다 더욱 마음에 닿게 표현할 수는 없을 것이다.

동백나무의 꽃이 지는 모습은 보는 이들 누구에게나 선연하게 가슴에 남는다. 꽃잎 하나 상하지 않은 그 붉은 꽃 덩어리가 그대로 툭툭 떨어지기 때문이다. 그래서 사람들은 이 모습을 두고 가장 극적인 아름다움을 이야기하곤 하지만 제주도나 이웃 일본에서는 이를 불길하게 여기기도 한다.

제주도에서는 꽃이 떨어지는 모습이 목이 잘려 사형을 당하는 불길한 인상을 주며 또 이 나무를 심으면 집에 도둑이 든다 하여 꺼리기도 하고, 일본에서는 싱싱하던 이 꽃이 갑자기 떨어지는 것을 연상하여 갑자기 생기는 불행한 일을 춘사椿事라고 한다. '춘椿'은 동백나무를 가리킨다.

동백나무는 동양의 꽃이지만 서양에 소개되어 많은 인기를 모았고 정열의 붉은색으로 많은 노래와 시와 소설의 소재가 되었다. 대표적인 것으로 뒤마의 소설『춘희』와 이를 오페라로 만든 베르디의 〈춘희〉가 있다. 〈라트라비아타〉라고 부르는 이 오페라의 주인공 비올레타는 한 달 가운데 25일은 흰 동백을, 5일은 붉은 동백을 들고 사교계에 나오는 창녀였다. 앞에서 말한 바와 같이 일본에서는 동백나무를 두고 '춘椿' 자를 쓰기 때문에 이 오페라의 제목을 〈춘희〉라고 불렀다. 즉 '춘희'는 '동백나무 아가씨'가 되는데 문제는 우리나라에서 춘椿 자를 쓰면 가죽나무를 이야기할 때가 많으므로 잘못 해석하면 '가죽나무 아가씨'가 된다는 것이다. 내

동백꽃

동백나무 열매

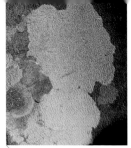
동백나무 수피

생각에는 제목만으로는 추측하기 어려운 어정쩡한 일본 제목을 쓰느니 '동백나무 아가씨' 아니면 차라리 원제 그대로 '라트라비아타'라고 쓰는 편이 옳지 않은가 싶다. 우리나라에도 뭇사람들의 심금을 울린, 그 유명한 〈동백 아가씨〉란 노래가 있다.

동백나무의 학명은 카멜리아 야포니카Camellia japonica이다. 여기서 모든 동백나무 종류를 총칭하는 속명 Camellia는 17세기경 체코슬로바키아의 선교사 케멜Kamell이 세계를 여행하면서 동백을 수집하여 유럽에 소개하였기에 그의 이름을 붙였다고 하며 종소명 japonica는 일본산이라는 뜻이나 우리나라는 물론 중국에도 자라고 있다. 우리나라에서는 주로 남쪽의 섬 지방에 분포하나 바닷가에는 해류의 영향으로 조금 더 북쪽으로 올라간다. 동백나무가 자랄 수 있는 북한계선은 내륙에서는 지리산 화엄사를 들고 해안으로 가서 서쪽으로는 충남 서산이며 섬으로는 대청도까지 올라가고 동쪽으로는 울릉도가 끝이다. 간혹 특별히 추위에 내성이 강한 나무들은 더 올라가 자라기도 한다. 우리나라 동백나무는 전 세계 분포의 북한계선인데 그래서 내한성 있는 품종을 만들기 위해 우리 동백나무를 탐내는 나라들이 여럿 있다.

우리나라에는 곳곳에 사연과 전설을 간직한 아름다운 동백 숲이 있고 더러는 천연기념물로 지정되어 보호되기도 한다. 육지부의 서쪽 끝이라는 서천 마량리의 동백정은 천연기념물 제169호인데, 300년 전 마량첨사가 꿈에 바다에 밀려온 꽃 뭉치를 심으면 만세에 웃음꽃이 핀다고 하여 그대로 바다에 나가 동백나무 꽃을 가져와 지금의 동산을 가꾸었다고 한다.

여수 오동도의 동백 숲의 유래는 이러하다. 어느 부부가 오동도로 귀향을 왔는데 남편이 고기를 잡으러 나간 틈을 타서 도둑이 부인을 겁탈하려 하자 부인이 도망치다 바다에 빠져 죽었는데, 그 부인을 묻은 자리에서 부인을 닮아 아름다운 동백나무가 자라기 시작하였다는 전설이 있다.

이 외에도 동백나무 숲으로 유명한 곳은 많다. 영남에서는 보기 드문 섬 온산 앞바다의 목도는 동백꽃이 많아 동백섬이라 하고, 팔색조가 사는 거제도의 숲과 해남의 대흥사 동백나무 숲도 빠지지 않는다. 특히 거문도의 동백꽃은 붉다 못해 차라리 검게 느껴져 그 어느 동백꽃보다도 깊은 맛을 준다. 게다가 이 거문도에는 원예종이 아닌 흰 동백과 분홍 동백이 숲에서 자라고 있어 아주 귀하게 여긴다. 그러나 이러한 좋은 동백나무 숲이 요즈음은 분재 등으로 수난이 심하다. 좋은 동백나무 숲에 가보면 나무를 캐어 간 웅덩이가 곳곳에 나타나 마음을 아프게 한다. 이름만 동백섬이고 실제로 가보면 동백나무가 거의 없는 곳도 있다. 앞에서 말한 거문도의 분홍 동백도 1994년에 발견하고는 워낙 귀한 것이어서 모두들 기뻐했는데 그로부터 몇 달 뒤 누군가 캐어 갔다고 한다. 최근에는 부러 전 세계 동백나무 품종을 모아 심어 카멜리아 정원이라 하여 관광객의 사랑을 받는 곳들도 늘어난다.

이 동백나무 꽃의 특이한 점은 조매화라는 것이다. 조매화란 수분受粉을 하는 데 벌과 나비가 아닌 새의 힘을 빌리는 꽃을 말한다. 크고 화려한 꽃이 많은 열대지방에서는 이러한 조매화를 간혹 볼 수 있지만 우리나라에서는 아마 동백나무가 유일한 듯하다. 동백나무의 꿀을 먹고 사는 이 새는 이름도 동박새이다. 동백나무에는 꿀이 많긴 하지만 곤충이 활동하기에 너무 이른 계절에 꽃이 피므로 녹색, 황금색, 흰색 깃털이 아름다운 작은 동박새가 주로 그 임무를 맡는다. 동박새는 작은 곤충도 잡아먹지만 동백나무 꽃이 피면 꿀을 따고 열매가 맺히면 이를 먹고 사는 새로 동백나무와는 뗄 수 없는 사이이다. 서로 돕고 사는 이 동백나무와 동박새에게는 전설이 하나 있다.

옛날 어느 나라에 포악한 왕이 살고 있었다. 이 임금에게는 자리를 물려줄 후손이 없었으므로 자신이 죽으면 동생의 두 아들이 왕위를 물려받게 되어 있었다. 욕심 많은 왕은 그것이 싫어 동생의 두 아들을 죽일 궁리를 하였고 동생이 이를 알고 자신의 아들을 멀리 보내고 대신 이들을 닮은 두 소년을 데려다 놓았다. 그러나 이것마저 눈치 챈 왕은 멀리 보낸 동생의 아들 둘을 잡아다가 왕자가 아니니 동생에게 직접 죽이라고 명령하였다. 차마 자신의 아들을 죽이지 못한 동생은 스스로 자결을 하여 붉은 피를 흘리며 죽어갔고 두 아들은 새로 변하여 날아갔다. 동생은 죽어서 동백나무로 변했으며 이 나무가 크게 자라자 날아갔던 새 두 마리가 다시 내려와 둥지를 틀고 살기 시작하였는데 이 새가 바로 동박새이다.

동백나무 종자에서 나는 동백기름은 아주 유명하다. 늦가을 동백나무 열매가 벌어지면 마을의 아낙들은 댕댕이덩굴을 엮어 만든 바구니를 끼고 씨를 주우러 간다. 가득 모은 종자를 씻어 말리고 절구에 넣어 껍질을 부수고 키질을 하여 속살만 모은다. 속살만을 더 곱게 빻아서 삼베주머니에 넣어 단단히 묶으면 기름떡이 되고, 이것을 기름판에 올려놓고 첫날을 얹고는 한편엔 빗장을 채우고 다른 한편에는 무거운 돌을 올려놓으면 기름틀 밑으로 기름이 졸졸 흘러나온다. 이렇게 만드는 동백기름은 맑은 노란색인데 변하지도 않고 굳지도 않고 날아가지도 않는다. 이 동백기름은 식용으로도 쓰는데 맛도 괜찮은 편이고, 마르지 않아 아주 정밀한 기계에 칠하면 좋다. 물론 전기가 없던 시절 호롱불을 켜는 데 쓰기도 했지만 뭐니 뭐니 해도 부인네들의 머릿기름으로 그 이름이 높다. 동백기름을 머리에 바르면 그 모양새가 단정하고 고울 뿐 아니라 냄새도 나지 않고 마르지도 않으며 더욱이 때도 끼지 않아 머리단장에는 꼭 필요한 필수품이었다.

동백나무 꽃은 약으로도 쓴다. 생약명은 산다화이다. 꽃이 피기 전에 채취하여 불이나 볕에 말려 쓴다. 지혈 작용을 하고 소종에 효과가 있으며 멍든 피를 풀거나 식히는 작용을 하며 피를 토하거나 장염으로 인한 하혈, 월경 과다, 산후 출혈이 멎지 않을 때 물에 달이거나 가루로 빻아 쓴다. 그 밖에 화상이나 타박상에는 가루로 빻은 약재를 기름에 개어 상처에 바른다. 이 밖에 나무의 재질도 견고하여 얼레빗, 다식판, 장기짝 등 여러 기구를 만들었고 잎을 태운 재는 자색을 내는 유약으로 썼다고 한다.

번식은 대개 종자를 뿌려 하는데 열매가 터지기 시작할 즈음 따서 종자를 고르고 3~4일간 물에 가라앉혔다가 젖은 모래를 섞어 묻어 겨울을 나고 봄에 파종한다.

특별한 품종 번식을 원할 때에는 물론 삽목을 해야 한다. 자라는 속도는 느리지만 오래 살아 좋고, 땅이 깊고 비옥하며 양지바른 곳을 좋아한다.

추위에 약한 것은 물론이고 전정도 싫어하므로 피하는 것이 좋다.

동백나무

호랑가시나무

매년 성탄절이 되면 기독교 신자들에게 가장 의미 있는 선물은 무엇일까 하는 생각을 해본다. 성모에게 바치는 백합이나 장미 또한 아름다운 꽃들이지만 예수의 고난과 영광을 함께 생각할 수 있는, 더욱이 아기 예수의 탄생을 기뻐하는 성탄을 가까이 둔 즈음에는 호랑가시나무가 가장 의미 있는 나무일 듯싶다. 호랑가시나무는 우리들이 성탄 장식을 하거나 카드를 만들 때 흔히 보는, 가장자리가 가시처럼 뾰족뾰족한 잎에 둥글고 붉은 열매가 열리는 바로 그 나무이기 때문이다.

연말연시가 되면 우리는 주변 사람들과 함께 들떠 크리스마스 장식을 만들고 이때마다 반드시 호랑가시나무의 잎과 열매를 쓰지만 이렇게 된 사연을 알고 뜻을 되새겨보는 이들은 많지 않다. 예수가 골고다 언덕에서 가시관을 쓰고 이마에 파고드는 날카로운 가시에 찔려 피를 흘리며 고난을 받을 때 그 고통을 덜어주려고 몸을 던진 갸륵한 새가 있었다고 한다. 로빈(지빠귀과의 티티새)이라는 이 작은 새는 예수의 머리에 박힌 가시를 부리로 뽑아내려고 온 힘을 다하였으나 번번이 면류관의 가시에 자신도 찔려 가슴이 온통 붉은 피로 물들게

- **식물명** 호랑가시나무
- **과명** 감탕나무과(Aquifoliaceae)
- **학명** *Ilex cornuta* Lindl. & Paxton

- **분포지** 변산반도 이남의 따뜻한 지방
- **개화기** 4~5월, 유백색
- **결실기** 10월, 겨우내, 붉은색
- **용도** 관상용, 절화용, 약용
- **성상** 상록성 관목

되고 결국은 죽게 되었다. 바로 이 로빈새가 호랑가시나무의 열매를 잘 먹기 때문에 사람들은 이 나무를 귀하게 여기게 되었고, 이 열매를 로빈새가 먹을 수 없도록 함부로 따면 집안에 재앙이 든다는 믿음까지 전해져 호랑가시나무를 신성시하고 소중히 아끼며 좋은 운이 따르는 나무라고 생각하다 보니 기쁜 성탄을 장식하는 전통이 생겼다고 한다. 호랑가시나무의 잎과 줄기를 둥글게 엮는 것은 예수의 가시관을 상징하고, 붉은 열매는 예수의 핏방울을 나타내며, 희기도 노랗기도 한 꽃은 우윳빛 같아서 예수의 탄생을 의미하고, 나무껍질의 쓰디쓴 맛은 예수의 수난을 의미한다고 하니 예수의 나무라고 해도 틀린 말은 아닐 듯싶다.

그러나 이 나무가 액운을 없애는 거룩한 나무가 된 데는 더 깊고 오래된 사연이 이어진다.

기독교가 널리 퍼지기 전 로마에서는 섣달 동짓날을 전후하여 농경신을 위하는 축제를 성대히 벌였는데 로마 인들은 선물을 보내면서 존경과 희망의 상징으로 호랑가시나무로 덮는 풍속이 있었다. 이 가시가 사람의 나쁜 마음을 없앤다고 믿었고 마구간이나 집 주변에 이 나무를 걸어두면 가축이 병에 걸리지 않고 잘 자란다고 믿기도 하였다.

피타고라스의 말을 빌리면 이 나무의 꽃을 물에 던지면 물이 엉키고, 이 나무로 만든 연장을 짐승에게 던지다가 중간에 힘이 달려 다 가지 못

호랑가시나무 열매　　　　호랑가시나무 꽃　　　　호랑가시나무 수피

하겠으면 다시 던진 사람의 손으로 되돌아오는 신비한 힘을 가진 나무라는 믿을 수 없는 이야기도 전해오는데, 이것은 피타고라스가 동방을 여행한 승려들에게서 전해들은 이야기라니 우리나라나 중국의 귀신 쫓는 풍속이 과장되게 와전된 것일 듯싶다.

영국에서는 호랑가시나무로 만든 지팡이가 비싸게 팔리는데 이 지팡이를 가지고 있으면 사나운 짐승이 가까이 오지 않고 위험한 일을 피할 수 있다는 믿음 때문이라 한다. 또 크리스마스에 선물 받은 이 나뭇잎의 가시가 억세면 그해에는 아버지의 권위가 세지고 가시가 부드러우면 어머니가 집안에서 발언권이 커지므로 가시가 억센 나무를 '히 홀리He-Holly', 부드러운 것을 '쉬 홀리She-Holly'라고 한다. 또 어린이를 매로 다스려 공부시킬 때에는 호랑가시나무 가지를 사용했다고도 한다.

그 밖에도 호랑가시나무가 기독교 예식에 쓰이는 것은 유대인들이 이집트를 탈출하여 황야를 헤맬 때 제사를 지내며 성막 안에 호랑가시나무의 가지를 꽂아놓았기 때문이라는 이야기도 있다. 어쨌든 이 나무의 영어 이름은 '홀리Holly'이다. 우리나라에 자라는 호랑가시나무는 차이니즈 홀리Chinese holly라고 하는데, 중국에만 분포하는 것이 아니므로 혼드 홀리Horned holly로 부르는 것이 적절하다. 유럽에 자라는 종류는 잉글리시 홀리English holly, 미국에서 자라는 것은 아메리칸 홀리American holly라고 한다.

우리나라에는 오래된 민속이 있는데 음력 2월 영등날 호랑가시나무의 가지를 꺾어다가 정어리의 머리에 꿰어 처마 끝에 매달아 액운을 쫓는데, 정어리의 눈알로 귀신을 노려보다가 호랑가시나무의 가시로 눈을 찔러 다시 오지 못하게 한다는 의미라고도 하고, 잘못 들어오면 정어리처럼 눈을 꿴다고 도깨비에게 경고하는 것이라고도 한다.

일본과 중국에도 이와 거의 유사한 민속이 있고 유럽에도 호랑가시나무가 액운을 쫓는다는 무성한 이야기가 있고 보면 동서양을 막론하고 호랑가시나무 잎의 그 가시는 유별난가 보다.

우리나라에서는 왜 호랑가시나무란 이름이 붙었을까? 전북에서는 이 나무를 호랑이등긁기나무라고 하는데 호랑이가 등이 가려울 때면 이 나무 잎의 굳고 날카로운 가시에 문질러서 그리 부른다고 하고, 한편으로는 가시가 너무 세고 무서워서 호랑이도 무서워하는 가시를 가진 나무라는 뜻이라고도 한다. 그 가시가 호랑이의 발톱처럼 무서워 호랑이발톱나무라고도 하고 제주도에서는 더러 가시낭이라고도 부른다.

호랑가시나무의 중국 이름은 '노호자老虎刺', '묘아자猫兒刺' 또는 '구골狗骨'이다. 노호자는 늙은 호랑이의 가시라는 말인데 왜 하필이면 늙은 호랑이일까? 이 나무와의 거리감을 줄여보기 위해서일까? 묘아자 역시 이 나무의 잎 가장자리에 있는 다섯 개의 가시가 고양이 발톱처럼 보여서일 텐데 사실 호랑가시나무 잎의 가시는 호랑이 발톱보다는 고양이 발톱을 닮았지만 우리나라 사람들이 고양이보다는 호랑이에게서 더 친근감을 느끼기 때문인 것 같다. 구골은 개 구狗에 뼈 골骨 자 즉 '개 뼈'라는 뜻인데, 그 어원을 보면 이시진의 『본초강목』에 나무가 단단하고 나무껍질에 흰빛이 돌아 마치 개 뼈처럼 생겼다고 적혀 있다. 이 모든 이름들이 모두 발톱을 가진 동물과 비교되어 재미있다.

호랑가시나무는 감탕나무과Aquifoliaceae, 감탕나무속Ilex에 속하는 상록성 관목이다. 다 자라야 3미터를 넘지 못한다. 나무 밑동에서부터 가지가 많이 나서 좀처럼 틈이 없는 빽빽한 수관을 형성한다. 잎은 짙은 녹색으로 호랑이 발톱 같다는 가시가 가장자리에 견고하게 달려 있고 잎은 가죽처럼 질기고 두껍다. 상록성이어서 사시사철 달려 있는 그 재미난 잎새는 온 겨울의 햇살을 모두 받아들이듯 반질반질 윤이 난다. 호랑가시나무의 이 조밀한 가지와 날카롭고 굳은 잎을 보면 생울타리로 이용하여도 좋을 듯싶다.

이 나무의 학명이 '아이렉스 코르누타Ilex cornuta'인데 여기서 '코르누타'는 '뿔'이라는 뜻을 가진 라틴어이다. 그 뾰족한 잎 가장자리를 발톱으로 보았든 가시로 보았든 아니면 뿔로 보았든 이것이 호랑가시를 가장 대표하는 특징임은 틀림없다.

호랑가시나무를 겨울나무라고 하지만 사실 꽃 피는 시기는 따사로운 봄철이다. 4월이나 5월 작은 우산살 모양으로 대여섯 개의 꽃이 달리는데 우윳빛이 도는 꽃은 향기롭고 곱다. 은행나무처럼 암나무와 수나무가 따로 있는데 수나무에도 열매가 전혀 없다고는 할 수 없지만 만일 열매를 보기 위해 이 나무를 심는다면 이왕이면 암나무를 고르는 데 유의해야 한다.

가을이 되어 잎새 사이로 조랑조랑 달리는 구슬같이 둥근 열매는 붉은빛이 너무도 강렬하여 무채색인 겨울에 짙푸른 잎과 조화를 잘 이룬다. 그 열매 속에는 종자가 네 개씩 들어 있다.

호랑가시나무는 우리나라 제주도를 비롯해서 주로 따뜻한 남쪽 지방에서 자라며 중국의 동부 지역에도 자란다. 앞에서 말한 바와 같이 세계적으로 몇 가지 다른 종류가 자랄 뿐 아니라 열매가 노란 것, 잎에 무늬가 있는 것 등 수십 가지의 원예 품종들이 개발되어 있다. 우리나라에서 가장 북쪽에 자라고 있는 나무들은 전라북도 변산반도 해안에서 그리 멀지 않은 부안군 부안면의 산자락에 자라고 있는 것으로 1962년 12월, 천연기념물 제122호로 지정되었다. 여기에 자라는 나무들은 키가 2~3미터 정도 되는데 오래된 나무들은 가시가 퇴화하여 잎 모양이 둥글다. 발톱 빠진 호랑이라고 할까? 이 호랑가시나무 군락 역시 일제강점기에 이미 천연기념물로 지정된 적이 있었는데 그 당시의 기록을 보면 계곡의 동서 방향으로 약 2킬로미터 사이에 밀생하는 탱자나무 속에서 수십 그루가 자라고 있고 큰 나무는 그 밑동의 둘레가 44센티미터에 달한다고 적혀 있는데 점차 사라져 지금은 그때의 위세를 잃고 있다. 이 또한 사람들의 남획 때문이다. 이 변산반도보다 겨울에 온도가 더 내려가는 추운 곳에서는 월동이 어려우므로 분에 심어 실내에서 키워야 한다. 삽목을 하거나 종자를 파종하면 되는데 종자는 젖은 모래에 묻어두면 2년쯤 지나 싹이 튼다. 그러나 만일 이 나무의 훌륭한 원예 품종을 가지고 있다면 새 가지를 잘라 꺾꽂이를 해야 좋은 형질이 그대로 이어진다. 또 깍지벌레와 갈색 반점이 생기는 반점병이나 동고병에 주의해야 하고 해가 잘 들고 바람이 잘 통하는 곳이 좋다.

호랑가시나무는 조경용이나 크리스마스 장식을 위한 절화로 쓰는 외에 약으로 쓰기도 한다. 잎과 뿌리를 강장제 또는 관절염에 쓰는데 생약명은 구골엽과 구골자이다.

호랑가시나무와는 식물학적으로 별로 관련이 없는 물푸레나무과에 속하는 구골나무가 따로 있으므로 혼동하지 않도록 유의해야 한다. 또 『본초강목』에는 잎과 열매를 술에 넣어 마시면 허리가 튼튼해진다고 적혀 있으며 나무껍질을 가지고 염료나 끈끈이를 만드는 데 사용하기도 한다.

북아메리카의 인디언들은 이 나무로 만든 차를 마시면 홍역에 좋으며 잎으로 주스를 만들어 마시면 황달이나 신경통에 효과를 본다고 전한다. 유럽에서는 잎에 소금을 섞어 쓰면 관절염과 류머티즘에 잘 들으며 붉은 열매는 장기에 좋다고 믿고 있다. 더욱이 이 나무로 만든 컵으로 우유를 마시면 어린이들의 백일해가 낫는다는 믿기 어려운 이야기까지 전해지고 있다.

사실 그동안 우리는 서양에서 귀히 여기는 서양 호랑가시나무는 성탄마다 찾으면서도, 이 땅에 자라는 호랑가시나무에 별 관심이 없었던 것이 사실이다. 그러나 햇살이 유난스런 겨울날, 반짝반짝 윤이 나는 잎새와 빨간 열매는 바라만 보아도 즐거운 마음이 들 만큼 아름답다. 긴긴 겨울이 다 가고 이른 봄에 피워내는 작고 앙증스런 꽃송이들, 그 꽃들이 내어놓은 향기로움. 호랑가시나무는 가까이 두고 아끼고 사랑해야 할 우리의 나무이다.

수국

여름이 한창일 때 보라색, 하늘색 혹은 분홍빛으로 어우러진 수국 꽃송이가 싱싱하고 무성한 초록빛 잎새와 어울려 피어 있는 모습은 한여름의 더위를 한순간에 씻겨줄 만큼 시원하고 아름답다.

수국은 꽃을 즐기기 위해 심는 낙엽 활엽수로 관목이다. 잎이 너무 무성한 탓인지 초본이라고 생각하는 이들도 많지만 수국은 나무이다. 서울을 비롯한 중부지방에서는 겨울에 추위 때문에 가지나 줄기의 끝이 얼어붙어 버리지만 따뜻한 남쪽 지방에 가면 집 대문 앞이나 작은 마당, 혹은 담장 옆에 피어 있는 풍성하고 아름다운 수국을 볼 수 있다.

수국의 고향은 중국이다. 중국에서는 뭉게뭉게 피어나는 수국 꽃송이를 두고 분단화 또는 수구화라고 부르기도 하고, 중국의 시인 백낙천에 관련한 이야기에서 유래되어 자양화紫陽花나 팔선화八仙花 라고 하기도 한다.

백낙천, 즉 백거이는 어느 날 초현사라는 절에 바람을 쏘이러 갔다. 절에 들어서자, 그 절의 스님이 반갑게 맞이하며 이상한 꽃이 피었으니 이름을 알려달라고 하였다. 스님이 이끄는 데로 따라가 보니 정말 처음 보는

• **식물명** 수국
• **과명** 범의귀과(Saxifragaceae)
• **학명** *Hydrangea macrophylla* Ser.

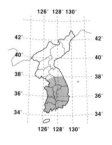

• **분포지** 일본이 원산이며 중부 이남에 식재
• **개화기** 6~7월, 공 모양의 취산화서에 청색, 백색, 분홍색, 보라색 꽃
• **결실기** 열매를 맺지 못한다.
• **용도** 관상용, 약용
• **성상** 낙엽성 활엽 관목

꽃이 한껏 피어 있었다. 보랏빛 작은 꽃들이 모여 피워낸 이 꽃을 한참 동안 넋을 잃고 바라보던 백낙천은 시를 한 수 지어 스님에게 건네주었다.

어느 해였을까?
선단상仙壇上에 심어졌던
이 꽃이 이 절로 옮겨 온 것은······
비록 이 세상에 있다 하나
사람들이 몰라보니,
그대와 함께 자양화라 이름 짓네

수국 홍색 품종

산수국 꽃

수국을 두고 신선들이 사는 선상에 있는 꽃으로 여겼으니 이보다 큰 찬사가 어디에 있을까? 중국인들이 얼마나 수국을 귀히 여기며 사랑하였는지 짐작할 수 있다. 그러나 우리가 지금 자주 만나는 수국은 이 중국의 수국을 기본종으로 하여 일본에서 만든 원예 품종이다.

수국은 학명으로 '히드랑게아 마크로필라Hydrangea macrophylla Ser.'이다. 여기서 속명 Hydrangea는 '물'이라는 뜻의 '히드로hydro'와 '그릇'이라는 뜻의 '앙게이온angeion'이라는 글자가 합쳐진 합성어이다. 이 속의 식물들이 많은 수분을 흡수하고 증산한다는 데서 유래되었다는데, 일설에 의하면 이 식물들이 물가에서 많이 자라고 또 열매 모양이 그릇과 같기 때문에 붙인 이름이라고도 한다. macrophylla란 작은 꽃들이 많이 피어 있는 것을 나타낸다. 여기까지가 중국 원산의 기본종 이름이고, 일본 수국은 품종 이름 otaksa가 더 붙는데 이러한 특별한 품종 이름을 가지게 된 데는 또 하나의 사연이 있다.

네덜란드 사람인 지볼트Philip Franz von Siebold는 1800년대에 해군 군의관으로 일본에 와서 식물학계에 크게 공헌을 하였다. 그가 일본에 있는 동안 이 신비스런 동양의 꽃, 수국을 몹시 좋아하였고 이 나무에 학명으로 그의 일본인 애인이던 오다키의 이름을 따 붙였다. 이 여인의 이름에 존칭을 붙여 오다키상이라 하고 이것이 오타크사otaksa가 되었다고 한다.

서양 사람들은 식물의 품종 이름을 연인이나 아내의 이름을 따서 곧잘 짓지만 과연 우리나라의 권위 있는 학자들은 그럴 수 있을까? 그들의 낭만이 내심 부럽기도 하다.

산수국 열매

수국 수피

수국은 범의귀과에 속하는 낙엽성 관목이다. 보통 1미터 정도의 높이로 크지만 기후가 적당한 곳에서는 이보다 훨씬 더 자라기도 한다.

수국의 잎은 크고 두꺼우며 싱싱하게 반질거려 어찌 보면 겨울에도 죽지 않을 듯싶지만 가을에는 이 잎을 모두 떨군다. 작은 꽃들이 모여 커다란 공처럼 만들어내는 꽃무리는 꽃 색깔이 변화하여 더 아름답다. 흰색으로 피기 시작했던 꽃들은 점차 시원한 청색이 되고 다시 붉은 기운을 담기 시작하여 나중에는 자색으로 변화한다. 토양이 알칼리 성분이면 분홍빛이 진해지고 산성이 강해지면 남색이 된다. 이러한 꽃의 특성 때문에 인위적으로 토양에 첨가제를 넣어 꽃 색을 원하는 대로 바꾸기도 한다. 그래서인지 이 꽃의 꽃말도 '변하기 쉬운 마음'이다.

그러나 우리가 꽃잎으로 알고 있는 것은 실제 꽃잎이 아니라 꽃받침이다. 게다가 이 수국은 수술과 암술이 모두 퇴화한 성이 없는 무성화이다.

하지만 이 땅에는 그 모습도 아름답고 결실도 하는 수국들도 있다. 산수국과 탐라수국이 바로 그것이다. 간혹 산에서 만나는 산수국은 남보랏빛 꽃잎이 무척 아름답고, 가장자리에는 수국처럼 무성화를 달고 있지만 안에는 수술과 암술을 갖추고 결실을 할 수 있는 보랏빛 작은 꽃들을 달고 있어서 더욱 값지다. 게다가 탐라수국은 무성화처럼 보이는 가장자리의 꽃들도 수술을 달고 있다. 여름에 한라산을 1,000미터쯤 오르면 경사진 면으로 무리 지어 있는 탐라수국과 멀리 보이는 한라산 정상과 안개가 어우러져 그야말로 선계에 온 듯하다.

이 밖에 일본에서 들여와 정원에 심고 있는 것 가운데 나무수국이 있다. 나무수국은 꽃 색깔이 우윳빛이고 목질 부분이 많은 데다가 중부지방에서도 월동할 수 있다.

수국은 약으로도 이용된다. 생약명으로는 수구繡球, 수구화繡毬花 또는 팔선화八仙花라고도 부른다. 뿌리와 잎과 꽃 모두를 약재로 쓰는데 심장을 강하게 하는 효능이 있으며 학질과 가슴이 두근거리는 증세에 처방하고 열을 내리는 데도 많이 쓰인다.

일본에서는 수국차라고 하여 마시는 차가 있다. 이것은 우리나라의 산수국과 비슷한 식물의 잎으로 만든 것인데 잎에 단맛이 있어 농가에서는 재배하여 마시기도 하고 석가탄신일에 이 차를 불상에 붓는 풍속도 있다고 한다.

이 풍속은 부처가 탄생하였을 때 용왕이 단비를 내려 부처의 몸을 씻어 준 것을 기념하는 행사인데 우리나라나 중국에서는 향탕을 사용하고 있지만 일본에서는 얼마 전부터 수국차로 풍속이 바뀌었다고 한다.

이 수국차가 우리나라에 들어와 비만을 치료하는 것으로 선전되기도 하였는데 사실 단것을 먹을 수 없는 당뇨병 환자들이 설탕 대신 마시는 음료는 되어도 비만에 직접적인 효과가 있다는 근거는 찾을 수 없다. 일본에서는 이 수국차를 간장의 향료로 쓰기도 하고, 구충제로 이용하기도 한다.

수국을 가까이 키우고 싶으면 종자가 없으므로 삽목을 해야 한다. 싹이 트기 전인 이른 봄, 지난해에 자란 줄기를 한 뼘쯤 잘라 모래에 꽂으면 뿌리를 잘 내린다. 옮겨 심어도 잘 살고 빨리 자라므로 키우기에 그만이지만 습기가 많고 비옥한 땅을 좋아하니 이를 보충해주어야 한다. 또 꽃은 새 가지에 달리므로 만일 나무의 모양을 가지런히 전정을 해주고 싶으면 새 가지는 놓아두고 묵은 가지 중에서 잘라내야 한다.

추위에 약해 남쪽에서는 왕성하게 잘 크지만 중부에 올라오면 잘 보살펴주어야 한다. 그래서 서울에서는 대개 화분에 많이 심는다. 지은이가 본 것 가운데 잘 자란 수국은 강원도 강릉 오죽헌의 화단에 있는 수국이다.

불두화와 백당나무

불두화는 불교와 관련이 깊다. 우선 불두화가 자라고 있는 대부분의 장소가 사찰이다. 간혹 오래된 학교의 교정에서도 볼 수 있지만 집 울타리 안에 즐겨 심은 흔적은 거의 없다. 우리나라 절은 경내에 들어서서 대웅전을 찾아가노라면 대웅전이 절 마당보다 높은 곳에 있어 계단으로 오르게 마련이다.

이 계단의 양옆에는 어김없이 작은 화단이 있는데 연륜이 깊은 절이라면 그곳에 불두화가 한 그루쯤 서 있다.

불두화는 한자 이름을 풀어 이야기하면 '부처의 머리와 같은 꽃'이다. 언뜻 보기에 흰 꽃이 탐스럽게 모여 달린 모습이 부처의 혜안처럼 둥글고 환하여 붙여진 이름 같기도 하고, 좀 더 자세히 들여다보면 둥근 꽃차례에 작은 꽃들이 모여 있는 모양이 부처의 동그랗게 곱슬거리는 머리카락을 연상시키기도 한다.

그러나 이 나무에 부처를 연상하게 하는 이름을 붙여 경내에 심었던 데는 속사정이 있는 듯하다. 본시 꽃은 결실을 하고 자손을 퍼뜨리는 필수적인 식물 기관이므로 그 꽃이 아름답든 그렇지 않든 모든 현화식물(종자식물)은 꽃을 피운다. 식물에 따라 제각기 달라 은행나무

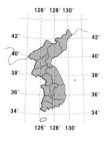

- **식물명** 백당나무(불두화)
- **과명** 인동과(Caprifoliaceae)
- **학명** *Viburnum opulus* var. *Calvescens* H. Hara

- **분포지** 전국 산지(절 주변에 식재)
- **개화기** 5~6월
- **결실기** 9월
- **용도** 정원수, 공원수, 약용
- **성상** 낙엽성 관목

처럼 암나무와 수나무가 따로 있기도 하고, 소나무처럼 한 나무에 암꽃과
수꽃을 따로 만들기도 하며, 장미꽃처럼 한 꽃송이에 암술과 수술을 함께
만들기도 하지만 모두 두 개의 성을 가지고 곤충이나 혹은 바람의 힘을
빌려 수분이 일어나고 열매를 맺게 되는 것이다. 그러나 불두화의 꽃에는
수술과 암술이 없고 오직 흰 꽃잎만 있다. 그래서 성이 없는 무성화이다.
풍성한 꽃에 향기가 일고 벌과 나비가 찾아들어 급기야 열매를 맺어 다
시 이어지는 모습은 수도승들이 분심을 일으키기에 충분하여, 속세와 연
을 끊고 면벽하며 성불하고자 하는 이들이 불두화를 심으려 했던 마음은
오히려 자연스러운 것이 아닐까?

　불두화는 우리나라의 산과 들에 저절로 자라는 나무는 아니다. 인위적
으로 만들어진 원예 품종인데 이는 어찌 생각하면 당연한 일이다. 만약
에 자연 상태에서 우연히 돌연변이가 일어나 불두화처럼 무성화가 만들

불두화 꽃

불두화 수피

어졌더라도 그 나무는 결실을 하지 못하므로 더 이상 후손을 잇지 못하고 사라졌을 것이다. 이 나무가 어느 나라에서 처음 나왔는지 기록은 남아 있지 않지만 우리나라에서는 16세기 전후로 추정하고 있으며 일본에서도 에도 시대에 약용으로 재배했다가 나중에 정원수로 이용했다는 기록이 남아 있다.

불두화는 인동과에 속하는 낙엽성 관목이다. 다 자라도 키가 3미터를 넘지 못한다. 풀색이던 어린 가지는 자라면서 점차 황갈색으로 변하며 다 자라면 잿빛이 된다. 나무껍질에는 코르크질이 발달하여 세로로 갈라진다. 두 개씩 마주 달리는 잎은 세 갈래로 갈라지는데 그 끝이 짧은 꼬리처럼 뾰족하여 마치 오리발같이 느껴진다. 잎의 상반부 가장자리에는 거친 톱니가 생기며 뒷면 맥 위에 털이 나 있다. 이 잎을 달고 있는 잎자루는 3~4센티미터 정도 되는데 붉은빛이 돈다. 위쪽에 홈이 보이는데 무성화를 가진 것을 보상하려는 듯 이곳에 꿀샘이 있다.

꽃은 무성화가 둥근 공처럼 모여 달리는데 석굴암의 부처님 머리처럼 크지는 않아도 여느 사찰 불상의 부처님 머리만큼은 된다. 꽃차례를 이루는 꽃 하나하나는 1원짜리 동전 정도의 크기인데 끝이 다섯 갈래로 갈라지고 아래는 붙어 있는 통꽃이다. 이 불두화의 뿌리와 껍질은 약재로 쓰인다고 하는데 정확한 약효는 알려져 있지 않다. 불두화는 수구화(繡毬花: 수놓은 공)라는 고운 이름도 있으며 영어로 스노볼 트리Snowball tree라고 하는데 꽃의 특징을 이름에서 잘 나타내준다.

불두화의 모체가 되는 것은 백당나무이다. 사람에 따라서는 백당나무

백당나무 꽃 　　　　백당나무 열매

를 보고 무심히 불두화라 부르기도 한다. 우리나라 산야에서 볼 수 있는 이 나무는 꽃을 제외한 모든 기관이 불두화와 같다. 불두화의 꽃차례가 공과 같다면 백당나무는 원판 모양으로 납작한데 무성화와 유성화가 함께 달린다. 다시 말해 백당나무에서 꽃잎이 작은 유성화를 없애고 무성화만 남겨놓은 품종이 불두화가 되는 것이다. 유성화는 꽃잎이 발달하지 않아 2~3밀리미터 정도의 작은 꽃들이 중심에 모여 있는데 자세히 보면 다섯 장의 꽃잎들이 퍼지지 않아 술잔처럼 보인다. 그 안으로 보란 듯이 길게 자란 수술 다섯 개가 보랏빛 꽃밥을 달고 있다. 그 둘레로 무성화가 둥글게 달리는데 화려한 꽃잎만을 가진 무성화가 시각적으로 곤충을 유인하는 역할을 하면 중심부의 꽃에서는 실제 중요한 수분이 이루어진다. 고도의 역할 분담을 하는 것이다. 이는 인간이 세상을 살아가는 데 나름대로 지혜를 모아 살아가듯 백당나무도 효율적으로 살아남기 위해 세운 삶의 전략인 것이다.

　백당나무는 밀원식물로 이용된다. 백당나무 꽃이 피는 시기는 봄꽃이 다 져버리고 여름 꽃이 미처 피지 않은 시기인데 모처럼 꽃이 피어서인지 벌이 많이 찾는다.

　백당나무는 불두화와는 달리 열매가 달린다. 아주 밝고 맑은 빨간색 완두콩알 모양의 열매는 여러 개가 깔때기 모양을 이뤄 아름답다. 꽃차례가 영락없는 접시 모양이어서 그런지 북한에서는 이 백당나무를 접시꽃나무라고 부른다. 또 꽃차례 가에 달리는 무성화를 변두리꽃 또는 실제 기능은 못하고 보기만 아름답다 하여 장식꽃이라고 부르기도 한다.

불두화를 번식시키려면 꺾꽂이를 하거나 분주를 하면 된다. 3월경에 지난해에 자란 가지를 한 뼘쯤 잘라내어 모판에 꽂고 이듬해에 옮겨 심으면 된다. 특별한 토양 조건 없이 어느 곳이든 잘 자라지만 햇볕이 모자라면 개화하지 못하는 경우도 있다. 정원에 심어놓은 불두화가 초여름 비를 맞고 한 아름 피면 마치 푸른 하늘의 뭉게구름처럼 보기에 시원스럽다. 그러나 불두화의 잎이 진 후 쌓인 낙엽에 비가 내리면 악취가 나므로 낙엽은 없애주는 것이 좋다.

등

등꽃이 한창 피어 있는 모습은 정말 아름답다. 연보라색 꽃송이를 주렁주렁 매달고 따사로운 5월의 볕 아래서 피어나는 등꽃은 여린 녹둣빛 잎새와 어울려 사랑스러우면서도 그 친친 휘감아 올라가는 줄기에서 웅장함도 느껴진다. 등꽃이 피는 계절에 등 곁에 서면 나른한 봄기운에 꽃향기가 묻어난다. 은은하면서도 깔끔한 등꽃 향기의 뒷맛은 진하고 달콤한 아까시나무 꽃향기와 그 격이 사뭇 다르다.

그러나 대개 등꽃이 피는 5월에는 등을 눈여겨보지 않게 된다. 등 그늘을 찾을 즈음이면 이미 등꽃은 긴 꼬투리 열매로 그 흔적을 남긴 채 사라져버린 지 오래여서 꽃의 아름다움을 놓치기 쉽다. 그래서인지 대부분의 나무가 봄에 꽃이 피면 봄 나무요, 여름에 꽃이 피면 여름 나무로 여겨지건만 등만 유독 봄에 꽃을, 그것도 풍요롭게 많은 꽃을 피우고도 여름 나무로 대접받는다.

등은 콩과에 속하는 덩굴성 식물이다. '등藤'이라는 한자는 위로 감고 올라가는 모양을 본떠서 만든 상형문자이다. 학술적으로 이 나무의 본래 이름은 참등이라고 하는데 흔히 등이라고 하여 산등이나 애기등 같은 등류

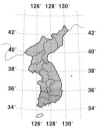

- **식물명** 등
- **과명** 콩과(Leguminosae)
- **학명** *Wisteria floribunda* DC.

- **분포지** 경남, 전남, 충남 지역 등에 일부 자생하며 전국에 식재
- **개화기** 5월, 연보라색
- **결실기** 9~10월
- **용도** 정원수, 공원수, 가구재, 식용, 약용
- **성상** 덩굴성 낙엽교목

를 통칭한다. 어떤 학자는 우리나라에서 자라는 참등과 구분하여 여름에 흰 꽃이 피는 일본 특산 나무인 '위스테리아 야포니카*Wisteria japonica*'를 등이라 부르기도 한다. 이렇게 저마다 다르게 부르다 보니 이제는 참등을 그저 등이라 부르기가 예사가 되었다. 학자들이 전반적인 흐름을 따라 입장을 바꾼 것이다. 우리나라 산에서 야생 상태로 자라는 것을 산등이라고 말하는 이가 있는데 이는 잘못된 것이다. 산등은 우리나라에서는 자라지 않는다. 우리나라 산과 들에서 자생하는 등은 흔히 정원에서 볼 수 있는 참등과 같은 종류이다.

부산 동래에 의상대사가 창건했다는 범어사의 뒷산인 금정산 산허리께 가면, 계곡 물이 흐르고 큰 바위가 드러난 곳에 수많은 등이 소나무와 팽나무를 감고 올라가며 잘 자라고 있다. 이 범어사의 등 자생지는 한곳에 수많은 등이 모여 자란다 하여 천연기념물 제176호로 지정되었으며 이 계곡의 이름도 등운곡藤雲谷이다. 등꽃이 한창일 때면 이곳에는 소나무, 오리나무 등 주변에 있는 온갖 나무를 휘감고 올라간 등의 꽃송이

등꽃　　　　　　　등 열매　　　　　　　등 수피

로 꽃 터널을 이룬다. 그러나 이렇게 천연기념물로 지정하여 보호하다 보
니 등들이 너무 기세등등하여 절 주변의 오래되고 풍치 좋은 소나무들을
감고 올라가 압사시키기에 이르렀다. 본래 오래된 사찰의 훌륭한 송림은
우리나라 고유의 아름다움을 대표하는 모습이건만 난데없는 등의 득세
로 죽을 위기에 처하자 사람들은 고민에 빠지게 되었다. 그리하여 마침내
관계자들의 조사와 적절한 조치가 이뤄지게 되었는데, 많은 등을 그대로
살려 보존하되 좋은 소나무를 타고 오르는 등만은 위쪽 줄기를 쳐내기로
하였다.

　서울의 삼청동 국무총리 공관에도 천연기념물 제254호로 지정된 등
한 그루가 자라고 있다. 나이가 800~900살쯤으로 추정되는 이 등은 다
른 천연기념물 등과는 달리 등가藤架에 유도되어 잘 다듬어져 관리되고
있어 정원수로서 훌륭한 역할을 해내고 있다. 너무 오래 살아 땅 위에 누
운 줄기는 그 둘레가 2미터가 훨씬 넘는데 반쯤은 죽고 껍질이 남아 그
명줄을 연장하고 있다.

　경상북도 경주시 현곡면 오류리의 등은 오랜 세월 동안 크고 훌륭하
게 자랐다고 하여 천연기념물 제89호로 지정되었다. 이곳에는 농가 한
채 양쪽으로 등 한 그루씩 모두 네 그루가 팽나무를 감고 자라고 있는데,
지름이 큰 것은 50센티미터쯤 되고, 옆으로 20미터쯤 퍼졌으며, 높이는
17미터가 넘는다. 이 등 네 그루가 얽히고설켜 퍼진 넓이는 동서로 20미
터, 남북으로 50미터에 이른다고 한다.

　이렇듯 오랜 세월을 거쳐 잘 자란 나무에 전해 내려오는 사연이 없을

리 없다. 지금은 논밭뿐인 이곳이 신라 시대에는 숲이 우거져 용림이라 하였는데 이곳에서 임금이 신하들을 거느리고 사냥을 했다고 한다.

이 마을 농가에는 열아홉 살, 열일곱 살 된 아름답고 착한 두 자매가 있었는데 둘 다 남모르게 이웃집의 청년을 사모하고 있었다. 어느 해에 전쟁이 나서 이웃집 청년은 싸움터로 떠나게 되고 그 모습을 몰래 보며 눈물짓다 두 자매는 비로소 서로가 한 남자를 사랑하고 있음을 알게 되었다. 다정한 자매가 서로 양보하기로 결심하고 있을 때에 그 청년이 죽었다는 소식을 듣고 연못가에서 서로 얼싸안고 울다가 함께 못에 몸을 던졌다. 그 뒤로 연못가에는 등 두 그루가 자라기 시작하였다. 그런데 죽은 줄만 알았던 청년은 훌륭한 화랑이 되어 돌아오게 되었고, 이 화랑은 세상을 등진 자매의 애달픈 사연을 듣고서 자신도 연못에 몸을 던졌다. 그 화랑이 죽은 연못가에서 팽나무가 자라 나왔고 이로부터 등 두 그루는 팽나무를 힘차게 감고 올라가 자라 음력 3월이 되면 탐스러운 꽃송이를 터뜨리고 그윽한 향기를 퍼뜨리게 되었다.

마을에서는 이 등을 용등이라고 부르는데 용림에서 자라는 등이라는 뜻이며 생긴 모양도 용처럼 구불구불한 줄기를 가지고 위용을 자랑한다. 이 용등의 꽃을 말려 신혼 부부의 금침에 넣어주면 금실이 좋아지고 사이가 멀어진 부부도 이 나무의 잎을 삶은 물을 마시면 애정을 회복할 수 있다 하여 지금도 이곳을 찾는 이들의 발길이 끊이지 않는다고 한다.

등이 야생 상태로 자연스럽게 자라는 모습을 보려면, 부산이나 경주 말고도 속리산이나 계룡산 동학사로 가는 길 계곡에 가봄직하다. 등이 우거져 아름다운 꽃을 마음껏 매달고 있는 모습을 볼 수 있다. 또 전라남도 화엄사 부근에 가면 오래 묵은 등 덩굴을 볼 수 있다. 가깝게는 북한산 자락을 오르다가도 야생의 등 구경이 가능하다.

등은 원줄기가 특히 길게 뻗어 나와 많은 가지를 만들며 다른 물체를 감고 자란다. 흔히 보는 참등은 지주목을 오른쪽 방향으로 감고 올라간다고 잘못 알려져 있는데, 오른쪽뿐만 아니라 왼쪽 방향으로도 감고 올라간다. 이 줄기에서 봄에 잎과 꽃이 함께 싹터 자라기 시작하는데 꽃대가 다 자랄 즈음 잎도 봄볕에 반짝이는 보송한 솜털을 벗어버리고 푸르러지기 시작한다.

등 잎은 잎자루 하나에 작은 잎을 여러 개 달고 있는 복엽이다. 복엽 한 개에는 달걀 모양의 끝이 뾰족한 작은 잎이 적게는 열세 개에서 많게는 열아홉 개까지 달린다. 한껏 자란 꽃대는 30센티미터가 넘고 연자주색 꽃이 수없이 많이 달린다.

등의 학명은 '위스테리아 플로리분다*Wisteria floribunda*'인데 앞의 말은 이 나무를 찾아낸 위스터Caspar Wistar라는 미국인 학자를 기념하여 붙인 이름이고, 뒤의 단어는 '꽃이 많다'는 뜻의 라틴어이다. 포도송이보다 더 많이 매달리는 등꽃을 보노라면 이 학명을 붙인 것이 저절로 이해된다. 꽃을 따서 좀 더 자세히 보면 저마다 다른 모양으로 생긴 꽃잎은 연자주색, 또 그 밑으로 황록색이 돌고 안쪽으로는 짙은 자줏빛을 띤다. 그러나 아까 말한 백등은 흰 꽃을 피운다. 이를 흰등이라고도 하는데 그 향기가 유난히 진하다.

등의 쓰임새는 역시 시원한 그늘을 주는 정원수가 으뜸이다. 한여름 도심에서 등 그늘보다 더 좋은 휴식처를 찾기가 쉽지는 않을 것이다. 등은 쉽게 자라므로 지주목을 세워 몇 그루 심으면 몇 해 안에 좋은 등 그늘이 생겨난다. 우리나라 전통 정원 양식으로 꼽히는 전라남도 담양군의 소쇄원이나 강진군의 다산초당 정원에 등이 심어졌다는 기록이 있고 보면 이 나무가 관심의 대상이 된 것은 오래전 일이라 생각된다.

그 밖에도 등은 용도가 다양하다. 어린잎이나 꽃을 가지고 만든 등화채라 하는 꽃나물이 있고, 참등의 꽃을 따서 소금물에 술을 치고 버무려 시루에 찐 다음 식혀서 소금과 기름에 무쳐 먹기도 한다. 종자는 흔히 볶아 먹는다.

적절한 굵기의 덩굴은 바구니를 만드는 데 쓰이기도 하고, 질긴 나무껍질은 새끼를 꼬거나 키를 만드는 데 쓰이기도 한다. 일부에서는 등 덩굴을 가늘게 쪼개어 등거리라는, 한여름 땀에 젖은 옷이 몸에 붙지 않게 입는 시원한 속옷을 만들어 입기도 하였다. 또 묘하게 꼬인 줄기로 만들어진 등지팡이는 신선이 짚고 다니는 것이라 하여 희귀하게 여긴다.

그러나 요즈음 고급 가구로 팔리는 이른바 등가구는 이 등과는 전혀 다른 것으로 인도네시아 같은 아시아 열대 지역에서 '라땅'이라고 부르는 덩굴식물로 만든 가구이다. '래탠Rattan'이라는 영어는 이 덩굴식물을 가리키는 말인데, 우리나라에서는 '등'이라고 번역되어 참등이라는 말과 뒤섞여서 사용되고 있다.

등 줄기는 섬유로 가공이 가능하며 『계림유사』에는 신라에 등포가 난다는 기록이 있고, 『고려도경』에는 고려의 종이는 모두 닥나무로 만든 것이 아니라 때로는 등 섬유로 만들었다고 적고 있으니 예전부터 그 쓰임새가 많았음을 알 수 있다. 또 등으로 그릇을 만들어 썼다고도 한다. 요즈음에는 꽃에 꿀이 많아 양봉 농가에서 환영받는 나무이기도 하다.

중국에서는 등으로 향을 만드는데, 이 향을 피우면 향기가 좋고 다른 향과 잘 조화되며 자색의 연기가 올라가 그 연기를 타고 신이 강림한다고 여겼다. 민간에서는 등의 늙은 줄기에 벌레의 알이 부화되면서 생기는 혹이 위암 또는 자궁암에 좋다고 알려졌다.

등은 약으로도 이용된다. 뿌리를 달여 이뇨제, 근골통증 치료제, 부스럼 약으로도 이용하였다.

매자나무

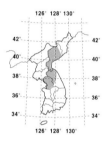

매자나무는 그 모습이 매우 사랑스러운 우리나라 특산 식물이다. 특산 식물은 세계적으로 우리나라나 우리나라와 아주 인접한 만주 등지에서 제한적으로 분포하므로 우리에겐 매우 귀중한 식물이다. 보전의 관점에서 본다면 우리나라에만 있으므로 만일 우리의 훼손이나 무관심으로 이 땅에서 사라진다면 그것은 지구에서 영원히 없어지게 되며, 이 식물이 어떠한 용도로든 귀하게 쓰이는 식물 자원이라면 희소가치와 독점권 때문에 가치가 더더욱 커질 수밖에 없다. 세계 생물 다양성에 관한 협약 등 각국이 동식물의 가치를 새삼스레 깊이 인식하고 귀한 재산으로 생각하는 시대가 오고 있으니 작고 보잘것없는 한 포기의 풀마저 예사롭지 않게 된 것이다. 특히 생물자원 활용 이익을 자원 제공 국가에 배분하기로 한 나고야의정서가 채택되면서 이러한 식물 자원의 가치와 권리는 국가적으로도 매우 중요한 문제가 되었다.

사실 매자나무라는 아름다운 꽃이 달리는 이 작은 나무가 세계적으로 통용되는 라틴어 학명에 코레아나 *Koreana*라는 이름을 달고 자랑스레 나섰으니 그 하나만

- **식물명** 매자나무
- **과명** 매자나무과(Berberidaceae)
- **학명** *Berberis koreana* Palib.

- **분포지** 중부 이북 산비탈에 분포하는 한국 특산 식물
- **개화기** 5월, 노란색 총상화서
- **결실기** 10월, 붉은색
- **용도** 관상용, 약용
- **성상** 낙엽성 활엽수, 관목

으로도 기쁨을 주기에 충분하다.

　그러나 불행하게도 아직까지 매자나무를 잘 알고 있거나 그 가치를 제대로 대접해주는 사람들은 그리 흔치 않은 듯싶다. 매자나무는 다 자란 듯한 나무도 키가 2미터를 넘지 못하는 낙엽성 관목이다. 홈이 많이 파인 잔가지가 많이 나서 더북한 수형을 만들고 2년 이상 묵으면 가지에 붉은빛이 돌고 손톱 길이만큼 되는 날카로운 가시가 많이 나서 매자나무는 줄기만 보아도 금세 알 수 있다. 가지의 마디마다 대여섯 장씩 모여 달리는 타원형의 크고 작은 잎 또한 모양이 아주 독특하다. 짧게는 3센티미터에서 길게는 7센티미터 정도까지 되는 잎들은 가장자리에 가시 같은 톱니가 있고 잎의 뒷면을 보면 주름이 많다. 가지나 잎도 좋지만 포도송이 같은 노란색 꽃은 무척 아름답다. 봄이 한창인 5월쯤이면 잎이 모여 달린 겨드랑이마다 아주 작고 샛노란 꽃 수십 송이가 조랑조랑 예쁘게 매달린다. 새로 자리 잡은 연녹색 잎과 노란 꽃들의 조화는 가히 일품이다. 가을에 익는 열매 또한 특색 있고 보기 좋은데 꽃송이가 달렸던 자리마다 둥근 열매들이 가득가득 달려 늘어진다. 처음에는 노랗게도, 주홍색으로도 가지각색으로 익어가던 열매들이 다 익으면 불붙듯 익

매자나무 꽃   매자나무 열매   매자나무 수피

어서 아름답다. 이 열매는 새들의 아주 좋은 먹이가 된다. 매자나무의
형제들을 총칭하는 속명 '베르베리스*Berberis*'는 열매를 뜻하는 아랍어
'베르베리즈berberys'에서 유래하였다고 한다.

가을이 되어 자줏빛으로 물드는 매자나무의 단풍 또한 일품이다. 그러
나 막상 산에 가면 매자나무와 아주 비슷한 나무들을 만나게 되어 어리
둥절하기도 한다. 특히 당매자나무와 매발톱나무가 많은데 당매자나무
는 하나의 꽃차례에 달리는 꽃의 수가 적고 잎 가장자리에도 톱니가 없
어 구분이 가능하며, 매발톱나무는 꽃의 생김새가 매자나무와 매우 유사
하지만 잎 가장자리의 톱니가 더 규칙적이고 세 갈래로 갈라진 가시의
길이가 1~2센티미터로 무서울 만큼 날카롭다. 이 가시 때문에 나무의 이
름도 매발톱나무가 되었으며 그 외에도 지역에 따라 산딸기나무나 삼동
나무, 소백, 시금치나무 등으로 부르기도 한다.

최근 일본에서 들여와 우리의 정원에 심는 나무들 가운데 일본매자나
무가 있다. 잎이 작고 꽃의 바깥쪽에 다소 붉은빛을 띠는 것이 특징이며
사시사철 붉게 물든 잎을 단 붉은잎일본매자라는 품종이 널리 퍼져 있다.

앞에서도 말했듯이 매자나무는 관상용으로 적합하다. 정원수도 외국
에서 무작정 들여와 국적도 없는 뜰을 만들 것이 아니라 고유 품종을 개
발하는 일이 매우 시급한데 매자나무와 매발톱나무는 그 품종으로 아주
적합하다. 매자나무를 관상수로 키우는 데는 자그마한 독립수로 키워도
좋지만 줄지어 나지막한 생울타리를 만들어도 보기 좋다. 경상도 동해 바
닷가 청하라는 곳에 있는 기청산 식물원에 가면 잘 만들어진 매자나무

울타리를 볼 수 있다.

한방에서는 매자나무나 매발톱나무, 당매자나무 등 유사한 나무들이 모두 함께 이용되는데 소엽, 자약, 산석류 등으로 부른다. 줄기는 황염목이라고 하여 봄이나 가을에 줄기를 베어 가시를 제거한 후 다듬어 말려 쓴다고 한다. 『동의보감』에는 줄기를 달인 물로 입가심하면 입이 헐었을 때 좋다고 적혀 있으며 건위약으로 또는 결막염 등에 쓴다고 한다. 뿌리의 껍질은 산후 출혈에 쓰며 잎은 꽃이 필 즈음 뜯어 말려서 쓰는데 지혈과 자궁 수축, 혈압 강하 작용을 도우며 특히 담낭에 질병이 있을 때에 통증과 염증을 줄이는 효과가 있다고 알려져 있다. 잎을 약으로 쓸 때 돼지고기의 살코기를 함께 약한 불에 삶아서 먹는다는 처방도 기록되어 있다. 열매를 달인 물은 위병, 입안 염증, 폐렴에 쓴다.

매자나무의 어린순은 따서 나물로도 해 먹을 수 있는데 그냥 먹으면 쓴맛이 나므로 잘 데쳐서 우려낸 다음 양념을 해야 하며, 북한에서는 매자나무 열매로 청을 만들어 끓여서 앙금을 걸러 보관했다가 물에 타서 청량음료 대신 마시기도 한다고 한다.

계절마다 색다른 맛을 풍겨내는 우리의 매자나무는 마당에 옮겨 키우기에 그리 어렵지 않다. 햇볕이 드는 곳에서도 그늘이 지는 곳에서도 그리 큰 어려움 없이 잘 자라며 옮겨심기도 쉽다. 하지만 환경오염에는 잘 견디지 못하므로 오염이 심한 공단이나 도심에서는 피하는 것이 좋다.

번식 방법으로는 대개 씨를 뿌리지만 간혹 삽목을 하기도 한다. 파종은 가을이 되어 충분히 익은 열매를 따서 과육을 제거한 후 건조하지 않도록 깨끗한 모래에 섞어 저온 저장하거나 땅속에 묻어두고 겨울을 난 다음 이듬해 봄에 씨를 뿌리면 되고, 삽목은 3~4월, 6~7월, 9월쯤에 가지삽을 하면 뿌리가 잘 내린다. 물론 이때에 발근 처리제를 발라주면 더욱 효과적이다.

수수꽃다리

5월의 밤은 아름답다. 눈 뜨고 바라보지 않아도 그저 무심히 스쳐 지나가기만 하여도 온통 휘감겨오는 꽃향기로 5월의 밤은 더욱 빛난다. 이 청량한 꽃 내음의 주인이 바로 수수꽃다리다. 이 꽃의 향기는 밤에 더욱 두드러진다. 대부분 꽃의 향기는 해가 있어야 비로소 동하기 시작한다. 식물들이 만들어내는 화려한 꽃잎과 진한 향기 그리고 달콤한 꿀은 우리네 인간을 위한 것이 아니라 후손을 번성키 위해 벌과 나비를 유혹하기 위한 노력이므로 대부분의 식물은 곤충들이 활동하는 시간에 맞추어 꽃잎을 벌리고 꿀과 향기를 내보낸다. 그러나 수수꽃다리의 향기가 밤에 더욱 두드러지게 느껴지는 것은 왜일까? 시선으로 빼앗기는 많은 에너지를 밤에는 고스란히 향기로 느낄 수 있기 때문이다. 또 눈부신 햇살 속에서는 수수꽃다리 외에도 다투어 피어나는 수많은 꽃내음이 온통 뒤섞여 이 꽃의 향기가 빛깔로 느껴지기 어렵기 때문일 것이며, 무엇보다도 그 향기가 주체할 수 없을 만큼 풍부하여 밤까지 이어지기 때문이 아닐까. 그러니 굳이 밤이 아니어도 동네 어느 집 마당에 큰 나무 한 그루만 자라고 있어도 그 맑고 그윽한 향

- **식물명** 수수꽃다리
- **과명** 물푸레나무과(Oleaceae)
- **학명** *Syringa oblata* var. *dilatata* Rehder

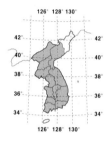

- **분포지** 황해도, 평남 및 함남의 석회암 지대에 자생, 남한에 많이 식재
- **개화기** 4~5월, 연한 자주색 꽃
- **결실기** 9월, 갈색
- **용도** 정원수, 공원수
- **성상** 낙엽성 관목

기는 골목까지 이어진다.

　수수꽃다리는 조금은 귀에 선 이름이다. 이 꽃을 모두들 라일락이라고 부르고 있기 때문이다. 수수꽃다리와 라일락 외에도 정향나무, 개회나무라고 부르는 꽃나무들이 여럿 있는데 서로 비슷하게 생겨서 언제부터인가 그저 라일락이라고 한데 어울려 부르다 보니 이제는 이름을 바로잡아 제대로 부르기가 조금 복잡해졌다. 한마디로 라일락은 이 종류 나무들을 통틀어 부르는 서양식 이름이고, 정향나무는 중국식 이름이라고 생각하면 된다.

　라일락은 중세 때 아랍에서 스페인 및 북아프리카를 정복하면서 함께 들어가서 15세기부터는 유럽에서 재배를 시작하였고 조선 말엽에 우리나라로 건너와 원예용으로 퍼졌다는 기록이 있다.

　우리나라에서 자생하는 수수꽃다리는 황해도와 평안도에서 자라는 우리나라의 특산 식물이고 그 밖에 개회나무, 버들개회나무, 꽃개회나무, 섬개회나무, 정향나무 등 수수꽃다리속에 속하는 비슷한 꽃나무들이 많이 있다. 그 가운데 특히 수수꽃다리는 꽃과 향기가 풍부하고 아름답다. 수수꽃다리는 남한에서는 자생지를 찾아볼 수 없고 이제는 확인해볼 수

털개회나무 꽃 　　　수수꽃다리 열매

도 없는 상황이지만 해방 전에 이미 이 나무의 좋은 점들이 알려져 남쪽에 몇 그루 옮겨 심어놓은 것이 후손을 퍼뜨려 전국에 퍼져 있다.

그러나 우리 주변에 있는 이 꽃나무는 서양에서 들여온 서양 수수꽃다리일 수도 있고 우리 꽃 수수꽃다리일 수도 있다. 이 두 종류의 나무는 모양새와 특성이 거의 비슷해서 구별해내기 아주 어렵다. 굳이 구분해보자면, 우리나라의 수수꽃다리는 키와 꽃차례가 작고 잎에 광택이 없다. 우리의 수수꽃다리와 같은 핏줄을 가진 나무가 중국에 있는데 이 나무를 아편전쟁이 있을 무렵 유럽으로 가져가 많은 원예 품종을 만들어냈고, 현재 외국에서 우리나라에 들여온 나무들은 그 출처를 뚜렷이 구분하지 않고 모두 라일락이라고 부르는 실정이니 그 가운데는 수수꽃다리와 같은 핏줄도 섞여 있을지 모르는 일이다.

예전에는 우리나라의 수수꽃다리를 꽃개회나무 등과 함께 그저 정향나무라고 부르기도 하였다. 그 당시에는 지금처럼 식물의 종을 명확히 구분하지 않았던 까닭에 비슷한 식물들을 모두 중국의 영향을 받아 정향나무라고도 불렀고 민간에서는 새발사향나무라고 불렀다.

중국에서는 수많은 수수꽃다리 종류의 이름을 사천정향, 홍정향, 화사정향 등 꼭 '정향'이라는 이름을 뒤에 붙여 부른다. 이 '정향'이라는 이름은 한자로 고무래 정丁, 향기 향香 자를 쓰는데 향기가 짙은 꽃임을 강조하여 붙여진 이름이라고도 하고, 위가 벌어지면서 아래로 화통이 긴 꽃모양이 고무래 정丁 자와 비슷하여 붙여진 이름이라고도 하는데, 이 글자가 상형문자이고 보면 아무래도 후자가 설득력 있다. 새발사향나무는 새발같이 생긴 향기 나는 나무라는 뜻이다.

우리 조상들은 이 꽃이 피면 따서 말려 향갑이나 향궤에 넣어두고는 항상 방 안에 은은한 향기가 돌도록 하였으며 여인들의 향낭에 넣어 쓰는 일도 많았다고 한다.

라일락은 아랍어에서 기원한 영어 이름이고 프랑스에서는 리라라고 하는데 서양, 특히 유럽에서 인기가 높다. 꽃과 향기가 인상적이어서 많은 시와 노래와 소설에 등장하는데 한결같이 사랑의 노래이다. 1960년대에 세계적으로 유행하여 우리나라에까지 잘 알려진 〈베사메 무초〉라는 노래에도 이 꽃이 나온다.

"베사메 베사메 무초 / 고요한 그날 밤 리라꽃(라일락 꽃) 피는 밤에 /
베사메 베사메 무초 / 리라꽃 향기를 나에게 전해 다오."

사랑하는 연인을 리라꽃처럼 귀여운 아가씨로 비유하여 사랑의 기쁨을 노래하였다. 눈을 감고 이 노래를 듣고 있노라면 라일락 향기와 가슴 가득한 사랑의 마음이 전해오는 듯하다.

유럽에서도 사랑을 많이 받은 만큼 이 라일락에 관한 이야기도 많다. 겨울이 가고 5월이 오면 독일에서는 가장 아름다운 이 시기를 라일락 타임이라고 하여 축제 분위기에 젖어드는데 아름다운 처녀들이 저마다 라일락 꽃송이를 들여다보고 다닌다는 것이다. 이는 라일락 꽃은 끝이 넷으로 갈라졌지만 간혹 돌연변이가 생겨 다섯 갈래인 꽃도 찾을 수 있는데 이렇게 찾은 다섯 갈래의 꽃을 삼키면 연인의 사랑이 변치 않는다고 믿었기 때문이다. 사람들이 네 잎 클로버의 행운을 원하듯 독일의 아가씨들은 열심히 다섯 갈래 라일락을 찾아내어 영원한 사랑을 얻고 싶어 했는데 이 다섯 갈래의 꽃을 '럭키 라일락lucky lilac' 즉 행운의 라일락이라고 불렀다. 또 프랑스에서는 흰색 라일락이 청춘의 상징이므로 젊은 여인들만이 간직할 수 있는 꽃이라고도 한다.

그러나 영국에서는 보라색을 슬픈 색이라 하여 눈에 띄는 곳에는 보라색 라일락을 꽂아두지 않으며, 영국 민속에 라일락 꽃을 몸에 지닌 여자는 결혼한 후 반지를 낄 수 없는 때를 만난다고 하여 약혼한 후 라일락을 한 송이 보내면 파혼의 뜻으로 통하던 때도 있었다고 한다.

서양의 라일락과는 그 종류가 다르지만 일본에도 수수꽃다리와 유사한 꽃나무들이 몇몇 자란다. 특히 북해도의 아이누 족들은 이 나무의 목재는 썩지 않아 30년이 지나면 돌이 된다고 믿었으며 그래서 묘비목이나 흙을 파는 연장으로 이용하였다. 눈이 많은 그 지역에서 눈을 멎게 하는 제사를 지낼 때 맑은 날에 태어난 노파가 이 나무와 자작나무, 쐐기풀의 껍질을 벗겨 한데 섞어서는 횃불을 만들어 "이 푸르지도 못한 눈아, 얼마든지 내려서 이 횃불의 불을 한번 꺼봐라. 못 끄겠거든 그쳐버려라" 하며 호통치는 주문을 외웠다고 한다. 대개 주문은 빌고 바라는 것인데 이 주문은 아주 호기 있고 배짱 있는 주문이어서 재미있다. 어쨌든 많은 눈 속에서도 주문을 외우는 노파가 그렇게 큰소리를 칠 수 있는 것을 보면 이 나무껍질이 불에 매우 잘 타는가 보다.

우리나라에서 자라는 수수꽃다리와 비슷한 나무 가운데 개회나무류가 있다. 아주 오래전부터 이 땅에 살고 있던 나무였지만 학술적으로 가장 처음 인정된 나무이다. 1902년에 돌개회나무가 발견된 이래 개회나무, 버들개회나무, 꽃개회나무 등이 차례로 알려졌으며 수수꽃다리는 1910년대에 따로 구분되었다.

수수꽃다리 외에도 개회나무와 꽃개회나무가 보기에 아름다워 정원수로 개발할 만하다. 수수꽃다리 종류들은 꽃이 길어 꿀샘이 꽃 속 깊이 들어 있기 때문에 그 엄청난 향기에 비해 벌이 많이 찾아오지 않아 열매를 충실하게 맺기 어려운데 개회나무는 길이가 짧고 수술이 길게 나와 벌이 많이 찾는다. 꽃개회나무는 그 이름에서 알 수 있듯 전체적인 나무 모양도 자그마하고 꽃이 아름다워 정원에 심어 둘 만하다. 특히 종류에 따라서 개화기가 5월에서 6월, 지역에 따라서는 7월까지 이어지기도 한다.

예전에 수수꽃다리 종류를 통틀어 정향나무라고도 했지만 이제는 그렇게 부르면 틀린 말이 된다. 한 식물학자가 1960년대에 다른 수수꽃다리 종류와는 별개의 특징을 가진 나무를 찾아내어 그 종류에 한해 정향나무라고 불렀기 때문에 이제는 정향나무, 수수꽃다리, 개회나무는 각기 다른 종류로 인식되고 있다.

그 복잡한 식물분류학적 사정이야 어쨌든 이 수수꽃다리와 그의 형제 나무들은 모두 북방성 인자이다. 우리나라에서도 중부 이북 지방에서만 자생하며 남한에서 볼 수 없는 것들도 많다. 통일이 되어 한반도 전역에 있는 이 나무들을 모두 볼 수 있다면, 구월산에 무리지어 피고 있다는 수수꽃다리를 직접 볼 수 있다면 훨씬 잘 정리될 수 있을 텐데 안타깝다.

더욱이 이들 가운데는 우리나라 특산 식물이 여럿 있다. 그러나 아무도 이에 관심을 두고 있지 않은 채 그저 라일락만을 좋아한다. 우리에게 서양의 라일락에 결코 뒤지지 않는 수수꽃다리가 있다는 사실도 아직 모르고 있는 사이에 외국에서는 이를 찾아내어 자기 나라로 가져가 개발하여 우리나라에 되팔고 있다. 1917년에 이미 미국의 윌슨이 금강산에서 미국으로 가져간 나무가 와일드파이어Wildfire 등 세 개의 품종으로 개발되었으며 이러한 외국인들의 우리나라 나무 탐색은 1989년까지 계속되었고 개발된 품종만도 십여 종에 이른다. 우리나라에서는 우리 땅에서 그러한 자원 조사가 있다는 사실도 모른 채 우리의 종자와 나무를 내보냈다. 이러한 수수꽃다리 종류 가운데에는 현재 미국에서 비싼 값을 받고 있는 품종이 많이 있는데, 특히 1947년 미국 적십자 직원으로 한국에 온 사람이 북한산의 백운대에서 채취한 털개회나무 종자 열두 개가 선발 육성되어 그 이름도 재미있는 '미스김Miss Kim'이라는 이름의 왜성 품종으로 묘목 회사에서 팔리고 있으며 인기가 높다고 한다.

이 꽃의 꽃말은 '젊은 날의 추억'이다.

작살나무

나무 가운데에는 이름만 들어도 그 생김새를 짐작할 수 있는 것이 있다. 오갈피나무는 잎이 다섯 갈래이고, 눈잣나무나 눈향나무는 누워서 자란다. 버즘나무는 줄기에 버즘이 핀 듯한 얼룩이 있고, 매발톱나무에는 매의 발톱처럼 날카로운 가시가 있다. 작살나무도 이러한 이름을 가진 나무 가운데 하나이다. 그렇다면 이 나무의 어느 부분이 작살처럼 생겼을까? 바로 나뭇가지이다. 작살나무의 가지는 어느 것이나 원줄기를 가운데 두고 양쪽으로 두 개씩 정확히 마주 보고 갈라져 영락없는 작살 모양이다. 작살 가운데서도 셋으로 갈라진 삼지창이다. 셋으로 갈라진 가지는 다시 작살 모양을 하며 셋으로 갈라지기를 반복한다.

　우리나라는 이 나무의 특징을 가지에 두고 이름을 붙인 반면, 다른 나라에서는 아무래도 아름다운 열매를 높이 친 듯하다. 작살나무는 학명이 '칼리카르파 야포니카Callicarpa japonica'인데 속명 Callicarpa는 그리스어로 '아름답다'는 뜻의 '칼로스callos'와 '열매'라는 뜻의 '카르포스carpos'의 합성어로 열매가 아름답다는 뜻이다. 영어 이름도 뷰티 베리Beauty berry인데 '베리'는 둥근 열

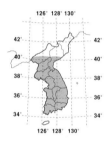

- **식물명** 작살나무
- **과명** 마편초과(Verbenaceae)
- **학명** Callicarpa japonica Thunb.

- **분포지** 전국의 산지
- **개화기** 8월, 연자주색
- **결실기** 10월, 보라색 핵과
- **용도** 관상수, 기구재, 목탄, 약용
- **성상** 낙엽성 활엽 관목

매를 일컬어 자주 쓰는 이름이고 이에 '미인'이라는 뜻이 보태어졌으니 열매에게 주는 최고의 찬사라고 할 수 있다. '자주紫珠'라는 한자 이름도 열매를 자줏빛 구슬로 비유한 것이다.

작살나무는 마편초과에 속하는 낙엽성 활엽수이며 다 자라도 2~3미터를 넘지 못하는 관목이다. 우리나라의 웬만한 산기슭이나 산허리에서 자라고 있어 그리 어렵지 않게 만날 수 있으며 위에 교목이 자라고 있어 햇볕을 가려도 크게 구애받지 않는다. 가지는 많이 뻗어나 덤불처럼 보인다. 회갈색 가지에 달리는 잎은 긴 타원형인데 윗부분이 좀 더 넓고, 잎끝이 뾰족하여 더욱 길게 느껴진다. 잎 가장자리에는 잔 톱니가 나 있고 잎을 만져보면 질감도 좋다. 작살나무는 웬만한 꽃들이 꽃 피우기를 그칠 늦여름에 꽃을 피우므로 더욱 반가운 느낌을 준다. 아주 작은 연한 자주색 꽃들은 자세히 보면 작은 깔때기처럼 아래는 붙어 있고 윗부분은 다섯 갈래로 갈라져 있다. 그 속으로 샛노란 수술 네 개가 길게 나온다. 이 꽃들이 수없이 모여 취산화서를 만들고 잎이 난 사이사이마다 마주 매달린다. 꽃이 필 무렵이면 이 작디작은 꽃들이 피워내는 꽃내음으로 주변이 향기롭다.

작살나무의 가장 큰 아름다움은 역시 열매에 있다. 가을이 무르익으면 꽃이 달렸던 바로 그 자리에 지름 4~5밀리미터를 넘지 않는 신비한 보랏빛 구슬 같은 열매들이 송이송이 달려 독특한 아름다움을 자아낸다. 나무

작살나무 꽃

작살나무 열매

작살나무 수피

들이 만들어놓은 꽃과 열매는 모두 아름답고 신기하지만 이 작살나무의 보랏빛 열매는 아무도 가지지 못한 특별한 빛깔을 띤다.

작살나무의 사촌 가운데 작살나무보다 좀 더 아름다운 열매를 가진 좀작살나무가 있다. 좀작살나무는 작살나무와 비교하여 잎 가장자리의 중간 이하에는 톱니가 없어 쉽게 구별할 수 있다. 열매는 좀 더 작지만 촘촘히 둥글게 모여 달리며 보랏빛이 더 진하여 관상수로 심기에 좋다. 좀작살나무의 가지가 늘어지고 층층이 서로 마주 본 잎새 사이로 송골송골 매달린 좀작살나무 열매의 모습을 어디에다 비할 수 있을까? 더욱이 이 나무로 나지막한 생울타리를 만들어 맞이하는 가을은 생각만 해도 흐뭇하다.

작살나무의 변종으로 열매가 우윳빛으로 반질거리는 흰작살나무가 있는데 최근에는 이 흰작살나무와 좀작살나무를 적절히 심어 훌륭한 경관을 만들곤 한다. 이 밖에 작살나무의 형제들로 나무 전체에 털이 없는 민작살나무, 잎이 훨씬 커다란 왕작살나무가 있고, 남쪽 섬에 자라는 것으로 잎에 털이 보송한 나무는 새비나무라고 한다.

작살나무나 좀작살나무는 열매가 주는 아름다움 외에도 그늘이 져도 잘 견디고, 건조나 추위에 또 공해에도 잘 견디는 데다 옮겨 심어도 잘 적응하여 조경수로 좋다. 게다가 새들이 열매를 좋아하므로 이 나무를 정원에 심으면 많은 새가 모여든다.

나무를 많이 번식시키고자 하면 대개 열매를 따서 보라색 과육을 제거하고 남은 종자의 물기를 없애고 밀봉하여 저온 저장을 해두거나 땅에

흰작살나무

좀작살나무

묻어 보관해두었다가 봄에 파종하면 반 조금 밑돌게 싹이 나온다. 종자가 워낙 작으므로 흙을 살짝 덮어야 하고 어린 싹은 추위에 약하므로 주의가 필요하다. 이렇게 씨를 뿌리고 3년이나 4년쯤만 지나면 열매를 맺기 시작하여 씨 뿌린 이를 즐겁게 한다.

작살나무는 관상용 외에도 몇 가지 용도가 있다. 목재는 워낙 굵게 자라지 않으므로 용도가 제한되어 있지만 색깔이 희고 무거우며 조직이 치밀하고 점성이 강해 기구재로 이용이 가능하다. 또 이 나무로 목탄을 제조하면 그 어느 나무보다도 단단한 흑탄을 얻을 수 있다고 한다. 일부에서는 약용하기도 하는데 잎이나 뿌리는 종기로 인한 독이나 피가 날 때 또는 산후풍에 쓴다.

작살나무가 관심을 끌기 시작한 것은 사실 그리 오래된 일은 아니다. 이 열매의 관상적 가치가 알려지면서 조금씩 묘목을 만들기 시작하였으나 쉽게 얻을 수 있는 나무는 아니다. 오래된 책에 기록되었다거나 전해 내려오는 전설도 없어 세인들의 사랑을 한 몸에 받고 있지도 못하다. 그러나 작살나무나 좀작살나무는 그 보랏빛 열매를 한번 본 사람이라면 금세 매료될 만큼 훌륭한 나무이다. 이 땅에는 이 나무들처럼 아직 때를 기다리는 나무들이 우리의 손길을 기다리며 건강하게 자라고 있다.

복사나무

복사나무는 누구나 알고 있는 과실나무로 장미과에 속하는 낙엽성 소교목이다. 함경도를 제외한 우리나라 어느 곳엘 가도 복숭아 과수원이나 집 가에 서 있는 복사나무를 볼 수 있다. 복사나무는 복숭아나무라고도 알려져 있다. 그 밖에도 도桃, 도화수, 선과수, 선목 등 수많은 이름이 있다.

　복사나무는 우리와 매우 친숙하지만 엄격히 말하면 우리 주변에서 보는 복사나무의 원산지는 우리나라가 아니다. 지리산에서 야생으로 자라는 복사나무가 발견되어 세계 학계의 주목을 받았지만 우리나라에서 자생하는 이 나무는 우리가 주변에 심는 열매 크기가 작은 복사나무와는 종류가 다르다. 예전에 복사나무가 페르시아를 통해 유럽에 소개되어 그곳이 원산지로 알려져 학명에도 페르시카persica란 이름을 붙였으나 그곳에서는 야생하는 나무도 발견되지 않았고 고대 기록에도 복숭아에 대한 기록을 찾아볼 수 없었다. 그 후 중국 화북의 해발 600미터 이상의 고원 지대에서 발견되어 원산지가 중국으로 정정되고 이 나무가 실크로드를 통해 페르시아로, 그곳에서 다시 1세기경 유럽으로 전파되어

- **식물명** 복사나무
- **과명** 장미과(Rosaceae)
- **학명** *Prunus persica* Batsch

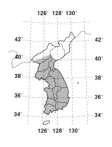

- **분포지** 전국에서 과수로 재배
- **개화기** 4~5월
- **결실기** 8~9월
- **용도** 식용, 약용, 정원수
- **성상** 낙엽성 소교목

많은 품종이 생기고 세계적으로 사랑받는 과실나무로 퍼져나갔다.

복사나무를 식용, 약용 또는 정원수로 키워왔음은 동서양을 막론하고 모두 같으나 그 역사는 조금씩 다르다. 중국에서는 기원전 400년 전부터 재배 기록이 있고 10세기에 들어 좋은 품종으로 개량했다는 기록이 있으며 17세기에 들어서는 재배 품종에 대한 정확한 기록까지 나와 있다.

우리나라도 가장 오래된 재배 과실 중 하나이나 예전에는 품질과 크기가 지금과 같지 않았다. 경제적인 가치가 있는 복사나무 품종을 키우기 시작한 것은 1906년 유럽을 통해 품종과 재배 기술이 전해지면서부터이다. 복사나무의 열매, 복숭아는 꽃의 화사함만큼이나 달콤하다. 우리나라에서는 대개 과실을 그대로 먹는 것이 보통이나, 외국에서는 통조림용으로 많이 이용하고 있다.

복사나무는 약용으로도 그 이름이 높다. 보통 씨라고 이야기하는 과실

복사나무 꽃

복사나무 열매

복사나무 수피

의 과육을 제외한 딱딱한 부분을 핵이라 부르는데 한방에서는 이를 도
인桃仁이라 하여 이용한다. 도인은 한쪽 끝이 뾰족한 달걀 모양이고 갈색
의 내종피(안쪽 씨껍질)로 싸여 있으며 내부는 흰색으로 여기에서는 특이
한 냄새가 난다. 탈핵인脫核仁이라고도 하며 피가 몰리는 어혈, 진통, 진
핵, 해소, 변비, 각기, 감기, 발모 등의 치료제로 다양하게 사용하였다. 또
한 흰 꽃이 반쯤 피었을 때 이를 따서 말린 것을 백도화라고 하여 이뇨제
로 썼고, 잎은 도엽이라 하여 어린이 피부병 치료에, 열매를 통째로 말려
도효라 하고 이를 정신병 질환의 약재로 쓰기도 하였다.

　중국 고사에 등장하는 복사나무는 대부분 장수 또는 힘과 연결된다.
손오공은 100년에 한 번씩 열리는 하늘나라의 복숭아 천도를 훔쳐 먹고
괴력을 얻었는가 하면, 중국 한나라 때 동방삭이라는 사람은 서왕모가 한
무제에게 가져다주는 복숭아 세 개를 먹고 3,000년을 살았다는 이야기
를 보면 이 복사나무가 몸에 좋은 것만은 틀림없다. 또한 우리나라에는
처녀들이 달빛 아래에서 복숭아를 먹으면 예뻐진다는 이야기가 있는데
밤에 먹는 이유는 징그러운 복숭아벌레를 보지 않고 먹기 위해서라고 하
니 그러면서까지 예뻐지려는 처녀들의 간절한 소망을 알 수 있다. 그 밖
에도 복사나무의 뿌리껍질은 다른 나무들을 접목할 때 겨울옷으로 쓴다.
개성에서는 꽃잎으로 술을 담가 도화주라 하여 약주로 애용하였다. 씨에
서 뽑은 담황색 기름은 편도유扁桃油라 하여 약이나 비누 제조에 쓰고 목
재의 질 또한 연해서 농기구나 세공품으로도 쓰였다고 하니 열매, 꽃, 잎,
목재, 뿌리까지 버릴 것 하나 없는 나무이다. 먹기에는 개량한 외래종이

좋으나 약효에는 씨를 뿌려 키운 재래종이 좋다고 한다.

우리나라에서나 중국에서나 이 복사나무는 신령스럽고 길한 존재로 생각했는가 하면 무서워 멀리하기도 했다. 중국에서는 옛날부터 복사나무는 신령을 달리 볼 수 있고, 명을 길게 하여 목숨을 연장시키는 영약 또는 선약仙藥이라 하여 선목 또는 선과라 부르며 이것을 먹으면 사악한 기운을 떼어버리고 악마를 없애버린다고 하여 가까이 두었다. 한나라 시절에 왕궁에서는 사악한 것을 물리치는 벽사 신앙으로 매년 정월 묘일에 복사나무 막대기를 만들어 귀신, 잡귀신을 쫓는 연례행사가 있었다고 한다. 이에 영향을 받아서인지 우리나라에서도 굿할 때는 이 나무를 가지고 신령 장수대로 써서 귀신을 쫓았다고 한다. 또 부적에 찍는 도장은 반드시 복사나무로 조각해야 했고, 어린아이의 돌날 복숭아 모양을 새긴 반지를 끼워주는 것도 어린이 사망률이 높던 시절, 잡귀로부터 아이를 지키기 위한 방법이었다.

이처럼 복사나무와 잡귀신과는 사이가 나빴는데, 털어 먼지 안 나는 사람 없다고 훌륭한 조상님 역시 뒤가 염려되는 점이 없을 리가 없는 까닭에 조상님 혼이 오셔서 제삿밥을 드시기 어려울 것을 염려한 후손들은 제사를 모시면서 복숭아를 제상에 올리지 않았으며 나무를 집 안에 심지 않았다고 한다. 그러나 복사나무를 집 안에 심지 않은 것은 오직 앞서 간 조상님만을 위해서라기보다는 매년 봄이 되면 대지를 뒤덮는 봄기운에 왠지 들뜨는 과년한 여식의 마음을 한가득 피어나는 복사꽃의 화사함이 자극하여 바람 들까 걱정한 부모의 마음이 함께 움직인 것이 아닐까 하는 생각도 든다.

음나무는 가시가 있어 귀신을 쫓는다고 하지만 이 아름다운 복사나무는 어떻게 귀신을 쫓았을까? 『본초강목』에 따르면 옛날의 복사나무 열매는 지금처럼 달콤하지 않고 몹시 시었으며 먹고 나서도 속이 편치 않은 까닭에 귀신이 무서워하였다고 한다.

　복사나무는 여인을 상징하는 나무로 나타나기도 한다. 많은 옛 노래에 복사꽃의 모습이 젊고 아름다운 여인을 비유하여 나오는가 하면, 열매는 산모가 아기를 가지면 먹는 과일의 하나로 잉태의 상징이기도 하다. 열매를 많이 맺어 다산을 의미했을 것이다. 복사나무는 또한 타락한 여색을 상징하기도 한다. 소나무와 대나무는 사람을 청아하게 하는 반면 복사나무는 천하게 만든다 했고, 이는 집 안에 이 나무를 심기 꺼려한 이유 중의 하나였다. 복숭아의 모양과 특징이 여자의 성을 닮아서 이를 음양 사상과 연결시켜 고상하지 못하다고 여기기도 했다.

　이러한 복사나무의 아름다운 꽃나무 모양, 먹으면 장수하고 몸에 좋으며 여인을 상징하는 모든 특징이 어우러져 만들어낸 이야기가 무릉도원이 아닌가 싶다. 옛날 중국의 무릉이란 어부가 갔던 곳, 사방이 복사꽃으로 환하고 아름다운 여인이 있는 곳에서 달콤하고 몸에 좋은 과실을 먹으며 지내는 곳이니 이곳이 바로 세상을 떠난 별천지의 선경, 도원경이 아닐 수 있을까? 후한 때 유신, 완조라는 두 사람이 천태산에 올랐다가 복사나무가 있는 곳에서 여인들과 지내다 고향 생각에 내려와 보니 벌써 7대가 지났더라는 이야기가 있고 보면 옛사람들은 복사나무를 통해서 이상적인 삶을 꿈꾸었던 것 같다.

복사나무는 꽃 모양새가 벚나무, 살구나무 등과 매우 비슷하다. 꽃은 4월에서 5월에 걸쳐 잎보다 먼저 피거나 동시에 피는데, 보통 아름다운 분홍빛 꽃잎을 달고 있으나 품종에 따라 조금씩 다르다. 식물학자, 과수를 하거나 꽃을 보려고 화목으로 쓰고자 하는 이들은 각기 나름대로의 기준으로 수많은 품종을 만들고 분류하였다. 복사나무는 정원수는 물론 분재나 꽃꽂이를 위한 절화로도 쓰인다. 흰 꽃잎이 다섯 장이면 백도, 꽃잎이 여러 겹이면 만첩 또는 천엽백도이다. 홍도는 진분홍색의 겹꽃으로 꽃송이가 크고 아름다우며 삼색도라는 품종은 한 나무에 둘 내지 세 개의 꽃빛을 띠기도 한다.

과실의 특색에 따라 분류하면 과육이 적색인 유도와, 상해와 천진에서 건너와 가장 사랑받고 있는 달고 과즙이 풍부한 수밀도가 있으며 여기에서 다시 많은 품종이 기후와 용도에 따라 개량되었다. 현재 우리나라에서 가장 많이 재배되는 종류로 백도와 황도가 있고 통조림으로 쓰는 대구보, 일찍 열매를 맺는 포목조생 등 헤아릴 수 없을 만큼 많은 종류가 있다.

같은 나무이건만 복숭아나무라 하면 탐스러운 열매가 생각나고 복사꽃 하면 우리나라 산골의 소박하고 환한 꽃나무가, 도화라 하면 중국의 요염한 꽃이 느껴진다. 두보를 비롯하여 얼마나 많은 시인이 이 꽃의 자태를 노래했던가. 이 복사꽃이 촉촉한 봄비에 젖어 겉으로 드러나던 화려함이 빗물에 젖어들고, 하나둘 떨어진 꽃잎이 흙바닥을 어지른 산골의 비 오는 봄, 그 고적함이 마음을 더없이 맑게 할 듯싶다.

붓순나무

붓순나무는 향기로운 백록색의 꽃, 반질한 윤기가 흐르는 귀엽고 친근감 넘치는 잎새, 게다가 꽃은 물론 수피와 잎 등 온몸으로 향기를 내어놓으니 참으로 매력적인 꽃나무이다. 연평균 기온이 섭씨 12도 이상인 지역에서만 겨울을 날 수 있고 크게 자라기 때문에 화분에 담아 실내로 들여올 수도 없어서 중부지방에선 구경하기가 어렵다.

붓순나무는 붓순나무과에 속하며 잎이 넓은 상록성 교목이다. 학자에 따라서는 붓순나무과를 구분하지 않고 목련과에 포함시키기도 한다. 간혹 정원에 작게 가꾼 나무를 보면 관목이라고 생각할지 모르지만 언제나 크게 자랄 수 있는 가능성을 지닌 나무이다. 우리나라에서는 제주도를 비롯하여 진도, 완도 등 아주 따뜻한 지역에 있는 난대림에 자생하며 경상남도와 전라남도에서는 자생하지는 않아도 얼지 않게 키울 수는 있다. 일본과 대만에도 분포하는데, 일부 문헌에 일본의 붓순나무는 우리나라의 승려가 불교를 전래하면서 함께 전파했다고 기록되어 있기도 하다.

제주도에서는 2월이면 이미 붓순나무가 꽃봉오리를

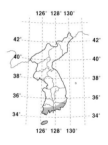

- **식물명** 붓순나무
- **과명** 붓순나무과(Illiciaceae)
- **학명** *Illicium anisatum* L.

- **분포지** 제주도, 완도, 진도 등의 난대림
- **개화기** 2~4월, 미백색 꽃
- **결실기** 9~10월
- **용도** 관상용, 약용
- **성상** 상록성 활엽 관목

터뜨리며 사람을 유혹한다. 지름이 손가락 한 마디쯤 되는 꽃은 길쭉하고 길이가 일정하지 않은 꽃잎들이 여섯 장에서 열두 장 정도씩 모여 제각 각 벌어진다.

붓순나무는 여느 교목처럼 멋없이 높게 삐죽 크는 나무가 아니고 옆 가지가 사방에서 빽빽이 나와 일정하지 않은 모양을 만든다. 그래서 이 나무를 관목으로 알고 있는 이도 꽤 있다. 짙은 회색의 수피에 잘 어울리 게 크지도 작지도 않은 타원형 잎은 대부분의 상록수가 그러하듯 두껍고 윤기가 흐르지만 보다 진한 초록색 잎새를 자세히 들여다보아도 뚜렷한 잎맥을 보기 어렵다. 붓순나무의 독특한 냄새는 잎을 잘라도, 줄기에서 수피를 벗겨도 퍼져 나오니 그야말로 온몸으로 향기를 낸다. 가을에 익는 열매의 모양도 아주 재미있다. 어찌 보면 별을 닮기도 했고 또 어떻게 보 면 꽃 만두 모양 같기도 하다.

붓순나무 꽃

붓순나무 열매

붓순나무 수피

붓순나무는 지방에 따라서 가시목이라고도 하고 발갓구, 말갈구라고 하기도 한다. 이 나무의 학명은 '일리키움 렐리기오숨*Illicium religiosum*'이다. 여기서 속명 *Illicium*은 '유혹한다'는 뜻의 '일리키오illicio'에서 유래되었는데 바로 이 나무의 향기가 워낙 특별하여 사람을 끌어당기므로 이러한 이름이 붙었다고 한다. 종소명 *religiosum*은 '종교적'이라는 뜻이다.

붓순나무는 불교와 관계가 깊은 나무이다. 우리나라에서는 사찰에서 간혹 볼 수 있고 불전이나 묘지에 바치는 나무로 알려져 있는데, 중국의 영향을 받은 것이라고도 하고 인도에서 처음 시작된 풍속이 중국과 우리나라를 거쳐 일본으로 건너갔다고도 하며 인도에서 일본으로 직접 전래되었다는 기록도 있다. 붓순나무가 불교와 관계가 깊어진 것은, 열매가 여러 각이 지는 것이 인도에 있는 연못 무열지無熱池의 청연꽃을 닮았다 하여 부처님 앞에 바쳐지면서라고 한다.

향기에 대해 말하자면 사람들은 붓순나무 특유의 향기에 강하게 유혹 받을지는 몰라도 짐승들은 이 냄새를 아주 싫어한다고 한다. 그래서 우리나라 일부 지방에서는 사람이 죽으면 한때 관 대신에 토장土葬을 하였는데, 이때 산짐승의 피해를 막기 위해 짐승들이 싫어하는 향기가 나는 붓순나무를 묘지 근처에 심곤 하였다. 짐승들이 붓순나무를 싫어한다는 데서 유래한 전설이 하나 전해진다.

아주 오랜 옛날에 백지라는 성을 가진 무사가 있었는데 서울에 올라와 파견 근무를 하면서 한 여인과 사랑을 하게 되었다. 그러나 임기가 끝나고 고향으로 돌아가게 되자 백지는 집에 돌아가 부인에게 이야기하고 여인을 다시 데리러 올 것을 약속하고는 떠났다. 서울에서 백지만을 기다리던 여인은 더 이상 기다리지 못하고 흰 개 한 마리를 데리고 백지를 찾아나섰는데 마침 백지도 그녀를 데리러 떠나 길이 엇갈렸다. 그녀가 백지의 집에 도착하자 백지의 본처는 투기를 이기지 못하고 그녀를 벼랑에서 떨어뜨려 죽인 다음 아무도 모르게 암매장해버렸다. 집에 다시 돌아온 백지는 그녀가 데리고 온 개의 인도로 그녀가 묻힌 곳을 찾아내었고, 이를 슬퍼하며 묘를 만들고 붓순나무 가지를 꽂아 극락왕생을 빌며 자신의 집을 헐어 절을 짓고 중이 되었다고 한다. 그러나 억울하게 죽은 원혼은 좀처럼 진정되지 않아서 무덤가에 심어놓은 붓순나무에 닿기만 하면 짐승이건 사람이건 자꾸 죽어 중들은 원혼을 달래며 살생을 막았다고 한다. 짐승들이 붓순나무를 피하기 시작한 것은 이때부터라는 이야기가 있다.

이러저러한 연유로 붓순나무의 목재는 염주 알을 만드는 데 긴히 쓰이는데 부드럽고 촉감이 좋다고 한다. 이 밖에 양산 대나 주판알 또는 기타 세공물을 만들기도 하는데 목재의 공급이 극히 제한되어 있어 널리 쓰이지는 못한다. 수피와 잎으로는 향료를 만든다. 또한 수피의 추출물은 강한 혈액 응고 작용을 하여 약용이지만, 열매에는 아니사틴, 코아니사틴 같은 유독 성분이 있어 조금만 먹어도 치명적인 해를 끼친다.

열매가 터져 종자가 날리기 전에 채취하여 말린 후 바로 파종하거나 젖은 모래에 섞어 저온 저장 또는 노천 매장하였다가 이른 봄에 파종하면 5월에 싹이 나온다. 삽목을 하기도 하는데 봄에 할 때는 지난해 자란 가지로, 여름에 할 때는 금년 가지로 잎을 서너 장 남기고 잘라 한다. 붓순나무는 내한성이 약하고 약간 건조한 곳에서 더 잘 자란다. 또 볕이 많이 드는 곳보다는 다소 그늘이 있는 곳을 좋아한다. 맹아가 많이 나오지만 나무는 옮겨 심는 것을 싫어하며 더디게 자라는 편이다.

조팝나무

조팝나무는 봄에 꽃을 피운다. 따사로운 봄볕이 내리쬐는 산길 가장자리나 논둑, 마을의 둔덕, 철도가 지나는 비탈에 피어나는 조팝나무의 흰 꽃은 백설보다 더 희고 눈부시다.

조팝나무는 장미과 조팝나무아과에 속하는 관목이다. 봄이 되면 가지마다 잎보다 먼저 하얀 꽃송이가 가득 달린다. 그러면 가느다란 줄기는 꽃의 무게를 이기지 못하여 늘어지거나 혹은 뻗어 오르는 왕성한 새 기운으로 자유롭게 가지를 내뻗는다. 이 줄기에 대여섯 송이의 작은 꽃이 우산 모양으로 달리고 그렇게 줄기 끝까지 이어져 마치 흰 꽃방망이가 된 듯하다. 작은 꽃들은 다섯 장의 꽃잎과 노란 수술이 자그마하게 보인다. 잎은 꽃이 지기 시작하면서 돋아난다. 여느 잎새처럼 가장자리에 작은 톱니가 있는 평범한 타원형의 잎들은 싱그러운 모습으로 한여름을 나곤 한다. 그리고 갈색의 작은 삭과를 열매로 맺는다.

사실 이 조팝나무는 지은이와도 인연이 깊은 나무이다. 지은이가 바로 이 조팝나무속 식물들을 연구하여 박사 학위를 받았기 때문이다. 우리나라에서 자라고 있

- **식물명** 조팝나무
- **과명** 장미과(Rosaceae)
- **학명** *Spiraea prunifolia* for. *simpliciflora* Nakai

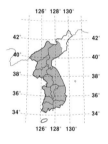

- **분포지** 전국의 숲 가장자리나 들판
- **개화기** 4~5월, 백색 산형화서
- **결실기** 9월, 둥근 갈색 삭과
- **용도** 관상수, 약용, 식용, 밀원
- **성상** 낙엽성 활엽 관목

는 조팝나무의 종류는 그냥 조팝나무 말고도 진분홍빛 꼬리조팝, 잎이 둥
근 산조팝, 꽃이 무성한 참조팝 등 종류가 여럿이다. 이러한 조팝나무류
는 지역마다 모양이 다양하고 변이도 심하여 1914년 나카이 박사가 발
표한 이래 총 29종류나 언급된 바 있지만 지은이는 형태적인 특성과 플
라보노이드라는 화학 성분을 이용하여 분석한 결과 열다섯 종류로 정리
해놓았다. 여러 종류의 조팝나무를 찾아서 흑산도를 비롯하여 설악산과
점봉산, 가야산 등 전국의 산을 수없이 다니던 일, 백두산(장백산) 원시림
에서 가지 하나를 몰래 숨겨 오며 가슴 졸이던 일, 코를 찌르는 화학약품
냄새 속에서 크로마토그래피와 밤을 지새우던 일이 생각난다. 학위 논문
의 대상을 조팝나무로 삼았던 것은 조팝나무의 무한한 개발 가능성이 눈

조팝나무 꽃

조팝나무 수피

앞에 보이는데 벚나무류처럼 우리나라 조팝나무들이 제대로 정립되기도 전에 서양의 품종들이 이 땅에 들어와 사방으로 퍼져나갈 것이 염려되었기 때문이다.

여러 조팝나무 가운데서도 특히 단양을 비롯하여 석회암 지역에 자라는 갈기조팝나무는 휘어진 줄기에 말갈기처럼 꽃송이들이 달려 무척 아름답다. 이 나무는 1917년 윌슨이라는 사람이 금강산에서 채집하여 외국에 소개하였고 누구나 갈기조팝나무가 100개 가까이 되는 세계의 조팝나무 가운데 최고라고 하는데 우리나라는 개발은커녕 그러한 나무가 있는지조차 모르는 실정이다. 답답한 일은 또 있다. 우리나라에는 곱고 풍성한 연분홍 꽃을 피우는 좀조팝나무가 있는데 구태여 일본 조팝나무를 가져와 심고 있고, 꽃 시장에는 우리의 인가목조팝이나 산조팝나무를 두고 중국의 공조팝이나 서양의 반호테조팝이 주류를 이루고 팔려나가고 있으니 말이다.

이러한 조팝나무는 모두 조팝나무속에 포함된다. 조팝나무속의 학명이 '스피라이아Spiraea'인데 이 말은 그리스어로 '나선螺旋' 또는 '화환花環'이란 뜻의 '스페이라speira'에서 유래되었다. 실제로 이 조팝나무속 식물로 화환을 만들었기 때문에 붙은 이름이라고도 하고 열매의 모양이 나선상이어서 이러한 이름이 붙었다고도 한다.

우리의 조팝나무란 이름은 그 꽃이 좁쌀을 튀겨놓은 듯하다 하여 조밥나무라고 부르다가 이것이 강하게 발음되어 생긴 말이다. 중국에서는 수선국이라고 부르며 생약명으로 상산 또는 목상산이라고 하기도 한다.

조팝나무를 수선국이라고 부르게 된 데는 슬픈 사연이 하나 있다.

옛날 어느 마을에 수선이라는 효성이 지극한 소녀가 아버지를 모시고 살고 있었다. 그러던 어느 날, 나라에 전쟁이 일어나 아버지는 징집되어 나가게 되었다. 아버지는 전쟁터에 나가 오래도록 돌아오지 않았고 적국의 포로가 되었다는 소문이 들려왔다. 기다리다 못한 수선은 아버지를 찾아 나서기로 결심하였고 남자로 변장하여 적국으로 가서는 갖은 고생 끝에 감옥을 지키는 옥리가 되었다. 그러나 막상 포로를 가두어두는 옥에서 아버지를 찾을 길이 없었다. 수소문하여 보니 아버지는 포로로 잡혔다가 얼마 전 옥에서 돌아가셨다는 것이다. 슬픔이 복받친 수선은 그 자리에 주저앉아 아버지를 부르며 울었고 이 때문에 모두 수선이 적국의 사람임을 알게 되었다. 그러나 수선의 효성이 적군의 마음을 움직여 수선은 고향으로 돌아갈 수 있게 되었고 돌아가는 길에 아버지의 무덤에서 작은 나무 한 그루를 캐어 와서는 아버지를 모시듯 정성껏 가꾸었다고 한다. 이 나무는 이듬해 아름다운 꽃을 피웠고 사람들은 이 꽃을 가리켜 수선국이라고 부르게 되었다고 한다.

한방에서는 조팝나무의 뿌리를 상산목, 줄기를 촉칠이라 하여 해열, 말라리아, 고담, 강장, 구토 등에 치료제로 써왔다. 그러나 좀 강한 성질이 있으므로 함부로 사용해서는 안 된다. 외국에서는 이 조팝나무에서 아스피린의 원료가 되는 성분이 발견되어 관심을 두고 있으며 북미의 인디언

산조팝나무 꽃   인가목조팝나무 꽃   좀조팝나무 꽃   꼬리조팝나무 꽃

조팝나무

들도 조팝나무류를 민간 치료제로 썼다는 기록이 있다.

예전에는 간혹 어린잎을 따서 나물로 무쳐 먹기도 했다. 꿀을 따는 밀원식물로도 사랑을 받는다.

조팝나무의 번식은 여러 방법이 가능하지만 주로 삽목을 이용한다. 심어놓으면 금세 큰 포기로 자라나므로 포기 나누기를 해도 된다. 삽목은 주로 봄에 2년생 가지를 한 뼘쯤 잘라 물에 서너 시간 담가 두었다가 한다. 추위에 강하고 건조한 곳보다는 습기 있는 곳을 좋아한다. 꽃은 2년생 가지에 달리므로 전정은 일단 꽃이 핀 다음 하는 것이 좋다. 이 조팝나무로 풍성한 생울타리나 도로의 축대를 덮으면 흰 구름이 덮인 듯 보기 좋다.

이팝나무

못자리가 한창일 즈음이면 아름드리 이팝나무 가지에
는 눈처럼 하얀 꽃이 가득가득 달려 그 일대는 온통 하
얀 꽃구름이 인다. 늦은 봄, 이팝나무 꽃송이는 온 나무
를 덮을 정도로 달려서 멀리서 바라보면 때아닌 흰 눈
이 온 듯하다. 그 소복한 꽃송이가 사발에 얹힌 흰 쌀밥
처럼 보여 이밥나무라고 했으며, 이밥이 이팝으로 변했
다고 한다. 조선 시대 귀한 쌀밥은 왕족이나 양반인 이
씨들만 먹는다 하여 쌀밥을 이밥이라고 불렀다 하니 가
난한 백성의 심사가 보이는 듯하다.

　이팝나무가 쌀밥나무인 탓인지, 이 나무는 한 해의
풍년을 점치는 나무로 알려져 있다. 흰 꽃이 많이 피는
해는 풍년이, 꽃이 많이 피지 않은 해는 흉년이 든다고
믿어왔다. 이 이팝나무의 꽃이 매년 그해에 이밥, 즉 쌀
밥을 먹게 해주느냐를 족집게처럼 점쳐주니 이 나무에
이보다 적합한 이름이 또 어디 있을까. 큰 이팝나무가
자라는 곳에는 매년 이 나무의 꽃이 필 즈음이면 한 해
의 농사를 예측하려는 수많은 농군이 꽃을 구경하러 온
다. 지금 같은 봄꽃놀이가 아니라 양식을 걱정하는 가
슴 졸이는 꽃구경이다. 그러나 이 이팝나무라는 이름의

- **식물명** 이팝나무
- **과명** 물푸레나무과(Oleaceae)
- **학명** *Chionanthus retusus* Lindl.
　& Paxton

- **분포지** 남부 지방에 자라지만
　중부에도 식재 가능
- **개화기** 5~6월, 백색
- **결실기** 9~10월, 검보라색
- **용도** 풍치수, 가공재, 식용
- **성상** 낙엽성 교목

유래에 대해 다른 의견도 있다. 이 꽃이 여름에 들어서는 입하에 피기 때문에 입하목入夏木이라 불렀고 입하가 연음되어 이파, 이팝으로 되었다는 주장이다. 실제로 전라북도 일부 지방에서는 입하목이라고도 하며 그 밖에 이암나무라고 부르기도 한다. 또 어청도 사람들은 뻣나무라고 한다. 이름이 어디서 연유했건 풍년을 예고하는 나무였음은 틀림없고 농민들에게는 매년 꽃이 얼마나 피는지가 유별난 관심의 대상이었다. 그렇게 오랜 세월이 흐르다 보니 동네마다 신목으로 추앙받는 이팝나무가 여럿 생겼다. 사연을 가지고 내려오면서 크게 잘 자란, 그리고 오래 산 나무로 이름을 낸 것은 모두 열일곱 주나 되고 그 가운데 일곱 주는 천연기념물로 지정되어 있는데 하나같이 풍년을 점치는 기상목이 되었다.

최초로 지정된 이팝나무 천연기념물은 전남 순천시 평중리의 제36호인데 500살쯤 되었다는 이 나무는 동네 사람들의 기상목이며 정자목이고 신통한 신목이기도 하며 당산목으로도 여겨지는 나무이다. 전북 진안에는 천연기념물 제214호 이팝나무가 있다. 이 마을에서는 어린아이가 죽으면 반드시 이 나무가 자라는 숲에 묻는 풍속이 있어 지금까지 잘 보존하고 있고, 죽은 어린아이들의 영혼이 농사짓는 부모의 마음을 헤아리듯 여전히 아름다운 꽃을 피워 풍흉을 예견하고 있다. 그 밖에 제183호

고창 중산리 이팝나무, 샘을 보호하고 있다고 믿고 귀히 여기는 제185호 김해 신천리 이팝나무, 지금도 정월 대보름이면 온 마을 사람들이 한 해의 안녕을 기원하며 치성을 드리는 제234호 양산 신전리와 제307호 김해 천곡리의 이팝나무, 남해 바다를 바라보고 서 있는 광양 유당공원의 제235호 이팝나무 등이 있다. 그런가 하면 제187호 부산 양정동의 이팝나무는 오랫동안 기상목의 역할을 톡톡히 해왔지만 점차 수세가 약해져 꽃 피는 것이 영 신통치 않아져 풍년이 든 해마저도 꽃을 잘 피우지 않게 되었다. 사람들은 이 나무가 공해를 입어 신통력을 상실했다고들 하고 급기야는 천연기념물에서 해제되었다. 환경오염은 천연기념물이라는 명예와 신목으로서의 능력까지 앗아 가고 말았다. 천연기념물 제44호로 지정되었던 송광사의 수백 년 된 이팝나무도 한때 명성을 누렸으나 이제 너무 늙어 기운이 쇠잔해져 지정이 해제되었다. 경남 양산의 제186호는 약 170년 전 정씨의 선조가 마을 뒷산에서 가져다 마을 앞에 심은 것인데, 한창 잘 자라다가 주변 콘크리트 포장 공사 등으로 생육 환경이 악화되어 자연 고사하는 바람에 지정이 해제되었다.

워낙 점쟁이 나무들의 명성이 자자해서 요즈음 사람들이 이 사실에 주목하게 되었고 과학적으로 이 현상을 분석해보니 이 나무들이 풍흉을 예견할 수 있다는 것이 전혀 근거 없는 이야기가 아니라고 한다. 대개 이팝나무 꽃이 필 즈음에는 모내기를 하게 마련인데 이때 땅에 수분이 충분히 있으면 나무는 별 장애 없이 꽃을 피워낼 것이고, 농사에서도 모내기에 충분한 생육 조건이 조성되어 튼실한 묘가 잘 활착될 것이니 그해 농사가 잘되는 것은 당연한 일이다. 반대로 모내는 시기에 꽃이 잘 피지 못할 만큼 환경 조건이 나쁘다면 벼의 생육에 치명적인 영향을 미쳐 가을에 흉년이 들 것도 어찌 보면 당연한 이치 아닌가. 맹목적인 미신처럼 생각되는 일에도 조상들의 슬기가 담겨 있어 새삼 놀란다.

이팝나무는 남부 지방에서 자라는 낙엽성 교목이다. 물푸레나무과에

이팝나무 꽃

이팝나무 열매

이팝나무 수피

속하는 이 나무의 고향은 전라도, 경상도와 같은 따뜻한 남쪽이고 해안을 따라 서쪽으로는 인천까지, 동쪽으로는 포항까지 올라온다. 그러나 옮겨 심으면 중부 내륙에서도 끄떡없이 잘 자란다. 일본, 대만과 중국의 운남 산에서도 자라지만 세계적으로 희귀하다.

이처럼 화려한 꽃을 피우는 꽃나무는 대부분 관목이기 쉬운데 이팝나무는 유난히 키가 커서 30미터가 넘는 큰 거목으로 자라고 그래서 그 꽃들이 더욱 유난스럽게 느껴진다. 꽃이 필 무렵이면 어린아이 손바닥만 한 크기의 잘생긴 잎새도 잘 보이지 않는다. 개나리와 같은 과에 속하는 꽃잎임을 증명하듯 꽃잎 아래가 붙은 채 네 갈래로 갈라졌지만 너무 깊고 가늘게 갈라져 전혀 색다른 느낌을 준다. 한번 핀 꽃은 20일이 넘도록 은은한 향기를 사방에 내뿜다가는 마치 눈이라도 내리듯 우수수 떨어지는데 낙화 순간 또한 장관이다. 꽃이 지고 나면 꽃과는 정반대 빛깔의 보랏빛이 도는 타원형의 까만 열매가 열린다. 이팝나무보다 잎이 조금 더 길고 꽃잎이 좀 더 가늘며 길게 갈라진 것을 긴잎이팝나무라고 하는데, 제주도에서 자라지만 무척 드문 우리나라 특산이다.

이팝나무의 학명은 '키오난투스 레투사Chionanthus retusa'인데, 여기서 속명 키오난투스는 '흰 눈'이라는 뜻의 '키온Chion'과 '꽃'이라는 뜻의 '안토스Anthos'의 합성어로 하얀 눈꽃이라는 의미가 된다. 영어 이름은 '프린지 트리Fringe tree'이다. 가늘고 하얀 꽃잎이 바람에 흔들리는 모습을 연상했는지 '하얀 술'이라는 뜻이다. 서양인들은 이 나무를 보고 낭만적으로 흰 눈이나 술을 생각했지만 우리 조상들은 하얗게 핀 꽃을 보고도 흰 쌀밥을 생각했으니 조상들의 가난이 아프게 느껴진다. 이팝나무에는 이러한 우리 조상들의 생활을 보여주는 전설이 하나 있다.

옛날 경상도 어느 마을에 열여덟 살에 시집온 착한 며느리가 살고 있었다. 그녀는 시부모님께 순종하며 쉴 틈 없이 집안일을 하고 살았지만 시어머니는 끊임없이 트집을 잡고 구박하며 시집살이를 시켰다. 온 동네 사람들은 이 며느리를 칭송하는 한편 동정했다. 그러던 어느 날, 집에 큰 제사가 있어 며느리는 조상들께 드리는 쌀밥을 짓게 되었다. 항상 잡곡밥만 짓다가 모처럼 쌀밥을 지으려니 혹 밥을 잘못 지어 시어머니에게 꾸중을 들을 것이 겁난 며느리는 밥에 뜸이 잘 들었나 밥알 몇 개를 떠서 먹어보았다. 그러나 공교롭게도 그 순간 시어머니가 부엌에 들어왔다가 그 광경을 보고 제사에 쓸 멧밥을 며느리가 먼저 퍼먹는다며 온갖 학대를 하였다. 더 이상 견디지 못한 며느리는 그 길로 뒷산에 올라가 목을 매어 죽었고, 이듬해 이 며느리가 묻힌 무덤가에서 나무가 자라더니 흰 꽃을 나무 가득 피워냈다. 이밥에 한이 맺힌 며느리가 죽어서 된 나무라 하여 동네 사람들은 이 나무를 이팝나무라 부르게 되었다고 한다.

이팝나무를 두고 한자로는 육도목六道木, 유소수流蘇樹라 하며 중국이나 일본에서는 잎을 차 대용으로 써 다엽수茶葉樹라고도 부른다. 차나무처럼 어린잎을 따서 비비고 말리기를 몇 차례 하면 좋은 차가 된다. 잎을 물에 살짝 데쳐 나물로 무쳐 먹기도 한다. 간혹 목재를 가지고 가공품을 만들지만 워낙 귀한 나무라 그런 일은 드물다.

이팝나무 꽃을 한번 본 이들은 그 꽃이 만들어내는 황홀경에 빠졌다가는 왜 이렇게 아름다운 나무를 아직까지 몰랐는지 또 왜 관상수로 널리 심지 않는지 반문한다. 이는 그동안 우리나라에 자생하는 좋은 나무를 개발하려는 노력을 뒤로하고, 이미 개발된 외국의 조경수를 손쉽게 쓴 데도 원인이 있지만 이팝나무의 번식이 쉽지 않다는 데도 원인이 있다. 발아도 삽목도 쉽지 않고, 어릴 때에는 왕성하게 빨리 크지 못한다는 단점이 있다. 그러다가 한동안 이팝나무 붐이 일었다. 이팝나무 가로수가 흰 꽃을 피워내는 장관을 이루는 도시가 생기다 보니, 이제는 여기저기 이팝나무 파동이 일 정도다. 나무 사랑은 나무처럼 은근하고 끈기 있고 그러나 오래도록 이어졌으면 하는 바람이다. 쌀이 남아돌아 걱정인 지금 이팝나무는 그 화려한 자태로나 명성을 되찾으려나.

주목

황금빛 은행나무 잎도 모두 떨어지고 거리에 스산한 겨울바람이 불어와 움츠러드는 계절에는 시린 하늘과 의연히 남아 있는 상록수만이 푸르름을 전해준다. 따뜻한 남쪽으로 가면 동백나무, 후박나무가 있지만 우리나라에는 대부분 침엽수만이 겨우내 푸른빛을 간직한다.

침엽수 가운데는 소나무, 잣나무, 전나무, 가문비나무처럼 우리와 친숙한 나무들이 많이 있지만 붉은색 줄기와 어우러져 더욱 진한 초록색의 반짝이는 잎을 나란히 달고 있는 주목의 모습은 추운 겨울 유난히 돋보인다.

주목은 붉을 주朱, 나무 목木 자를 써서 붉은색 나무란 뜻이다. 나무의 나이테를 보면 오래전에 자라나 그 재질이 굳어진 안쪽 부분을 심재라고 부르고 만들어진 지 오래되지 않은 나무의 바깥 부분을 변재라고 부르는데, 주목은 이 심재가 유난히 붉어 이러한 이름이 붙여졌다. 향나무의 줄기도 붉지만 주목과 견줄 바 못 된다. 그래서 주목을 강원도에서는 적목이라 한다. 이 외에도 경기도에서는 경목, 제주도에서는 노가리나무라고 부른다.

세계의 학자들이 공통으로 쓰고 있는 라틴어 학명은

- **식물명** 주목
- **과명** 주목과(Taxaceae)
- **학명** *Taxus cuspidata* Siebold & Zucc.

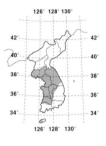

- **분포지** 황해도 이남
- **개화기** 4월, 유백색
- **결실기** 8~9월, 컵 같은 모양의 붉은색
- **용도** 약용, 정원수, 공원수, 가공재
- **성상** 상록성 교목

'탁수스 쿠스피다타Taxus cuspidata'인데 이는 '뾰족한 잎을 가진 붉은 나무' 란 뜻이고 보면 붉은 심재는 주목의 가장 두드러진 특징임이 틀림없다.

주목은 주목과Taxaceae 주목속Taxus에 속한다. 다 자라면 높이가 10여 미터, 지름은 1미터를 넘는다. 대부분 해발 1,000미터가 넘는 높은 산 중 복 이상의 능선을 따라 정상 부근 신갈나무, 가문비나무, 분비나무 숲 속 에 많이 분포하지만 군락을 이루고 있는 곳은 주로 북쪽 계곡이다.

주목은 추운 지역에서 자라며 그늘을 좋아하는 나무이다. 땅이 척박하 고 날씨가 따뜻하면 밑가지가 마른다. 구름과 안개가 오가는 산의 높은 곳, 습기가 많고 비옥한 곳에서 다른 나무들이 다 쓰고 남은 햇볕을 짙푸른 잎새로 모두 받아 쓰며 살아간다. 잎이 진하기 때문에 햇볕을 효과적으로 흡수할 수 있고 보기도 좋다. 다른 나무들의 남은 것을 모아 이용하면서도 더더욱 품위를 간직하는 주목은 과소비 시대를 살고 있는 우리에게 절약의 미덕을 보여주는 듯하다.

주목의 줄기는 곧고 의연하게 자라고 옆으로 시원하게 뻗어가는 우아한 가지들을 달고 있다. 이 가지는 처음 1년은 녹색을 띠다가 가을이 되면서 점차 홍갈색으로 변해간다.

붉은빛이 도는 수피가 세로로 갈라져 벗겨지는 모습 역시 주목의 독특한 매력이 아닐 수 없다.

잎은 두 줄로 어긋나 달리는데 각도가 조금씩 달라 가지런하지는 못하다. 잎의 길이는 2센티미터쯤 되는데 끝이 뾰족하고 잎의 표면은 진한 녹색인 반면 뒷면은 흰빛이 돌고 두 개의 연한 황색 줄이 보인다. 잎의 수명은 2~3년이다.

암수딴그루에 꽃이 달리는 주목은 봄에 꽃이 핀다. 곤충을 유혹해야 하는 여느 꽃처럼 화려한 꽃잎을 달고 있지 않아 눈여겨보아야 보일 만한 연황색 꽃이 달린다. 수꽃은 가지 끝이나 잎 사이에서 여러 개 모여 달리며 자세히 들여다보면 여섯 장의 비늘조각으로 덮여 있고 그 안에 열 개가 넘는 수술이 사탕 부케처럼 뭉쳐서 매달려 있다. 암꽃은 아래쪽 잎 겨드랑이에 한 개씩 달리고 열 개의 비늘조각으로 싸여 있다.

가을이 되면 주목의 아름다운 열매가 빨갛게 익어가기 시작한다. 주목의 열매는 다른 침엽수들과는 달리 앵두처럼 동그랗게 달린다. 그러나 앵두보다 더욱 선명하고 밝은 장미색 열매는 터질 듯 팽팽하여 탄력이 넘친다. 진한 초록빛 잎새와 무척이나 잘 어울린다. 그 자태에 이끌려 좀 더 자세히 들여다보면 붉은 과육은 종자를 완전히 감싸지 않고 마치 항아리속에 종자가 들어 있듯 한쪽이 열려 있다. 다른 어느 식물에서도 결코 볼 수 없는 모습이다. 맛도 달콤하나 독성이 조금 있으므로 많이 먹으면 설

주목 수꽃

주목 암꽃

사하기 십상이다.

주목은 쓰임새가 매우 다양하다. 예로부터 목재의 재질이 치밀하고 탄력성이 있으며 광택과 향기도 있고 무엇보다도 그 붉은빛이 아름다워 가장 좋은 나무로 여겼다. 그래서 불상을 만들거나 불교에서 이용되는 여러 도구를 만드는 데 사용되었고 아주 귀한 이들의 관을 짜는 데도 주목을 썼다.

결이 고르며 단단하면서도 다루기 쉬워 조각의 재료, 건축, 가구 등에도 이용된다. 특히 크게 자란 주목을 잘라 만든 바둑판은 최상의 것으로 평가된다. 주목으로 만든 바둑판의 그 우아한 빛깔은 물론 조직이 치밀하여 뒤틀리지 않고 흑백의 돌을 하나씩 둘 때마다 바둑판의 표면이 살짝 들어가는 듯하면서 다시금 탄력 있게 튕겨 나오는 그 손맛이 일품이라는 이야기다.

다소 과장되었다 하더라도 그 가치를 높이 쳐 값의 고하를 막론하고 없어서 못 파는 상황이 되고 보니 이러한 귀한 값어치가 오히려 심산유곡에서 수백 년을 버티고 자라 온 노거수들에게 화를 주는 원인이 되고 있다. 실제 식물들을 찾아 깊고 높은 산들을 헤매다 보면 기계톱으로 베인 주목의 그루터기를 어렵지 않게 볼 수 있다. 보는 이의 마음을 더 답답하게 하는 일은 두 아름도 넘을 듯한 주목을 잘라내고는 그 속이 비어 바둑판으로 쓸 수 없게 되자 그대로 버려둔 모습이다.

주목은 조경수로도 널리 알려져 있다. 그러나 나무 값이 너무 비싸서 누구나 쉽게 사서 심을 수 있는 나무는 아니다. 주목은 생장 속도가 너무

주목 열매

주목 수피

느려서 10년을 길러봐야 정원수로 내다 팔 수 없을 만큼 조금 자라고, 보기에 적당한 나무라도 수십 년은 자란 것이다.

사람들은 주목을 고관대작들의 '기념식수 나무'라고 놀리기도 하는데 이는 주요 행사의 기념식수를 할 때마다 심는 장소는 고려하지 않고 무조건 가장 비싼 나무라고 선호하여 기념식수를 하는 일부 인사들을 빗대어 하는 말이다.

주목은 약으로도 쓰인다. 한방에서는 잎을 말려 주목엽이라 부르는데 특이한 냄새가 난다고 한다. 잎과 가지에 택신, 택시놀, 계피산 등이 있어 약효를 내는데, 잎을 생으로 태우든지 말려 신장병과 위장병에 썼다. 민간요법으로는 열매로 설사나 가래를 다스리고 잎은 구충약으로도 썼다고 한다. 특히 택신이라는 성분이 혈압을 떨어뜨리는 작용을 하는데 가끔은 중독을 일으키는 경우가 있으므로 주의해야 한다.

주목의 이러한 약효는 최근 전 세계적인 주목을 받고 있다. 미국에서 자라는 태평양산 주목에서 추출되는 독성분이 새로운 항암 물질로 관심을 모으고 있다. 특히 유방암, 인후암, 후두암 치료에 효과가 있는 이 물질을 '택솔taxol'이라 하며 임상 실험을 거쳐 미국과 프랑스에서는 제품이 생산되었다. 그러나 이것에도 문제가 없는 것은 아니다. 주목의 이 독이 세포분열 과정에 작용하여 암세포의 증식을 억제한다는 사실이 밝혀졌으나 껍질을 처리하여 독을 추출하려면 주목을 베어야 했고 10년에 1미터 남짓 자라는 이 나무 1만 2,000그루를 베어야 겨우 2킬로그램의 물질을 얻을 수 있기 때문이다. 환경 보호론자들의 완강한 반대에 부딪혀 어려움을 겪던 중 주목을 베지 않고 잎에서 추출하거나 합성하는 여러 연구가 진행되었다. 우리나라에서도 한국산 주목을 대상으로 목재가 아닌 씨눈에 더 많은 항암 성분이 있음을 찾아내고 이를 생명공학 기술로 대량 증식하여 상품화하기에 이르렀다. 지금 보전하는 식물이 미래 인류의 운명을 좌우할 수 있는 예를 보여준다. 원래 주목은 일부 종교의 승려들이 신비스런 몰약을 만드는 데 사용하였고 갈릴리 인들은 화살촉에 바르는 독으로 사용한 바 있으니 역사에서 미래를 발견할 수 있다는 사실이 입증된 셈이다.

그 밖에도 주목은 이뇨, 당뇨병에도 효과가 있다고 하며 종자에서 기름을 짜기도 하고 연필을 만드는 재료로도 쓰는데 연필을 만들기에는 너무나 아까운 나무이다. 주목의 붉은 심재는 붉은 물감을 들이는 염료로도 이용되었다. 심재를 잘게 잘라 삶아서 색을 빼는데 이때 백반을 함께 쓰면 붉은빛을 띤 다갈색이 되고 철분을 함께 넣으면 얼룩진 흑색이 된다.

일본에서도 주목을 귀히 여긴다. 일본에는 어느 곳에나 신사가 있고 그곳에는 '간누시神主'라는 신을 모시는 사람이 있는데, 이 사람은 항상 쥘부채같이 생긴 '홀笏'이라는 것을 들고 있고 이 홀은 꼭 주목의 심재로 만든다고 한다. 그래서 일본 사람들은 주목을 '제일', '최고'라는 뜻인 '이치이─位'라는 이름으로 부른다.

유럽이나 미국에서 자라는 주목은 종류가 약간 다르다. 유럽에서는 정원수로 주목을 이용하는 것이 우리나라보다 더욱 잘 발달했는데, 우리나라의 경우 자연스러운 아름다움을 높게 치지만 프랑스에서는 주목이 어릴 때 가지가 잘 갈라지고 잎이 빽빽하게 나서 전정이 쉽다는 점을 이용하여 다양한 모양의 주목을 만든다. 프랑스의 베르사유 궁전의 뜰에 보이는 삼각형, 원뿔 등 기하학적 모양으로 다듬어져 마치 조형물 같은 나무들은 대부분 주목이다. 이로써 주목은 프랑스의 정원 양식이 독특하게 발달하는 데 큰 역할을 하였다.

유럽에서 총이 발견되기 이전 활로써 전쟁을 하던 시기에 주목으로 만든 활은 단단하면서도 탄력이 있어 좋은 재료가 되었다고 하며, 미국의 인디언들이 들소 떼를 쫓으며 들고 달리던 활도 이 서양 주목으로 만들었다고 한다.

주목의 원산지는 한국을 비롯하여 일본, 중국, 대만 등 동아시아 지역이다. 우리나라에서는 경기도, 전라남북도, 제주도, 충청북도 등 대부분의 지역에서 자란다. 몇몇 높은 산에서는 군락을 이루며 자라는 주목을 발견할 수 있는데, 특히 소백산의 비로봉 서북사면에는 주목이 큰 군락을 이루고 있어서 천연기념물 제244호로 지정되어 있다. 이 지역은 총 4만 5,000평이라는 넓은 면적이 보호받고 있는데 약 1,500그루에 달하는 주목이 자생하고 있다고 한다. 이곳에서 자라는 주목은 대부분이 노거수로 나이가 200살이 넘는 것이 많고 400년이 된 것도 있다고 한다.

태백산에서도 주목 군락을 볼 수 있다. 이곳에서는 유일사와 문수봉 사이의 250헥타르가 천연보호림으로 지정되어 보호를 받고 있다. 태백의 주목은 소백산보다 나이가 적은 나무들이지만 높이 6미터가 넘는 것이 대부분이라고 한다. 이 밖에도 덕유산이나 한라산의 높은 곳에 가도 큰 주목의 군락을 어렵지 않게 볼 수 있다.

살아 있는 모든 것이 그러하듯 수백 년의 세월을 버텨오던 주목도 점차 퇴락의 길을 걷게 된다. 그 아름답던 심재는 차차 썩어가고 급기야는 말라 죽어간다. 하얗게 메마른 고사목들만이 지난날의 흔적을 남기고 있다. 그러나 이러한 세월의 흐름 속에서도 그 아래에는 주목의 작은 후손들이 커가고 있게 마련이다. 열매의 달콤함에 길들여진 새들은 조금 더 떨어진 곳까지 주목의 종자를 날라다주기도 한다. 그러나 인간의 벌채에서 가까스로 살아남은 노거수들이 겨우겨우 남겨놓은 그 후손들마저 인간의 손에 의해 하나둘 파내어져 이제는 모습을 찾기 어렵다. 지금 남아 있는 주목의 숲들이 명을 다하고 나면 그 뒤를 이을 것이 아무것도 없다. 훌륭하게 자란 주목들에게 철책을 둘러 사람의 접근을 막는 보호도 필요하지만 좀 더 애정 있는 관리로 어린 주목들이 잘 커나가 주목 숲이 가져다주는 그 싱그러움을 오래오래 나눌 수 있으면 좋겠다.

2장

도시에서
만날 수 있는
나무

느티나무

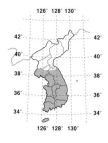

고향이란 말을 생각하면 마을 어귀에 큼지막이 자리 잡은 느티나무 정자목이 떠오른다. 그 나무 밑에서 마주 앉아 장기를 두는 노인들의 모습과 어슬렁거리는 누렁이, 할아버지 주변을 맴돌며 재잘거리는 꼬질꼬질한, 그러나 초롱초롱한 시골 아이들. 봄이 오면 그 많은 가지마다 연둣빛 고운 새순을 내놓아 새 계절이 왔음을 알리고 여름이면 짙푸른 녹음으로 더위를 잠재우며, 가을마다 황갈색 낙엽이 쓸쓸함을 더해주는 고향 마을의 느티나무.

느티나무는 오래 사는 나무이다. 그리고 아주 커다랗게 자라는 나무여서 오랜 역사를 가진 마을이면 대부분 느티나무 정자목을 만날 수 있으며 천연기념물 또는 노거수로 지정되어 보호되고 있다.

느티나무가 우리나라의 천연기념물로 지정된 경우는 열아홉 건에 달해 은행나무 다음으로 많은 수를 차지한다. 처음으로 지정된 느티나무 천연기념물은 1962년 제95호로 지정된 삼척 도계리의 긴잎느티나무이다. 이 나무는 서낭당 나무로 마을의 번영과 안녕, 태평성대를 지켜온 유래가 있으며 행운을 기원하는 대상이 되기도 하

- **식물명** 느티나무
- **과명** 느릅나무과(Ulmaceae)
- **학명** *Zelkova serrata* Makino

- **분포지** 전국
- **개화기** 4~5월, 녹황색
- **결실기** 9~10월, 녹갈색
- **용도** 공원수, 건축재, 가구재, 가공재, 조각재, 약용
- **성상** 낙엽성 교목

였는데, 고려 말에 많은 선비가 이 나무로 피신했다는 사연도 있어 요즈음도 입시철이 되면 치성을 드리는 학부모들이 많이 찾아온다고 한다. 또 이 나무가 학교 운동장에 있어 마을 사람들이 서낭당 나무를 다른 나무로 바꾸려 하자 나무가 노하여 천둥과 번개가 친 일도 있다고 전해진다.

제276호로 지정된 남해의 느티나무는 500년 전 이 부락의 부농이던 유동지란 사람이 심은 것이다. 그동안 정자나무, 또는 마을을 지켜주는 신목으로 음력 정월 보름이면 동제를 지내왔는데 안타깝게도 태풍 피해 및 노쇠로 자연 고사하여 2013년 천연기념물 지정이 해제되었다.

제280호 김제의 느티나무는 위로 5미터쯤 되는 곳에서 가지가 갈라지고 줄기 밑 부분에 큰 구멍이 있으며 옆에 큰 암반이 놓여 있는데, 암반이 조금만 높았더라도 역적이 날 뻔했다는 전설이 있다. 동네 사람들이 이 나무를 당산이라 부르며 신목으로 숭상하는 것은 물론이고 정월 대보름이면 줄기에 동아줄을 매어 온 마을 사람들이 줄다리기를 하며 화합을 다진다고 한다.

또 제281호 남원의 느티나무는 조선 세조 때 우공이라는 무공이 있었는데, 어린 시절 뒷산에 올라가 맨손으로 나무를 뽑아 와서는 마을 앞에 심어놓고 이 나무를 잘 보호하지 않으면 가만두지 않겠다는 말을 남기고 떠났다고 한다. 그 뒤 우공은 이 나무의 공덕으로 큰 공을 세워 수군절도 사에 이르는 높은 벼슬을 지냈다고 한다. 후손들은 그 말대로 아직까지 이 나무를 잘 관리하고 있으며 사당을 지어 매년 한식날이면 추모제를 올린다.

그 외에도 제주도 성읍리 제161호 느티나무, 경북 청송의 제192호 느티나무를 비롯하여 영풍, 양주, 원성, 담양, 대전 등에 약 450살에서 1,000살 된 느티나무 노거수들이 천연기념물로 지정되어 있으며, 이들 대부분은 당산목이나 정자목의 역할을 단단히 하고 있다.

천연기념물로까지 인정받지 못한 느티나무는 노거수로 지정되어 있다. 천연기념물은 일등 자리를 은행나무에 내놓았으나 한국의 노거수로 지정된 나무 가운데에는 느티나무가 으뜸이다.

느티나무는 연륜만큼 수없이 많은 사연이 전해 내려온다. 전주에서 남원으로 가다 보면 오수라는 크지도 작지도 않은 마을이 하나 있다. 오수는 개나무란 뜻인데 여기에는 사람과 개와 나무에 얽힌 유명한 이야기가 있다.

옛날 이 고을에 개를 자식처럼 사랑하는 한 노인이 있었다. 어느 봄날, 장터에 다녀오던 길에 오랜만에 마신 술에 취하고 먼 길을 다녀오느

느티나무 암꽃

느티나무 수꽃

느티나무 열매

느티나무 수피

라 피곤하여 길 옆 잔디밭에 앉았다가 그만 잠이 들어버렸다. 그런데 공
교롭게도 산불이 나서 봄바람을 타고 노인이 잠들어 있는 곳까지 번져오
고 있었다. 개는 근처의 물웅덩이를 찾아 자신의 몸에 물을 묻혀서는 불
이 번지지 않게 뒹굴기를 수십, 수백 번 거듭하여 불을 껐으나 탈진해 그
자리에서 죽고 말았다. 잠이 깨어 사태를 알게 된 노인은 슬퍼하며 이 갸
륵한 개를 고이 묻고 자신의 지팡이를 꽂아주었다. 얼마 후 이 지팡이에
서 뿌리가 내리고 싹이 터 훌륭한 나무로 자랐는데 사람들은 이 나무를
개나무, 즉 오수라고 불렀고 이 아름다운 이야기가 퍼져나가 마을의 이름
까지 오수가 되었다. 일제강점기에 우리나라에서 나무를 연구하던 한 일
본 학자는 이 이야기가 사실이라면 그 나무는 쉽게 싹이 트는 버드나무
나 오리나무일 거라고 했으나 지금 그 자리에는 커다란 느티나무가 자라
고 있다.

또 전라도 광주 서석동에 있는 효자 느티나무에는 다음과 같은 전설이
전해 내려오고 있다.

아주 오랜 옛날 만석이라는 효자가 살았다. 병든 어머니를 모시고 사
는 만석이는 착하고 부지런할 뿐만 아니라 효성이 지극하여 마을 사람들
의 칭송을 한 몸에 받았다. 그러던 어느 날 늙은 어머니는 원인 모를 깊은
병에 걸렸고 사방으로 약을 구해도 소용이 없자 만석은 마지막으로 산삼
을 찾아 나서기로 하였다. 목욕재계하고 무등산에 올라 석 달이 넘게 찾
아 헤매었으나 산삼은 보이지 않았다. 100일이 되어도 찾지 못하자 낙심
하여 산을 내려오는데 만석이를 부르는 신비스런 소리가 들려왔다. 놀라

서 뒤돌아보니 분명 뒤에 서 있는 커다란 느티나무에서 들려오는 소리였다. 만석은 느티나무에게 예를 올린 후 어머니를 살려줄 것을 간청했고 느티나무는 어머니를 살릴 약을 줄 테니 두 눈을 빼어 달라고 하였다. 오직 어머니를 살리고 싶은 효자 만석은 두 눈을 뽑아서 느티나무에게 바쳤다. 만석이의 효성에 감동한 느티나무는 스스로 잎을 떼어 만석에게 안겨주고 만석이의 눈도 고쳐주었다. 이 느티나무가 준 잎을 달여 마신 어머니는 물론 병이 깨끗이 나았다. 이때부터 마을 사람들은 이 나무를 효자 느티나무라 부르고 신령한 나무로 여겨 지금까지 보호해오고 있다.

이렇듯 느티나무에는 여러 가지 신령스런 이야기가 전해지는데 나무에 득남을 기원하면 아들을 낳게 해주는 느티나무, 밤에 광채를 띠면 동네에 좋은 일이 생긴다는 느티나무, 나쁜 일이 생길 때마다 나무가 먼저 울어서 '운나무'란 별명을 가진 느티나무, 가지가 울고 스스로 잘려나간 지 3일 후 그 고을의 목사가 죽었다는 충남 홍성의 느티나무 등 많은 사연과 가지를 꺾으면 화를 당한다는 금기의 전설이 이어지면서 느티나무는 아름다움과 장수를 누리며 오늘에 이르렀다. 이렇듯 느티나무는 마을의 구심체로 존재하다 보니 봄에 일제히 싹을 틔우면 풍년이 들고 그렇지 않으면 흉년이 든다거나, 위쪽에서 먼저 싹이 트면 풍년이요 아래쪽에서 싹이 트면 흉년이라는, 농사를 점치는 역할까지 하게 되었다. 느티나무는 정말 우리 선조들과 삶을 함께한 진정한 우리의 나무이다.

느티나무는 느릅나무과에 속하는 낙엽성 교목이다. 우리나라를 비롯하여 중국과 일본에서도 자란다. 우리나라에서는 제주도에서부터 평안도까지 분포하지만 북쪽으로 갈수록 수가 점차 줄어든다.

녹음이 우거지면 무성하여 싱그럽고 가을 단풍도 운치 있다. 느티나무 단풍 빛은 붉은빛, 갈색, 황갈색 등등 나무마다 다 달라서 가을날 먼 단풍길을 떠날 수 없다면 주변의 느티나무 단풍만 잘 보아도 마음에 가을을 맞아들일 수 있다. 겨울도 좋다. 가지가 많이 갈라지고 고루 퍼져 겨울철

느릅나무

에 앙상하게 드러난 가지에 하얀 눈이 소복이 내린 모습도 더할 나위 없이 아름답다.

가지마다 그득하게 달리는 잎은 긴 타원형으로 좌우가 똑같지 않고 다소 일그러져 있다. 또 나란히 생겨난 엽맥은 느티나무의 특징 가운데 하나다. 눈에 잘 띄지는 않지만 봄이면 피어나는 연녹색 꽃은 꽃차례에 달려 늘어지며 가을에는 자그마한 콩팥 모양의 열매가 엽액마다 달린다.

잎이 긴 것을 긴잎느티나무라 하고 느릅나무처럼 둥근 것을 둥근느티나무라 하는데 주로 속리산에서 자란다. 느티나무의 한자 이름은 규목槻木이다.

느티나무 목재는 우리나라 제일로 친다. 무늬와 색상이 아름답고 중후하다. 우리나라에서는 살아 있는 소나무의 기상은 널리 알아주지만 죽은 목재로서는 느티나무와 사뭇 그 대접이 달랐다. 서민은 살아생전 소나무로 만든 집에서 소나무로 만든 가구를 놓고 소나무로 된 기구를 쓰다가 죽어서도 소나무 관에 묻히지만, 양반은 느티나무로 지은 집에서 느티나무 가구를 놓고 살다 느티나무 관에 실려 저승으로 간다는 이야기가 있으니 목재로서의 느티나무의 가치를 짐작하고도 남는다. 신라의 천마총이나 가야 고분에서 나오는 관도 느티나무였으며 유명한 고궁이나 사찰의 기둥 역시 느티나무로 만들었다. 그 밖에도 힘을 받는 구조재에서 불상 등을 만드는 조각재나, 음향이 좋아 악기재로까지 이용하는 등 느티나무의 용도는 다양하다.

한방에서는 느티나무를 본격적으로 이용하지는 않지만 옛글에는 가을에 열매를 따서 복용하면 건강에 좋은데 눈이 밝아지고 심지어 흰머리카락이 검어진다는 이야기도 있다. 아마 느티나무가 오래 사는 장수 나무이기 때문일 것이다.

느티나무의 관상적 가치는 현재 전국의 공원이나 학교 등 공공건물에 얼마나 많은 느티나무가 있는지 보면 쉬이 짐작할 수 있다. 더욱이 먼지

를 타지 않아 항상 깨끗하고, 벌레를 먹지 않아 귀히 보인다. 가로수로 심어놓은 곳도 있고 분재의 소재로도 적합하다.

느티나무를 키우려면 삽목은 경제성이 없으므로 대개 씨를 뿌린다. 종자는 습기가 좀 있고 공기가 통하도록 모래를 섞어 저온 저장하며 발아율을 높이려면 흐르는 물에 담갔다가 저장하면 좋다. 햇볕에서도, 그늘이 들어도 잘 자라고 옮겨심기도 쉽지만 대기오염이 극심한 지역에서는 식재를 피해야 한다.

낙우송과 메타세쿼이아

하늘에 닿을 듯 치솟아 늠름한 기상을 지닌 낙우송의 피라미드 모양은 수려하다. 새봄에 솟아나는 연둣빛 잎새는 저절로 봄이 왔음을 절감케 해주고, 한여름의 짙푸른 모습은 바라만 보아도 시원해지며, 가을에 물드는 갈색 단풍은 그 깊은 맛을 따를 나무가 없다. 잎마저 다 떨어지고 남은 가지의 조화로움 또한 보는 이의 감탄을 자아낸다. 이렇게 낙우송이 철마다 갈아입는 옷을 바라보고 있으면 계절이 가고 세월이 흐름을 절감하게 된다.

왜 낙우송落羽松이란 이름이 붙었을까? 이 나무의 잎은 소나무의 잎처럼 침엽인데 침엽이 나란히 달려 마치 새의 깃털처럼 보이고, 가을이 되면 이 깃털 모양의 잎은 낙엽이 되어 하나씩 떨어진다. 그래서 이 낙우송을 잘 알고 있는 사람이라면 이 이름이 아주 과학적으로 잘 지어진 이름이라는 것을 깨닫게 된다. 그러나 한 가지 특별한 점은 이름으로도 짐작할 수 있듯이 낙우송은 침엽수이면서도 낙엽이 진다는 사실이다.

일본에서는 이 나무가 물을 좋아하는 삼나무를 닮았다 하여 소삼沼杉이라고 부르며 간혹 수향목水鄕木이라고 부르기도 한다.

- **식물명** 낙우송 · 메타세쿼이아
- **과명** 낙우송과(Taxodiaceae)
- **학명** 낙우송_Taxodium distichum Rich
  메타세쿼이아_Metasequoia glyptostroboides Hu & Cheng

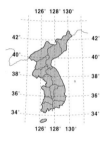

- **분포지** 원산지는 각각 미국, 중국, 우리나라 전역에 식재
- **개화기** 4~5월, 원추화서
- **결실기** 9월, 황갈색 구과
- **용도** 가로수, 공원수, 내장재
- **성상** 낙엽성 교목

낙우송의 특색 가운데 하나는 마치 사람의 무릎처럼 툭툭 튀어 올라온 뿌리다. 땅을 뚫고 올라온 이 뿌리를 우리는 기근氣根이라고 하는데 서양 사람들은 니 루트Knee root 즉 무릎 뿌리라고 부른다. 이 기근은 물을 아주 좋아하는 낙우송이 물로 질퍽거리는 땅속에서는 공기가 통하지 않으므로 숨을 쉴 수 있도록 내보낸 뿌리다.

　낙우송이 물을 좋아한다는 이야기가 나왔으니 말인데, 동해안의 평해라는 곳에 있는 한 농원에는 한 해에 함께 심은 동갑내기 낙우송 두 그루가 있는데, 한 나무는 아주 크게 자란 반면 또 한 그루는 그 나무의 반도되지 않을 듯 왜소하게 자라고 있다. 두 나무의 차이점이라고는 크게 자란 나무 곁에는 샘이 하나 있다는 점인데, 낙우송은 샘이 마르도록 물을 모두 뽑아 마시고 그리 크게 자랐다고 한다. 천리포에 있는 한 수목원에 가면 아예 물속에 발을 담그고 살고 있는 낙우송도 볼 수 있다.

　사실 낙우송의 본래 자생지는 미국의 미시시피 강 유역뿐이라고 한다. 이 아름다운 강을 따라서 여행하다 보면 물가나 물속에 자라는 인상 깊은 낙우송을 볼 수 있다는 이야기다. 그러나 이 나무의 화석은 지구의 북

낙우송

낙우송 수피　　　　　　　메타세쿼이아 수피

반구 일본이나 유럽의 여러 나라에서 발견되고 있으며 심지어 갈탄의 원료가 되는 나무가 낙우송이었다는 이야기도 있어 아주 오래전에는 지구상의 많은 곳에서 자랐음을 짐작하게 해준다.

메타세쿼이아는 낙우송과 사촌쯤 되는 나무로 아주 비슷하다. 차이점이라면 메타세쿼이아는 깃털 같은 잎이 두 개씩 서로 마주 보고 달리는 반면 낙우송은 어긋나게 달리고 또 메타세쿼이아의 수형이 좀 더 늘씬하게 위로 뻗는다는 것이다.

메타세쿼이아는 은행나무처럼 현재까지 살아 있는 화석식물이라고 한다. 공룡이 함께 살던 화석 시대부터 살아남은 아주 드문 나무인 것이다. 이 나무가 아직까지 지구상에 살아남아 있다는 사실이 밝혀진 것은 불과 몇십 년밖에 되지 않았고, 이 소식이 알려지면서 메타세쿼이아는 세계 식물학계의 주목을 한 몸에 받았다. 메타세쿼이아가 처음 발견된 것은 1937년, 일본이 중국을 침략하여 전쟁을 벌일 당시 중국 정부가 서쪽의 산간 지대로 쫓겨 가면서라고 한다. 그러나 전쟁 와중에는 신경을 쓰지 못했고 1941년에 양자강 상류의 한 지류인 마도 계곡磨刀溪谷에서 35미터나 되는 거대한 신목을 발견하였으며 1944년 어느 임업 공무원이 이 나무의 이름을 알아보려고 채집하여 남경 대학에 보내면서 주목을 받기 시작하였다. 이 나무의 이름을 중국에서는 수삼목水杉木이라 불렀으며 1946년 학계에 화석식물로 발표했다. 이 식물을 명명한 남경 대학의 쳉

메타세쿼이아

박사는 표본과 수집을 세계에 배포하였고 이 표본을 본 미국의 아널드 수목원은 1,000여 그루가 살고 있는 자생지를 조사하였다. 당시 일본에서는 메타세쿼이아 살리기 운동이 벌어질 만큼 관심이 대단하였다.

이렇게 전파되기 시작한 이 나무는 오늘날 우리나라의 도로변이나 공원에 심을 만큼 널리 퍼져나갔으며 세계인의 사랑을 받고 있다. 우리나라에서는 이 나무가 권장 가로수종으로 선정되었고 실제로 충청도를 중심으로 한 고속도로변 등에 많이 심고 있다. 일부에서는 이 나무가 뿌리를

낙우송 기근

낙우송 열매

메타세쿼이아 열매

수평으로 길게 뻗었다가 다시 수직으로 깊게 뻗는 특성이 있어 아스팔트를 들썩이게 하지 않을까 염려하면서 가로수로 추천하는 것이 성급하지 않느냐는 의견을 내놓기도 한다. 하지만 그렇게 심어진 나무들이 이제는 크게 자라 담양의 메타세쿼이아 길처럼 아름다운 나무 길을 만들어가고 있다.

중국에는 아주 유명한 메타세쿼이아 가로수가 있다. 중국 남쪽인 상해에서 남경을 거쳐 북경을 가는 철도변에 끝없이 줄지어 있다. 이 거리가 자그마치 만 리나 되는데, 중국 사람들은 만리장성이 옛 진시황 시대의 영화를 보여주듯 현대에 다시 만 리나 되는 길이에 나무를 심고 이를 'Green Great Wall' 즉 '녹색의 만리장성'이라고 부른다.

메타세쿼이아는 목재로도 한몫을 한다. 지금은 누구나 메타세쿼이아를 대표적인 가로수나 풍치수로 알고 있지만, 이 나무가 처음 미국과 일본을 거쳐 우리나라에 들어온 1960년 당시에는 비중이 낮고 연약한 데다가 방음, 방열 효과가 커서 실내의 방음 장치나 포장재, 붉은 갈색의 목재 빛깔이 고와 건축 내장재로 인기가 있었다고 한다.

현재 이 나무는 중국의 깊고 깊은 골짜기에서 극히 일부가 자생하고 있지만 미국은 물론 중국의 여러 지방과 우리나라의 포항에서도 그 화석이 발견되는 것으로 미루어 오래전에는 널리 분포하고 있었음을 짐작할 수 있다.

그렇다면 이 나무는 왜 지구상에서 사라져갔을까? 빙하기에 많이 죽었다는 학설도 있지만 해수면이 높아져 이 나무들이 자라는 평지 위로 바닷물이 올라오면서 치명적인 피해를 입었다는 학설이 설득력 있게 받아들여지고 있다. 이 나무가 번성하며 살았던 그 먼 시간을 거슬러 올라가지 않고서야 이 나무가 사라져간 정확한 원인을 단정 지을 수는 없을 것이다. 21세기의 한국 땅에서 늠름한 모습으로 줄지어 서 있는 메타세쿼이아를 보노라면 고대의 유물이 현대에 잘 조화된 모습을 보듯 신비스럽고 자연의 질긴 생명력이 새삼 경이로울 뿐이다.

낙우송과 메타세쿼이아

양버즘나무

우리나라에서 가장 널리, 가장 많이 가로수로 심는 나무가 무엇인가 하고 물으면 누구나 플라타너스라고 자신 있게 대답할 것이다. 한때는 그랬다. 최근에는 은행나무, 왕벚나무 등 다양해졌지만 2000년대 중반만 해도 서울 시내 가로수의 49퍼센트에 달했다.

무더운 여름날 무성하게 자라난 플라타너스 그늘은 아닌 게 아니라 싱싱하고 시원하다. 서울의 심각한 공해 속에서도 변함없이 싱그러움을 자랑할 수 있는 나무는 은행나무나 이 나무 정도일 것이다. 마로니에 즉 유럽칠엽수로 유명한 프랑스 파리도 오염이 심한 대도심에는 플라타너스가 주 가로수이다. 여름의 녹음과 나무 그늘만 좋은 것은 아니다. 가을의 낙엽은 노란빛이 도는 아주 따뜻한 갈색이어서 보기에 좋고 가을비라도 촉촉이 내리고 나면 길에 떨어진 낙엽을 밟으며 도심의 빗속을 거니는 낭만이 제법 좋다. 플라타너스가 보기 좋은 것은 가로수뿐만이 아니다. 널따란 학교의 운동장 가에 가지를 자르지 않아 마음껏 자라난 플라타너스들은 여름 내내 시원해 보인다.

그러나 우리와 가장 가깝다고 할 수 있는 이 나무의

- **식물명** 버즘나무(양버즘나무, 단풍버즘나무)
- **과명** 버즘나무과(Platanaceae)
- **학명** 버즘나무_ *Platanus orientalis* L.
  양버즘나무_ *Platanus occidentalis* L.
  단풍버즘나무_ *Platanus Xhispanica* Munchh.

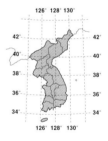

- **분포지** 미국 동부, 아시아, 유럽 등에 자생하며 우리나라 전역에 식재
- **개화기** 5월, 수꽃, 황백색, 암수한그루
- **결실기** 10월, 둥근 수과
- **용도** 가로수, 풍치수, 목재
- **성상** 낙엽성 교목

우리말 이름을 알고 있는 사람은 그리 많지 않다. 이 플라타너스의 우리말 이름은 바로 버즘나무이다. 수피를 눈여겨본 사람이라면 동감하겠지만 얼룩얼룩 허옇게 벗겨진 이 나무의 수피가 마치 버짐이 핀 것 같다고 하여 붙여진 이름이다. 이름치고는 다소 지저분하여 나무의 입장에서 보자면 불만이 많을 터이다. 북한에서는 버즘나무를 두고 방울나무라고 부르는 모양이다. 가을에 조랑조랑 매달리는 열매를 보면 정말 귀여운 방울 같아 그 이름이 무척 부럽다. 만일 통일이 되어서 남북한의 다른 이름을 하나로 조정해야 할 경우가 생긴다면 지은이는 아마도 방울나무라는 이름에 표를 던질 것이다.

　우리는 이 거리의 가로수를 보고 그저 버즘나무 또는 플라타너스라고 부르지만 우리나라에 들어와 있는 이 나무는 정확히 말하면 버즘나무, 양버즘나무, 단풍버즘나무 세 가지 종류가 있다. 이 세 종류의 나무들은 물론 형제간과도 같아서 대부분의 특성이 비슷하지만, 잎 모양과 방울의 수가 조금씩 다르다. 이 가운데 우리나라에 가장 많이 심은 것은 양버즘나무이다. 거리의 나무가 대부분 양버즘나무라고 해도 과언은 아니다. 양버즘나무의 잎은 가로 길이가 세로 길이보다 길고 방울 같은 열매가 하나씩 매달린다. 이에 반해 버즘나무는 세로의 길이가 더 길어 날씬하며 열매는 한 줄에 세 개 또는 그보다 더 많이 달리며, 단풍버즘나무는 가로와 세로의 비율이 동일하며 균형이 잡혔다.

양버즘나무 꽃

양버즘나무 수피

이 버즘나무들은 모두 버즘나무과 버즘나무속에 속한다. 버즘나무과 에는 오직 버즘나무속 하나만이 존재하며 버즘나무속에는 우리나라에 아직 들어오지 않은 것까지 일곱 종류가 있다고 하는데 주로 북부 온대 지방에 분포한다. 가장 흔히 심는 양버즘나무가 우리나라에 들어온 것 은 1910년경이라고 한다. 낙엽 활엽수인 이 나무는 다 자라면 높이가 40~50미터쯤 된다. 어린아이의 머리에 얹으면 비도 피할 수 있을 만큼 큼직한 잎은 크게 셋 또는 다섯 갈래로 갈라져 있다.

이 나무의 속명 '플라타누스Platanus'는 '넓다'는 뜻의 그리스어 '플라티 스platys'에서 유래되었다고 한다.

이렇게 나무줄기도 잎도 멋없이 크기만 한 나무에도 꽃이 필까 하는 의문이 생기겠지만 5월이면 어김없이 꽃이 핀다. 여느 꽃들처럼 화려한 꽃잎은 없어도 수술과 암술이 따로따로 둥글게 모여 여자아이들 머리를 묶는 방울처럼 화사하게 달린다. 그 크기가 정말 머리를 묶는 방울 정도 이니 그 큰 나무에 달리는 꽃송이치고는 영 어울리지 않게 작고 곱상하 다. 버즘나무는 암꽃과 수꽃이 따로 있지만 모두 한 나무에 달리는 암수 한그루이다. 10월쯤 익는 열매는 둥글고 아주 단단하다.

사실 버즘나무가 가로수로 널리 이용되는 것은 우리나라의 경우뿐만은 아니다. 세계의 가로수로 사랑을 받고 있는 이 나무가 가로수로서 가지는 장점은 여러 가지다. 우선 추위에 강하여 특별한 겨울철 관리가 없어도 되 고 땅이 척박하더라도 잘 자라며 더더욱 좋은 특징은 요즘처럼 무시무시 한 대기오염에도 끄떡없이 견뎌내는 것은 물론이고 대기오염 물질의 흡수 능력이 뛰어나다는 점이다. 국립환경연구원에서 발표한 논문을 보면 양버즘나무는 우리 주위 나무들 가운데 도시에 떠다니는 분진, 여러 가지 대기오염 물질들을 흡수하는 능력이 가장 뛰어나다는 것이다. 자동차가 뿜어내는 각종 오염 물질을 줄이려고 여러 규제와 노력이 동원되고 있는데 단순히 오염 물질의 양을 줄이는 것이 아니라 이미 생겨난 오염 물질을 마치 스펀지가 물을 흡수하듯 자신의 조직에 흡착시켜 줄이는 이 나무야말로 참으로 고마운 나무라 아니 할 수 없다. 또한 버즘나무는 성장이 빨라 어떤 경우에는 1년에 2미터씩 자란다고 하니 메마른 도시에 빠른 시일 내에 푸른 가로수를 만들기에도 버즘나무가 적합하지 않겠는가?

그러나 이렇게 여러 가지 좋은 점에도 불구하고 요즈음에는 양버즘나무 가로수가 크게 인기를 얻지 못하고 있으며 심지어는 다른 나무로 교체되는 경우도 있다. 그 이유는 어린잎의 뒷면에 털이 많이 나는데 그 털이 인체에 들어가면 해롭기 때문이라고 한다. 그것이 문제라면 털이 없는 개체를 선발해 육종하면 되지 않겠는가? 두목頭木 작업이라 하여 굵은 가지만 남기고 흉측하게 잘라버리는 것도 이 나무를 아름답다고 생각하지 않게 된 원인의 하나인데 제대로만 키우면 멋진 나무가 된다.

버즘나무류는 목재의 색깔이 아주 정갈한 느낌을 주며 무늬가 아름다워 식품의 포장재를 비롯하여 각종 가구재로 이용할 수 있으며 합판, 펄프재 및 일반용재로도 이용한다.

버즘나무류는 꺾꽂이를 하여 번식시킨다. 봄에 가지를 잘라 꺾꽂이하면 뿌리가 아주 잘 나는데 이상하게도 종자를 뿌리면 발아율이 1퍼센트도 안 되고, 종자를 잘 정선하여 마르지 않게 보관하였다가 파종하면 발아율이 15퍼센트 정도 된다고 한다. 물론 이식력과 맹아력은 매우 높아 옮겨심기 쉽다.

세계에서 제일 큰 양버즘나무는 미국 인디애나 주에 있는 나무인데 높이는 45미터가 넘고 둘레는 12.7미터쯤 된다고 한다.

단풍나무

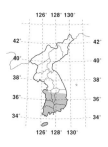

가을 산은 역시 단풍이 들어 아름답다. 따뜻한 남쪽에서 시작되는 꽃 소식과는 정반대로 추운 북쪽의 깊고 깊은 산골에서 시작된 단풍 소식은 남으로 남으로 내려간다. 매년 단풍철이 되면 단풍 색보다 더 고운 빛깔의 등산복을 차려 입은 사람들의 단풍놀이로 우리나라 명산이 북적거린다. 특히 내장산의 단풍은 유명하여 단풍놀이가 절정에 이를 무렵이면 단풍보다 사람이 더 많다. 단풍나무는 단풍나무과에 속하는 낙엽성 교목이다. 아기 손바닥처럼 갈라지는 단풍나무 잎새는 누구나 기

- **식물명** 단풍나무
- **과명** 단풍나무과(Aceraceae)
- **학명** *Acer palmatum* Thunb.

- **분포지** 남부 지방
- **개화기** 5월, 녹황색
- **결실기** 9~10월, 갈색 시과
- **용도** 약용, 정원수, 공원수, 기구재, 가공재, 악기재, 식용
- **성상** 낙엽성 교목

억할 수 있을 만큼 특색 있다. 붉은 단풍나무 잎새를 갈피에 끼워가며 시집을 읽던 사춘기 시절의 추억은 누구에게나 있을 것이다.

부챗살처럼 갈라지는 자루에 달리는 단풍나무의 꽃은 아주 작아 그다지 관심을 끌지는 못한다. 그러나 두 장의 날개를 일정한 각도를 이루며 마주 달고 프로펠러처럼 빙글빙글 돌며 떨어지는 단풍나무 열매는 단풍나무 종류면 어느 것이나 그렇듯 특색 있는 시과이다.

사실 우리나라에는 여러 종류의 단풍나무가 자라는데 열매의 날개 두 장이 만드는 각도에 따라 단풍나무 종류를 구별하기도 한다. 잎이 손바닥처럼 갈라진 종류도 그냥 단풍나무를 비롯하여 당단풍, 좁은잎단풍, 울릉도의 섬단풍, 이름 뒤에 단풍이란 글자는 없지만 분명히 단풍과 한 형제인 고로쇠나무가 있고, 잎 모양새도 이름도 별나지만 역시 한 형제임이 확실한 신나무, 복자기나무, 산겨릅나무, 청시닥나무 등 30종류에 달한다고 한다. 이렇게 수많은 종류가 있을 뿐 아니라 특별히 구별이 어렵기도 하고 대부분 그저 단풍나무로 묶여 쓰인 경우가 많으니 앞으로는 단풍나무의 여러 종류를 모두 통칭하여 그저 단풍나무라고 쓰겠지만 꼭 기억해야 할 몇 가지 종류만 이야기해보자.

우리나라에 가장 많이 자라는 단풍나무 종류는 당단풍이다. 우리가 관악산이나 북한산, 설악산 같은 곳에서 보는 나무는 거의 대부분 당단풍이다. 중부지방에는 거의 이 나무가 자란다. 잎이 아홉에서 열한 갈래로 갈라지고 잎 가장자리에 톱니가 나 있어서 구별이 가능하다.

진짜 단풍나무로 불러도 되는 나무는 제주도를 비롯한 남쪽 지방에서 주로 자란다. 한라산이나 내장산쯤에 자라는 나무는 단풍나무로 부르면 되는데 잎이 다섯에서 일곱 갈래로 갈라져 당단풍과 구별된다. 물론 심은 나무 가운데는 중부지방에도 단풍나무가 많다.

또 아주 유명한 단풍나무 종류에 고로쇠나무가 있다. 고로쇠나무는 다섯에서 일곱 갈래로 갈라지나 갈라짐이 그리 깊지 않고 잎 가장자리가

단풍나무 꽃　　　　　단풍나무 열매　　　　단풍나무 수피

톱니처럼 결각지지 않아 단순한 느낌을 준다.

　이 고로쇠나무에 얽힌 이야기가 하나 있다. 삼국 시대에 백제와 신라의 병사들이 섬진강을 옆에 끼고 중간에 서 있는 백운산에서 치열한 싸움을 벌이고 있었다. 한 신라 병사가 목이 말라 샘을 찾았지만 눈에 보이질 않던 차에 마침 화살이 꽂힌 나무에서 맑은 물이 흘러나오는 것이 아닌가. 얼른 그 물을 마셨더니 갈증이 풀림은 물론이고 힘이 용솟음쳐 백제군을 물리치고 승리하게 되었는데 이 나무가 바로 고로쇠나무라고 한다.

　그 밖에 기억할 만한 단풍나무 종류로 신나무가 있다. 잎이 세 갈래로 갈라져 다른 것과 구별하기 쉽고 단풍나무보다는 붉은빛이 덜 강렬하지만 그 대신 아주 고운 붉은빛이어서 훨씬 좋은 나무이다. 민간에서는 신나무 껍질을 달여서 세안약으로 널리 쓰고 있다.

　외국에서 들여온 단풍나무 가운데 설탕단풍이 있다. 캐나다의 국기에도 붉게 그려져 있는 이 나무는 북미 특히 캐나다에서 많이 자란다. 캐나다에서는 이 설탕단풍에서 고로쇠처럼 수액을 채취하여 끓여 시럽을 만든다. 이것을 메이플 시럽maple syrup(단풍나무 시럽)이라 하여 판매하고 있다. 독특한 풍미가 있는 이 시럽은 당분이 풍부하여 설탕 대신, 그러나 설탕처럼 몸에 나쁘지 않은 건강 음료로 비싼 가격에 팔리고 있다. 핫케이크에 이 시럽을 발라 먹으면 아주 맛있다. 캐나다를 여행한 사람이라면 공항에서 갖가지 예쁜 병에 담아 파는 이 메이플 시럽을 한두 개쯤 산 경험이 있을 것이다. 그러나 이 전통도 북아메리카 인디언들이 먼저 시작하였는데 인디언들은 이 수액을 모아 장작불에 끓이는 동안, 영화에서 자주 보는 것처럼 그 주위를 돌며 함께 춤을 추며 기다린다고 한다.

이 설탕단풍은 목재로도 훌륭하고 특히 이 나무로 만든 장작을 '땔감의 여왕'이란 다소 우스꽝스러운 별명을 붙여 부르는데 그 이름에 걸맞게 서양의 벽난로에 불을 지피면 불똥이 튀지 않으면서도 불꽃색이 아름답고 냄새가 좋으며 뒤에 남는 재의 색깔까지 깨끗하다고 한다.

그 밖에도 우리나라에 자생하는 여러 종류의 단풍나무 종류가 있고 일본에서 조경수로 개발하여 들여온 것으로 노무라단풍이라고도 하는 항상 붉은빛이 나는 나무, 잎이 갈래갈래 갈라진 세열단풍 등 수많은 품종이 있다. 흔히 나무 가게에서 청단풍, 적단풍이라는 이름으로 거래되는데 봄에 잠시 아니면 일 년 내내 붉은색이 나는 것을 통틀어 적단풍이라 부르고 그 외에 가을에만 붉은 것을 청단풍이라 하기도 한다. 하지만 이는 정확한 품종 이름이 아니다.

가을마다 온 산과 국토를 술렁이게 하는 이 단풍은 왜 생기는 것일까? 여름이 가면 광합성을 하여 양분을 만드는 잎의 엽록소가 더 이상 만들어지지 않고 파괴되어간다. 그러면 이 초록빛 색소에 가려 발현되지 못하던 카로틴이나 크산토필 같은 노란색 색소가 비로소 제 모습을 드러내어 생강나무나 은행나무처럼 노란 단풍이 들게 된다. 붉게 단풍이 드는 경로는 조금 다른데 잎의 생활력이 쇠약해지면서 붉은 색소인 화청소가 새로 생겨나서 그리 된다고 한다.

단풍나무는 한자로 단풍丹楓이라 쓴다. 그러나 막상 중국에서는 단풍나무를 '척수槭樹'라고 쓰고 있으며, 풍楓나무라는 것은 단풍나무와는 별개의 다른 나무이다.

요즈음 단풍나무는 정원수로 인기 있는 나무 가운데 하나이다. 단풍나무가 색이 변하므로 지조를 중히 여겼던 시대에는 반기지 않았다는 주장도 있지만

단풍나무 열매

단풍나무의 정원수로서의 역사는 한참을 거슬러 올라간다. 정원이나 조경 식물을 연구하는 데 귀한 자료인 고려말 이규보의 『동국이상국집』에 최초로 관상용으로 이용한 단풍나무에 대한 기록이 나오기 시작하며, 조선 중기의 대표적 정원 소쇄원이나 다산초당에 대한 기록에서도 우리 조상들이 뜰에 단풍나무를 심어 가꾸었음을 찾아볼 수 있다.

중국에서도 풍치수로 단풍나무를 즐겨 심었던 기록이 남아 있다. 특히 한나라의 궁궐에는 단풍나무를 많이 심어 '단풍나무 궁궐'이란 별명이 있으며 곽공부는 "단풍잎이 아름다워 비단을 흔든다"라고 표현하여 단풍나무의 화려한 단풍을 극찬하였다.

단풍나무류는 목재로도 한몫을 한다. 단풍나무의 속명인 '아케르*Acer*' 역시 라틴어로 '강하다'는 뜻으로 나무의 질이 강인함을 알 수 있다. 단풍나무 종류 가운데서도 고로쇠나무나 복자기나무 등이 많이 이용되었는데 가마, 배의 키 같은 큰 기구는 물론 소반이나 이남박 같은 집기에도 이용되었다. 특히 고로쇠나무 목재는 가공이 다소 어렵지만 붉은빛이 돌아 아름답고 재질 또한 치밀하여 잘 갈라지지 않는다. 체육관이나 볼링장 같은 곳의 나무 바닥이나 각종 건축재, 가구재는 물론 악기에서 바이올린의 뒤판이나 비올라의 액션 부분은 주로 이 나무를 사용한다. 운동기구 가운데는 스키, 테니스 라켓과 볼링 핀을 만들기도 한다.

영국에서는 사원의 단풍나무로 만든 맥주 컵Mazer cup이 집안에 가보로 내려올 정도로 귀히 여긴다고 한다.

이 밖에도 우리 조상들이 먹을 것이 없던 시절 단풍나무 어린잎을 삶아서 우려내고는 나물로 무쳐 먹어 구황 식물의 역할도 하였다. 별미로 이 단풍잎으로 나물을 무쳐 썰어서는 은어와 함께 녹말을 씌워 기름에 튀겨 먹기도 한다. 일본에서도 이와 비슷한 식습관이 있는데 몇 년 전 아소 산을 찾았을 때 단풍나무 잎을 잘 보관하였다가 잎 모양이 그대로 드러나게 튀김을 해 먹는 것을 본 적이 있다.

그 밖에 서양에서는 지하수맥을 찾는 다이빙 로드diving rod로 단풍나무를 사용한다고 하니 단풍나무의 신통력이 거기까지 전해진 것일까? 고대 로마에서는 단풍나무의 뿌리를 간장병의 약으로 사용한 기록도 있다.

일본에서는 우리나라와 얽힌 단풍나무 이야기가 하나 있다. 임진왜란 때 우리나라는 몹시 가물었다고 한다. 가토 기요마사가 우리나라에 쳐들어와 어느 마을에 진지를 세웠는데 그곳에는 오래된 단풍나무 한 그루가 서 있었다고 한다. 어느 날 이 나무에 사람이 묶인 채 발견되었는데 이를 수상히 여긴 가토 기요마사는 그 자리에서 그 사람의 목을 쳐 죽였다. 피가 튀어 단풍나무를 적시더니 갑자기 하늘에서는 온갖 구름이 몰려와 천둥과 벼락이 치고 비가 쏟아지기 시작했다. 워낙 극심한 가뭄인지라 우리나라 백성들은 전쟁도 잊고 기뻐할 정도였다. 갑자기 비가 내리게 된 연유는 그 단풍나무가 비를 내리게 하는 신목이기 때문이라는 말을 전해들은 가토 기요마사는 나무를 삼 척 길이로 잘라 일본으로 가져갔다. 그 후 가토 기요마사가 딸을 시집보내면서 이 신목의 토막을 주어 보냈고 그다음부터 가뭄이 있을 때마다 이 나무토막을 빌려 기우제를 지내면 어김없이 비를 내리는 신통력을 발휘했다고 한다.

그 옛날에는 일본에서 단풍나무 신목을 신통력과 함께 가져가더니 이제 우리나라에는 집집마다 노무라단풍 같은 일본 단풍을 심어두고 보고 있으니 정신마저 빼앗길 차례인가 싶어 쓸쓸한 마음을 감추기 어렵다.

단풍나무는 주로 종자로 번식시킨다. 열매가 녹색에서 갈색으로 변할 무렵 채취하여 저온에 저장하거나 노천 매장했다가 이듬해 봄에 조금 일찍 파종하면 된다. 파종 시기가 늦어 지나치게 숙성되었거나 건조한 종자는 2년째 가서야 발아하므로 주의해야 한다. 그러나 특별한 품종을 번식시키고자 할 때는 삽목 또는 접목을 한다.

단풍나무를 잘 키우려면 땅속에 어느 정도 습기가 있어야 하고 직사광선은 피해야 하며, 전정은 되도록 하지 않는 것이 좋지만 꼭 필요한 경우에는 자른 부위가 썩지 않도록 해야 한다. 가지가 굳어질 무렵 작은 돌기가 생기며 껍질이 회갈색으로 변하는 가지마름병이나 잎끝이 변색하여 작은 돌기가 생기는 잎마름병을 주의해야 한다.

그토록 화려하게 온 국토를 물들이던 단풍마저 지고 나면 겨울이 온다. 그러나 단풍으로 끝맺는 나무들의 장렬한 최후는 봄의 새로운 도약을 위한 기다림의 시작일 뿐이다.

벚나무

벚꽃이 피는 봄이면 그 꽃의 화사함으로 거리가 온통 환해진다. 벚꽃이 일시에 피어 절정을 이룰 때면 태양 아래서도 그 화려함을 자랑하기에 모자라 밤거리마저도 술렁인다. 봄에 꽃을 피우는 꽃들은 대개 잎이 나기 전에 꽃부터 가지 가득 피워내는 나무가 많은 까닭에 유난히 아름답고 화려하다. 그러나 그 가운데서도 벚꽃처럼 한순간에 사람을 잡아끄는 꽃나무를 찾기란 그리 쉽지 않다. 벚꽃이 한창이면 진해에선 군항제가 열려 사람들을 모으고, 익산과 전주를 잇는 국도는 벚꽃을 즐기는 차량의 행렬로 때아닌 교통 체증을 일으킬 정도이다. 쌍계사에 이르는 벚꽃 십리길 또한 많은 사랑을 받는 곳이고, 서울 한복판 남산의 산책길에만 올라가도 온갖 벚나무들이 꽃 터널을 만들어 그 길을 걷는 사람들에게 한없는 즐거움을 준다.

사실 우리는 이처럼 내심 벚꽃을 좋아하면서도 무언가 석연치 않은 마음을 감추기가 어렵다. 벚꽃은 우리를 강점했던 일본의 국화이며, 이 벚나무가 일제히 꽃을 피웠다가 한순간에 낙화하는 모습이 마치 제2차 세계대전 때의 가미가제 특공대를 보는 듯 일본의 정신을

- **식물명** 벚나무, 왕벚나무
- **과명** 장미과(Rosaceae)
- **학명** 벚나무_ *Prunus serrulata var. spontanea* E. H. Wilson
  왕벚나무_ *Prunus yedoensis* Matsum.

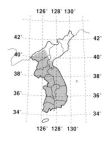

- **분포지** 전국의 산지, 제주도, 해남에 자생하나 전국에 식재
- **개화기** 3~4월, 연분홍색
- **결실기** 6월, 검붉은 핵과(버찌)
- **용도** 관상용, 약용, 가공재, 식용
- **성상** 낙엽성 활엽 교목

느끼게 해 더욱 마음이 불편하다. 게다가 우리가 한동안 벚꽃놀이를 즐겨
하던 창경궁(당시는 창경원)의 그 아름답던 벚나무들은 일본이 우리의 정
신을 말살시키고자 궁궐에 동물원을 만들어 비하하면서 심었던 것이다.
그러나 벚나무에 대해 좀 더 이야기해보면 이 불편한 마음에 다소 위안
이 될지도 모른다.

벚나무는 장미과 벚나무속에 속하는 낙엽성 교목이다. 벚나무에도 위

왕벚나무 꽃

올벚나무 꽃

낙 여러 종류가 있는 까닭에 조금씩 차이가 있지만 대부분 봄이면 오목한 다섯 장의 꽃잎을 가진 꽃송이들이 긴 꽃자루에 매달리고 끝이 뾰족하게 긴 잎에 버찌를 열매로 매달고 검붉게 익어 간다. 벚나무는 누구나 아는 나무이지만 막상 꽃이 지고 나면 잎새가 특별히 개성 있는 것이 아니어서 구별해내기가 쉽지 않다. 그러나 꽃 없이도 이 나무를 금세 알아보는 비법이 있는데 바로 수피를 통해서다. 벚나무의 나무껍질은 진한 암갈색이고 마치 니스를 칠한 듯 반질거린다. 거기다가 피목(수피가 숨을 쉬는 통기 조직)이 가로로 줄을 그은 듯 줄줄이 나 있다.

그러나 우리가 그저 벚나무라고 부르는 나무들 가운데 진짜 벚나무란 이름을 가진 나무는 아주 드물다. 벚나무와 아주 비슷한 나무들이 우리나라에는 여럿 자란다. 벚나무를 비롯하여 산벚나무, 왕벚나무, 개벚나무, 올벚나무, 섬벚나무 등등 하도 종류가 많고 비슷하여 일반인은 구별하기 어려운 까닭에 이 많은 종류를 통틀어 벚나무라고 부르게 되었다. 이 가운데 일본이 국화처럼 아끼고 보급하는 나무는 그냥 벚나무가 아니라 왕벚나무다. 공식적인 일본의 국화는 없으며 황실을 상징하는 나무는 매실나무라고 한다. 일본인들의 왕벚나무 사랑은 아주 오래전부터 각별하여 그 많은 벚나무 종류 가운데 유독 이 왕벚나무를 즐겨 심었다. 그러나 일본에서는 왕벚나무가 자생하는 곳을 발견하지 못했는데, 1908년 한국에 와 있던 프

벚나무 꽃

y

벚
나
무

겹벚나무 꽃   잔털벚나무 꽃

랑스 신부가 한라산에서 처음 왕벚나무를 발견하였고 이어 1912년 독일
인 식물학자에 의해 세계에 정식 학명이 등록되고 우리나라가 이 일본
국화의 자생지임이 확실하게 밝혀졌다.

　왕벚나무는 한라산의 해발 고도 500미터 정도에 드물게 나타나는데,
우리나라에서는 이 왕벚나무가 고도가 좀 더 높은 곳에 자라는 산벚나무
와 더 낮은 곳에서 자라는 올벚나무와의 자연 잡종으로 생긴 것으로 추
정하고 있다. 잎자루와 꽃이 연결되는 부분의 모양과 털의 특성이 이러한
학설을 뒷받침하고 있다. 어렵게 만들어진 까닭에 이 나무는 씨를 맺는
것이 아주 부실하여 자연적으로는 많이 퍼지지 못한다. 일본에 건너가게

왕벚나무

산벚나무 꽃   수양벚나무 꽃

된 경로는 아직 찾을 길이 없으나 일본에서는 왕벚나무 삽수로 묘목을 만들어 일본 전역에 퍼뜨렸으며 우리나라 곳곳에 심어진 왕벚나무들도 제주나 해남에서 직접 번식된 것이 일제강점기에 일본을 통해 다시 건너 갔을 것이라는 견해도 있다. 현재 국립수목원 직원들이 유전체를 분석 중이니 우리나라에서 자생하는 왕벚나무의 실체를 밝힐 날이 눈앞이다. 우리나라에 있는 왕벚나무의 자생지는 천연기념물로 지정해 보호하고 있는데 제주 신례리의 왕벚나무는 제156호, 제주 봉개동의 것은 제159호, 해남 대둔산 자락의 것은 제173호이다.

왕벚나무를 산에서 직접 보기는 어렵지만 우리나라의 산에는 갖가지 벚나무가 자라고 있어 봄 산행을 반긴다. 봄에 산에 가면 연하게 물이 오른 나뭇가지 사이로 벚나무가 환하게 꽃을 피우고 어우러져 설레게 한다. 이렇게 만날 수 있는 벚나무류 가운데 산에서 간혹 만나는 산벚나무는 꽃이 필 때 잎도 나와서 구분이 가능하고, 올벚나무는 꽃을 가장 일찍 피우는 것으로 유명하다. 울릉도에 자라는 것은 섬벚나무인데 꽃 색이 유난히 연해 흰색에 가깝다.

우이동의 한 부락에 벚나무들이 있는데 가지가 축축 늘어지는 수양올벚나무라고 한다. 이 나무는 인조 때 병자호란을 겪고 중국에 볼모로 잡혀가 치욕을 겪고 돌아와 왕이 된 효종이 국력을 키우기 위해 목재로는 활을 만들고 껍질은 벗겨 활을 감아 손을 아프지 않게 하려고 심어놓은 것이라고 한다. 또 화엄사 근처의 암자 앞에는 천연기념물 제38호로 지정된 올벚나무가 있는데, 이 나무는 화엄사에 있던 벽암 스님이 효종의 뜻에 깊이 동감하고 절 근처에 심은 많은 벚나무 중에서 지금까지 살아

벚나무

벚나무 열매　　　　　　　　　　벚나무 수피

남은 것이라고 한다. 활이 아니라도 벚나무의 목재는 탄력이 있고 치밀하여 경판을 만드는 데 귀히 썼으며 건축재나 기구재로도 쓰였다고 한다.

벚나무류는 약으로도 쓴다. 껍질을 벗겨 앵피 또는 화피라고 하는데 진해와 해독 작용이 있으므로 기침, 두드러기, 피부염 등에 처방하고, 벚나무의 열매인 버찌는 식용한다. 우리나라에서는 이 버찌로 과실주를 담그는 것 외에는 이용하지 않지만 서양에서는 버찌를 식용으로 개량하여 아주 크고 달게 만들어 널리 애용하고 있다.

일본에서는 수없이 많은 품종을 개발하여 도쿄의 어느 나무는 한 나무에 가지마다 다른 품종을 접붙여서 꽃이 필 때는 한 나무에서 200종류의 다른 꽃을 볼 수 있다고 할 정도이다. 우리나라에서 자생하는 좋은 벚나무들이 제대로 규명되지 않은 상태에서 일본의 품종들이 온 거리를 덮을까 걱정이 앞선다.

벚나무류의 번식 방법에는 여러 가지가 있지만 대개 꽃을 보기 위한 나무에 다른 후손이 나오지 않도록 접목을 많이 한다. 벚나무류를 키우는 데 가장 중요한 일은 전정을 해서는 안 된다는 점이다. 가지를 자르면 그 자리가 좀처럼 아물지 않아 그곳을 통해 병충해의 침입을 받기도 쉽고 나무의 세력도 약해진다. 간혹 잎이 일찍 떨어지는 조기 낙엽 현상도 볼 수 있는데 환경오염의 피해로 보는 견해가 많다.

회양목

어느 정원이나 회양목이 없는 곳이 없으니 누구나 회양
목을 처음 본 것은 정원수로 심긴 모습일 것이다. 둥글
게 잘 전정한 회양목을 줄지어 화단의 가장자리나 길
양쪽으로 심곤 한다. 잔디밭에 철책이 없는 곳이라면
으레 회양목이 경계가 되며, 큰 도시의 진입로에는 회
양목으로 그 고장에 온 것을 환영하는 글자를 만들어
심기도 한다. 그래서 누구나 회양목은 다 알고 있다. 하
지만 이 회양목이 마당이나 공원에서 쉽게 볼 수 있는
관상수라는 사실 외에 이 나무가 우리 산에 자생하는
특산 나무인 것을, 그리고 예로부터 여러 용도로 이용
되어온 우리 나무라는 사실을 아는 이는 드물 것이다.

산에 자라는 나무는 대개 모양이 엉성한 경우가 많으
니, 그토록 잘 다듬어진 회양목을 보고 야생을 생각하
지 못하는 것은 어쩌면 당연하다. 더구나 우리 정원에
조경을 목적으로 심는 나무는 대부분 일본이나 중국,
심지어는 서양에서 들여온 것이기 십상이어서 더욱 그
러하다.

우리나라의 회양목은 함경도나 전라도를 비롯한 일
부 지역을 제외하고는 우리나라 전역에 분포하지만 경

- **식물명** 회양목
- **과명** 회양목과(Buxaceae)
- **학명** *Buxus koreana* Nakai ex Chung & al.

- **분포지** 함경도를 제외한 전국에 자생(주로 석회암 지대)
- **개화기** 4월, 황록색
- **결실기** 6~7월, 갈색
- **용도** 정원수, 약용, 기구재, 밀원
- **성상** 상록성 관목

북, 충북을 중심으로 하는 석회암 지대에 지표식물로 많이 출현한다. 대개 관목상으로 자라지만 경기도 화성시 용주사에는 가운데에 굵은 줄기를 두고 크게 자란 나무가 있다. 이 나무는 크다고 해도 지름이 한 뼘을 넘지 못하고 나무의 높이는 5미터도 되지 않는데, 이만큼 자라는 데도 300년 이상이 걸렸다고 한다. 이 나무는 우리나라에 살아남은 회양목 가운데 가장 높고 굵게 자란 나무라 하여 1979년 천연기념물 제264호로 지정되었다. 이 나무가 있는 용주사는 사도세자의 능인 융건릉 옆에 있는데 정조가 능에 속한 용주사를 창건하면서 손수 심은 나무라고 전해진다. 이 나

무의 나이를 300년 정도로 추정하는 것도 여기에 근거한 것이다. 그러나 불행하게도 이 나무는 노쇠하여 줄기와 잎을 대부분 잃고 나무 모양도 망가져 천연기념물 지정이 해제되었다.

다음으로 높이 자란 회양목은 도산서원의 퇴계 선생이 거처하던 집 앞에 있는 것이라고 하는데, 그래도 높이는 2미터밖에 되지 않는다. 옛날부터 전해지는 말에 의하면 이 나무는 한 해에 한 치만 자라고 윤년에는 고통을 받아 오히려 오그라든다고 하는데, 자라지 않는 것은 몰라도 줄어든다는 것은 아무래도 과장된 이야기 같다. 하지만 이 말은 회양목이 얼마나 더디 자라는지 짐

회양목 꽃

회양목 열매

회양목 수피

작하게 한다.

회양목은 회양목과에 속하는 상록성 관목이다. 회양목 말고도 잎이 좁고 긴 긴잎회양목, 잎이 더 크고 잎자루에 털이 없는, 섬 지방에 사는 섬회양목 등의 변종이 자라고 있다. 회양목은 한자로는 황양목이라고도 부르지만 학명은 북수스 코레아나_{Buxus koreana} 이다. 여기서 속명 *Buxus*는 '상자'라는 뜻의 라틴어 'buxas'에서 유래된 것으로 서양에서는 이 나무로 작은 나무 상자 같은 것을 만들었다고 한다. 종소명 *koreana*는 이 나무가 한국 특산종임을 알려주고 있다. 영어 이름도 박스 트리_{Box tree} 로 '상자'라는 같은 뜻을 가진다.

회양목은 이른 봄에 꽃을 피운다. 노랑에 녹색이 섞인 꽃은 크기가 작고 모양이 두드러지지 않아 회양목에도 꽃이 있냐고 되묻는 사람들도 있다. 이른 봄에는 밀원이 되는 꽃들이 미처 피지 못하여 귀한데 이때 분비되는 회양목 꽃의 꿀은 벌들의 훌륭한 식량이 된다. 이 조그마한 회양목의 꽃에도 암꽃과 수꽃이 따로 있다. 수꽃은 대개 세 개 정도의 수술과 암술의 흔적이 있고, 암꽃은 반대로 세 갈래로 갈라진 암술이 있다. 이 꽃들은 몇 송이씩 모여 피는데 대개 수꽃들 가운데에 암꽃이 있다.

회양목은 상록성이니만큼 언제나 푸른 잎을 달고 있다. 그러나 겨울에는 진초록이 퇴색하여 붉은빛이 좀 돈다. 생명력이 강하다고 소문난 회양목에게도 겨울의 추위는 견디기 힘든 것이다. 그러다 새봄이 와 꽃이 피고 연녹색의 새순이 돋아 오르면 잎새들은 활기를 되찾는다. 1센티미터도 못 되는 작은 타원형 잎새들은 통통하게 느껴질 정도로 두껍고 반질거리며 작아서 아주 귀엽다. 여름부터 초록색에서 점차 갈색으로 변하며 익기 시작하는 열매는 암술대가 뿔처럼 남아 있어 보기에 재미있고 다 익으면 열매가 저절로 벌어지는데, 그 속에는 아주 작고 윤이 나는 종자가 들어 있다.

회양목의 주된 용도는 관상용으로 그 이용 기술이 나날이 발전하고 있다. 회양목은 전정을 해도 모양을 유지하며 굳건하게 살아남는 끈질긴 생명력이 있어서 조경수로서의 그 명성이 오래도록 이어질 것 같다. 우리나라의 회양목은 외국에서 새 품종으로 개량되었는데, 1917년 윌슨이라는 사람이 관악산에서 채집한 것과 1989년 단양에서 채집하여 미국으로 들여간 우리 회양목은 '윈터 그린Winter green', '윈터 뷰티Winter beauty'라는 새로운 품종 이름으로 팔리고 있다고 한다.

예전에는 회양목이 도장의 재료로 많이 쓰여서 도장 나무라는 별명이 붙을 정도였다. 회양목은 생장이 아주 느려서 지름이 25센티미터 정도 되려면 적어도 600~700년은 자라야 한다는데, 더디 자라는 만큼 재질이 치밀하고 균일하며 광택까지 있어 도장의 좋은 재료가 되었음은 물론 조각재, 목관 악기나 현악기의 줄받이, 장기알, 각종 측량 도구 등에 이용되는 고급 목재이다.

우리 선조들은 이 단단한 회양목으로 얼레빗을 많이 만들어 썼다. 회양목으로 만든 얼레빗은 부러지지 않고 부드러워 머리가 잘 빗겨지며 결이 일어나서 머리카락을 상하는 일도 없어 최고로 쳤다. 이 회양목 얼레빗은 호패가 생기면서 위기를 맞이하게 되었다. 호패는 조선 시대에 16세 이상의 남자들은 모두 차고 다녀야 하는, 신분을 나타내는 길쭉한 패로서 이름과 나이, 출생한 시기가 적혀 있는 일종의 주민등록증 같은 것이었다. 높은 벼슬을 가진 사람들은 등급에 따라 상아나 검은 뿔 같은 것으로 만든 호패를 차고 다녔지만 생원이나 진사는 회양목으로 만든 호패를 차고 다녔다. 회양목이 워낙 늦게 자라는 데다가 얼레빗을 만드는

데 쓰여 호패를 만들 재료가 부족하자 다른 용도로 쓰는 것을 막았고, 심지어는 회양목을 공물로 관아에 바치는 회양목 계契까지 생기게 되었다고 한다. 이 제도만 없었으면 큰 나무가 좀 많이 남아 있지 않았을까 싶어 섭섭한 마음도 든다.

회양목은 일부에서 약용식물로도 이용한다. 어느 계절에나 잎과 가지 또는 수피를 채취하여 햇볕에 말려두었다가 쓰기 전에 썰어 이용한다. 회양목에는 북신, 파라북신, 북시나민 등의 알칼로이드가 함유되어 있다. 잎과 수피를 달여서 마시면 류머티즘에 효과를 보고 산모가 아기를 낳을 때 난산을 하면 회양목을 달여 마시게 하기도 했다. 뿌리는 풍과 습기로 인한 통증, 줄기는 지혈과 타박상에 썼다. 그 밖에 백일해와 치통에도 효과가 있다고 한다.

회양목은 그늘이건 양지건 가리지 않고 잘 자라며 건조한 상태와 공해에도 강해서 기르기 쉽다. 그러나 잎이 황색을 띠기 시작하면 석회질이 부족한 것이므로 보충해주는 것이 좋다.

여름에 채취한 종자를 뿌리기도 하지만 워낙 더디 자라므로 주로 가지를 잘라 삽목하여 번식시킨다. 삽목은 보통 여름이나 가을에 하는 것이 좋다.

회양목은 환경에 큰 영향을 받지 않고 변함없는 모습으로 자라서인지 꽃말이 '극기와 냉정'이다.

은행나무

은행나무는 은행나무과에 속하는 낙엽성 교목이다. 세계적으로 은행나무과에는 오직 은행나무 1속, 1종만이 있을 뿐이다. 온 세상에 피붙이 하나 없는 외로운 나무이다.

은행나무라는 이름은 한자로 '은행銀杏'이라고 쓴다. 열매가 살구나무의 열매를 닮았지만 흰빛이 난다고 해서 붙여진 이름이다. 서양 사람들도 이 말을 그대로 인용하여 은빛살구Silver apricot라고 부르기도 하고 처녀의 머리Maiden hair tree라고도 하는데 금발의 서양 처녀에게나 해당되는 이름이다.

중국에서 부르는 이름으로 잎이 오리발을 닮아 압각수鴨脚樹, 열매는 손자 대에 가서야 얻는다고 하여 공손수公孫樹라고 하며 그 밖에 백과목, 행자목 등으로 부른다.

학명은 '깅코 빌로바Ginkgo biloba'이다. 은행을 일본어로 발음하면 긴난Ginnan인데 이것을 깅쿄Ginkjo로 잘못 읽은 데다가 다시 이를 독일의 학자가 Ginkgo로 잘못 쓴 것이 이제는 세계 사람들이 공통으로 쓰는 학명으로 고정되어버렸다. 종소명 '빌로바biloba'는 '두 갈래로 갈라진 잎'을 뜻한다.

은행나무 자생지는 중국 저장 성의 양자 강 하류 천

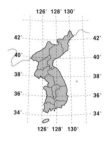

- **식물명** 은행나무
- **과명** 은행나무과(Ginkgoaceae)
- **학명** *Ginkgo biloba* L.

- **분포지** 중국 천목산이 자생지이나 우리나라 전국에 식재
- **개화기** 4~5월, 황록색
- **결실기** 9~10월
- **용도** 관상수, 약용, 식용, 기구재
- **성상** 낙엽성 교목

목 산이라고 알려지고 있다. 은행나무는 지구상에 살아남은 식물 가운데 가장 오래된 식물의 하나로 함께 살던 많은 나무들이 화석이 되어 발견 되고 있어 화석식물이라고 부른다. 지질학상으로 보면 은행나무는 고생 대부터 자라고 있었으며 쥐라기에서 전성기를 이루었던 것으로 생각된 다. 빙하시대가 도래하면서 지구상 대부분의 식물들이 사라졌지만 비교 적 따뜻했던 중국에서 살아남아 이제 21세기 한국에서 전성기를 맞이한 듯하다. 그러나 은행나무는 종자가 무거워 스스로 후손을 퍼뜨리는 데 어 려움이 있으므로 우리가 특별히 사랑하여 심지 않는다면 정말 지구상에 서 사라져 화석으로 남을지도 모를 일이다.

우리나라에서는 아직 자생지가 발견되고 있지 않으나 제주도부터 함

은행나무 수꽃차례

은행나무 암꽃

경도 성진에 이르기까지 잘 자라는 은행나무를 볼 수 있으며 압록강변의
강계, 최저기온이 영하 38도까지 내려간다는 심양에서도 의연히 자라고
있다. 은행나무가 우리나라에 들어온 정확한 연대는 알 수 없으나 불교나
유교와 함께 들어온 것으로 추측하고 있다.

　중국에서는 은행나무를 공자의 행단杏壇에 많이 심었는데 이를 본떠서
우리나라에서도 문묘나 향교, 사찰의 경내에 많이 심었고, 신목이라고 하
여 악정을 일삼는 관원을 응징하기 위해 관가의 뜰에 심기도 하였다.

　천연기념물로 지정된 가운데 가장 많은 것은 단연 은행나무로 스물두
건이나 되며 노거수로 지정되어 보호되고 있는 것은 자그마치 800여 그
루에 달한다.

　이 많은 나무들이 오래도록 보호되며 살아온 데는 각기 사연이 많지만
그 가운데서도 가장 유명한 것은 아무래도 경기도 양평에 있는 용문사의
은행나무다. 은행나무 천연기념물로는 처음으로 제30호로 지정된 이 나
무는 신라의 마의태자가 나라 잃은 슬픔을 안고 금강산으로 가다가 심었
다는 말도 있고, 신라의 유명한 의상대사가 짚고 다니던 지팡이를 꽂은
것이 뿌리를 내리고 자라 오늘의 거목이 되었다는 이야기도 있는데, 어찌
되었든 이때를 기준으로 나이를 추정하면 1,100살 이상 되었을 것이라
고 한다. 높이가 42미터를 넘는 이 나무는 동양에서 가장 큰 나무로도 소
개되고 있다. 이 나무는 오랜 세월을 살아오는 동안 수없이 변고를 겪으
면서 여러 가지 신비스런 일을 행하여 신목으로 추앙받고 있다.

　옛날 어느 사람이 톱으로 이 나무를 자르려 하자 그 자리에서 피가 쏟

아지고 맑던 하늘에서 갑자기 천둥, 번개가 쳐서 나무 베기를 멈추었으며, 사찰이 여러 번 재난을 당하는 동안에도 이 나무만은 손상을 입지 않았는데 특히 정미사변에는 일본 군대가 쳐들어와 절을 불태웠으나 이 은행나무만은 피해가 없었으며 이때 사찰의 사천왕전이 타 없어지자 그때부터 이 나무를 천왕목天王木으로 삼았다고 한다. 또 이 나무는 나라에 큰일이 있을 때마다 나뭇가지가 소리를 내며 울어서 미리 알렸다고 한다. 8·15광복 직전에는 두 달간 울었고 6·25사변에는 50일간 울었는데 십리 밖에서까지 이 울음소리가 들렸다고 하며, 4·19나 5·16 때도 이상한 소리를 내었다고 전해진다. 세종 때에는 당상이라는 벼슬을 받기도 한 명목인데 고종 황제가 승하하셨을 때는 큰 가지 하나가 칼로 자른 듯 부러졌다고 한다. 일제 때에는 일본 순사가 도끼로 자르려다가 그 자리에서 죽었고, 그 후로도 여러 번 자르려고 시도했지만 번번이 순사가 죽어 결국 실패하고 말았으며 이때의 도끼 자국이 아직까지 남아 있다고 한다.

이 밖에도 변고가 있을 때를 미리 알려준다고 전해지는 영목으로 천연기념물 제84호인 금산 요광리 은행나무, 화순 이서면의 제303호 은행나무가 있으며, 강화도 전등사의 은행나무는 병인년 프랑스의 침공과 운양호 사건, 강화도 조약 때도 밤새워 울었다고 한다.

아주 가깝게는 서울의 종로구 명륜동에 있는 문묘에도 천연기념물 제59호 은행나무가 있다. 이 은행나무는 줄기에 여인들의 젖과 같이 생긴 돌기인 유주라고 부르는 기관이 아주 잘 발달하였다.

천연기념물 제76호인 강원도 영월의 1,000살 넘은 은행나무는 그 속에 영험한 뱀이 살고 있다고 하여 유명한데, 이 때문에 개미는 물론 닭이나 개조차 접근하지 못하며 어린아이가 나무에서 떨어져도 이 나무가 보호하여 다치지 않는다고 전해지며, 자식 없는 이들이 이 나무 아래서 치성을 드리기도 한다. 이 밖에도 제165호인 괴산 읍내리의 은행나무에는 귀 달린 뱀이, 제167호 원주 반계리의 은행나무에는 백사가 살고 있다고

은행나무 열매

은행나무 열매 속

전해진다.

우리나라에서 가장 돈을 많이 들인 나무는 아무래도 제175호 안동 용계리의 은행나무인 듯하다. 임하댐이 건설되면서 이 나무가 물속에 잠겨 죽게 되자 살려내기로 결정하였는데 나무가 워낙 커서 어떠한 방법을 동원하여도 효과가 없자 그 자리에 두고 흙을 쌓아 높여가는 방식을 택했다. 30미터나 되는 인공산을 3년에 걸쳐 만들었는데, 1990년 당시 비용이 자그마치 12억이 들었다고 한다. 이 돈은 한 나무를 살리기 위해 치른 비용으로 단연 세계 최고다.

가장 고집이 센 나무로는 강화도 정족산성의 은행나무를 들 수 있다. 원래 이 나무는 은행을 100석씩이나 소출하는 거목이었는데, 어느 해 강화 유수의 수탈이 심해져 이 나무의 수확과 더 많은 것을 공출하여 백성을 괴롭히자 두 번 다시 열매를 맺지 않아서 고집나무라는 별명을 가지고 있다.

사실 수많은 은행나무들마다 얽힌 사연을 이야기하자면 끝이 없을 듯하다. 그만큼 은행나무는 우리 민족과 오랜 세월을 살아오면서 함께 기뻐하고 함께 슬퍼한 우리 민족의 나무라고 할 수 있다.

은행나무의 부채 같은 잎새는 독특하다. 짧은 가지에 모여 나는 이 잎에는 맥이 가지런한데 이 맥을 자세히 보면 주맥이 없이 전부 두 갈래로 갈라진 것을 알 수 있다. 이러한 맥은 은행나무만의 특색으로 또 차(叉) 자를 써서 차상맥이라고 부른다. 이러한 맥들은 그 수려한 은행나무 잎의 모양을 지탱하고 수분과 양분의 통로 구실을 한다.

이 잎은 예로부터 한방에서 고혈압, 파킨슨병, 당뇨병, 수렴약 등으로 처방해왔으며 민간에서는 위경련과 진해제로 써왔는데 최근에는 은행나무 잎에서 징코민이라는 독특한 성분을 추출하여 큰 인기를 얻고 있다. 한때 이 징코민 추출 과정의 유해성 때문에 나라 전체가 시끄러웠던 일도 있는데, 어쨌든 이 징코민 성분은 성인병 치료에 탁월한 효과를 보이고 특히 우리나라에서 자라는 은행나무의 잎이 다른 나라의 것보다 약효가 10~20배나 높아 많은 외화를 벌어들이기도 한다.

흔히 은행나무를 두고 침엽수냐 활엽수냐 하는 논란이 일곤 한다. 식물은 수정 과정과 종자의 형성 과정에 따라 더 원시적인 나자식물裸子植物과 피자식물被子植物로 나누는데, 나자식물은 대부분 소나무 같은 침엽수이고 피자식물은 잎이 넓은 활엽수이다. 문제는 은행나무는 나자식물 가운데서도 가장 원시적인 형태인데 잎은 넓다는 것이다. 지금까지 학계에서 많은 논란이 있었지만 은행나무의 잎이 원래는 침엽이었으나 나중에 붙은 것이고 나자식물을 활엽수라고 할 수는 없으므로 은행나무는 침엽수라고 해야 옳다는 이야기가 많지만 지은이는 생각이 다르다. 침엽인지 활엽인지는 잎을 보고 구분하기에 좋도록 만든 것이라 할 때, 본래 어떠했든 지금 엄연히 넓은 잎으로 보이면 활엽수인 것이 옳다는 생각이다. 판단은 이 글을 읽는 독자에게 맡긴다.

은행나무는 암나무와 수나무가 따로 있다. 그러나 신기하게도 오래된 나무는 거의 암나무이다. 암나무에는 암꽃이 피고 열매를 맺으며, 수나무에는 수꽃이 피고 열매가 없다. 하지만 암꽃 혼자 결실을 할 수는 없어서 암나무 근처 어디선가 수나무가 꽃가루를 날려 보내야만 수분이 가능하다. 그래서 은행나무도 마주 봐야 열매를 맺는다는 말이 있다.

수꽃은 대개 황록색으로 짧은 유이화서葇荑花序를 이루어 관심만 가지면 쉽게 찾을 수 있지만 암꽃은 피는 시기도 무척 짧을 뿐 아니라 꽃잎도 없는 배주胚珠 모양으로 찾기가 어렵다. 사실 은행나무의 수분 과정은 아주 특이하고 복잡하다. 쉽게 꽃가루라고 말했지만 정확히 말하면 꽃가루에 편모를 달고 있어서 스스로 몸을 이동시킬 수가 있으므로 정충이라고 부른다. 이 정충을 두고 은행나무가 원시 식물의 특징을 가졌다고 한다. 이 정충은 일본인 히라세 교수가 처음 발견하여 세계를 놀라게 했는데, 이를 처음 발견하게 된 나무가 아직도 일본의 동경대학 고이시카와 식물원에 살고 있다.

옛날 『산림경제』라는 문헌을 보면 두 모난 종자를 심으면 암나무가 되고 세모난 종자를 뿌리면 수나무가 되며, 수나무에 종자를 맺게 하려면 그 나무줄기에 동서남북으로 구멍을 뚫고 암나무의 가지를 잘라 넣으면 된다고 하였는데, 전자의 이야기는 확인하지 못하여 모르겠으나 지금도 수나무 가지에 암나무 가지를 접붙여 열매가 열리도록 하는 방법을 쓰고 있으니 어느 정도 과학적인 근거가 있다. 그러나 이 『산림경제』에 은행나무를 물가에 심으면 은행나무가 물속에 비친 자신의 그림자와 혼인하여 열매를 많이 만든다는 신빙성 없는 얘기도 실려 있다. 예전에는 경칩 날 여자에게는 세모난 수은행을, 남자에게는 두 모난 암은행을 보내는 것으로 구애하는, 우리 선조들의 로맨틱한 프러포즈 방법도 있었다고 한다.

사실 은행나무의 암수 구분은 매우 중요하다. 열매를 얻기 위해 기르려면 암나무를 심어야 하지만 암나무에서는 아주 고약한 냄새가 나 가로수로는 적합하지 않다. 그러나 문제는 커서 열매를 맺기 전까지는 암수를 구별할 방법이 없다는 것이다. 어린 나무를 심고 나서 나중에 용도에 맞지 않는다고 뽑아버릴 수도 없는 일이고 보면 여간 곤란하지가 않다. 이를 구별하기 위해 여러 약품을 이용한 방법이 있지만 복잡하다. 흔히들 가지가 위로 치켜 서면 수나무, 아래로 처지면 암나무라고 하나 이 역시 예외가 많아 고민거리이다. 그러나 종자가 아닌 삽목을 하면 부모의 특성을 그대로 이어받은 후손이 나온다. 가로수로 수나무만을 심어야 한다면 수나무와 암나무를 구분하여 삽목하면 된다.

암나무 냄새는 외종피에서 나는 것인데 이 외종피가 다육질로서 빌로볼bilobol과 은행산을 함유하고 있기 때문이다. 이 외종피를 벗겨내면 하얗고 딱딱한 중간 껍질이 나온다. 우리가 흔히 시장에서 살 때는 이 중종피가 있는 상

은행나무 수피

은행나무 유주

태이며, 은행을 백과라고 부르는 것도 이것의 색깔이 희기 때문이다. 중종피마저 제거하면 얇은 막 같은 것이 나오는데, 이것이 내종피에 속하고, 우리가 먹는 것은 담황록색 배유胚乳이다. 이 열매 은행, 정확히 말해서 배유의 용도는 무궁무진하다.

술안주나 신선로, 은행단자나 정과를 비롯한 여러 전통 음식에 들어가며 한방에서는 백과라 하여 기침, 천식, 빈뇨, 임질 등의 비뇨기 질환, 강장, 폐결핵, 종기 등에 처방하며 민간에서는 두부나 젖을 먹고 체했을 때, 백일해, 어린아이의 야뇨증 등에 처방한다. 하지만 은행나무는 유독 성분이 있어 열매의 껍질이나 나무껍질을 잘못 만지면 독이 오르기도 하고 익히지 않고 생을 먹어도 탈이 날 수 있으며 한 번에 많이 먹으면 오히려 해가 된다. 그 밖에 은행나무는 목재로 이용하는데 단단하고 질이 좋으며 연한 노란색을 띤다. 빛깔이 곱고 연하며 가공하기가 쉬워 각종 기구나 조각재로 많이 이용되는데 특히 밥상의 재료로는 최고로 친다. 또 김제 금산사의 지장보살은 은행나무로 조각된 것이라고 한다.

은행나무는 햇볕을 좋아하고 뿌리가 깊어 습기 있는 땅을 좋아한다. 불에도 강하고 추위나 공해, 바닷바람에도 강하며 옮겨 심어도 잘 살아 기르기 쉽다. 번식은 대개 씨를 파종하거나 삽목하기도 하고 뿌리 옆에 나온 어린 줄기를 나누기도 한다. 종자가 일단 마르면 발아가 잘 안 되므로 젖은 모래와 섞어 묻어두었다가 봄에 파종한다.

팔손이

팔손이는 겨울의 문턱에 설 즈음 꽃을 피워내는 우리의 나무이다. 간혹 사람들은 채송화나 맨드라미처럼 다른 나라가 고향인 꽃들을 두고도 우리 꽃이라고 잘못 생각하면서도 팔손이는 외국에서 들여온 관엽식물로 치부하기도 한다. 풍성한 꽃송이와 시원스럽게 달리는 잎새 등 팔손이의 이국적인 풍모만 보고 외래종이라 착각하여 멀리하였다면 이제 오해를 풀기 바란다.

충무에서 배를 타고 두 시간쯤 가다 보면 통영시 한산면에 비진도라는 섬이 나온다. 이 섬에는 크게는 4미터까지 자라는 팔손이 자생지가 있어 1962년 12월 3일 천연기념물 제63호로 지정되었다. 일제강점기의 기록에는 이 섬 외에도 한산도와 원량도 등에 큰 팔손이가 수십 그루씩 자라고 있다고 되어 있으나, 그 후 사람들이 수없이 캐내어 많이 사라져가고 더욱이 1959년 태풍 사라호로 인하여 더욱 많은 피해를 입어 천연기념물로 다시 지정될 당시에는 매우 희귀한 것이 되었다. 그러다 1970년, 충무공 이순신 장군 전승지인 제승당 制勝堂 성역화 사업이 진행되면서 팔손이는 성공적으로 이식되었으며, 지금은 관상용으로 널리 퍼져 따뜻한 남

- **식물명** 팔손이
- **과명** 두릅나무과(Araliaceae)
- **학명** *Fatsia japonica* Decne. & Planch.

- **분포지** 남해도와 거제도에 자생하나 남부 섬 지방에 많이 식재
- **개화기** 11~12월, 유백색
- **결실기** 5~6월, 검정색
- **용도** 약용, 정원수, 공원수
- **성상** 상록관목

쪽 지방에 가면 담장이나 대문 옆 혹은 잘 가꾼 마당 한편에 자리 잡고 잘 크는 모습을 그리 어렵지 않게 볼 수 있다. 비진도뿐 아니라 거제도 앞바다의 마안도나 해안가 절벽 바위 사이에서 볼 수 있다.

팔손이는 무성하게 자라는 모습이 초본 같기도 하고 목본 같기도 하여 혼동하기 쉬운데 실제로는 상록수이다. 우리나라뿐 아니라 일본 혼슈, 시코쿠, 규슈 등에서도 자란다. 두릅나무과에 속하며 속명 '페트시아*Fetsia*'는 일본어 여덟 팔八 자의 '야스'라는 음이 잘못 전해진 것이다.

일본에서의 이 나무 이름 역시 여덟 개 손이라는 야스데八手이다. 비진도에서는 팔손이를 두고 총각나무라고 부른다는데 마음속에 비밀을 간

팔손이 꽃차례   팔손이 수피

직한 채 잎새처럼 넓찍한 얼굴로 환하게 웃고 있는 투박한 섬 총각의 모습을 보는 듯하다. 그래서인지 이 나무의 꽃말은 '비밀'이다.

어린아이 팔뚝 길이만큼 큼직한 잎이 여덟 갈래로 갈라져 팔손이라는 이름이 붙었지만 일곱 개 혹은 아홉 개인 것도 있다. 겨울철에는 잎이 아래로 처지는 경향이 있으니 꽃이 더 잘 보이라는 잎의 배려일까? 줄기 끝에 달리는 유백색의 둥근 꽃은 우산 모양으로 모여 달리고, 이들이 다시 모여 전체적으로 큼직한 원추상의 꽃차례를 나타낸다. 이듬해 봄을 보내며 꽃이 달렸던 자리에 둥글고 까만 열매가 녹두알만 하게 열려 푸른 잎새와 멋진 조화를 이룬다.

직사광선에서는 잎이 타므로 잘 키우려면 양지보다는 반음지가 좋고, 분에 심어 키우려면 신선한 공기와 물을 잘 공급해주고 배수 또한 신경을 써야 한다. 번식에는 여러 가지 방법이 있으나 열매를 따서 과육을 제거한 후 바로 종자를 뿌리면 여름에 싹이 난다.

팔손이는 팔각금반 또는 팔금반이라고 부른다. 팔각금반이라는 이름은 생약명인데 진해, 거담, 진통의 효능이 있으나 파트시야 사포톡신과 파트신이라는 독성분이 있으므로 의사의 지시에 따라 써야 한다. 그 밖에 말린 잎 300~500그램을 목욕물에 우려 자주 몸을 담그면 류머티즘에 효과를 본다고 한다.

팔손이에게는 엉뚱하게도 인도 공주와 얽힌 전설이 한 가지 있다. 옛날 인도에 '바스라'라는 아름다운 공주가 살고 있었다. 공주는 열일곱 살이 되는 생일날 어머니에게 예쁜 쌍가락지를 선물로 받았다. 공주의 사랑

팔손이 열매

을 받던 한 시녀가 공주의 방을 청소하다가 거울 앞에 놓인 예쁜 반지를
보고는 호기심을 참지 못하여 양손의 엄지손가락에 각각 한 개씩 끼워보
았다. 그러나 어찌 된 일인지 한번 끼워진 반지는 아무리 애를 써도 빠지
지 않는 것이었다. 공주의 반지에 감히 손을 댄 사실만으로도 큰 야단을
맞을 것이 겁이 난 시녀는 그 반지 위에 다른 것을 끼워 감추었다. 반지를
잃고 상심하는 공주를 보다 못한 왕은 온 궁궐을 다 뒤져도 찾지 못하자
사람들을 조사하기 시작하였고 시녀 역시 왕 앞에 불려가게 되었다. 손을
내밀어보라는 왕의 말에 겁이 난 시녀는 엄지손가락을 감추고 여덟 개만
내밀었다. 그 순간 하늘에서는 뇌성 번개가 치고 벼락이 떨어지며 순식
간에 그 시녀는 한 그루의 나무로 변했다. 그 나무가 팔손이다. '그렇다면
이 식물의 이름이 팔손이가 아니라 팔손가락이 돼야겠네'라는 실없는 생
각도 해본다.

담쟁이덩굴

붉은 벽돌로 지은 오래된 건물에 담쟁이덩굴이 타고 올라가면 보기에 좋다. 겨울에 남은 앙상한 줄기가 다소 마음에 걸리다가도 봄이 와서 마른 가지에 물이 오르고 붉기도 푸르기도 한 새순이 파릇하게 나오는가 싶으면 어느새 무성하게 잎을 달고 짙은 초록빛으로 싱싱함을 자랑한다. 그렇게 담쟁이덩굴이 검푸르게 올라간 건물 안은 한여름이 되어도 더울 것 같지 않다. 그러나 담쟁이덩굴의 가장 아름다운 모습은 아무래도 가을 단풍에 있다. 한 잎새에서도 알록달록 여러 색을 내며 물드는 그 빛이 참 곱고도 가을에 잘 어울린다. 창밖으로 바라보는 담장에서 그토록 감동적으로 가을을 느끼게 하는 나무는 담쟁이덩굴 외에는 없는 듯싶다.

담쟁이덩굴은 포도과에 속하는 낙엽성 덩굴식물이다. 줄기마다 다른 물체에 달라붙는 흡착근이 있어서 나무건 바위건 도심의 담벼락이건 잘 타고 올라간다. 이 흡착근을 흡반이라고 부르는데 덩굴손이 변한 것이며 잎과 하나씩 마주 보고 생긴다.

이 나무의 이름이 담쟁이덩굴인 것도 바로 이 흡반을 이용하여 담을 타고 올라가며 자라기 때문이다. 또 담

- **식물명** 담쟁이덩굴
- **과명** 포도과(Vitaceae)
- **학명** *Parthenocissus tricuspidata* Planch.

- **분포지** 전국의 돌담이나 바위 또는 나무 위에 붙어서 자람
- **개화기** 6~7월, 황록색
- **결실기** 8~9월, 흑색
- **용도** 관상용
- **성상** 낙엽성 활엽 덩굴식물

쟁이덩굴을 석벽려 또는 '지금地錦'이라고도 하는데 지금이란 '땅을 덮는 비단'이라는 뜻이다.

담쟁이덩굴은 포도과에 속하니 잎이 포도 잎처럼 끝이 셋으로 크게 갈라진다. 그러나 어린잎들은 완전하게 세 장으로 갈라진 것이 있어 처음 식물을 공부하는 이들에게는 많은 혼란을 주곤 한다. 식물 중에는 어릴 때의 모습과 사뭇 다르게 커가는 경우가 종종 있다. 초여름에 피어나는 꽃은 워낙 작은 꽃들이 모여 피는 데다가 황록색이어서 그리 눈에 뜨이지는 않는다. 가을에 익는 열매는 머루송이같이 백분이 덮인 검은색 열매가 송이로 달려 이 나무 역시 포도과임을 입증한다.

담쟁이덩굴은 인위적으로 심어놓은 담장에서뿐 아니라 산에서도 그리 어렵지 않게 만날 수 있는 식물이다. 정원에 즐겨 심는 나무들은 대개 다른 나라에서 건너온 경우가 많아 담쟁이덩굴도 그 원산지를 의심받기도 하지만 분명 이 땅의 나무이다. 산에 가면 이웃하는 나무를 타고 올라가

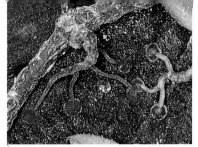

담쟁이덩굴 꽃 담쟁이덩굴 줄기

기도 하지만 대개는 옆에 누운 바위나 땅으로 기면서 줄기를 뻗는다. 일
본과 중국에서도 볼 수 있다.

우리나라에는 담쟁이덩굴 외에도 미국에서 들여와 심은 미국담쟁이덩
굴이 있는데 다섯 장의 작은 잎으로 구성된 점이 다르다. 담쟁이덩굴의
종류를 총칭하는 속명 '파르테노키수스 _Parthenocissus_'는 '처녀'라는 뜻의
'파르테노스 parthenos'와 '덩굴'이란 뜻의 '시소스 cissos'란 말의 합성어인
데, 이 미국담쟁이덩굴의 영어 이름도 같은 뜻의 버지니아 크리퍼 virginia
creeper 이고 보면 서양 사람들의 눈에는 이 나무가 처녀처럼 싱그럽고 순
결하게 느껴졌나 보다. 이 미국담쟁이덩굴의 이름을 이렇게 부르게 된 사
연으로 추측되는 전설이 그리스에서 전해 내려오고 있다.

옛날에 히스톤이라는 아름답고 착한 아가씨가 부모님이 정해준 대로
얼굴 한 번 보지 못한 사람과 약혼했으나 그는 전쟁터에 나가 돌아오지
않았다. 많은 사람들이 그녀에게 자신이 약혼자라며 청혼했지만 약혼자
의 긴 그림자만 보았던 그녀는 키가 큰 자신의 약혼자를 기다리다 죽어
갔는데, 그 긴 그림자가 지나간 담 옆에 자신을 묻어달라고 유언했다. 그

다음 해부터 그녀가 묻힌 자리에
서 덩굴이 올라와 키 큰 약혼자를
찾으려는 듯 자꾸만 높이 올라가
사람들은 이 나무에 그녀의 넋이
들었다고 믿게 되었다고 한다.

담쟁이덩굴은 시멘트나 콘크리

열매

수피

트로 된 담장을 가리는 용도로 많이 심었으나 그저 푸른 잎의 싱그러움과 가을의 고운 단풍 빛이 좋아 심기도 한다. 또 도로를 만들어 생긴 비탈면에 덩굴식물이 뿌리박고 올라가 지지 작용을 하고 푸르게 녹화시키는 역할도 한다.

담쟁이덩굴은 관상은 물론 약용하기도 한다. 한방에서는 지면이라고 부르는데 뿌리는 산후 출혈을 비롯한 각종 출혈, 골절로 인한 통증, 편두통, 대하 등에 처방한다고 한다. 줄기에서는 달콤한 즙액이 나오므로 일본에서는 설탕이 나오기 전에 이것을 감미료로 사용했다고 한다.

담쟁이덩굴의 번식은 종자를 뿌리거나 줄기를 잘라 삽목하기도 한다. 종자는 가을에 익은 열매를 따서 검은 과육을 제거하고 습기를 유지시킨 채 저온에 저장하거나 노천 상태로 매장했다가 봄에 흩어 뿌린다. 삽목은 대개 어린 나무가 좋으나 흔히 오래된 가지를 잘라 심기도 하며 휴면 가지를 잘라 심으면 뿌리가 잘 내린다고 한다. 해충의 피해를 입기 쉬운 단점은 있으나 어떠한 환경에든 잘 적응하며 공해에도 강하다.

사철나무

겨울에도 의연하게 푸르름을 간직한 채 지내는 나무들이 있다. 바로 우리가 흔히 상록수라 부르는 늘푸른나무들은 대부분 소나무나 향나무 같은 침엽수이나 잎이 넓은 활엽수 가운데서도 상록수인 나무가 있다. 바로 녹나무, 가시나무, 돈나무와 같은 나무들인데 섭섭하게도 이들 대부분은 남쪽 지방에서만 자라 중부지방에서는 화분에 심어 집 안에 들여놓아야만 그 짙푸른 잎의 싱싱함을 느낄 수 있다. 그러나 드물기는 하지만 추위를 견디어 우리 곁에 항상 함께 있는 상록 활엽수가 있는데 그중 대표적인 것이 사철나무이다.

사철나무는 우리와 친근한 나무이다. 사실 이 사철나무가 자생하는 곳은 중부 이남의 바다가 바라다보이는 곳이어서 추위에 강하다고 할 수 없지만 그래도 푸른 잎을 매단 채 겨울을 보내는 일쯤은 문제없는 듯하다. 사철나무는 남쪽 제주도에서부터 전라도, 경상도, 경기도는 물론 강원도와 북쪽으로 황해도까지 올라간다. 그 많은 상록수 가운데 바로 이 나무에 사철나무라는 이름을 붙인 것을 보면 상록수를 대표하는 나무인가 보다. 우리나라 외에 일본과 중국에서도 볼 수 있으니 아시아

- **식물명** 사철나무
- **과명** 노박덩굴과(Celastraceae)
- **학명** *Euonymus japonica* Thunb.

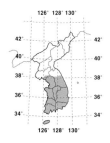

- **분포지** 황해도 이남, 주로 해안가
- **개화기** 6~7월, 황록색
- **결실기** 10월, 적색
- **용도** 약용, 정원수, 공원수
- **성상** 상록관목

의 상록수라고 말할 수 있지 않을까? 그래서 꽃말도 '변함없다'이다.

사철나무는 노박덩굴과 사철나무속에 속하는 상록관목이다. 사철나무속의 학명은 '에우오니무스*Euonymus*'인데, 이 이름은 옛 그리스어로 '에우(좋다)'와 '오노마(이름)'의 합성어인 '에우오노마'란 단어에서 유래되었다고 한다.

이 사철나무속에 속하는 식물이 우리나라에만도 15종이 자라고 있는데 사철나무와 줄사철나무, 섬회나무를 제외하고는 모두 낙엽성이다. 상록성으로 사철나무와 그 모양이 매우 비슷한 줄사철나무는 줄기에서 뿌리가 내려 다른 물체에 붙어 올라가며 자라는 것이 다르고 섬회나무는 줄기가 사각인 데 비해 사철나무는 원형이다.

사철나무는 다 자라면 3미터까지 크고 경우에 따라 6미터까지 자라기도 한다. 새로 난 한 살짜리 줄기는 녹색이지만 나이가 들면서 점차 회흑색으로 변한다. 줄기에 마주 달리는 달걀 모양의 잎은 대부분의 상록수가 그러하듯 가죽처럼 두껍고 질겨 혁질革質이라고 부르는데 반질반질 윤이

사철나무 꽃   사철나무 열매

난다. 길이는 손가락 두 마디 정도이다.

여느 꽃처럼 노랗고, 빨갛고, 희지 않으며 결코 화려하지는 않아도 마냥 싱그럽게 느껴지는 사철나무 꽃을 기억하는 사람이 얼마나 될까? 봄이 가고 여름이 시작될 무렵이면 사철나무는 가지와 잎겨드랑이 사이로 꽃자루를 드리우고 다섯 개에서 열두 개 정도의 작지만 많은 꽃을 피워낸다.

꽃의 빛깔이 흰색에 노란색과 녹색을 조금씩 섞어놓은 흔하지 않은 색이어서 더욱 신선하다. 꽃이 아무리 작아도 자세히 들여다보면 꽃이 갖추어야 할 모든 것을 다 가지고 있다. 오리 주둥이처럼 삐죽이 튀어나온 한 개의 암술을 가운데 두고 네 개의 수술이 사방으로 달리고 그 사이사이로 앙증스런 꽃잎이 네 장씩 마주 달린다. 꽃밥의 색은 진노랑이다.

가을이면 달리는 열매는 매우 특이하다. 둥글기도 모나기도 한 불그스름한 열매가 익으면 열매의 껍질이 네 개로 갈라지고 그 사이로 맑고 밝은 주황색의 옷을 입은 종자가 나온다. 벌어진 틈으로 매달린 이 종자의 모습이 녹색 잎새와 잘 어울린다. 새들도 좋아할 듯싶다.

사철나무와 비슷하게 생긴 형제들이 몇몇 있는데 사철나무의 변종들이다. 자생하는 종류 가운데에는 잎이 좀 더 큰 무룬나무, 잎이 더 둥글고 크며 끝이 뭉툭한 넓은잎사철나무, 길이는 길고 너비는 좁은 긴잎사철 등이다. 이 밖에도 사람들이 잎에 인위적으로 무늬를 만들어낸 원예 품종들이 있다.

녹색 바탕의 잎 가장자리에 흰 줄무늬가 있는 것을 은테사철, 흰 반점이 있으면 흰점사철, 노란 줄이 가장자리에 있으면 금테사철, 황금색 무

금사철

은테사철

늬가 잎의 중앙과 잎자루 및 줄기에 생기면 금사철, 전체적으로 노란 무늬가 많으면 황금사철, 황록색 반점이 있는 것은 황록사철이라 부른다. 그 밖에 앞에서 말한 덩굴성 줄사철나무에 노란 무늬가 있으면 금빛줄사철, 흰 무늬가 있으면 은빛줄사철이다.

이처럼 여러 원예 품종이 있는 것으로 짐작할 수 있듯이 사철나무는 주로 조경수로 이용된다. 아무리 작은 정원이라도 사철나무가 빠지는 경우는 거의 없을 듯싶다. 상록, 낙엽, 침엽, 활엽, 교목, 관목을 골고루 배치하려는 정원 설계사들의 배려도 한몫 했겠지만 한번 심어놓으면 특별히 가꾸지 않아도 잘 자라는 사철나무의 강인함이 그 이유인 듯싶다. 사철나무는 뿌리에서 많은 새 줄기가 기세 좋게 자라 둥글게 퍼지며 아름다운 나무 모양을 만들어간다.

예전에 살던 집 마당에는 사철나무가 한 그루 서 있었다. 어른 키보다 더 컸고 동그랗고 곱게 다듬어져 마치 큰 물레방아가 돌고 있는 모양을 하고 있어 우리 집 자랑거리의 하나였다. 그러나 이렇게 한 나무를 크고 정성스럽게 다듬어 길러도 좋지만 그보다는 사철나무를 촘촘히 심고 가지런히 다듬어 생울타리를 만들었을 때 더욱 인상적이다. 특히 차가운 계절에, 더구나 눈이라도 내리고 난 후면 하얀 눈이 덮힌 초록 잎에 간간이 남아 있는 붉은 열매의 앙증스러움이 보태어져 사철나무 생울타리는 단연 돋보인다. 더욱이 습지나 건조한 곳에서 모두 잘 자라고 햇빛을 좋아하지만 그늘에서도 잘 자라며 공해에 대한 저항력도 아주 강하다. 특히 바닷바람과 소금기에 강하여 바닷물에 닿아도 피해를 입지 않는다고 하니 기르

줄사철나무

기 쉬운 좋은 나무임이 틀림없다. 이 사철나무의 훌륭한 점이 알려져 이미 1800년에 영국에 소개되어 특히 남부 지방에 많이 식재되었으며, 미국에 소개된 시기는 정확히 알려져 있지 않지만 캘리포니아 주에는 100여 년 전부터 바닷가의 정원수나 울타리로 심었다는 기록이 있다.

사철나무의 껍질은 한방에서 이뇨 강장제로 쓴다.

사철나무의 중국식 이름을 우리나라에서나 일본에서나 '두중' 또는 '동청'으로 잘못 쓰는 경우가 많은데 이는 바로 한방에서 이용하다 생긴 오해의 결과이다. 그 사연을 알아보면 중국에는 강심제로 쓰는 두중(두충나무)과 동청이 있는데, 이 나무들이 귀하여 그 대신 사철나무를 약으로 쓰다 보니 혼동을 가져온 것이다. 『산림경제』에서도 사철나무를 일컬어 '두중', '동청 겨우살이'로 기록하고 있으며 일본에서는 화두중, 두중이라 부르고 진짜 두충나무는 당두중이라고 불러 구분하기도 한다. 그래서 지금까지도 지방에 따라서는 사철나무를 겨우살이나무, 무룬나무, 개동굴나무, 동청 등으

사철나무 열매

로 부른다. 서양에서는 에버그린
스핀들 트리Evergreen spindle tree라
고 한다.

사철나무의 줄기는 아주 질겨
이 껍질을 벗겨 꼬아 튼실한 줄을
만들기도 했다.

사철나무는 아주 오랜 세월을
우리 땅, 우리 곁에서 함께 살아

사철나무 수피

온 나무이다. 그럼에도 전해 내려오는 솔깃한 이야기 하나 없는 것이 못
내 서운하다. 지은이에게도 물레방아 같은 사철나무가 자라던 옛집에 대
한 추억이나 울릉도의 외딴 마을 돌담 위로 풍성하게 피어 있던 사철나
무 꽃들과 바다 냄새가 생생하듯, 모든 이들의 가슴속에 간직된 이 나무
의 사연이 정겨운 전설 하나로 만들어져 떠돌았으면 싶다.

목련

길가의 개나리와 소나무 숲의 진달래가 흐드러질 즈음 목련도 그 화려한 꽃송이를 터뜨린다. 화살촉처럼 뾰족한 겨울눈을 열고 감추어진 꽃잎들을 드러내어 활짝 피어버린 목련 꽃송이가 가지마다 가득가득 매달려 주변까지 환해질 무렵이면 봄은 절정에 이른다.

목련은 제주도 한라산의 한 기슭, 개미목 부근에서 자생하고 있는 것이 처음 발견되었다. 낙엽성 교목으로 보통 10미터 정도의 높이지만 다 자라면 약 20미터, 가슴 높이의 지름이 1미터까지도 큰다고 한다. 목련은 목련과 목련속에 속하는데 목련속 식물을 일컫는 학명 마그놀리아*Magnolia* 는 프랑스의 식물학자 피에르 마뇰 Pierr Magnol 이라는 사람의 이름을 따서 붙여졌다. 세계적으로 목련과에 속하는 식물은 100여 종에 이르는데 아시아에서 자라는 목련은 주로 낙엽성인 데 반해 아메리카 대륙의 목련은 상록성이 많다.

목련이 겨우내 가지 끝마다 달고 있는 뾰족한 겨울눈에는 꽃이 될 꽃눈과 잎이 될 잎눈이 있다. 잎눈에는 털이 없으나 꽃눈에는 소복한 털이 나 있다. 중부지방에서는 4월, 제주도에서는 3월이면 꽃눈은 외투를 벗으면

- **식물명** 목련
- **과명** 목련과(Magnoliaceae)
- **학명** *Magnolia kobus* DC.

- **분포지** 제주도 숲 속에 자생, 전국에 식재
- **개화기** 4월, 유백색
- **결실기** 가을, 적색
- **용도** 약용, 정원수, 공원수, 고급 목재
- **성상** 낙엽성 교목

서 하얀 꽃잎들을 하나씩 벌리기 시작한다. 이른 봄의 꽃나무가 대개 그러하듯 목련 역시 잎보다 꽃이 먼저 핀다. 그 겹겹의 꽃잎 속에는 나선형으로 배열된 많은 암술과 이를 둘러싼 수십 개의 수술이 보인다. 꽃밥과 납작한 수술대 뒷면은 붉은색이다. 꽃잎 밖으로는 꽃잎과 비교해 아주 작은 세 장의 꽃받침이 있다. 한껏 꽃이 피면 그 지름이 10센티미터에 이르고 꽃잎들은 하나씩 벌어지다 못해 아래로 늘어져 그 특이한 수술과 암술의 모습이 그대로 드러난다. 이 모습은 목련이 매우 원시적인 식물군에 속한다는 사실을 증명해주기도 한다.

잎은 꽃이 피고 나서 비로소 나온다. 달걀 모양의 큼직한 잎은 그 끝이 뾰족하며 길이가 10센티미터, 너비가 5센티미터 정도로 손가락 두 마디 정도의 길이에 잎자루가 달려 있다. 가을에 익는 목련의 열매는 점차 가늘어지는 원통형이며 종자가 들어 있는 부분이 울퉁불퉁 두드러지고 끝이 꼬부라진다. 이 열매의 툭 불거진 곳이 벌어지면서 밝은 붉은색의 예쁜 종자가 드러난다.

우리가 볼 수 있는 목련의 종류에는 여러 가지가 있다. 우리나라의 목련, 유백색 꽃이 탐스러운 백목련, 자주색 꽃을 피우는 자목련, 흔히 산목련이라 부르는 함박꽃나무, 사람들이 후박나무로 잘못 알고 있는 일본목련, 꽃의 지름이 20센티미터까지도 자라는 상록성 태산목과 요즈음처럼 관상용으로 많은 나무들이 개발된 시대에는 별목련이나 분홍목련과 같은 원예 품종도 어렵지 않게 볼 수 있다.

그 가운데 목련과 함박꽃나무만이 우리나라에 자생한다. 우리가 그저 쉽게 목련이라고 부르는 나무, 우리 주변에서 가장 손쉽게 볼 수 있는 흰색의 꽃나무는 정확히 말하면 중국 원산인 백목련이며, 진짜 목련은 제주도에 자생하고 있는 우리나라의 목련으로 백목련처럼 희고 화려한 꽃

백목련

목련

자목련

일본목련

잎과 향기를 가지고 아름답게 피어난다. 백목련은 꽃잎이 여섯 장인데 석 장의 꽃받침과 꽃잎의 길이가 거의 같고 색과 모양이 비슷한 반면, 목련은 꽃잎이 여섯 내지 아홉 장이고 꽃잎이 꽃받침보다 크며 밑부분 겉에 연한 홍색 줄이 있어 쉽게 구별할 수 있다. 이 목련은 백목련보다 보름쯤 일찍 꽃망울이 터져 더욱 빨리 봄을 알리곤 한다. 그러나 안타깝게도 나무를 파는 곳에서 목련을 찾으면 모두 중국 원산의 백목련을 준다. 우리나라에서 자라는 진짜 목련은 고부시목련 또는 고부시라고 말해야 비로소 통한다. 고부시라는 말은 일본어로 '주먹'이라는 뜻으로 열매가 마치 주먹 같다고 하여 붙여진 이름이다. 이 목련은 우리나라는 물론 일본에서도 많이 자라고 있는데 일본에서 처음으로 세계에 소개하다 보니 고부시라는 이 일본어가 아예 학명으로 고정되어 버렸다(이러한 예는 무척 많아서 우리 국토의 어느 곳에서나 자라는 소나무도 외국에는 Japanese red pine, 즉 일본 소나무로 알려졌다).

우리들은 저마다 중국의 백목련만을 좋아하며 기르고 있는데, 개인의 취향에 따라 목련이 아닌 백목련을 좋아한다고 치더라도 목련이라는 대표적인 이름마저도 백목련에게 내주고 우리의 목련은 고부시라는 일본 이름을 따서 부르고 있으니 참 부끄럽다. 그러나 그 이름에 대한 시비는 접어두고 대자연이 만들어낸 꽃의 신비는 경이롭다. 목련, 백목련 모두 그 함박만한 꽃들이 저마다 활짝 벌어질 즈음이면 그 화려한 자태에 눈이 부실 지경이다. 저마다 하늘을 향해 송이송이 매달린 꽃들은 잎이 없이 오직 흰 꽃만이 가득하여 더욱 인상적이다. 파란 하늘을 배경으로 한껏 꽃을 피워대는

목련 겨울눈　　　　목련 열매　　　　목련 수피

목련을 보노라면 그 속에서 흰 비둘기 한 마리씩 날아 나올 것만 같다.

　이 목련 꽃들은 이른 봄부터 가을까지 저마다 개성 있는 모습을 보여준다. 겨우내 달고 있는 화살촉 모양의 회갈색 눈은 굵고 튼실한 줄기에 매달려 이듬해 봄 얼마나 크고 화려한 꽃송이를 피워낼지 미리 짐작케 해준다. 그러나 점잖은 선비들은 이를 보고도 붓을 연상하여 나무 붓이라는 뜻으로 목필木筆이라고 했다. 꽃봉오리가 맺힐 즈음 백목련의 꽃봉오리들은 저마다 북녘을 바라본다. 대부분의 꽃들이 해를 따라 해바라기를 하는 것에 비하면 특색 있는 모습이다. 사람들은 이를 보며 임금님에 대한 충절의 상징이며 신하들이 북쪽에 계신 임금님께 드리는 인사라고 말했다. 그러나 한편 사랑하는 아름다운 청년이 죽고 그 무덤이 북쪽에 있어서 꽃송이들이 모두 북쪽을 향한다는 이야기도 있다. 이것이 충정의 표시이든 못다 이룬 사랑의 그리움이든 꽃송이들이 북쪽을 향하는 것은 사실이어서 북향화北向花라는 또 다른 이름으로 부르기도 한다. 이 꽃은 이밖에도 몇 가지 아름다운 이름을 가지고 있는데 꽃 하나하나가 옥돌처럼 귀하고 아름다워 옥과 같은 나무, 즉 옥수玉樹라고 부르는가 하면, 그 향기로움에 빗대어 꽃잎 한 장 한 장이 모두 향기의 조각이란 뜻으로 향린香鱗이라고도 한다. 한 나무 가득 꽃송이가 모여 달리면 마치 옥돌로 된 산을 바라본 듯하여 망여옥산望如玉山이라 하고, 눈이 내리고 있는데도 봄을 부른다 하여 근설영춘近雪迎春이라고 하기도 한다. 난초처럼 아름다운 나무라 하여 목란木蘭, 꽃은 옥이요 향기는 난초라 하여 옥란玉蘭이라 하기도 한다. 목련이나 백목련을 구분하지 않고 약으로 쓸 때는 신이辛夷라고 하고 봄을 맞는 꽃이라 하여 영춘화라고도 부른다. 이 밖에도 목련에게는 신이포, 목연, 두란이라는 이름이 있는데 이 많은 이름을 봐도 목련이 예로부터 얼마나 사랑받아온 나무인가를 미루어 짐작할 수 있다.

한방에서는 꽃봉오리를 약간 맵다고 하여 '신辛'이라고 부르며 약재로 이용하는데 그 역사가 2,000년을 거슬러 올라간다고 한다. 콧병에는 신이가 아니면 소용이 없다고 할 만큼 귀중한 약재로 알려져 있으며 그 외에도 목련의 종자, 뿌리, 나무껍질 등을 다른 약재와 함께 처방하여 가려움증이나 머리가 어지러워 마치 멀미하는 것과 같은 증상이 있을 때 쓴다고 한다. 최근 꽃봉오리를 비롯한 수피와 잎에 정유가 함유되어 있고 특히 시트랄, 시네올, 카비콜, 피넨과 같은 주된 성분이 있음이 밝혀져 약용식물로서의 가치를 뒷받침하고 있다. 그러나 나무껍질 속에는 유독 성분이 함께 들어 있으므로 함부로 이용하면 안 된다. 꽃봉오리 신이는 잘게 부수어 추출, 여과, 농축의 과정을 거쳐 다른 약물과 함께 콧속에 두세 시간 넣었다가 빼기를 하루 이틀에 한 번쯤 40~50회씩 반복하면 코로 숨 쉬기가 편해지고 열 번쯤 하면 낫는다고 한다. 실제로 중국에서 비후성비염에 걸린 환자 100명을 대상으로 임상 실험을 한 결과 효과가 있었다는 보고도 있다.

이렇듯 약용하다 보니 우리 조상들은 이 나무를 집 가까이 심어두고 꽃도 보고 약으로도 쓰곤 했다. 또 이렇게 오랜 세월이 흐르다 보니 목련 꽃 피는 모양은 그해 농사짓는 시기를 가늠하는 지표가 되기도 하였다. 꽃이 피는 시기뿐 아니라 목련 꽃이 오래오래 위를 향해 꽃을 피우고 있으면 그해에 풍년이 든다는 믿음도 있었다. 또한 위를 향해 피는 꽃잎이 아래로 처지면 비가 온다는 기상 예보까지도 담당하였다.

목련의 용도는 이뿐만이 아니다. 목련의 굵은 가지는 보기보다 잘 부러지는데 이렇게 부러진 가지에서는 더욱 진한 향기가 나고, 혹 묵은 가지가 생겨 태워보아도 좋은 향기가 나 여름철 장마가 길어 집 안에 습기가 가득하면 이 목련나무 장작으로 불을 때어 나쁜 냄새와 함께 습기를 없애기도 하였다. 이와 함께 목련의 좋은 향기에 병마가 쫓겨 간다는 벽사 신앙으로 집집마다 장마가 닥치기 전에 으레 목련나무로 된 장작을 준비하곤 하였다고 한다.

북해의 원주민인 아이누 족에게는 우리와는 상반된 믿음이 있었다. 목련을 두고 좋은 향기를 내는 나무란 뜻의 '오마우구시'라고 부르지만, 이 좋은 향기가 우리와는 반대로 오히려 병마를 부른다고 믿어서 전염병이 돌면 목련을 '방귀 뀌는 나무'로 비하해 불렀다고 한다.

그러나 어찌 된 일인지 요즈음은 우리의 목련보다 백목련을 찾는 일이 많아 목련의 향기는 우리의 민속과 함께 점차 사라져가고 백목련이나 태산목과 같은 나무를 접붙이는 대목으로나 찾고 있으니 한심한 일이 아닐 수 없다. 혹 목련은 제주도에 자라는 나무여서 서울을 중심으로 한 중부지방에서는 백목련을 심을 수밖에 없노라는 변명이 있을 수도 있으나 경기 이남에서는 월동이 가능하며 실제로 서울보다 기온이 더 내려가기도 하는 수원에도 크고 아름다운 목련이 잘 자라고 있다. 꽃 하나에도 우리 것을 찾는 노력이 필요하다.

백목련과 함께 많이 기르고 있는 자목련도 중국 원산이다. 그러나 중국의 자생지는 아직까지 확인되지 않고 있으며 우리나라에는 100여 년 전에 들어왔다고 한다. 목련과 백목련을 봄을 맞이하는 영춘화라고 부르는 반면 자목련은 봄이 끝나가는 시기에 핀다고 하여 망춘화라고 부르기도 하는데, 요즈음에는 자목련 품종이 많이 개발되어 저마다 꽃 색도 조금씩 다르고 꽃 피는 시기도 다르다.

목련이나 백목련의 원줄기가 높게 자라는 데 비해 자목련은 매년 그루터기 밑에서 작은 가지 여럿이 모여난다. 자목련 꽃잎은 안팎으로 암자색이다. 꽃잎이 연한 홍자색이고 그 안쪽이 흰 것은 자목련과 구분하여 자주목련이라고 한다.

목련을 키우려면 종자를 뿌리거나 분주, 접목, 삽목이 모두 가능하지만 대개 종자로 대목을 만든 다음 접목으로 증식시킨다. 또한 백목련은 발근이 어렵지만 목련은 가능하여 삽목도 괜찮다. 그러나 쉽게 한두 그루 키우려 할 때는 오래된 목련의 줄기 밑을 살피자. 저절로 땅에 떨어진 씨앗이 스스로 싹을 내어 작게 자라는데 이것을 옮겨 키우면 아주 잘 큰다. 반음지에서 키워야 하지만 충분히 잘 자라 뿌리 퍼짐이 다 된 후에는 직사광선도 무방하다. 병충해는 다른 나무보다 적게 발생하는 편이다.

백목련과 자목련은 슬프고도 아름다운 전설을 하나 가지고 있다.

아주 먼 옛날에 옥황상제에게는 아주 사랑스러운 공주가 하나 있었다. 공주는 아름다울 뿐만 아니라 비단결처럼 고운 마음씨를 간직하고 있어 많은 청년들이 모두 공주를 사모했다. 그러나 공주는 이에 아랑곳없이 오직 무섭고 사나운 북쪽 바다의 신에게 온 마음을 빼앗겼다. 옥황상제가 이를 못마땅하게 여기고 있음에도 공주는 사모의 정이 깊어 어느 날 아무도 몰래 왕궁을 빠져나가 사랑하는 북쪽 바다 신을 찾아갔다. 그러나 아버지의 반대를 무릅쓰고 어렵게 찾아간 바다의 신에게는 이미 아내가 있었다. 먼 곳을 찾아가 크게 실망한 공주는 상심하여 검푸른 바다에 몸을 던지고 말았다. 이를 불쌍하게 여긴 바다의 신은 공주를 찾아 양지바른 곳에 묻어주고 죽은 공주의 명복을 비는 뜻에서 자기의 아내마저 극약을 먹여 죽게 한 후 공주와 나란히 묻어주었다. 멀리 하늘에서 이 사실을 안 옥황상제는 죽은 두 사람이 너무 가엾고 가슴 아파서 그 무덤가에 꽃을 피웠는데 공주의 무덤가에서 핀 꽃이 백목련이고 신의 아내 무덤가에 핀 꽃이 자목련이었다고 한다. 이 공주의 무덤가에 핀 꽃은 모두 북쪽 바다의 신이 있는 곳을 향하여 꽃을 피웠으며, 사람들은 이 꽃이 이루지 못한 사랑을 가슴에 안고 죽어간 공주의 넋이 변하여 된 꽃이라 하여 '공주의 꽃'이라고 불렀다고 한다.

쥐똥나무

사람은 그 이름에 따라 인생이 좌우된다는 이야기가 있
듯이 식물도 이름 때문에 사람들의 관심과 대접이 달라
지기도 한다. 백리향처럼 이름만 들어도 향기가 느껴져
사랑받는 나무도 있고, 아주 아름다운 꽃이지만 거북살
스러운 이름 때문에 사람들이 부르기조차 꺼리는 개불
알꽃 같은 식물도 있다. 쥐똥나무도 이름 때문에 손해
를 보는 나무 가운데 하나다.

　왜 하필이면 쥐똥나무라는 이름을 얻었을까? 이는 가
을에 줄기에 달리는 둥근 열매의 색이나 모양이 정말
쥐똥처럼 생겼기 때문이다. 지방에 따라서는 남정실 또
는 백당나무라고 부르기도 한다. 그러나 북한에서는 이
나무를 검정알나무라고 부른다. 처음 듣는 이름이라서
어색하기는 하지만 생각해보면 좋은 이름인 듯싶다. 오
래전부터 부르던 이름으로 이어오는 것이 좋은지 아니
면 좋지 않은 이름은 과감히 새로 짓는 것이 좋은지는
한번 생각해볼 일이다. 하기야 북한에서는 이 쥐똥나무
같은 열매를 차 대용으로 쓴다고 하니 먹을 수 있는 차
에 쥐똥이라는 이름을 붙이기는 어려웠으리라.

　쥐똥나무는 우리나라의 산야에서 그리 어렵지 않게

- **식물명** 쥐똥나무
- **과명** 물푸레나무과(Oleaceae)
- **학명** *Ligustrum obtusifolium*
  Siebold & Zucc.

- **분포지** 전국의 낮은 산이나 들판
- **개화기** 5~6월, 황백색
- **결실기** 9~10월, 검정색, 원형
- **용도** 정원수, 공원수(생울타리),
  약용
- **성상** 낙엽성 관목

볼 수 있는 낙엽성 관목으로 가는 회백색 줄기를 여러 개 올려 보내고 다시 여러 개의 잔가지를 갈라 내놓는다. 이렇게 생겨난 잔가지의 마디마디에는 길쭉한 타원형의 잎새들이 두 개씩 마주 보며 달린다. 잎의 길이는 2센티미터 정도지만 가지 끝의 커다란 잎은 5센티미터까지 자라기도 한다.

봄이 가고 여름이 시작되는 즈음 피어나는 쥐똥나무의 유백색 꽃송이는 그 이름과는 어울리지 않게 정말 아름답고 향기롭다. 도시에서 흔하게 만나는 이 나무가 이처럼 좋은 꽃과 향기를 가지고 있다는 사실을 알고 있는 이들이 아주 드문 것을 보면 우리가 나무에 얼마나 무신경한가를 짐작할 수 있다. 그저 스쳐 지나가기만 해도 사람의 발을 붙잡을 수 있는 진한 향기를 일단 알고 나면 그동안의 무감각이 오히려 신기할 정도이니 말이다.

쥐똥나무의 꽃은 끝이 십자 모양으로 갈라진 초롱같이 앙증스럽다. 길이가 2~3밀리미터 정도 되는 아주 작은 꽃송이들은 다시 여러 송이가 모여 4~5센티미터 정도의 원뿔 모양의 꽃차례를 이룬다. 꽃이 떨어진 자리에 동그란 열매가 달리는데 가을이 되면서 검게 익기 시작하며, 까만 열매의 일부는 잎이 모두 떨어지고 앙상한 마른 가지 위에 달린 채 겨울을 나기도 한다.

우리나라에는 여러 종류의 쥐똥나무가 자란다. 남쪽에서 만나는 잎이 큰 반상록성의 왕쥐똥나무, 울릉도가 고향인 섬쥐똥나무, 제주도와 진도에서 자라며 잎이 버들잎처럼 가녀린 버들쥐똥나무, 속리산에 자라는 상동쥐똥나무 등등 여러 종류가 있는데, 이들은 모두 겨울에 잎이 떨어지는 낙엽수들이며, 주로 남쪽에서 자라는 상록 활엽수들은 특별히 광나무라고 부르는데 둥근잎광나무와 제주광나무가 있다. 이 쥐똥나무의 형제 나무를 통칭하는 속명 '리구스트룸 *Ligustrum*'은 '맺는다' 또는 '엮는다'는 뜻의 라틴어 '리고_{ligo}'에서 유래되었다고 하며 우리나라에는 10여 종, 세계

쥐똥나무 열매

쥐똥나무 꽃차례

쥐똥나무 수피

적으로는 약 50여 종이 자라고 있다.

쥐똥나무의 가장 큰 용도는 생울타리용이다. 도심의 공원이나 도로변의 산울타리는 대부분 쥐똥나무로 조성되어 있다. 어느 곳에서나 잘 자라고 전정이 쉬워서 네모반듯하게 가지를 잘라놓으면 그대로 나지막한 푸른 벽을 만들곤 한다.

쥐똥나무는 대개 중부지방에서 자생하지만 평안도나 함경도에서도 심고 있으니 추위에 강한 편이다. 공해에도 잘 견뎌 혼탁한 서울의 대기 속에서도 매년 봄이 오면 파릇한 잎새를 싱그럽게 내놓는다.

광화문 주변의 도로 분리대에 심어져 있던 쥐똥나무가 미관상 좋지 않다는 이유로 뽑혀 나가고 다른 나무로 교체된다는 보도를 듣고, 자생하는 우리 나무 가운데 그 자리에 쥐똥나무보다 더 적합한 나무가 있을까 하는 의문을 가졌던 기억이 난다. 쥐똥나무가 밉게 보였던 이유가 정작은, 특별해야 할 장소에 너무 흔한 나무를 심었다는 생각에서였던 건 아니었을까?

일본 같은 곳에서는 쥐똥나무 잎에 흰색이나 황금색 무늬를 넣어 원예 품종으로 만들어 키우기도 한다.

쥐똥나무 열매는 약으로도 쓴다. 생약명으로 수랍과라고 부르는데 채취하여 햇볕에 말렸다가 물에 넣고 달여 복용한다. 강장, 지혈, 지한 등에 효능이 있으므로 신체 허약증, 유정, 식은땀, 토혈, 혈변 등에 처방한다. 민간에서는 꽃과 설탕을 함께 넣어 술에 담가 반 년 정도 묵혔다가 마시면 강장, 강정 효과가 있고 피로를 푸는 데 좋다고 한다.

돈나무

돈나무는 사시사철 보기 좋다. 줄기의 밑동에서부터 가지가 갈라지면서 마치 전정을 해놓은 듯 균형 잡힌 몸매를 가다듬고는 1년 내 볼 수 있는 주걱 같은 잎새를 달고 있다. 잎은 반질한 윤기가 돌며 동글동글 뒤로 말린 채 모여 달린 모습이 귀엽고, 봄이면 그렇게 한자리에 모인 수십 장의 잎새 가운데 피어나는 향기로운 꽃이 아름답다. 이 꽃이 맺어놓은 큰 구슬 같은 열매들은 가을 내내 충실히 익어서 벌어지는데, 동그랗던 열매가 세 개의 삼각형을 만들며 갈라진 사이로 점점이 붙어 있는 작고 붉은 종자들은 마치 루비를 가득 박아놓은 듯 신비롭기만 하다.

돈나무의 자태는 인위적으로 만든 듯 너무 완벽하여 혹 어디선가 관상용으로 들여온 나무인가 착각하기도 한다. 남쪽에서 자라는 나무라서 중부지방에서는 화분이나 온실에서 볼 수 있어 이러한 의심을 가중시키곤 한다. 그러나 돈나무는 분명히 우리나라에서 자라는 소중한 우리 나무다. 그래서 인적이 드문 남쪽의 한가한 바닷가에서 온갖 바닷바람과 빛을 한 몸에 받으며 상록수림 가장자리에 자리 잡고는 활짝 웃고 있는 듯 싱그

• **식물명** 돈나무
• **과명** 돈나무과(Pittosporaceae)
• **학명** *Pittosporum tobira* W. T. Aiton

• **분포지** 남해 바닷가와 제주도를 비롯한 남해 섬 지방
• **개화기** 5~6월, 황백색
• **결실기** 9~10월, 황갈색 삭과
• **용도** 정원수, 공원수, 약용, 기구재, 밀원
• **성상** 상록성 관목

러운 돈나무를 볼 때마다 더욱 사랑스럽게 느껴지곤 한다.

왜 돈나무라고 부르게 되었을까? 돈나무에 관한 이야기를 하면 사람들을 울리고 웃는 그 돈을 연상하곤 하는데 이는 잘못된 생각이다. 돈나무란 이름이 처음 생긴 곳은 제주도다. 그러나 본래 제주도 사람들은 돈나무를 두고 '똥낭' 즉 똥나무라고 부른다. 꽃이 지고 난 가을, 겨울에도 열매에는 끈적끈적하고 들쩍지근한 점액질이 묻어 있어 여름이나 겨울이나 항시 온갖 곤충, 특히 파리가 많이 찾아와서 똥낭이라 부르게 되었다. 한 일본인이 제주도에 와서 이 돈나무의 모습에 매료되었는데 똥낭의 '똥'자를 발음 못 하고 '돈'으로 발음하여 '돈나무'가 되었다고 한다. 우리나라에서 똥나무로 취급하고 무시하는 사이에 일본에서는 돈나무를 좋은 관상수로 개발하였고 일본에서 묘목과 이 나무에 대한 여러 이야기가 들어오면서 아예 일본인의 엉뚱한 발음으로 만들어진 '돈나무'가 되어버렸다. 그리고 이제 연유도 모른 채 그저 돈나무로 부른다. 이 나무로서는 하도 화가 나서 머리가 돌아버려 '돈나무'가 될 지경일 터이다.

돈나무 꽃

돈나무 열매

돈나무는 섬음나무, 갯똥나무, 해동 등 지역에 따라 여러 가지 이름으로 부른다. 갯똥나무는 바닷가에 자라는 똥나무라는 것이고, 생약명이기도 한 해동은 바닷가에 자라므로 바다 해海 자를 달았으나 굳이 오동나무 동桐 자를 쓴 이유는 알려지지 않았다.

지금도 일부 지방에서는 돈나무를 섬음나무라고 부른다. 그러나 음나무는 엄나무라고 부르는 나무인데 잎이 단풍잎 같은 낙엽성 교목이다. 귀신을 쫓을 만큼 무서운 가시도 있는 나무로 돈나무와는 서로 비슷한 데라고는 전혀 없는, 식물학적으로도 거리가 먼 나무이다. 그러면 왜 섬음나무라고 부르게 되었을까?

우리나라에서는 산모가 아이를 낳으면 금줄을 친다. 이 금줄은 꼭 왼쪽으로 꼰 새끼줄을 치는데, 실질적으로는 사람들이 많이 드나들면 면역성이 약한 아이에게 병을 줄 수 있기 때문에 그리한 것이지만 사람들 마음속에서는 그렇게 함으로써 나쁜 귀신이 아이에게 오는 것을 막을 수 있다고 믿은 것이다. 여기에 왼새끼줄을 쓰는 것은 중국 한나라 때 1,000년을 살았다는 동방삭에 얽힌 고사에서 연유한다.

동방삭은 천도를 훔쳐 먹고 오래 살다 보니 신술을 쓴다는 소문이 났다. 이 소문이 퍼져나가 염라대왕의 귀에까지 들어갔다. 이를 괘씸하게 생각한 염라대왕은 세 마리의 귀신을 시켜 동방삭을 잡아오게 하였다. 귀신들에게 잡힌 동방삭은 자신이 가장 무서워하는 것을 알려줄 테니 귀신들이 가장 무서워하는 것이 무엇인지도 알려달라고 말을 건넸다. 가뜩이나 동방삭이 도술을 부린다고 해서 걱정하던 차에 이 제안을 듣고 귀신들은 동방삭에게 무서워하는 것이 무엇이냐고 먼저 물었다. 동방삭은 팥떡과 동치미라고 대답하고는 귀신들에게 무서운 것이 무어냐고 물었다. 순진하고 단순한 귀신이었던지 왼새끼줄과 돈나무라고 대답하였다. 이 말을 듣자 동방삭은 재빨리 왼새끼줄을 허리에 동이고 돈나무 숲에 누워 버렸고 귀신들은 접근할 수 없게 되었다. 화가 난 귀신들은 동방삭이 무서워한다던 팥떡과 동치미를 돈나무 숲 속에 던졌다. 그러나 이는 귀신을 속이려는 동방삭의 꾀였으므로 동방삭은 돈나무 숲 속에 누워 팥떡을 먹고 체하지 않도록 동치미까지 마셔가며 귀신이 도망가기를 기다려서 위기를 넘겼다는 이야기가 있다.

이 이야기로 볼 때 귀신이 아주 무서워하는 나무는 돈나무이다. 음나무는 대부분의 지방에서 그 왕성한 가시가 무서워 귀신이 오지 못한다고 믿어 가지를 잘라 집에 걸어놓는 나무이다. 음나무가 없고 돈나무가 자라는 남쪽의 섬이나 바닷가에서는 귀신 쫓는 역할을 돈나무가 대신하게 되었기 때문에 귀신 쫓는 나무의 대명사 음나무에 '섬' 자를 붙여 섬음나무라고 불렀을 것이다. 그러고 나서 찾아보니 일본에서는 실제로 입춘에 이 나뭇가지를 잘라 문짝에 붙여 귀신을 쫓았다는 기록이 있었다. 지은이의 추측이 들어맞음을 뒷받침하는 이야기여서 흐뭇했고, 새삼 세 나라가 한 문화권임이 느껴졌다.

돈나무의 학명은 '피토스포룸 토비라Pittosporum tobira'이다. 속명 '피토스포룸Pittosporum'은 '수지樹脂'라는 뜻의 그리스어 '피타Pitta'와 '종자'라는 뜻의 '스포로스sporos'의 합성어인데 앞에서 말한 것처럼 종자에 수지같이 끈적거리는 점액질이 묻어 있는 데서 유래되었고, 종소명 '토비라tobira'는 일본말로

돈나무 수피

'문짝'이란 뜻이다. 문에 나뭇가지를 달아 귀신을 쫓는 동양의 미신이 서양의 학명에까지 영향을 미친 것이다.

한자로는 해동 외에 칠리향七里香이라는 이름과 천리향千里香이란 이름도 있다. 꽃의 향기가 좋아 그리 부른다고 한다. 백리향은 발끝에 묻은 향기가 백 리를 간다는데, 그 자리에서 퍼지는 꽃향기의 강렬함은 백리향보다 한 수 위다.

돈나무는 돈나무과에 속하는 상록성 관목이다. 세계에는 돈나무과에 속하는 식물이 100여 종이 넘지만 우리나라에는 돈나무과, 돈나무속, 돈나무종이 각 1과, 1속, 1종만이 자란다. 다 자라면 2~3미터까지도 자라며, 한자리에 모여 달린 잎을 자세히 들여다보면 아주 좁은 간격으로 서로 어긋나 달린 것을 알 수 있다. 새잎이 나면 연하다가도 마를수록 뻣뻣해지며, 지난해 달린 잎과 올해 새로 난 잎이 사이좋게 함께 달려 있다. 늦봄에 모여 달린 꽃들은 마치 작은 우산을 만든 듯하다. 지름이 1센티미터 남짓한 작은 꽃들은 하얗게 피었다가 점차 노랗게 변하여 세월이 지나가고 있음을 말해준다.

꽃향기는 좋지만 돈나무는 나무 자체에서 냄새가 난다. 결코 좋다고도 나쁘다고도 할 수 없는 독특한 냄새는 주로 나무껍질에서 나지만 뿌리를 캐어보면 냄새가 더하다. 이 냄새는 불에 태워도 사라지지 않을 뿐만 아니라 더 심해져서 장작으로 때지 않았고, 결국 이 냄새 하나로 지금까지 목숨을 연장하고 살아남은 나무들이 많다. 살아가기 위한 숲 속 나무들의 투쟁 방법은 정말 다양하기도 하다.

돈나무는 제주도와 남쪽의 여러 섬과 바닷가에 자란다. 상록 활엽수림에 후박나무나 구실잣밤나무처럼 높게 자라는 나무 아래에 빛이 많이 드는 가장자리에 자란다. 그래서 남쪽의 작은 섬에 가면 섬의 상록수림 둘레로 키만큼 자란 돈나무를 뺑 돌아가며 볼 수 있다. 일본이나 중국, 대만의 해안가에서도 돈나무가 자란다.

잎이 조밀하여 방풍림으로도 심지만 대부분 관상수로 쓰인다. 벌써 남부 지방에서는 중요한 조경수로 그 자리를 확고히 굳힌 듯하다. 나무 모양이 워낙 개성 있어 남쪽 식물이 눈에 선 중부지방 사람들도 이 돈나무만은 금세 알아본다. 제주도에 가면 제주 공항에서부터 볼 수 있고, 완도에 가면 완도 여객 터미널에서부터 이 나무로 조경을 해놓아 찾는 이들을 반기곤 한다. 반원형의 아담한 나무 모양이 무척 보기 좋다.

조경수 외에 약재와 목재로도 이용이 가능하다. 돈나무의 목재는 특히 물기에 강한데 이러한 이점 때문인지 바닷가에 많기 때문인지 고기 잡는 데 필요한 도구를 만드는 데 썼다. 잎은 사료로도 이용이 가능하고 꽃이 피면 벌이 많이 찾아와 밀원식물로도 가치가 있다.

한방에서는 돈나무 잎이나 나무껍질을 사용한다. 상록수여서 1년 내내 잎의 채취가 가능하지만 이왕이면 가을에서 겨울 사이가 좋다. 이 나무의 잎은 정유를 함유하고 있으며 리모넨, 피넨, 세스퀴테르펜 등의 성분이 있고, 나무껍질에는 사포닌의 일종인 헤데라게닌이 들어 있어 혈압을 낮추고 혈액순환을 도우며 종기를 낫게 하는 효능도 있다. 따라서 고혈압, 동맥경화, 골절통, 습진과 종기 치료약으로 쓰인다. 대개 햇볕에 말린 약재를 달여 쓰지만 종기 치료에는 생잎을 찧어서 붙이거나 말린 약재를 달인 물에 씻어낸다. 또 마른 약재를 가루 내고 기름으로 개어서 고약으로 붙이기도 한다.

기온이 맞고 햇볕만 잘 든다면 어디서나 잘 자란다. 사질 양토를 좋아하지만 특별히 가리지 않는다. 바닷가에 잘 자라므로 염해에 강하고 잎이 두꺼워 공해에도 강하며 맹아력도 왕성하여 많이 자라 올라온다.

번식시키려면 열매를 따서 마른 흙이나 모래에 비벼 발아 억제 작용을 하는 종자 주변의 붉은 점액질을 제거하고 가을에 바로 뿌리거나 노천 매장하였다가 이듬해 봄에 뿌리는데, 종자가 마르지 않도록 주의해야 한다. 물론 삽목도 가능하다.

향나무

향나무는 나무가 내는 향내 때문에 향香나무란 이름이
붙었다. 향기가 좋은 나무 대부분은 백리향처럼 꽃향기
가 유별나거나 모과나무처럼 과실이 향기롭지만 향나
무는 목재 자체에서 나는 향기가 좋다. 향나무의 향기
는 구천의 높이까지 간다고 하니 그 이름에 부끄럽지
않은 향이다. 사실 줄기뿐 아니라 잎과 수액에서도 향
기가 나는데 독특하고 싱그러우면서도 강렬하다.

향나무는 측백나무과에 속하는 상록교목이며 침엽
수이다. 어린나무들은 원추형圓錐形으로 자라지만 나이
가 들면서 주변의 여러 조건에 따라 가지각색으로 개성
있는 자태를 만들어간다. 나이가 들수록 겹겹이 비틀려
모양이 자못 운치 있다.

맨 처음 난 가지는 초록색이지만 2년이 되면 적갈색,
다시 또 1년이 지나면 자줏빛이 나는 진한 갈색이 되고,
오래 묵으면 잿빛이 도는 흑갈색이 된다. 한 15년쯤 지
나면 줄기에서는 껍질이 조각조각 벗겨진다.

향나무는 잎도 두 가지다. 5년 이상쯤 나이 먹은 가지
에는 얇고 작은 잎들이 비늘처럼 포개져 달리는데, 손
에 닿아도 부드러운 느낌을 주는 이것을 비늘잎(인편엽)

- **식물명** 향나무
- **과명** 측백나무과(Cupressaceae)
- **학명** *Juniperus chinensis* L.

- **분포지** 울릉도에 자생하며 함경도
  이남에 식재
- **개화기** 6월, 황백색
- **결실기** 이듬해 10월, 검보라색
- **용도** 정원수, 공원수, 가공재,
  약용
- **성상** 상록성 교목

이라 한다. 어린 나뭇가지에는 끝이 바늘처럼 뾰족한 바늘잎(침엽)이 달린
다. 나이가 들수록 모나지 않게 둥글어지는 것은 사람이나 향나무나 마찬
가지인 듯싶다.

　향나무도 꽃을 피운다. 여느 꽃나무처럼 화려한 원색의 꽃잎은 없지만
매해 4월이 되면 작은 꽃들이 1센티미터쯤 되는 꽃차례에 달리는데, 그
러다 보니 꽃이 핀 것을 보고도 그것이 꽃인 줄 모르는 이들도 많다. 향나
무 꽃은 암나무와 수나무에 따로 달리기도 하고 어떤 나무에는 한 나무
에 암꽃, 수꽃이 동시에 달리기도 한다.

　열매는 꽃이 핀 그해에 익지 않고 그다음 해에 익는다. 모가 나 있기는

향나무 암꽃　　　　　향나무 수꽃　　　　　향나무 수피

하지만 그래도 둥근 열매가 조각조각 벌어지고 그 속에는 많게는 여섯 개의 종자가 들어 있다.

향나무는 예로부터 청정淸淨을 뜻하여 귀하게는 궁궐이나 절, 좋은 정원에는 으레 심었고, 같은 이유로 우물가나 무덤가에 한 그루쯤 있게 마련이다. 이러한 풍습은 중국 영향을 받은 것도 사실이지만 옛사람들은 샘물이나 우물가에 향나무를 심으면 향나무의 뿌리가 물을 깨끗이 하여 물맛도 좋고 향기로워질 것을 기대했다. 또 향나무가 늘 푸르듯 물도 마르지 않았으면 하는 바람으로 향나무를 심었으리라. 그러던 것이 광복을 맞이한 뒤 한동안 일본 수종으로 잘못 알려져 수난을 당하였다. 그러나 향나무는 분명히 이 땅에서 오랜 세월을 우리 민족과 함께 살아온 우리 나무이다. 사실 이러한 잘못된 인식은 지금까지도 이어지는데 여기에 한 몫을 한 것이 일부 몰지각한 조경업자들이다. 요즈음 어딜 가나 관상수로 팔고 있는 것은 대부분 가이즈카향나무라고 불리는 일본산이다. '가이즈카'란 '패총貝塚'이란 뜻인데 일본에는 오사카에 이러한 동네가 있다고 한다. 정확한 이름은 '나사백'인 이 나무는 전정이 잘되어 인위적으로 나무 모양을 만들거나 건물의 벽 옆에 일렬로 세워서 열을 차단하는 서양 조경을 하기에 적합하고 기르기가 까다롭지 않은 이점도 있으나, 한동안 우리나라에서 이 나사백의 득세는 정도를 넘었다.

그 밖에 자주 보는 향나무로 연필향나무를 들 수 있다. 한 30~40년 전쯤 초등학교를 다닌 사람들이라면 누구나 이 향나무 연필을 기억할 것이다. 그렇다고 연필을 모두 연필향나무로만 만든 것은 아니지만 이를 목적으로 미국에서 들여와 많이 심은 것은 사실인 듯하다.

향나무에는 이를 기본 종으로 하여 갈라져 나온 몇 가지 변종이 있다. 줄기가 아래부터 많이 갈라져 전체적으로 둥글게 되는 것은 둥근향나무로 회양목 대신 정원에 많이 심고, 잎의 일부에 금색 또는 백색 무늬가 있는 금반향나무와 은반향나무는 원예 품종이며, 원줄기가 옆으로 누워 자라는 눈향나무는 한라산이나 지리산, 설악산과 같은 높은 산의 꼭대기에서 바람에 순응하여 누워 지내고, 가지가 자라다가 전체적으로 수평으로 퍼지는 뚝향나무는 우리나라 특산 수종으로 귀히 여긴다.

향나무가 일본에서 건너온 나무가 아니라는 사실을 알고 있는 사람들도 혹 중국에서 들여온 것이 아닌가 의심한다. 그도 그럴 것이 향나무의 학명이 유니페루스 키넨시스*Juniperus chinensis*인데, 여기서 이 향나무를 특징짓는 키넨시스란 '중국산'이란 뜻이기 때문이다. 사실 향나무는 우리나라는 물론 일본과 중국의 해안 등에 널리 자라고 있으므로 이 학명이 잘못된 것이라고 할 수는 없다. 그래도 아쉬움이 남는 건 사실이다.

중국에서는 향나무를 아주 귀하게 여기는데 향목香木 외에도 원백圓柏, 또는 보배같이 귀한 소나무처럼 생긴 나무라 하여 보송寶松이라고 불렀다.

향나무가 자생하는 곳은 섬 지방을 제외하고는 대개 북위 30도를 넘지 못하지만 일부러 심은 나무 가운데에는 함경남도 무덤가에 자라는 것도 있다고 한다.

울릉도에 가면 향나무 자생지를 볼 수 있다. 울릉도에서는 도동항의 바위에 올라가 바라보아도 암벽 사이사이에서 살아남은 향나무를 볼 수

있고 도동에서 남쪽 해안을 따라가다 만나는 향나무로서는 처음 지정된 천연기념물 제48호 향나무 자생지가 있다. 오르기 어려울 만큼 험준한 산 위에 바닷바람을 맞으며 온갖 풍상을 겪어서인지 향나무들은 이리저리 꼬인 줄기로 관록을 자랑하는데 그간 수없이 베어져 이젠 그리 많이 남아 있지 않다. 직접 확인해보지 못했고 얼마나 정확히 측정한 나이인가도 알 수 없지만 나이가 2,000살이 넘는 나무도 있다고 한다. 울릉도에는 또 하나의 천연기념물 향나무 자생지가 있다. 오래전부터 군청과 등대가 있어 감시의 눈길이 많아서인지 아직 한 아름쯤 되는 비교적 큰 나무들이 남아 있는데 일제강점기의 기록에는 두 아름쯤 되는 나무들도 있었다고 한다.

자생하는 나무는 아니지만 울진 죽변에는 500살이 넘는 향나무가 천연기념물 제158호로 지정되어 보호되고 있다. 이 나무는 동해가 바라보이는 울진의 바닷가에 가지를 두 갈래로 벌리고 높고 크게, 그리고 아름다운 모양으로 서 있다. 이 나무는 울릉도에서 자라던 향나무 가지 하나가 잘려 바닷물에 밀려서 그곳까지 갔다는 이야기가 전해진다. 마을 사람들은 이 오래된 향나무에는 선신船神이 있다고 믿었고 매년 음력 1월 15일이 되면 그 나무 아래서 뱃길이 무사하고 고기가 많이 잡히기를 기원하는 고사를 지냈다. 그 흔적으로 이 향나무 옆에는 서낭당이 하나 지어져 있다. 울진에는 이 밖에도 화성리에 천연기념물 제 312호 향나무가 살고 있다.

궁궐에 심었던 향나무 가운데 창덕궁의 향나무는 천연기념물 제194호다. 줄기가 이상하게 꼬이고 오래된 줄기는 아래로 처져 버팀목이 필요할 지경이며 껍질이 많이 상해 죽어가는 줄기도 있지만 이 모든 모습은 갖은 풍상을 겪고 살아남은 향나무의 연륜을 말해준다.

묘지에 심었다가 살아남아 천연기념물로 지정된 것들도 있다. 제 232호인 남양주 양지리의 향나무는 거창 신씨 묘 옆에 있는 것인데 그

울창한 줄기에는 깎여나간 흔적이 남아 있으며, 제313호 청송 안덕면의 향나무는 약 400년 전 영양 남씨가 조상의 은덕을 기리기 위해 입향 시조의 비각 옆에 세워 가꾼 것이며, 제321호 연기 봉산동의 향나무는 강화 최씨 최완이 이 마을에 낙향하여 살다가 죽자 아들 중룡이 한양에서 내려와 무덤 옆에 초막을 짓고 지키며 이 나무를 심었다고 전해진다. 서울대학교 후문 가까이에 있는 강감찬 장군의 출생을 기념한 낙성대에도, 여주 신륵사의 무학대사가 스승을 모신 조사당에도 향나무가 있다.

서울 용두동의 선농단에도 쭉 뻗은 잘생긴 향나무 한 그루가 있다. 선농단은 조선 태조 때부터 농사와 인연이 깊은 신농씨와 후직을 신으로 하여 단壇을 모으고 매년 임금님이 친히 나가 풍년을 기원하는 제사를 지낸 곳이다. 이때 백성들이 가마솥에 끓여 나누어 먹은 음식이 바로 요즈음의 설렁탕이라는 이야기는 알 만한 사람은 다 안다. 어찌 되었든 이 선농단은 축조할 당시 예닐곱 그루의 향나무를 심었는데 지금은 한 그루만이 살아남아 천연기념물 제240호로 지정되어 있다. 이 선농단에서의 의식에서 쌀로 만든 막걸리를 나무에 붓는데, 이 때문에 선농단의 향나무는 술 마시는 향나무로도 유명하다.

향나무와 사촌인 곱향나무와 형제인 뚝향나무 가운데에도 천연기념물로 지정된 것이 있다. 천연기념물 제314호 안동군 와룡면의 뚝향나무는 세종 때 이정이 정주의 판관으로 있을 당시 평안북도의 약산성을 축조하고 돌아오면서 기념으로 가져온 세 그루 중 하나를 이곳에 심은 것이라고 기록되어 있다.

사연으로 보나 모양새로 보나 가장 으뜸인 것은 천연기념물 제88호인 전남 송광사의 쌍향수이다. 송광사에서 조금 떨어진 천자암 뒤뜰에 서 있는 이 나무는 두 그루의 곱향나무가 나란히 자라 그런 이름이 붙었다. 전해지는 말에 의하면 보조국사와 그 제자 담당국사가 중국에서 수도를 마치고 돌아오면서 짚고 온 지팡이를 나란히 꽂아놓았는데 여기에서 뿌리가 내려 지금의 수려한 나무가 되었다는 것이다. 두 나무의 사이가 70센티미터라고 하지만 워낙 크게 자란 나무라서 멀리서 바라보면 마치 붙은 듯 사이좋게 보이고 실타래처럼 촘촘히 꼬인 줄기와 하나는 크고 하나는 좀 작게 어우러진 수관樹冠이 무척 조화롭다. 이 모습이 서로 절을 하고 있는 모습 같다고 하여 사제지간의 정과 예의를 상징하기도 한다.

바닷가에서 자라거나 무덤을 지키는 신목이 아니더라도 향나무에는 잡귀를 내쫓는 벽사의 힘이 있다고 믿어왔다. 여러 제례 등 경건하고 엄숙한 의식마다 향나무 줄기를 다듬어 향을 피운 것은 이 때문이며, 또 사람이 죽으면 향을 피워놓는데 처음에 이 관습은 시신이 썩어가는 냄새를 없애기 위한 목적으로 시작되었으나 이제는 아예 관습으로 굳어져 전해지고 있다.

향나무 향은 제사가 다가오면 장에 가서 향나무 줄기를 사놓았다가 붉은 빛이 고운 가운데 심재를 칼로 깎아 만든다. 이것을 화로에 넣으면 하얗다 못해 푸른 연기를 피워 올리며 향이 퍼진다. 그러나 요즈음 시중에서 팔리고 있는 길쭉하고 파란 향은 향나무를 갈아 만든 것이 아니라 향나무 잎을 가루로 만들고 여러 가지 첨가물을 넣어 함께 반죽해 국수를 뽑듯 뽑아낸 것이다. 시신을 입관하기 전 염할 때도 좋은 냄새가 나도록 향나무 끓인 물로 씻긴다고 한다.

향나무 목재로 만든 기구는 향기가 좋은 것은 물론이요, 조직이 치밀하고 결이 곧고 윤이 나서 아주 좋다. 나무에서 나오는 향기 나는 물질이 몸에 좋다고 하여 더욱 인기가 있었고, 운치와 멋을 찾는 고승들은 바리때와 수저까지 향나무로 만들어 음식을 먹었다고 한다. 일부에서는 이 귀한 향나무로 가구를 만들어 쓰기도 했는데 고운 무늬와 빛깔, 방 안에 은은히 퍼지는 그 향기로움은 짐작할 만하다. 게다가 향나무 상자나 궤짝에 귀중한 서류나 책 또는 옷을 보관하면 벌레가 생기지 않아 좋다고 한다. 우리나라에서는 홀笏이라고 하는 5품 이하 벼슬아치들이 가지고 다니는 명패가 있었는데 이를 향나무로 만들었으므로 향나무를 두고 홀목笏木이라고도 한다. 간혹 향나무를 아주 값진 조각재로 이용하기도 하는데 그럴 때에는 진흙에 오랫동안 묻어두었다가 사용한다고 한다.

향나무는 약재로도 쓰인다. 어린 가지나 잎을 채취하여 말리거나 그대로 쓰는데 해독, 거풍, 소종 등에 효능이 있고 감기나 관절염, 풍이나 습기로 인한 통증과 습진 등에 처방한다. 민간에서는 종기나 두드러기가 나면 바로 생잎을 찧어 붙이며, 향나무를 잘게 썰어 우려낸 물을 폐종양에 쓴다.

앞에서 말한 향나무류의 속명 유니페루스는 켈트어의 '주네페루스 Juniperus(조밀하게 이루어졌다)'와 '페리오Perio(생산, 분만)'의 뜻인데 이 속에 속하는 나무들이 타태제墮胎劑가 되는 데서 연유한 이름이라고 한다.

향나무는 종자를 번식시키기 어렵다고들 한다. 충분히 익은 열매가 저절로 땅에 떨어져도 좀처럼 싹을 틔우기 쉽지 않은데 신기하게도 새나 동물이 먹고 배설한 종자는 아주 쉽게 싹이 나온다고 한다. 이 향나무 열매가 새의 위장을 지나면서 산성인 위액에 굳은 껍질이 처리되어 발아가 쉬워지는데, 새의 입장에서 보면 먹이를 구해서 좋고 향나무의 입장에서는 큰 수고 없이 자신의 후손을 멀리멀리 퍼뜨릴 수 있어서 좋을 것이나, 우리로서는 시기와 장소를 잡아 키울 수 없으므로 섭섭한 일이다. 그러나 종자를 황산에 처리하거나 삽목을 할 때 발근 처리하는 등 여러 방법으로 이를 대신한다. 단, 향나무는 배나무의 적성병을 옮기는 중간숙주 역할을 하기 때문에 과수원 근처에는 절대로 심어서는 안 된다.

울릉도를 여행할 때면, 아니 울릉도가 아니더라도 관광지마다 향나무로 만들었다는 지팡이, 부채를 비롯하여 베개에 넣을 수 있는 향나무 조각까지 수십 가지의 향나무 기념품들이 팔리고 있다. 이것이 수입목으로 만든 것인지 울릉도에서 나온 향나무인지 모르겠지만 우리나라의 유일한 향나무 자생지 울릉도에서도 점차 향나무를 구경하기가 어려워지고 있어 안타깝다.

버드나무

누구나 버드나무를 알고 있지만 정확하게 아는 이는 드물다. 우리가 알고 있는 버드나무만도 천안삼거리의 능수버들, 시냇가의 갯버들, 새색시 꽃가마 타고 가는 길에 늘어져 춤추는 수양버들, 백정들이 이용했던 고리버들 등이 있으며, 이 밖에도 수없이 많아 우리나라에서 볼 수 있는 종류만도 40종류가 넘는다. 그 가운데에는 그냥 버드나무도 엄연히 존재하고 있으니 모든 종류를 버드나무로 부르기에는 부족한 감이 없지 않다.

　버드나무류는 모두 버드나무과 버드나무속에 속하는 활엽수이며 종류에 따라서 갯버들 같은 관목도 있고 버드나무나 왕버들 같은 교목도 있으며, 백두산 꼭대기에서 자라는 콩버들 같은 것은 바닥을 기어 자라 키가 한 뼘도 넘지 못한다. 버드나무류는 제각기 잎 모양도 생태도 다르지만 물을 좋아하는 공통점이 있다. 그래서 버드나무류를 총칭하는 속명 '살릭스*Salix*'는 라틴어로 '가깝다'는 뜻의 '살sal'과 '물'이라는 뜻의 '리스lis'의 합성어이다. 그래서 예로부터 연못이나 우물 같은 물가에 버드나무류를 심어두면 어울렸지만 하수도 옆에는 심지 말라고 하였다. 물을 따라 뿌리가 뻗어 하수도를 막

- **식물명** 버드나무
- **과명** 버드나무과(Salicaceae)
- **학명** *Salix koreensis* Andersson

- **분포지** 전국의 산지
- **개화기** 4월, 암수딴그루, 유이화서
- **결실기** 5월, 달걀 모양의 삭과
- **용도** 관상수, 약용
- **성상** 낙엽성 활엽 교목

기 때문이다. 이와는 반대로 뿌리가 물을 정화하기 때문에 우물가에는 버드나무 등을 심어 왔다.

길가나 공원에서 쉽게 볼 수 있는 것은 능수버들, 수양버들 그리고 버드나무 정도이다. 버드나무는 가지가 능수버들이나 수양버들처럼 축축 처지지 않아서 구분이 가능하다. 능수버들은 1년생 어린 가지의 색깔이 황록색이고, 수양버들은 적자색이어서 두 나무는 쉽게 구분할 수 있다.

이 가운데 수양버들은 고향이 중국이다. 특히 양자강 하류에 많이 나는데 수나라의 양제가 양자강에 대운하를 만들면서 백성들에게 상을 주며 이 나무를 많이 심도록 했다. 그래서 이름도 수양버들이 되었다. 수양버들은 아름다운 풍치로 중국인들의 많은 사랑을 받았음은 물론이며 세계의 가로수로 퍼져 있다.

우리나라 거리에는 특히 능수버들이 많다. 늘어진 가지가 멋스럽고 특히 물가에 잘 어울려 가로수나 풍치수로 많이 심어 왔다. 그러나 얼마 전부터는 봄에 날아다니는 하얀 솜뭉치 같은 것이 몸에 좋지 않다고 하여

버드나무 수꽃차례   갯버들 수꽃차례

있던 나무마저 베어버릴 추세이다.

그러나 보통 꽃가루로 알고 있는 이것은 꽃이 져 열매를 맺고는 종자를 가볍게 하여 멀리 날려 보내기 위한 종자에 붙은 솜털로 종모種毛라고한다. 꽃가루가 아니므로 꽃가루 알레르기를 일으키는 것은 아니지만 먼지에 휩쓸려 다니면서 좋지 않은 것들을 옮길 수도 있다. 그러나 이 문제는 암나무가 아닌 수나무만 골라 심으면 간단하게 해결된다. 삽목이 잘되는 나무이므로 수나무에서 많은 삽수를 만들어낼 수 있고, 또 대기오염에강한 것은 물론이요 대기 중의 오염 물질을 흡착하여 대기를 깨끗하게하므로 가로수로 아주 좋다.

버드나무류가 이처럼 가로수로서의 장점과 단점을 모두 가지고 있는것처럼 이 나무에 대한 인식에도 많은 차이가 있다. 아름다운 여인을 두고 버들잎 같은 눈썹, 버들가지같이 가는 허리, 또 길고 윤이 나는 머리카락을 버들 류柳 자를 써서 유발柳髮이라고 하지 않는가.

이렇게 아름다운 것에 대한 비유와는 반대로 흉한 일에도 버드나무가많이 쓰인다. 어머니나 할머니처럼 고인이 여자이면 상제들은 버드나무나 오동나무 지팡이를 상장으로 썼으며, 시체를 염할 때 저승길의 양식이라고 불린 쌀을 입에 넣어줄 때에도 버드나무로 만든 숟가락을 쓴다고한다.

그런가 하면 버드나무 가지는 이별의 상징처럼 되어 있다. "버드나무가지는 동풍이 불어 흔들리고 강물과 어울려 푸르고 푸르구나. 요사이 버드나무 가지를 꺾기가 어려운 것은 이별하는 사람이 많기 때문이다"라는

왕버들 수꽃차례

능수버들 수꽃차례

당나라 시를 보면 이별할 때의 풍속을 잘 알 수 있다. 우리나라에서도 남녀 간에 길을 떠나며 버드나무 가지를 꺾어주는 풍속이 있으니 이를 절류지라고 한다.

버드나무류 가운데 빼놓을 수 없는 것이 갯버들과 왕버들이다.

갯버들은 봄이 오는 시냇가에 회색 솜털 같은 겨울눈을 달고 있다가 형형색색의 꽃술을 터뜨리며 피어나 봄을 알리는 대표적인 나무이다. 앞의 나무들처럼 키가 크지 않은 관목이어서 분위기가 아주 다르다. 흔히 버들강아지 또는 버들개지라고 부르며 꽃꽂이를 하기도 한다. 또한 어린 시절, 적당히 굵은 가지를 잘라 껍질을 틀어 만들어 불던 버들피리의 추억은 누구에게나 있을 것이다.

왕버들은 아주 튼실하게 자라 위풍당당하고 투박하여 다른 나무들과는 또 다른 매력을 보인다. 게다가 새순이 올라오면 불을 붙인 듯 빨간색이어서 아름답다. 대부분의 버드나무류는 빨리 자라지만 수명이 짧은데 이 왕버들만은 오래 살아 곳곳에 정자나무로 남아 있으며 그래서 노거수나 천연기념물로 지정되기도 한다.

특히 장성읍에 있는 수백 년 된 왕버들은 도둑이 물건을 훔치고 이 나무 밑에 버리지 않으면 도망을 가도 밤새 이 나무 밑을 벗어나지 못하고 뱅뱅 돌게 된다고 한다. 그래서 이 마을은 도둑이 없는 것으로 유명하고 마을 사람들은 나무 밑을 지날 때면 담뱃불도 끄고 담뱃대도 감추며 공손히 지나다녔다고 한다.

이 왕버들을 두고 한문으로는 귀류鬼柳라고 하는데, 목재 안에 인 성분이 들어 있어서 종종 밤에, 특히 비에 젖으면 빛을 내어 귀신불이라 하고 나무에는 귀신나무라는 이름을 붙인 것이다.

버드나무류는 약용식물로도 유용하게 쓰인다. 잎과 가지를 한방에서는 이뇨, 진통, 해열제로 썼으며 민간에서는 각혈에 꽃을 달여 먹고 옻이 오르면 가지를 태운 연기를 쐬었으며, 피가 나는 곳에는 열매의 솜털을 붙여 지혈하고 감기와 무좀까지 고쳤다고 한다. 또 버드나무 목재는 독이 없어 약방에서 고약을 다지는 데 썼고 도마를 만들기도 했다. 아스피린의 원료가 되는 물질도 버드나무류의 뿌리에서 추출한 것이라고 한다. 그런가 하면 버드나무의 암꽃은 성욕을 감퇴시킨다고도 한다.

옛날에 여자만 보면 사족을 못 쓰고 나쁜 짓을 하는 바람둥이가 살고 있었다. 하루는 그가 술에 잔뜩 취해 냇가를 지나고 있는데 술이 싹 가실 만큼 아름다운 여인이 옷을 벗고 목욕을 하고 있었다. 그냥 지나칠 리 없는 이 난봉꾼은 달려가 그 여인을 안고 밤새 버둥대다가 기진하여 쓰러

버드나무 열매　　　　　　　버드나무 수피

졌는데 아침에 보니 밤새 안고 있던 것은 여인이 아니라 바로 버드나무
였다. 그 일이 있은 후로 어찌 된 일인지 그 난봉꾼은 남자 구실을 못하게
되었다는 것이다. 사람들은 이 버드나무가 남자의 기운을 모두 앗아 갔다
고 믿었다. 그래서 손이 귀한 집에서는 절대로 버드나무의 암나무는 뜰
안에 심지 않는다고 한다.

　또 제주도에서는 버드나무류 가지가 바람에 잘 흔들리므로 집 안에 심
으면 바람을 피우게 되어 부부 금실에 좋지 않으므로 절대 집 안에 심지
않는다.

　번식은 대개 삽목으로 한다. 굵고 충실한 가지를 골라 눈이 나오기 직
전 또는 여름이나 가을에 그해에 난 가지를 잘라 하면 쉽게 뿌리를 내린
다. 특별히 기르는 데 어려움은 없으니 각 버드나무 종류마다 그 모양과
특성에 맞게 심어 가꾸면 된다.

송악

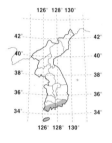

따뜻한 남쪽의 숲에 가보면 줄기와 줄기가 서로 엉키면서 숲의 바닥을 덮고 있거나 혹은 옆에 있는 나무나 바위를 타고 올라가는 덩굴식물이 있다. 바로 송악이다. 송악은 덩굴성이며 침엽수는 아니지만 겨울에도 잎이 푸른 상록수여서 메마른 겨울에 만나면 더 반갑다. 더욱이 봄에 새로 나는 연둣빛의 새순도 사랑스럽고 한여름의 무성한 잎새도 싱그러우며, 기거나 혹은 붙어서 올라가는 줄기의 모습, 둥근 꽃과 열매도 개성 있어서 한번 길러보고 싶은 충동을 느끼게 한다.

송악이라는 이름의 식물이 너무 생소하다고 느껴지면 아이비Ivy라는 서양 식물을 떠올리면 된다. 기르는데 아무런 어려움이 없고 커가는 모양도 보기 좋아 웬만한 집에서는 하나쯤 가지고 있는 아이비가 유럽의 아이비라면, 지금 말하고자 하는 송악은 우리나라를 비롯하여 일본이나 대만까지 분포하므로 동양의 아이비라고 할 수 있다. 북한에서는 이 나무를 두고 담장나무라고 한다. 속명은 '헤데라Hedera'인데 '의자', '자리'라는 뜻의 옛 그리스어에서 유래되었다.

송악은 두릅나무과에 속한다. 앞에서 말했듯이 송악

- **식물명** 송악
- **과명** 두릅나무과(Araliaceae)
- **학명** *Hedera rhombea* Siebold & Zucc. ex Bean

- **분포지** 남부 지방, 특히 섬 지방
- **개화기** 5~6월, 황백색
- **결실기** 9~10월, 황갈색 삭과
- **용도** 정원수, 공원수, 약용
- **성상** 상록성 활엽수, 덩굴식물

천연기념물 제367호 고창 삼인리 송악

은 덩굴성 식물인데 다른 식물처럼 덩굴손이 있어서 옆의 물체를 감고
올라가는 것이 아니라 줄기에서 기근, 즉 공중뿌리가 나와 다른 물체의
표면에 흡착하면서 올라간다. 마치 등산가가 암벽에 매달려 한 발 한 발
디디고 올라가듯이 말이다. 이렇게 줄기를 뻗어 올리면서 가지를 내고 잎
과 꽃이 달린다. 줄기에서 서로 어긋나게 달리는 잎은 크게 보면 둥근 삼
각형인데 어린 가지의 잎들은 셋 혹은 다섯으로 좀 더 깊게 갈라지기도
한다. 송악의 잎은 짙은 녹색으로 반질한 윤기가 흘러 아주 곱다.

송악 꽃   송악 열매   송악 수피

송악은 꽃도 특색 있다. 다른 식물들은 꽃이 피고 지고 열매마저 떨군 늦가을에서 초겨울에 걸쳐 꽃을 피워내는데, 일정한 크기의 꽃자루들이 사방으로 달려서는 그 끝에 유백색의 탁구공만 한 작은 꽃송이들을 피운다. 열매는 다른 식물들이 꽃을 피우는 5월쯤에 까맣게 익는다. 자루마다 달리는 열매도 둥글고 귀엽다.

서양의 아이비는 알아도 우리의 송악은 모르는 것이 요즈음 우리네 현실이어서 안타깝다.

고창의 선운사 입구에 있는 천연기념물로 지정된 오래된 송악을 한번 구경하고 나면 값싸고 보잘것없이 치부되던 송악에 대한 느낌이 대번에 달라진다. 선운사로 들어가는 옛 길에는 계류가 하나 흐르는데 이 계류 옆에는 암벽을 타고 올라간 아주 크고 오래된 송악이 자라고 있다. 절벽 아래쪽에 뿌리를 내리고 덩굴줄기가 이리저리 휘어지고 뒤틀어지면서 마치 그물이 퍼지듯 신기한 모양으로 암벽을 타고 올라가는 송악의 모습은 정말 장관이다. 이 송악의 높이가 60미터에 이른다고 한다. 그러나 1991년 11월 천연기념물 제367호로 지정된 이 송악은 현재 절벽 위쪽의 흙이 일부 무너져 덩굴이 발붙일 곳을 잃고 늘어져 있다고 한다. 귀하고 신기하다고 해서 지정하는 데만 그칠 것이 아니라 좀 더 적극적으로 보호하고 사랑했으면 한다.

송악은 약용식물로 효과가 있다. 잎에 헤데린이라는 결정성 사포닌을 비롯하여 여러 성분이 들어 있는데, 주로 줄기와 잎에서 즙을 얻어서는 각혈을 멈추게 하는 데 쓴다고 한다. 그러나 유독 성분이 있으므로 함부로 쓰는 일은 없어야 한다. 송악을 약으로 쓴다지만 그보다는 아무래도 관상용으로 이용하는 것이 더 바람직하다. 서양 아이비처럼 공중에 매다는 화분에 담아 잘 늘어뜨려 키워도 좋고, 특정한 모양으로 지지대를 만들어 송악을 덮어도 좋다. 또 가리고 싶은 정원의 돌이나 구조물을 덮도록 키우거나 울타리를 벽에 올려도 좋다. 더욱이 상록성이어서 늘 푸른 잎을 달고 있으니 겨울에 가지만 남는 담쟁이덩굴보다는 훨씬 유리한 셈이다.

　송악은 추위에 약하다. 난대성 수종에 가까워 우리나라에서는 동쪽으로 울릉도, 서쪽으로는 고창이 최고이며 중부 이북으로는 올라오지 못한다. 하지만 서울보다 겨울철 온도가 떨어지는 수원에서도 붉은 벽돌 건물의 벽에 송악이 붙어 사는 것을 보았는데 추운 겨울에는 지상부가 일부 얼어 죽기도 하지만 밑동은 그대로 살아 매년 커나간다. 또 이렇게 추위에 강한 품종을 개량하여 육종해놓으면 중부지방에서도 겨울에 푸른 덩굴식물을 볼 수 있을 것이다. 송악을 잘 키우려면 공중 습도가 높은 따뜻한 곳의 그늘이 좋으며, 종자를 뿌리거나 삽목으로 번식시킨다.

측백나무

국보 제1호가 숭례문이고 보물 제1호는 흥인지문이라는 사실은 누구나 다 알고 있다. 그렇다면 천연기념물 제1호는 무엇일까? 바로 대구시 도동 향산의 측백나무림이다. 1934년에 지정될 당시 달성군이었던 이곳이 이제 행정 구역 개편으로 그 주소를 대구로 바꾸었고, 광복 후 1962년에 천연기념물을 재검토하여 지정하였는데 이때 역시 제1호의 영예를 놓치지 않아서 지금까지 이어지고 있다.

그러나 오늘날 이곳의 측백나무림은 허울만 좋을 뿐 속 내용을 들여다보면 이미 옛 영화를 그리워할 지경에 이르렀다. 달성 서씨의 집성촌이라는 이 도동 마을에 전해 내려오는 집안의 문집을 보면 조선 시대에 이미 측백나무 숲이 우거진 절벽과 그 아래로 흐르는 불로천의 경치를 두고 낙화암이라 불렀고, 서거정 선생은 '달성 10경'의 하나인 '북벽향림'으로 예찬해왔던 곳이다. 천연기념물로 처음 지정할 당시 기록을 보더라도 수백 년 된 측백나무가 1,000그루 넘게 있다고 적혀 있으나, 이제 산 전체에 퍼져 있던 이 숲은 몇백 그루만이 북사면을 깎아지른 듯한 벼랑 끝에 남아 있다.

- **식물명** 측백나무
- **과명** 측백나무과(Cupressaceae)
- **학명** *Thuja orientalis* L.

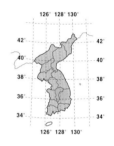

- **분포지** 경북의 울진, 달성, 영양, 안동 및 충북 단양에 자생, 전국에 식재
- **개화기** 4월, 자갈색
- **결실기** 9~10월, 난원형 구과
- **용도** 약용, 산울타리, 정원수, 가공재
- **성상** 상록성 교목

측백나무는 고향이 중국인지 우리나라인지 논란이 많다. 우리의 천연
기념물 제1호로 정해진 이곳의 측백나무림이 발견되면서 그 논란은 더욱
가중되었다. 측백나무는 중국이 원산지로 알려져 있는데 이곳 도동의 숲
도 누가 심은 흔적이라고는 전혀 없는 측백나무 순림이고 그 밖에 경북의
양양, 안동, 울진, 단양 등의 석회암 지대 곳곳에 자생하는 숲이 남아 있어
식물학자들을 혼란스럽게 한다. 우리 마음에는 누가 심지 않았어도 저절
로 자란 숲들이 이 정도로 많다면 측백나무는 한국산 나무라고 해야 하지
않을까 싶지만 이에 대해 일본의 식물학자 모리는 "도동(당시에는 달성)의

측백나무 잎과 열매

편백나무 잎과 열매

측백나무 숲은 시냇가의 단애(절벽)에 발달하였고 수백 년 된 나무가 많아 원래부터 자생한 것으로 보이지만, 예전 신라 시대에 이 언덕 위에 묘지를 만들었고 그 주변에 측백나무를 심었으니 그 나무들이 커서 결실을 하고 여기에서 떨어진 씨앗들로 지금 같은 측백나무 순림을 형성하였다" 라고 한다. 즉, 이 숲은 한국 태생이지만 그 선조는 중국이라는 것이다. 애국심만으로 학문이 이루어지는 것이 아니므로 지금으로서는 측백나무의 논란에 확실한 결론을 내릴 수 없지만, 그 고향이라는 중국에 가도 우리나라처럼 측백나무 순림을 구경하기 어려우니 설사 이 나무들의 까마득한 선조가 중국산이었다 치더라도, 어디선가 오래전에 건너와 토종개가 된 삽살개처럼 측백나무를 토종이라 한들 큰 허물은 아닐 것이다.

이곳 이외에도 단양 매포의 천연기념물 제62호, 경북 영양의 제114호, 안동 구리의 제252호 측백나무림이 있는데 하나같이 석회암 토양에 가파른 절벽, 암석 틈의 빈약한 토양에서 자라고 있으며, 그 앞에 물이 흐르는 등 환경 조건이 매우 유사하여 주목받고 있다.

측백나무는 매우 크게 자라는 교목이다. 그러나 그렇게 큰 나무를 찾아보기란 쉽지 않다. 천연기념물로 지정된 몇 군데 자생지에는 너무 험한 암석 틈에서 살아남아 제대로 뻗어 자라지 못하였고 우리 주변에 심는 것도 너무 어리거나 관상용으로 자그마하게 만들어진 것이기 때문이다. 그러나 총리 공관에 있는 천연기념물 제255호 측백나무는 잘 자란 측백나무의 전형을 보여준다. 키가 10미터가 훨씬 넘고 밑동의 둘레도 2미터를 훨씬 넘는다.

측백나무 잎과 암꽃차례

측백나무 수피

측백나무는 측백나무과에 속하는 상록성 나무로 늘 푸르고 싱그러운 잎과 세로로 깊게 갈라진 회갈색 수피는 보는 사람과의 거리감을 좁혀준다.

측백나무의 작고 납작한 잎은 비늘처럼 나란히 포개어 달린다. 마치 손바닥을 펼친 모양처럼 보이는데 모두 한 방향을 향하고 있다. 잎은 앞뒤의 색깔과 모양이 거의 비슷해서 앞뒤가 없는 나무, 겉 다르고 속 다르지 않은 군자의 나무라고 이야기한다. 봄이면 달걀 모양의 수꽃과 암꽃이 한 나무에 달린다. 화려한 꽃잎 대신 비늘잎이 있고 크기도 작아 보통 사람들은 보고도 그것이 꽃인지 잘 알지 못한다.

우리나라에는 큰 가지가 옆으로 퍼지는 우리나라 특산인 눈측백, 피라미드 모양을 하고 있어 아름다운 서양측백, 황금색이 나는 황금측백, 수형이 둥근 둥근측백 등 수많은 품종들이 관상용으로 만들어져 널리 자라고 있다.

측백나무와 사촌이 되는 나무 가운데 편백과 화백이 있다. 일본산인 이 나무들과는 자라는 모양이 아주 비슷하여 꽃과 열매를 보기 전에는 구분이 어렵지만 방법이 아주 없는 것은 아니다. 각 나무들의 비늘잎이 화백은 X자형, 측백은 W자형, 편백은 Y자형을 만들며 배열되어 구분이 가능하다. 특히 잎을 뒤집어보면 이 비늘잎들이 만나는 곳에 '기공조선氣孔條線'이라고 하는 침엽수종의 숨구멍이 하얀 줄처럼 나타

비늘잎이 포개지는 모양

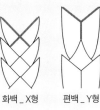

측백나무_W형   화백_X형   편백_Y형

천연기념물 제1호인 측백나무 숲

나 구분하기가 더욱 쉬워진다.

측백나무는 한자로 측백側柏 또는 백柏이라 쓴다. 『육조잡서』라는 옛 문헌을 보면 모든 나무들은 햇빛을 향하여 모두 동쪽을 향하는데 유독 측백나무만이 서쪽을 향하여 음지의 나무로 생각했다. 이에 따라 서쪽을 뜻하는 색깔 백白을 나무 목木 자에 붙여 백柏 자가 되었다는 해석이다.

측백나무의 학명은 투야 오리엔탈리스Thuja orientalis 이다. 속명 '투야 Thuja'는 '수지樹脂'라는 뜻을 가진 그리스어 'thya' 또는 'thyia'에서 유래되었다고 하기도 하고 '향기'라는 뜻을 가진 '투에인thuein'에서 유래되었다고도 한다. 종소명 '오리엔탈리스orientalis'는 동양이 원산지라는 뜻이다.

측백나무는 예로부터 귀한 약재로 널리 알려져 있다. 한방에서는 어린 잎과 가지를 백자엽, 종자를 백자인이라 하며 잎은 여름이나 가을에, 종자는 충분히 익었을 때 거두어 햇볕에 말려 쓴다. 잎은 정유와 히노키티

올Hinokitiol을 함유하고 있으며 장출혈, 혈변이 있을 때 지혈제로 썼다. 씨는 식은땀이 나거나 신경쇠약, 신체 허약증, 불면증에 쓴다. 민간에서는 각혈, 백일해, 소아 경풍, 심장병, 방광염 등에 이용하였다. 간혹 백자주라 하여 술을 빚어 약술로 마시기도 하였다. 그러나 이 측백나무를 더욱 유명하게 만든 것은 불로장생의 명약이라는 믿음이다. 중국에는 이와 관련된 여러 가지 고사가 전해져 온다.

중국의 『열선전』에 보면 '적송자'라는 사람은 평소에 측백나무 씨를 꾸준히 먹었는데 나이 들어 빠져버린 이가 새로 나오더라는 이야기가 있다. 『화원기』에는 '백엽 선인'이라는 머리가 하얀 노인이 나오는데 8년간 계속해서 측백나무 잎을 먹었더니 어느 날 갑자기 온몸이 더워지기 시작하면서 전신에 종기가 잔뜩 나서 차마 볼 수가 없는 지경에 이르렀다. 그래도 쉬지 않고 측백나무 씨를 먹었더니 얼마 후 종기는 사라지고 개울에서 몸을 씻고 나니 온몸에 새살이 돋은 듯 어린아이처럼 탄력 있고 깨끗한 살결이 되었으며 몸에서는 광채가 나더라는 것이다. 더욱이 백발이던 머리가 다시 검게 변하기 시작하였고 몸이 차차 깃털처럼 가벼워지면서 득도하여 신선이 되었다고 한다.

가장 믿기 어려운 전설은 진나라 때의 일이다. 옛날 궁궐에 모녀毛女라는 궁녀가 있었다. 어느 날 궁이 침입을 받자 모녀는 종남산으로 도망쳤다. 지치고 배가 고파 죽어가는 궁녀에게 한 선인이 나타나더니 측백나무 잎을 주면서 먹어보라고 권하였다. 그 잎을 먹고 나니 신기하게도 더 이상 배가 고프지 않았고 측백나무 잎을 찾아 먹을수록 힘이 넘쳐 겨울에는 춥지 않고 여름에는 덥지도 않더라는 것이다. 모녀는 궁에 돌아가는 것도 잊고 측백나무 잎을 먹고 살았다. 한참 세월이 지난 후 한 사냥꾼이 그 산에 사냥을 하러 갔다가 이상한 사람을 보게 되었다. 사람의 형상을 하고 있으나 온몸에 검은 털이 나 있고, 산짐승들보다 더욱 날쌔게 맨몸으로 뛰어다니는 것을 발견하고 신기하게 여겨 몰래 함정을 파놓았다가

편백나무

잡았다. 잡고 보니 다름 아닌 그 모녀였다. 그때는 이미 진나라가 멸망하
고 200년이 지난 뒤였다.

서울에도 전해 내려오는 이야기가 있다. 서울 방학동에는 300살 된 나
무가 있는데, 이 나무의 잎을 삶아 먹으면 아들을 낳는다고 알려져 지금
까지도 찾아오는 사람들이 줄을 잇는다고 한다.

불로장생의 상징이었기 때문인지 중국에서는 이 나무를 절이나 문묘에 많이 심어 왔다. 중국의 영향을 많이 받아서인지 이는 우리나라에서도 마찬가지다.

중국 주나라 때는 죽은 사람의 계급에 따라 묘지에 심는 나무가 각각 달랐는데 제일로 치는 소나무는 왕의 능에, 그다음에 속하는 왕족의 묘지에는 측백나무를 심었다. 또한 측백나무는 성인의 기氣를 받은 신선 나무로 여겼으며, 한의 무제는 측백나무를 선장군先將軍에, 당무제는 5품의 대부大夫로 봉했다고 전해지고 있으니 벼슬을 얻은 나무는 우리나라의 정이품 송뿐이 아닌 듯하다. 요즈음 측백나무는 묘목의 값도 싸고 까다롭지 않아서인지 값싼 나무 취급을 받지만 예전에는 대우가 지금과는 사뭇 달랐다.

그 밖에 측백나무 목재는 가공이 쉽고 견디는 힘이 강해서 건축재, 선박재, 조각, 세공재 등 여러 가지로 이용하며 예전에는 관을 만드는 나무로 중요시하였다. 조경수로 심을 때는 산울타리가 일품이다. 정원이나 공원에 심을 때도 있지만 단독으로보다는 줄지어 또는 어떠한 것을 가리는 차폐 식재의 소재로 많이 이용된다. 단, 향나무처럼 배나무 별무늬병의 중간숙주이므로 과수원 울타리는 피하는 것이 좋다.

측백나무는 햇볕을 좋아하는 양수로 알려져 있다. 그러나 그늘에서도 잘 견딘다. 건조, 추위, 공해에도 강한 튼튼한 나무이다.

측백나무는 종자를 파종하거나 삽목으로 번식시킨다. 옛 문헌을 보면 두꺼비가 측백나무 묘목을 잘 먹는다는 재미있는 이야기가 나온다.

요즈음은 몸에 좋다는 것이면 무엇이나 가리지 않는 이들이 많다. 측백나무 묘목을 잘 먹는다는 두꺼비도 이러한 보신주의자들의 피해자이다. 단지 몸에 좋은 것에서 한술 더 떠 불로장생의 명약이라고 하는 옛이야기들 때문에 더 수난을 당하지 않을까 걱정이다. 전해 내려오는 이야기에는 항상 과장이 많다는 사실을 기억해야 할 것이다. 만일 그래도 측백나무의 씨나 잎을 먹는 데 관심이 있다면 한 나무를 먹을 때 최소한 두 나무는 심어야 하지 않을까.

칠엽수

칠엽수는 마로니에라는 이름으로 더 유명하다. 프랑스나 유럽의 어느 나라든 한번 다녀온 사람들은 저마다 그 아름다운 마로니에 가로수와 낭만을 이야기하곤 한다. 그 이유는 유럽의 어느 거리, 어느 공원에서나 짙푸르게 아름다운 이 마로니에 나무를 쉽게 만날 수 있기 때문이다. 그 가운데서도 특히 파리의 몽마르트르 언덕의 마로니에 가로수는 아주 유명하다. 이곳의 나무가 특히 유명한 이유는, 이 몽마르트르 언덕에 수없이 많은 예술가들이 모여 문학을 이야기하고 그림을 그리며 시간을 지내다 보니 그 앞에 줄지어 서 있는 이 싱그러운 나무가 자연스레 그들의 예술 소재로 수없이 등장하게 되었기 때문이다. 우리나라에도 이 낭만주의 문화가 들어와서인지 많은 사람들은 마로니에가 어떻게 생긴 나무인지는 몰라도 이름만으로도 친숙하게 느끼곤 한다.

우리나라에는 예전에 서울대학교 문리대가 있던 곳, 지금의 대학로 마로니에 공원에 마로니에가 서 있다. 모두 대학로의 마로니에 공원에 모여 낭만을 찾지만 이는 모두 느낌만이지 막상 그 거리에서 이 나무를 찾아보는 이는 아마 드물 듯싶다.

- **식물명** 칠엽수
- **과명** 칠엽수과(Hippocastanaceae)
- **학명** *Aesculus turbinata* Blume

- **분포지** 일본 원산으로 전국에 식재
- **개화기** 5~6월, 유백색 총상화서
- **결실기** 9~11월, 갈색
- **용도** 가로수, 공원수, 식용, 약용, 목재
- **성상** 낙엽성 교목

　우리가 요즈음 칠엽수라고 부르며 공원이나 길가에 심고 있는 나무는 일본 원산 일본칠엽수이며, 유럽의 거리에 있는 나무들은 지중해 발칸반도가 고향인 유럽칠엽수이다. 우리나라에 심어진 대부분의 나무들은 일본칠엽수이므로 이를 그냥 칠엽수라 부르고, 유럽의 것은 서양칠엽수라고 구분하여 부른다. 일본의 것은 꽃이 유백색이고, 유럽에 많은 것은 붉은색이 돌아 다르지만 그 밖의 특성은 거의 비슷하고 잎의 크기도 보다 작다.

　일본의 칠엽수가 우리나라에 들어온 것은 일제강점기인데 지금의 마로니에 공원에 심은 것도 그때 심은 것이다. 우리나라에 있는 칠엽수 가운데 가장 크다고 여겨지는 것은 덕수궁에 있는 것인데, 이것은 서양칠엽

칠엽수 꽃

칠엽수 열매

칠엽수 수피

수로 1913년 네덜란드 공사가 고종에게 선물하여 심은 나무이다. 전 유럽에 퍼진 서양칠엽수도 그 유래를 살펴보면, 빙하시대에 발칸반도, 지금의 그리스가 있는 곳까지 내려왔는데 빙하시대가 끝나고 다른 많은 식물들은 다시 북쪽으로 올라왔지만 이 서양칠엽수만은 종자도 큰 데다 루마니아 국경 근처의 커다란 산에 가로막혀 올라가지 못하고 주저앉아 그 지역에만 자란다고 한다. 이것을 16세기에 처음으로 프랑스가 도입하였으며 특히 크루드 족이 많이 심었고, 지금은 전 유럽에 퍼져 세계 3대 가로수로에 속할 만큼 세계인이 사랑하는 나무가 되었다.

칠엽수는 칠엽수과에 속하는 낙엽성 교목인데 시원하게 생긴 잎새 일곱 장이 둥글게 모여 달려 칠엽수란 이름이 붙었다. 그러나 실제로는 이보다 적은 수의 잎이 달리기도 하고 아주 드물지만 더 많이 달려 오엽수, 육엽수 혹은 팔엽수가 되기도 한다. 칠엽수 종류를 총칭하는 속명 '아이스쿨루스Aesculus'는 '먹다'라는 뜻의 라틴어 '아이스카레aescare'에서 유래되었는데, 이 열매를 사람이 먹거나 가축의 사료로 주었기 때문에 생긴 이름이라고 한다. 그래서 유럽 사람들은 공원에 이 나무를 심어 동물이 살 수 있기를 기대하기도 한다.

칠엽수는 마로니에라는 이름이 주는 그 낭만적인 느낌이 아니더라도 아름다운 모습이 많다. 일곱 장씩 모여 달리는 잎새는 가운데 것이 가장 커서 길이가 30센티미터를 넘기도 하고 옆으로 갈수록 점차 작아지며 둥글게 모여 달린다. 이 큼직하고 길쭉한 잎에는 선명한 엽맥이 스무 쌍씩 나란히 나 있어 힘차 보인다.

꽃은 봄이 한창 무르익을 무렵 피어난다. 그 커다란 잎조차 눈여겨보는 이가 드문 마당에 꽃까지 알고 있는 이가 얼마나 되겠나 싶지만 이 나무의 꽃을 한번 본 이라면 절대 잊지 못할 만큼 인상적이다. 작은 꽃들이 모여 아이들에게 씌워도 될 만큼의 큼직한 고깔 모양을 이루며 달려 쉽게 눈에 들어오고, 네 장의 꽃잎은 불규칙한 데다가 유백색에 붉고 노란 점무늬가 있어 낱개의 꽃송이만으로도 아름답고 풍성하다. 가을에는 탁구공보다 조금 더 큰, 둥글고 가시 같은 갈색 털이 있는 열매가 달린다. 이렇듯 칠엽수는 단정하고 수려한 모습으로 여름의 시원한 그늘과 황갈색으로 저가는 낙엽의 풍치가 좋아 가로수나 공원수로 많은 사랑을 받는다.

그 외에도 칠엽수 목재는 잘 뒤틀리고 썩기 쉬운 결점이 있는 반면 광택이 좋고 무늬가 독특하여 공예의 재료나 기구재, 합판 등으로 다양하게 이용되며, 그림을 그릴 때 쓰는 목탄도 이 나무의 숯으로 만든다. 서양에서는 화약의 원료가 되기도 한다. 꽃이 피면 벌이 많이 찾아와 밀원으로도 이용이 가능한데 조건만 잘 맞으면 20미터 정도 잘 큰 나무에서는 하루에 꿀이 10리터나 생산된다는 기록이 있다. 밤과 비슷하지만 밤보다 큰 이 나무의 종자를 말밤이라고 하는데, 서양에서는 밤이란 뜻인 '마농'이라고 부르며 마로니에란 이름도 이 열매가 달고 떫은 데서 유래되었다고 한다. 종자는 잿물로 떫은맛을 제거하여 떡을 만들어 먹거나 풀을 쑤기도 하며 백일해에 걸렸을 때 쓰지만, 그냥 먹으면 위장 장애를 일으킬 염려가 있다고 한다. 약용으로는 잎을 쓰는데 말라리아 치료 성분으로 잘 알려진 키니네의 대용품이 되기도 하고 설사나 기침을 멈추는 데 효과가 있다.

대개 종자를 뿌려 번식시킨다. 종자는 건조한 것을 아주 싫어하므로 수분을 유지한 채 저온 저장 또는 노천 매장을 해두었다가 봄에 파종한다. 추위를 잘 견디며 병충해도 잘 견디는 편이지만, 음수이며 비옥한 토지를 좋아하는 데다 옮겨 심는 것을 싫어하고 특히 공해에 약한 단점이 있어 유럽의 가로수들도 공해가 심한 도심은 버즘나무로 바뀌어 있다.

영산홍

영산홍은 진달래과에 속하는 관목이다. 우리에게 낯익은 진달래과의 진달래나 철쭉과 한 가족으로 어린아이 키를 넘지 못하는 키에 분홍빛 꽃을 피운다. 흔히 영산홍이라 지칭하는 나무는 제각기 다르지만 공통적인 특징은 그 붉은빛이 두드러지게 맑고 깨끗하여 보는 이의 가슴에 선명하게 남는다는 점이다. 우리 산하를 붉게 물들이던 진달래가 꽃잎을 떨어뜨리고 가는 길마다 온통 노랗던 개나리도 자취를 감추어 제법 싱싱한 새잎을 내놓을 무렵이면 영산홍은 피 묻은 화살촉처럼 그 붉고 뾰족한 꽃봉오리를 살며시 열며 피어난다. 봄비라도 촉촉이 내리고 나면 가지 끝에 서너 송이 매달린 꽃들은 힘을 얻어 다섯 갈래로 갈라진 꽃잎을 마음껏 벌린다. 그러나 영산홍은 갈라진 꽃잎의 아랫부분이 함께 붙어 있는 통꽃이다. 마치 깔때기처럼 유연한 곡선으로 빠진 꽃잎 사이로 암술과 수술이 꽃잎보다도 길게 나와 있다. 한 개의 암술과 그를 둘러싼 열 개의 수술은 모두 한 방향으로 갈고리처럼 휘어진다. 꽃잎의 안쪽, 수술과 가깝게 맞닿은 곳에는 좀 더 진한 붉은 점이 점점이 박혀 있어 꽃을 찾는 곤충들에게 그 속에 꿀샘이 숨어 있

- **식물명** 영산홍
- **과명** 진달래과(Ericaceae)
- **학명** *Rhododendron indicum* Sweet

- **분포지** 중부 이남에 식재
- **개화기** 5월
- **결실기** 9월
- **용도** 정원수, 공원수
- **성상** 낙엽성 또는 반낙엽성 관목

음을 암시해준다.

메마른 가지에 꽃을 피우고 새잎이 나면서 꽃이 지는 진달래와는 달리 꽃이 필 때 이미 잎이 자라는 영산홍은 연약한 연둣빛 잎새들이 싱싱한 초록빛으로 자리를 잡아갈 무렵 꽃이 지기 시작한다. 그러나 영산홍은 시든 꽃잎을 한 장 한 장 떨어뜨리지 않고 앙증스런 깔때기 모양의 꽃을 한 번에 떨어뜨린다. 가지 끝에 아직 싱싱한 암술을 그대로 남기고 수술을 매단 채 꽃잎이 빠져버린다는 것이 옳은 표현일 듯싶다. 나무 밑에 선연한 분홍빛을 그대로 간직한 채 떨어진 꽃들이 바람에 흩어지고 꽃이 매달렸던 자리를 가지 끝에 홀로 남은 암술이 그대로 지키는 모습은 무르익은 봄의 서정이 아닐 수 없다.

집 마당을 꾸미기 위한 정원수를 파는 곳 가운데는 '철쭉 전문, 영산홍, 자산홍, 홍황철쭉, 겹철쭉'을 판다는 간판을 내건 곳이 있다. 그곳에서 팔고 있는 영산홍이 요즈음 사람들이 영산홍이라 하는 바로 그 나무로 흔히 왜철쭉, 일본철쭉이라 부르기도 하는데, 그 빛이 화려하다 못해 마치 조화처럼 느껴진다. 일본에서 육종한 원예종으로 일정한 경로 없이 들어와 정확히 정립되어 있지 않으나 사쓰키철쭉, 기리시마철쭉 등을 포함하여 흔히 영산홍이라 부른다. 일본의 수많은 철쭉 품종 가운데 대표적인 품종들이다. 두 가지 모두 1910년도 이후에 우리나라에 들어왔다고 추정하고 있다.

그러나 우리나라의 옛 문헌들을 들추어보면 고려 시대의 기록에서부터 영산홍이란 말을 찾을 수 있다. 이 영산홍은 빛깔과 몇 가지 특색에 따라 고려영산홍, 궁중영산홍, 조선영산홍, 자산홍, 다닥영산홍 등으로 나뉜다. 이 영산홍들의 근본은 알 수 없으나 고려영산홍은 반낙엽성으로 전체적으로 털이 많

다. 꽃잎, 가지, 잎, 꽃받침에 보송한 털이 나 있으며 가지 끝에 한두 개의 꽃눈이 달리고 각기 한 개의 꽃눈에서 서너 개의 꽃봉오리를 터뜨린다. 잎보다도 먼저 나와 피는 꽃은 폭이 5센티미터 가량으로 선명한 주홍색이다. 꽃잎 안을 살며시 들여다보면 그 안에는 진한 자줏빛 반점들이 나 있고 길게 드러난 수술의 꽃밥 역시 같은 자줏빛이다. 궁중영산홍은 고려 영산홍과 거의 비슷하나 꽃이 조금 작고 가지 하나에 한 개의 꽃눈이, 한 개의 꽃눈에서 두세 개의 꽃송이가 달리며, 수술의 수가 열 개에서 조금 모자라고 반상록성이란 점이 다르다. 조선영산홍은 그 빛깔부터 차이가 난다. 앞의 두 영산홍이 주홍빛인 데 반하여 조선영산홍은 짙은 분홍색이다. 자산홍은 잎끝이 뾰족하지 않고 둥글며 꽃 색이 자주색인 것이 그 특색이다. 꽃송이가 많이 달려 다닥영산홍이라 불리는 것도 있는데, 한 가지 끝에 아홉 개의 꽃송이가 달려 구봉화라는 고운 이름을 전하는 것과 같은 종류일 듯싶다. 다소 과장된 듯하지만 영산홍 가운데는 빛이 너무나도 찬연하여 밤이면 마치 형광을 띤 듯 빛나는 종류도 있었다고 한다. 하지만 이 모든 영산홍류는 자생하는 곳은 물론 언제 어떻게 우리나라에서 자라게 되었는지 알려지지 않는다. 그래서 고려 시대부터 있던 영산홍도 일본에서 건너왔을 가능성이 크다는 의견이 많고, 우리나라에서 자생하던 여러 철쭉 가운데 빛이 두드러지게 선명하여 아름다운 것을 집 가까이 심어 길렀는데 그것이 퍼져나갔다는 의견도 꾸준히 나오고 있다.

실제로 옛 기록에는 진달래, 양철쭉, 산철쭉, 영산홍, 두견화, 척촉 등 여러 이름이 함께 혼동되어 쓰이기도, 각각 구별하여 쓰이기도 하였다. 1441년 세종 23년 일본이 세종대왕에게 일본철쭉을 진상하였다는 기록이 있는가 하면, 조선 초 강희안이 가까이에 두고 보는 꽃나무들을 모두 아홉 등급으로 나누어 쓴 『양화소록』에 보면 왜홍(영산홍, 일본철쭉)을 이품에, 홍두견을 육품에 올렸다는 기록도 있고, 고서 『보산세고』란 책에서는 일본이 조선에서 철쭉을 가져갔다는 기록도 있다. 일본의 원예학계에서도 영산홍이라 불리는 품종에 대해 논란이 있고, 중국에서도 일본에서 영산홍이라 불리는 종과는 다른 종을 영산홍이라 따로 부르고 있음을 볼 때 이름에 혼란이 있는 것은 어쩌면 당연한 것인지도 모른다.

식물학적으로 어느 정도 기반이 잡힌 오늘날에도 모양과 색깔이 유사한 이 종류의 꽃 이름에 혼동이 많은 걸 보면 그 옛날 기록을 더듬어 영산홍의 뿌리를 찾는 것은 불가능한 일인지도 모른다. 우리나라에 자생하는 십여 종의 진달래 식물, 일본의 몇 가지 철쭉 품종, 유럽의 품종들을 모아 그 형태적인 특색은 물론 화학 성분을 분석하여 우리나라에서 오래전부터 가꾸어오던 영산홍과 비교 분석한 학술 논문에서는 산철쭉과 영산홍 종류가 가장 가깝다는 결론을 내리기도 했다.

영산홍은 시에 능한 기생 영산홍이 "영산홍대영산홍映山紅對映山紅"이라고 읊어 꽃나무 영산홍에 대한 아름다움과 자신의 아름다움을 노래하기도 했다. 조선 시대에는 외간 남자의 출입이 허용되지 않는 안채의 뒤뜰 경사진 면을 계단형으로 다듬고 담을 쌓아 꽃나무를 심었는데 이를 화계라고 불렀다. 이 화계의 가장 아래쪽에는 어김없이 영산홍을 심어 가까이 하였고 그 외에 약용으로 이용했다 하니 우리의 선조들과 멀지 않았던 것만은 사실인 듯하다.

영산홍에 골몰해 있을 무렵, 특산 식물을 조사하기 위해서 제주도에 다녀왔다. 한라산과 분화구를 오르내리며 힘겨운 조사를 마치고 돌아올 즈음 제주도에 사는 한 분이 한라산에 영산홍이 자라고 있다고 하여 한라산의 한 자락을 찾았다. 금새우란과 사철란같이 귀한 식물들이 자라고 있고 더욱 깊은 아래쪽 계곡 바위틈에는 영산홍이 아닌 참꽃나무가 있었다. 한창 꽃망울을 터뜨리는 그 붉은 분홍빛의 참꽃나무가 영산홍의 본류가 아닐까 생각하다 잠시 웃었다. 그 눈부신 영산홍의 아름다움이 일본이 아닌 우리나라에서 기원되었기를 은근히 바라는 스스로의 모습을 본 듯했으니 말이다.

3장

산과 들에서
자주 만나는
나무

겨우살이

겨우살이는 황록색 줄기와 잎으로 Y자를 만들며 엉켜 자라는 식물이다. 겨우살이는 겨울에만 잎이 달리는 나무가 아니고 상록성 식물이지만 얹혀 자라는 나무의 잎이 다 떨어지고 가지가 드러날 때만 온전한 모습을 보인다. 다른 나무의 가지 하나를 점령하고 살아가는 겨우살이는 그 나무의 양분을 가로채어 먹고 사는 기생식물이다. 기생식물 가운데는 새삼과 같이 스스로 양분을 만들지 못하여 모든 양분을 숙주(기생식물이 달라붙어 양분을 빼앗기는 식물)에게 의존하는 전기생식물도 있으나 겨우살이는 엽록소를 가지고 있어서 광합성을 하지만 그것만으로는 부족하여 숙주에게서 물이나 양분을 일부 빼앗아 이용하는 반기생식물이다. 또 아무 나무에나 붙어 기생하는 것도 아니고 참나무류, 버드나무, 팽나무, 밤나무, 자작나무와 같은 일부 활엽수만 골라 뿌리를 내린다. 그래서 '기생목'이라고 부르기도 하고 겨울에도 푸르다고 하여 '동청凍靑'으로 부르기도 한다.

겨우살이는 겨우살이과에 속하는 늘푸른나무이다. 나뭇가지에 뿌리를 박고 한 줄기가 새끼손가락만큼 자라면 마디를 만드는데 그 마디에서 다시 45도쯤의 각도

- **식물명** 겨우살이
- **과명** 겨우살이과(Loranthaceae)
- **학명** *Viscum album* var. *coloratum* Ohwi

- **분포지** 황해도 이남, 주로 해안가
- **개화기** 2~3월
- **결실기** 가을
- **용도** 약용
- **성상** 기생하는 상록성 관목

로 갈라져 줄기 만들기를 서너 번 반복하고 나면 줄기의 끝에 두 개의 잎
이 마주 달린다. 잎은 선인장처럼 다소 두껍고 물기가 있으며 연하여 잘
부러진다. 그러나 조금씩 늘어지는 줄기에는 탄력이 있어 웬만큼 무서운
겨울바람에는 부러지지 않는다. 잎 길이도 한 줄기의 길이만큼이고 너비
는 손가락 한 마디보다 조금 짧아 긴 타원형이다.

늦은 겨울이나 이른 봄, 마주난 두 개의 잎 사이에서 꽃이 피는데 암꽃
과 수꽃이 각기 다르게 핀다. '포'라고 부르는 작은 접시 모양의 꽃덮개
속에 끝이 갈라진 종 모양의 꽃이 세 개쯤 핀다. 암꽃은 수꽃에 비하여 꽃
덮개가 크고 세 개가 삼각형을 이루어 모여 달린다. 그러나 잎의 색보다
좀 더 노랗게 피는 꽃들은 크기가 매우 작다. 이렇게 핀 꽃들은 곤충이나
바람의 힘을 빌려 꽃가루받이를 한다.

열매는 꽃보다도 연한 노란색을 띠고 가을에 익는다. 한 개의 녹색 종자

겨우살이 꽃   겨우살이 잎

를 반쯤은 투명하고 끈적끈적하며 누르면 물컹한 과육이 둘러싸고 있다. 열매는 지름이 5밀리미터가 조금 넘고 둥글다. 과육은 열매가 잘 익을수록 끈적거린다. 제주도에는 열매가 붉게 익는 것이 자라는데 붉은겨우살이라고 부른다. 이 겨우살이 열매는 새들이 좋아하여 즐겨 찾는데 새들이 열매를 먹어도 종자와 그것을 둘러싼 과육은 소화되지 않고 그대로 배설물과 함께 밖으로 나오며 과육의 끈적거림은 이때까지도 그대로 유지되어 종자는 쉽게 다른 나뭇가지에 들러붙게 된다. 붙은 종자가 과육과 함께 마르면서 접착제로 붙여놓은 것처럼 단단하게 고정되어 떨어지지 않는다. 이 상태로 겨울을 넘기고 나면 따스한 봄볕을 받으면서 종자에서 싹이 튼다.

종자의 껍질을 뚫고 나온 배의 끝은 마치 빨판처럼 납작하게 숙주의 나무껍질에 붙어 기생뿌리를 밀어 넣고 자라기 시작한다. 일단 착생을 하는 데 성공하면 두 개의 잎을 마주 달고 나오는데 종자가 싹을 틔워 잎이 나기까지는 5년쯤 걸린다. 겨우살이가 완전히 자리 잡고 자라기 시작하면서 착생 부위는 기생뿌리의 발달로 부풀어 오른다. 그 부위를 숙주와 함께 잘라보면 뿌리가 뻗어나간 모습을 잘 볼 수 있는데 기생뿌리는 몸을 지탱하기 위해 숙주의 줄기를 중심으로 쐐기형으로 박힌 뿌리와 함께 숙주의 양분을 빼앗기 위해 이동로를 따라 길게 뻗은 두 종류의 뿌리가 있다.

겨우살이는 한국, 일본, 중국을 비롯한 동북아시아와 유럽 전역에 걸쳐 널리 분포하며 우리나라는 제주도에서 함경도까지 전국에 걸쳐 발견된다. 설악산의 한계령을 넘어가는 양쪽 산자락과 해인사 입구, 그 뒤를 둘러싼 숲에는 겨우살이들이 무리지어 자란다.

한방에서는 잎과 줄기 전체를 말려 약으로 쓰는데 여러 증상에 효과가 있다고 한다. 눈이 밝아지고 몸이 개운해지며 머리카락과 치아를 단단하게 하여 산모에게 좋으며, 허리 아플 때나 동맥경화 등에 효과가 있어 진통제, 진정제로도 썼다.

동백나무겨우살이

서양에서는 겨우살이를 좋은 일의 상징으로 여겨왔다. 예로부터 참나무 숲에 사는 겨우살이는 마법의 힘이 있다고 여겨 고대 제사장들이 제물로 썼다. 이 풍습이 차차 변형되어 오늘날엔 성탄절에 축하 모임을 열면서 문 위에 겨우살이를 달아두고 손님들이 그 아래를 지나면 좋은 일이 생긴다고 여기며 더욱이 그 아래를 지날 때에는 어느 여자에게나 입맞춤을 하여도 피할 수 없으며 이렇게 되면 결혼으로 연결된다는 풍속도 있어 요즈음도 유럽의 일부 지역에선 성탄절이 가까워지면 시장에서 겨우살이를 파는 곳이 있다고 한다. 특히 예전 유럽 북부 지방에 퍼져 있던 드루이드교에서는 겨우살이를 매우 숭앙하였는데 이 종교에서는 참나무에는 신이 들어 있으며 겨우살이는 겨울 동안 참나무 신이 옮겨 사는 집이라고 생각했다. 한 해의 마지막 달이 되면 겨우살이 의식을 갖는데 흰 옷을 입은 제사장이 황금 도끼로 겨우살이를 끊어내고 기도를 올리며 한해의 축복을 기원하고 겨우살이를 물에 담갔다가 그 물로 병을 치료하였다. 동서양을 막론하고 약으로 쓰임은 공통적인 것 같다. 그 밖에 겨우살이의 열

겨우살이 열매

매를 나무에 붙여 새를 잡기 위한 끈끈이의 원료로도 이용했다.

겨우살이가 기생하는 나무는 생장 속도가 무척이나 느리고 수명도 짧다. 또 겨우살이가 지탱하기 위해 숙주가 되는 나무줄기에 박은 쐐기형 뿌리 때문에 그 나무는 좋은 목재로서의 가치를 잃고 만다. 또 겨우살이가 뚫고 들어간 틈 사이로 해충이나 병균 등이 침입하기도 한다.

겨우살이도 부분적으로 광합성을 하므로 숙주가 양분을 공급해줄 수 없을 때 반대로 양분을 역류시켜 숙주를 먹여 살릴 수는 없을까 하고 어느 식물학자가 실험을 하였는데, 겨우살이가 기생한 줄기와 잎을 잘라 양분을 차단시켰더니 결국 둘 다 말라 죽어버렸다. 결국 겨우살이는 받을 줄만 알고 줄 줄 모르는 철저하게 이기적인 식물이라고, 식물 세계도 인간 세계

단풍이 든 숙주 나무에 기생하는 모습

처럼 참으로 다양한 종류가 살고 있다고 생각했었다. 하지만 요즈음 겨우살이는 항암제로 관심이 높다. 서양겨우살이는 이미 약품이 개발되었고 우리나라의 겨우살이 성분도 비교 연구되고 있다. 민간에서 겨우살이 채취가 워낙 많아져 급속히 그 개체수가 사라지고 있을 정도이다. 사람의 목숨을 살릴 수 있다면 더 큰 미덕이 어디 있겠나 싶어 겨우살이를 이기적인 나무로 속단한 것이 미안했다. 나아가 인간의 이기심으로 인해 더 큰 쓰임새로 활용되기도 전에 사라질까 하는 새로운 걱정이 앞섰다.

붉나무

지은이는 식물이 한창 자라고 꽃을 피우는 계절이면 반 달가량은 산에서 지내곤 한다. 처음 식물을 공부하기 시작하여 산에 오르면서 가장 걱정스러웠던 것은 옻나무였다. 옻이 오르면 온몸이 우툴두툴 부풀어 오르고 가렵고 진물이 난다고 하니 생각만 하여도 끔찍했다. 산에 오르면 처음에는 주변 나무를 하나하나 살피며 옻나무가 아닐까 살펴보고 만지지 않도록 노력하지만 한참 오르다 보면 힘도 들고 미끄러지기라도 하면 무의식적으로 나뭇가지를 잡게 되며 주변 나무를 헤치고 다니게도 되니 옻나무에 대한 경계심을 곧잘 풀기도 한다. 열심히 다른 식물을 찾고 보고 사진도 찍다가 문득 옆에 있는 옻나무라도 발견하게 되면 하루 종일 왠지 온몸이 가려운 느낌을 지우기 어려워 며칠 동안 조바심을 내곤 했다. 그래도 끊임없는 경계심 덕택인지 아니면 체질적으로 옻을 타지 않는지 그 많은 세월을 산에서 지냈건만 옻이 오른 적은 한 번도 없다.

그런데 지은이가 겁냈던 것은 사실 옻나무라기보다는 개옻나무나 붉나무이기 쉽다. 이 세 나무는 모두 옻나무과, 옻나무속에 속하는 나무여서 서로 생김새나 특

- **식물명** 붉나무(옻나무)
- **과명** 옻나무과(Anacardiaceae)
- **학명** *Rhus javanica* L.

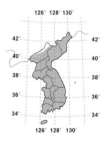

- **분포지** 붉나무는 전국의 산지에 자생(옻나무는 티베트와 히말라야 원산으로 국내에는 재배)
- **개화기** 7~8월, 황백색 원추화서
- **결실기** 10월, 황갈색, 핵과
- **용도** 정원수, 식용, 약용
- **성상** 낙엽성 소교목

징이 거의 비슷하지만 옻나무 원산지는 중앙아시아의 티베트와 히말라야로 옻 액을 뽑아내기 위해 일부러 심은 나무들인 반면, 우리 산에서 흔히 자생하는 나무는 거개가 붉나무나 개옻나무이기 때문이다. 간혹 자생하는 듯 보이는 옻나무가 있다 하더라도 그 나무는 예전에 키웠던 옻나무가 야생 상태로 조금 남아 있는 것에 불과하다.

옻나무와 붉나무는 잎을 보고 구별한다. 이 두 나무의 잎은 아까시나무 잎처럼 큰 자루에 다시 작은 잎이 달리는 복엽인데 붉나무는 이 작은 소잎들이 달리는 자루 사이에 날개 같은 것이 달려 있어 조금만 주의하면 쉽게 구별할 수 있다. 개옻나무는 소엽의 아랫부분에 톱니가 두세 개 있어 구별할 수 있다.

산에서 흔히 보는 붉나무는 단풍이 아주 곱다. 단풍 빛이 얼마나 불이 타듯 붉으면 붉나무일까. 그래서 서북 지방이나 전남 지방에서는 불나무, 강원도에서는 뿔나무, 경상도에서는 굴나무라고 부르기도 한다. 서양에서는 이 붉나무의 단풍을 구경하려고 공원에 심기도 한다.

붉나무의 이름 가운데 염부목 또는 염부자라는 이름이 있다. 붉나무의 작은 구슬 같은 열매의 표면은 흰 가루가 덮여 있는데 이 가루의 맛이 시고 짜서 이러한 이름이 붙었다고 한다. 세상에 짠맛이 나는 나무가 있다니 신기하다. 오랜 옛날 바다가 너무 멀어 소금을 구하기 어려운 산간벽지에서 열매를 찧어 물에 넣고 주물러 짠맛을 우려내서는 그 물로 두부를 만드는 간수로 썼다.

붉나무를 두고 오배자나무 또는 백충창이나 문합이라고도 한다. 붉나무의 어린순이 될 눈에 벌레가 기생하면서 벌레집을 만드는데 이를 두고 오배자라고 한다. 한방에서는 오배자를 귀한 약재로 사용하고 있는데 특히 지사제로 효험이 있다. 이 밖에도 손이 튼 데 수액을 바르고, 연주창, 입병, 기침, 이질, 치질, 편도선염 등 다양한 용도로 이용하는데 외국으로 더 많이 팔려 간다고 한다. 벌레가 생겨서 좋고 이것을 수출까지 하는 나무는 아무래도 붉나무밖에 없는 듯하다. 또한 붉나무는 어린순을 따서 삶아 말려두었다가 나물로 무쳐 먹기도 하고 염료로 쓰기도 한다.

그러나 여러 용도에도 불구하고 붉나무는 경사스런 일에는 사용하지 않는 나무 또는 귀신을 쫓는 나무로도 인식해왔다. 『산림경제』에 보면 빈터에 심어놓으면 지팡이를 만들 수도 있고 외양간 근처에 심어놓으면 우역牛疫을 물리친다는 기록이 있다. 우리나라와는 달리 일본에서는 붉나무와 관련된 민속이 여러 가지 남아 있다. 대표적인 것으로 사람이 죽은 다음 관 속에 붉나무 지팡이를 함께 넣는데 이를 금강장이라고 불렀다 하고, 이 밖에 화장을 하고 뼈를 줍는 기구도 붉나무로 만든다고 한다. 이렇

개옻나무 꽃이 핀 모습

붉나무 꽃

붉나무 열매

게 지팡이를 붉나무로 만드는 것은 불교의 영향을 받아 생겨난 풍속이다. 불교에서는 붉나무를 신령하게 여겨서 마귀로부터 보호하는 호마목이라 하여 승려들이 짚고 다니는 지팡이를 만든다. 지팡이뿐 아니라 붉나무에서 즙을 내어 불단에 칠하면 역시 귀신으로부터 보호된다는 믿음이 있었다.

일본에는 유난히 귀신이 많은지 붉나무를 호마목으로 두루 이용했다. 1월 그믐이면 쌀가루로 눈 모양 경단을 세 알 만들어 붉나무로 만든 가지에 꿰어 걸어놓으면 귀신이 찾아왔다가 자신의 눈은 둘인데 눈이 세 개인 이 놈은 도저히 당할 수 없다고 판단하고 도망간다는 것이다. 정월 초이튿날에는 붉나무로 인형을 만들어 뒤주에 넣어두었다가 보름날 태워버리면서 나쁜 귀신을 물리치고 풍년을 기원하는 행사가 있다고 한다.

붉나무는 낙엽 소교목으로 우리나라 어느 곳에 가나 볼 수 있다. 유백색 원뿔 모양의 큼직한 꽃차례를 가지 끝에 달고 하늘을 바라보고 있어 시원한 느낌을 준다. 10월쯤이면 익기 시작하여 겨울이 한참 지나도록 달려 있는 열매는 작은 구슬을 매단 목걸이가 여러 개 엉켜 달려 있는 것 같다. 옻나무는 붉나무보다 꽃이 좀 더 일찍 피고 꽃차례도 아래로 처진다.

옻나무는 사람에게 독이 되기도 하고 득이 되기도 한다. 생옻, 즉 옻나무의 생즙이 살갗에 닿으면 독이 되지만 이것으로 나무건 쇠붙이건 가죽이건 어디든 일단 칠하면 윤이 나고 벌레가 생기지 않으며 습기에도 강해진다. 흔히 색칠한다, 니스 칠한다는 말도 이 옻칠할 칠漆 자에서 쓰기

옻나무

붉나무 잎

옻나무 잎

시작한 말이고 중국에서는 옻 색을 검은색, 붉은색, 황색, 금색 등 네 가지로 구분하는데 우리나라에서는 주로 검은색을 나타낸다. 깜깜한 밤을 두고 하는 '칠흑 같은 밤'이란 말도 이 옻칠의 검은빛에서 나온 말이다. 이렇게 옻나무는 우리 생활 깊숙이 들어와 있다.

1931년 경상남도 의창의 다호리에서 출토된 낙랑 시대의 유물로 미루어 옻칠은 기원전부터(기원전 1세기라는 견해에서 3세기라는 견해까지 다양하다) 이미 사용되고 있었으며 당나라 때는 우리나라 칠액의 품질이 아주 좋다고 알려져 수출까지 한 기록이 있다. 동양에서 처음으로 옻칠을 시작한 때는 약 4,000년 전으로 거슬러 올라간다.

우리나라의 칠 문화는 중국의 영향을 받았으며 이는 다시 신라, 백제에서 꽃을 피우고 일본에까지 영향을 주었다. 우리나라의 옻칠 기술은 출중했으며 여러 곳에 옻나무 재배를 권장한 기록이 남아 있다. 하지만 사실 칠기 문화는 양반이나 귀족들의 전유물이었고 백성들은 기껏 송진 칠을 하는 것이 고작이었다고 한다. 반면에 일본인들은 이를 계속 발전시켰고 일제강점기에 우리나라에 들어와 옻나무 재배를 권장하여 여러 곳에 밭을 만들었다. 또 옻 내는 사람은 징용에도 보내지 않을 만큼 중시했다고 한다.

이제 옻나무를 심어 채취하는 고된 작업은 사람들에게 외면당하기에 이르렀고 이를 찾는 사람들마저 줄어드는 데다가 저급한 중국의 싼 생옻을 사다 쓰는 사람도 생기고 전통 공예로 이름을 날리는 사람들 가운데에도 이 옻 액을 일본에서 사다 쓰기도 한다니 그 기본이 되는 재료부터

붉나무 수피

이런 형편이고 보면 사실 우리의 전통문화 계승은 말만 남아 있을 뿐 점차 설 자리를 잃고 있다.

그래도 지은이가 어렸을 적에는 옻칠한 가구가 많았다. 모두 어렵던 시절, 모처럼 장만한 새 상을 펴고 밥을 먹을 때 원인 모르게 눈 주위가 빨개지고 여기저기 가려웠던 것은 옻칠을 하고 마무리를 제대로 하지 못한 밥상 때문이었다. 더욱이 재미나는 사실은 이 옻의 독성을 없애려면 구식 화장실에 넣어두고 그 구린 냄새를 맡게 해야 한다는 이야기 때문에 밥상을 한동안 화장실에 두었다가 쓰는 웃지 못할 일도 있었다고 한다. 그런데 이렇게 놓아둔 밥상은 사람들에게 옻을 오르게 하지 않는다는 것이다.

옻나무는 똥도 버릴 것이 없다고들 한다. 나무에 무슨 똥이 있을까마는 여러 쓰임새를 두고 하는 말이다. 어린잎은 나물로 무치고, 나무에선 끊임없이 옻을 채취하고, 나이가 들고 복옻이라 하여 두꺼운 껍질이 생겨 더 이상 쓸모없게 된 나무는 옻닭을 만드는 사람에게 팔린다. 이 사람들이 껍질을 다 가져가면 남은 줄기를 베어서 고추밭의 대나 울타리로 쓰곤 한다. 옻 액을 걸러낸 찌꺼기마저도 옻닭 하는 집이나 한약재로 팔려갈 정도이다. 머리 염색약에는 옻을 조금씩 넣는다고 한다. 한방에서는 마른 옻 액을 이용하는데 의혈을 없애고 혈액순환을 촉진시키며 구충, 위산 과다, 진해 등에 좋다고 한다.

옻나무는 게와 들기름, 밤나무를 두려워한다는 말이 있다. 예전에 옻닭을 아주 잘한다는 음식점에 가본 적이 있다. 그곳에 써 붙인 옻닭의 효능은 효과 없는 질병이 없을 듯 대단했다. 이 옻닭을 먹을 때는 꼭 처음 먹는 사람인가를 물어본다. 처음 왔다고 하면 달걀노른자에 들기름이 섞

234

인 독특한 음식을 먼저 마시라고 한다. 옻이 오르는 것은 사람마다 차이가 있어서 아주 민감한 사람은 옻닭을 먹어도 옻이 오르는데 이것을 먼저 먹으면 괜찮다는 이야기다. 과연 이것이 얼마나 효과가 있을지 의심스러운 것도 사실이지만 아직 그 음식점에 다녀와서 옻이 올랐다는 사람은 없다고 하니 신기한 일이다. 그러나 옻닭을 만드는 과정에서 옻이 올라 고생하는 시골 아낙들을 많이 보았으니 아무리 몸에 좋다곤 하지만 만들 때 많은 주의를 기울여야 한다.

다래

다래는 다래덩굴, 다래나무라고 부르기도 한다. 우리나라의 깊은 산에서 자라는 낙엽이 지는 덩굴식물이다.

꽃은 수꽃과 암꽃이 따로 있고 대개 암나무와 수나무가 따로 자란다. 수꽃과 암꽃이 모두 매화를 닮았다고 하는데 그 가운데 암꽃 잎은 아주 깨끗한 순백색이며 가운데 툭 튀어나온 암술이 있다. 이 암술은 처음 보면 작은 나팔 같기도 하고 꼬마 분수대 같기도 하다.

다래의 학명은 '악티니디아 아르구타*Actinidia arguta*'인데 여기서 속명 *Actinidia*는 '방사상'이라는 뜻의 그리스어 '악티스aktis'에서 유래되었으며 바로 이 암술의 모양이 방사상이어서 그런 이름이 붙었다고 한다. 수꽃 잎은 상아색이며 진한 보라색 화분을 가진 수술이 많이 달린다. 손가락 마디 하나 길이쯤 되는 열매(다래)는 가을이 다 되어야 익는다.

산에는 다래나무와 비슷한 나무가 여럿 있다. 사람들은 먹을 수 있는 다래를, 개다래와 쥐다래와 구분하여 참다래라 부른다. 참다래는 익으면 녹색이 되고 그 외에는 갈색이 된다.

식물분류학적으로는 여러 차이점이 있지만 개다래는

- **식물명** 다래
- **과명** 다래나무과(Actinidiaceae)
- **학명** *Actinidia arguta* Planch. ex Miq.

- **분포지** 전국의 깊은 산속
- **개화기** 6~7월, 백색, 암수딴그루
- **결실기** 10월, 갈색 장과
- **용도** 식용, 약용, 기구재
- **성상** 낙엽성 활엽 관목

잎에 흰 페인트칠을 하다 만 듯한 무늬가 있고 쥐다래는 잎에 연분홍과 흰색이 돌아 멀리서도 구분된다. 쥐다래는 지방에 따라서 쇠것다래라 부르고 개다래는 못좆다래, 묵다래, 말다래라고도 부른다.

요즈음 시중에는 다래의 또 한 종류가 나와 있다. 바로 키위라고 부르는 과일이다. 이 과일은 중국이 고향인데 서양에서 과일로 개발한 것을 들여왔으므로 양다래라고도 부른다. 이 양다래, 즉 키위는 처음에는 아주 귀한 수입 과일이더니 이제는 제주도를 비롯하여 남쪽의 따뜻한 지방에서 대량으로 재배하여 흔한 과일이 되었다. 최근에는 우리 토종 다래를 찾기 시작하였는데, 키위를 재배하는 데 큰 병이 일시에 퍼지자 우리 땅에서 오래 살면서 저항력을 키우고 추위에도 강한 우리 다래와 교잡을 하여 이를 극복해보기 위해서이다.

서울 한복판에 다래나무가 살고 있다는 것을 알고 있는 이는 드물 것이다. 비원에는 수백 년이 되어 치렁치렁 줄기를 감당조차 못 하는 오래된 다래나무가 있는데 천연기념물 제251호이다. 비원이 있는 곳이 와룡동이어선지 마땅히 감고 올라갈 나무가 다 사라져서인지 이 다래나무는 마치 용이 누워 꿈틀거리듯 줄기를 이리저리 휘돌리며 자라고 있는데 그

다래 수꽃

다래 암꽃

길이가 자그마치 300미터에 달한다고 한다. 중심이 되는 가지는 허리쯤 올라온 높이에서 둘로 갈라지고 둘레가 70센티미터나 되어 그 무게를 감당하지 못해서인지 곳곳에 지주를 받쳐놓았는데 최근에는 아예 빌딩처럼 단을 올려 이 나무를 지탱하고 있다. 이 줄기가 사방으로 뻗어가서 주변의 나무와 만나면 이들과 다시 엉클어져 덩굴 숲을 만든다. 이 나무의 나이는 600살이나 되었다고 하니 조선 시대와 수도 서울의 산 증인이기도 하다.

다래는 약으로도 이용한다. 이른 봄 물이 오를 즈음이나 꽃이 핀 후 뿌리 근처에 상처를 내고 고로쇠나무나 거제수나무처럼 수액을 받아 마시면 신경통에 좋다고 하여 수난을 당하고 있다.

약용식물로는 다래보다 쥐다래가 더욱 유명하다. 쥐다래 중에는 벌레집이 호두처럼 울퉁불퉁한 것이 있는데 이를 목천료라 하여 한방에서 많이 쓴다. 이 벌레 먹은 열매만을 따서 뜨거운 물에 넣었다가 말려 가루로 만들어 손발이 찰 때, 몸을 덥게 하는 데 쓴다. 마취, 요통, 류머티즘, 신경통에도 효과가 있다고 한다. 또 가을에 잘 익은 쥐다래를 골라 씻어 볕에 말렸다가 쥐다래 한 켜씩 소금을 뿌려 담갔다가 한 달이 지나면서부터 식전에 두 개씩 씹어 먹으면 머리가 검어지고 허리가 아

양다래 열매

덜 익은 다래 열매   다 익은 다래 열매

개다래 꽃

개다래 잎

프지 않다고 하여 젊어지게 해주는 신선식으로 알려져 있다. 또 술을 담가 강장제로 마시기도 한다. 일본에서는 이 쥐다래의 약성을 다래보다도 더 중요하게 여기는데 여행을 하다 지치면 쥐다래를 먹고 힘을 얻어 여행을 계속할 수 있다 하여 '차려又旅' 즉 마다다비라고 부른다.

그 밖에 덩굴성이지만 지팡이로도 쓰는데 이 지팡이를 짚으면 요통이 사라진다 하여 노인들이 좋아한다.

다래는 꽃도 아름답고 잎도 시원하며 열매도 달려 정원에 키워봄직하나 아직 생육에 필요한 정보가 많지 않다. 파종하거나 삽목으로 번식시킨다. 비옥하고 습기 있는 땅을 좋아하고 양지 음지를 가리지 않으며 추위에 잘 견디고 활착도 쉽다.

다래 수피

머루

살어리 살어리랏다
청산에 살어리랏다
멀위(머루)랑 다래랑 먹고
청산에 살어리랏다

머루를 생각하면 가요로 만들어져 더욱더 유명해진 고려가요 「청산별곡」이 저절로 읊조려진다. 그 머루랑 다래가 푸른 하늘과 단풍 들어 붉은 산과 어우러졌으니 청천홍산별곡이라 해야 할까? 지은이처럼 산을 자주 찾는 사람들도 머루나 다래 맛을 볼 기회는 좀처럼 흔치 않다. 간혹 꽃이나 설익은 열매는 보아도 마침 잘 익어 먹기 좋은 열매는 차례를 기다려주지 않기 때문이다. 게다가 숲이 우거지면서 햇볕을 가려 이 나무들이 열매를 맺으며 커갈 기회는 점차 줄어든다. 오매불망 고대하던 머루랑 다래랑 한산에서 한날 실컷 먹어보았으면 하는 것이 산을 벗 삼은 많은 이들의 소망이다.

머루는 포도과에 속하는 덩굴성 목본식물이다. 우리 국토 어느 곳에서나 자라며 일본이나 중국에서도 볼 수 있다. 가까이 있는 나무를 타고 이리저리 휘감기도 하

- **식물명** 머루
- **과명** 포도과(Vitaceae)
- **학명** *Vitis coignetiae* Pulliat ex Planch

- **분포지** 전국의 산지
- **개화기** 6월, 황록색
- **결실기** 9월, 흑색
- **용도** 식용, 약용
- **성상** 낙엽성 덩굴식물

고 제풀에 혼자 둘둘 말려가며 자라므로 머루의 정확한 키는 알 수 없지만 길이는 10미터에 달한다. 큼지막한 하트 모양의 잎에는 크고 작은 톱니가 거칠게 나 있는데 이 잎과 마주 보고 꽃이 달린다. 꽃차례 아래에는 돼지 꼬리처럼 돌돌 말린 덩굴손이 자란다. 6월쯤이면 손가락 길이쯤 되는 고깔모자처럼 뾰족한 꽃차례에는 연두색과 노란색을 섞어놓은 듯한 작은 꽃이 달린다.

대부분의 꽃들이 아래에서 위를 향하여 여러 갈래로 갈라져 벌어지는데 머루 꽃은 이와는 반대로 위에서 아래로 다섯 갈래의 갓을 씌워놓은 등처럼 달려 아주 독특하다. 그러나 머루의 꽃 하나하나는 너무나 작아 그 생김새를 정확히 본 사람은 거의 없으리라. 머루 열매는 포도와 거의 비슷하지만 크기가 좀 더 작고 빛깔이 더욱 진하다. 빛깔을 어떻게 표현하면 좋을까? 검은색이면서도 보라와 푸른색이 감추어진, 표면에는 하얀 가루가 조금씩 묻어날 듯한 머루의 색. 맛을 보면 새콤하기도 하고 달콤

머루 열매

하기도 하여 '아이 셔' 하며 머리카락이 쭈뼛쭈뼛 올라가는 장면을 보여 주었던 어느 과자 회사의 광고가 생각난다.

우린 그저 산속에서 자라는 이 종류의 나무를 머루라는 한 이름으로 부르지만 그 가운데는 머루를 비롯하여 왕머루, 까마귀머루, 새머루와 개머루가 있다.

개머루는 잎도 많이 갈라지고 열매 색깔을 보면 자주, 보라, 청색 등 다양하며 먹을 수 없어 구별이 용이하지만 그 외의 종류는 형제간 같아 여간한 관심을 갖지 않고는 구별하기가 쉽지 않다.

특히 머루와 왕머루는 아주 흡사하여 구별하기 어려운데 잎의 뒷면에 적갈색 털이 있는 것은 머루이고 그렇지 않으면 왕머루이다. 실제 산에는 왕머루가 훨씬 많으니 우리가 그저 머루라고 하는 것은 왕머루이기 십상 이다.

새머루는 잎이 10센티미터 미만으로 작고 잎 가장자리의 결각도 적으며, 까마귀머루는 잎이 다섯 갈래로 깊이깊이 갈라져 구별할 수 있다. 그러나 이들의 열매는 새머루만이 열매에 청흑색이 돌 뿐 거의 같은 색과 모양과 맛을 가지고 있다.

지방에 따라서 이 머루 형제들을 조금씩 다른 이름으로 부르는데 왕머루를 경상도에서는 멀구넝쿨, 황해도에서는 머래순으로, 일본 사람들은 조선포도로 불렀고, 머루는 이와 구분하여 산머루 또는 산포도라고도 불렀으며, 까마귀머루는 경상도에서 모래나무, 경기도에서 새멀구, 그 밖에 참멀구란 또 다른 이름이 있다. 또 북한에서는 왕머루와 머루를 굳이 구분하지 않고 그저 머루라고 부르며 머루의 과즙으로 음료까지 만들어 판다고 한다. 「청산별곡」으로 미루어보아 조선 시대에는 멀위라고 불렀나 보다.

이미 짐작한 이들도 있겠으나 머루와 포도는 사촌 간이고 우리가 잘 알고 있는 담쟁이덩굴과도 육촌쯤 되는 한집안 식구이다. 포도가 한물간 가을에 간혹 국도를 가다 보면 원두막이나 밭 옆에 '머루포도 팝니다' 하고 써 붙인 것을 볼 수 있다. 이것은 머루도 팔고, 포도도 판다는 뜻이 아니고 이 두 종류의 나무를 교잡하여 만든 잡종 머루포도를 판다는 뜻이다. 이 머루포도는 결실기가 늦어 포도가 끝물일 때부터 먹을 수 있는 이점이 있고, 먹어보면 머루보다는 달아 포도에 가깝지만 껍질은 빛이 많고 두꺼워 머루에 가까우며 비타민이 많다.

머루 형제들의 학명 가운데 속명은 '바이티스_Vitis_'인데 이는 생명이라는 뜻을 가진 라틴어 '비타_vita_'에서 유래되었다. 기독교에서 포도주를 예수의 피로 상징하는 것과 천주교 미사 때 쓰는 포도주와 관련하여 지은 이름일 것이다. 물론 사람이 생명을 유지하는 데 꼭 필요한 비타민 역시 어원이 같을 것이다.

머루는 그 이름에서 우리가 느끼는 친근함만큼 사연은 많지 않다. 고려 충렬왕 때 원나라 황제가 포도주를 선물로 보냈다는 기록과 함께 고려 시대 이색

왕머루 꽃

개머루 열매

포도

의 『목은집』 같은 곳에 포도가 등장하기 시작하였으며, 조선 시대에는 이미 보편적인 과일로 재배되었다고 한다. 종묘에서 제사를 지낼 때 제수로 포도를 썼는데 7월에는 청포도, 9월에는 산포도를 바쳤다고 하니 이때의 산포도는 머루이리라. 열매는 과실로 먹거나 술을 빚어 먹는 일이 가장 손쉬운 방법인데 머루주를 담그는 방법은 여러 가지가 있겠지만 손쉽게 하려면 검게 잘 익은 열매를 씻어서 물기를 없앤 후 병에 담고 머루 양의 세 배쯤 되는 소주를 부은 후 3개월쯤 숙성시키면 머루의 풍미가 난다. 잘 걸러 열매는 제거한 다음, 그냥 마시면 너무 진하므로 물을 타거나 다른 과실주와 섞어 먹어도 좋다. 기호에 따라 꿀을 약간 타 마시기도 한다.

이 밖에도 어린순이나 잎을 먹기도 한다. 맛있게 먹는 방법 몇 가지를 소개하면, 어린순과 잎을 소금을 넣은 물에 살짝 데친 후 적당한 크기로 썰어 깨와 간장 혹은 꿀과 함께 무쳐도 좋고 겨자로 무치고 간장으로 간을 하여도 된다. 일본에서는 어린잎 한쪽에만 반죽을 묻혀 튀김을 해 먹기도 한다.

『동의보감』에 나오는 약으로의 쓰임새를 보면 구체적인 효용 없이 술을 빚어 이용하는 내용이 있다. 그 밖의 문헌을 종합해보면 잎이나 줄기는 여름이 지난 다음 채취하여 햇볕에 말려 쓰고 뿌리는 가을 이후에 채취하여 물로 깨끗이 씻은 후 건조하여 사용한다고 한다. 사마귀나 티눈이 있을 때 말린 잎을 비벼 환부에 붙여 쑥 대신에 뜸을 뜨고, 각기병에는 말린 뿌리를 물에 넣고 달여 하루에 세 번 먹으면 효과가 있다고 한다. 이미 이러한 머루의 맛과 영양과 효과가 알려져 고급 와인과 머루 즙도 상품으로 나와 있다.

머루는 식용이나 약용 외에 줄기로 지팡이를 만들어 쓰느라 많이 없어지곤 한다. 일본에서는 우리나라보다는 좀 더 머루와 친숙했던 것 같다. 북해도의 원주민 아이누 족에게는 머루와 천남성에 얽힌 전설이 있다. 천남성은 무릎 높이쯤까지 자라는 여러해살이풀이다. 꽃을 감싸고 있는 고깔 같은 포도도 특이하지만 머루가 익을 때쯤 붉은 방망이처럼 열리는 열매는 아주 화려한 붉은색이어서 눈에 잘 띄고 한번 보면 꺾어서 먹어 보고 싶게 생겼다. 그러나 이 열매에는 독이 있어서 함부로 먹으면 위험하다. 아주 옛날에 숲 속에서 세력 다툼이 일어났는데 식물마다 서로 좋은 햇볕과 수분이 많은 비옥한 토양을 차지하기 위해 치열하게 싸웠다. 머루와 천남성 중에서 머루가 승리하게 되었고 머루는 으쓱해져 나무를 타고 올라가고 천남성은 기가 죽어 땅속으로 기어 들어갔다는 것이다. 천남성의 땅속줄기에는 머루에게 베인 상처가 아직도 남아 있다고 한다. 그래서 아이누 족들은 구충제로 천남성 열매를 먹고는 이를 해독하기 위해 천남성을 이긴 시큼한 머루를 먹었다고 한다. 그러나 이 이야기는 아직 아무도 확인한 바 없으니 괜스레 이 전설을 믿고 독성이 있는 천남성 열매를 마음 놓고 먹는 만용을 부리다가 위험에 빠지는 일은 없어야 할 것이다.

보리수나무

보리수나무는 그 이름을 들으면 누구나 알 듯싶은 친숙한 나무로 생각된다. 그러나 막상 각자 알고 있는 보리수나무를 이야기하노라면 서로 다른 나무 이야기를 하고 있음을 발견하게 된다.

이름 하나를 두고 여러 나무가 서로 자신의 이름이라고 다투는 것이다. 식물도감에 나오는 진짜(학술적으로) 보리수나무는 보리수나무과에 속하는 낙엽 활엽수로다 자라야 3~4미터를 넘지 못하는 관목이다. 시골의 작은 마당이나 그리 높지 않은 산 가장자리 혹은 논두렁가에 자리 잡고 서서 바람에 늘어진 가지에 은빛 나는 잎새를 흔들거리며 서 있는 보리수나무. 여름이 막 시작될 즈음이면 잎겨드랑이에서는 황백색의 작은 꽃이피고 가을에 매달리는 작고 붉은 열매는 약간 떫으면서도 달짝지근한 맛으로 어린아이들에게 인기가 높았다. 이 진짜 보리수나무를 두고 우리가 보리수나무라고 잘못 부르고 있는 나무 가운데 하나가 부처가 그 나무 밑에서 득도했다는 보리수나무이다. 그러나 이 나무는 실제 보리수나무과에 속하는 보리수나무와는 거리가 멀다. 부처가 도를 깨친 나무는 물론 우리나라에는 자라

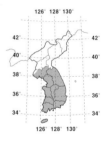

- **식물명** 보리수나무
- **과명**
  보리수나무과(Elaeagnaceae)
- **학명** *Elaeagnus umbellata*
  Thunb.

- **분포지** 중부 이남
- **개화기** 5~6월, 황백색
- **결실기** 9월, 붉은색 장과
- **용도** 관상수, 식용, 약용
- **성상** 낙엽성 관목

지 않으며 무화과나무와 사촌쯤 되
는 나무로 인도에서는 보오나무라고
하고 반얀 또는 피팔리라는 이름으
로도 불린다. 그렇다면 우리나라에
서 왜 보리수나무로 알고 있을까? 고
대 인도말로 모든 법을 깨쳐 득도한
상태를 '보디Bodhi'라고 한다. 이 말을
한자로 음역하여 '보리菩提'라고 표
기하였고 여기에 나무 수樹 자가 보
태져 보리수로 된 것이다. 그런데 보
리수란 이름이 이미 우리나라 나무
에 붙어 있었기 때문에 혼동한 것이
다. 이 나무는 보리수나무와 구분하
여 '인도보리수'라고 불러야 옳다.

또 하나의 유명한 '가짜' 보리수나
무는 슈베르트의 가곡에 나오는 '성
문 앞 우물곁에 선 보리수'이다. 이 나무 역시 실제로는 피나무과에 속하
는 피나무의 한 종류이다. 사실 피나무는 찰피나무, 달피나무, 연밥피나
무, 염주나무 등 우리나라에만도 여러 종류가 있다. 일제강점기에 나온
식물도감을 보면 달피나무를 한자로 보리수菩提樹라고 적어 놓았다. 그
러면 피나무는 왜 우리나라(중국도 마찬가지다)에서 보리수나무가 되었을
까? 이 나무에는 동그란 열매가 열리는데 이것을 염주 재료로 썼고 더욱
이 목재의 질이 좋아 사찰 부근에 심어놓고 나무를 베어 절을 짓는 데 쓰
기도 하였으니 이러한 사찰과의 인연으로 오해를 한 것이 아닐까 싶다.
실제 아주 유명한 몇몇 절에 가면 달피나무나 염주나무를 심어놓은 것을
볼 수 있고 개중에는 신자들에게 바로 이 나무가 부처가 득도한 나무라

는 설명을 하거나 혹은 안내판까지 곁들여놓은 곳도 있다. 인도의 나무가 아닌 우리나라의 피나무 아래서라도 부처의 큰 가르침을 깨달을 수 있다면 좋은 일이겠지만 과학적 사실은 바로 알고 있어야 하지 않을까?

인도의 열대성 기후와 우리나라의 온대성 기후에서 자라는 식물이 전혀 다르다는 점을 생각해보아도 열대 나무가 온실 시설도 없이 겨울에 영하로 기온이 떨어지는 중부지방에서 자랄 수는 없지 않겠는가? 진짜 부처님께서 득도하셨다는 인도보리수의 3대 후손은 2014년 대통령이 선물로 받아 현재 국립수목원에서 커가고 있다. 인도 밖으로 나온 세 번째 나무이며 불자들은 부처님의 현신을 모시듯 소중히 공경한다.

그렇다면 우리 보리수나무는 왜 그런 이름을 가졌을까? 기록에 의하면 이 보리수나무 열매가 보리 수확과 관련이 있다는 것이다. 보리수나무는 지역에 따라서 여러 종류가 자라는데 종류별로 열매가 열리는 시기가 각각 다르다. 가을에 열매가 열리는 나무를 보리수나무로 부르고 봄에 열리는 것을 보리볼래 또는 조볼래로 부른다. 이 나무에 열매가 달리는 모양을 보고 못자리를 내고 보리 수확량을 점치곤 했으며 지역에 따라서는 팥의 수확량을 예측하기도 했다고 한다.

보리수나무는 학명으로 '엘라이아그누스 움벨라타_Elaeagnus umbellata_'인데 여기서 속명은 '올리브'라는 뜻의 '엘라이아_elaia_'와 마편초과의 나무인 서양 모형牡荊을 지칭하는 '아그노스_agnos_'의 합성어이다. 열매의 모양이 올리브 모양을 닮았고 잎에 흰빛이 도는 특징이 서양 모형과 같아 그

보리수나무 꽃

보리수나무 열매

보리수나무 수피

리 부른다고 한다.

우리 보리수나무는 황해도 이남의 어느 곳에서나 자란다. 심심산골에 홀로 사는 나무가 아니라 사람들 주변에서 함께 사는 나무이며 일본과 중국에도 자란다. 나무줄기는 굽으며 그리 거세지 않은 가시가 나 있고 타원형의 길쭉한 잎새는 은빛이 돈다. 작은 꽃송이들은 두드러지지 않아도 향기롭고 은은하며 꿀까지 나고, 열매는 보기 좋고 먹기도 좋다. 이 보리수나무는 보리화주나무, 볼레나무, 보리똥나무 등 여러 이름으로 부른다.

보리수나무과의 열매를 산수유나 오수유라고 부르기도 하는데 이는 열매 모양과 색이 비슷하여 그리 된 듯하다. 보리수나무 열매는 아이들의 먹을거리 외에도 과실주나 잼 등을 만들기도 하고 예전에는 약으로도 많이 이용하였는데 자양, 진해, 지사, 지혈 효과가 있으므로 기침, 설사, 이질, 대하 및 월경이 멈추지 않을 때 물에 달여 복용한다. 특히 열매를 설탕에 재워두었다가 마시면 천식에 큰 효과가 있다고 한다. 또 잎을 진하게 달이거나 잎이 없으면 나무껍질이라도 달여서 마시면 십이지장충을 없애주며 티눈이 난 곳에 발라도 효과가 있다고 전해진다. 또 뿌리의 껍질을 벗겨서 설탕이나 꿀에 재워두었다가 먹으면 자양 강장 효과가 있다고 한다.

보리수나무는 관목이므로 큰 목재로는 이용하기 어렵지만 목재 자체에 탄력이 있고 잘 쪼개지지 않아 농기구나 각종 연장 또는 지팡이 등을 만들어 썼다고 한다. 그 외에도 콩과 식물들처럼 질소를 고정하는 능력을 가지고 있어 비료목 역할도 한다. 일본에서는 황폐한 지역을 회복시키는 데 널리 이용한다. 유럽에서는 정원수는 물론 생울타리나 무언가를 가리는 차폐 식재의 소재로 이용하곤 한다.

번식은 종자를 뿌리거나 삽목을 하면 되는데 어릴 때 해가림을 잘해주고 건조하지 않게 하면 뿌리를 잘 내린다. 게다가 내한성, 맹아력, 내염성, 내공해성이 강하고 생장이 빠르며 이식이 용이하므로 기르는 데 큰 어려움은 없다.

생강나무

봄은 노란색으로 시작한다. 도시의 가로변엔 샛노란 개나리가 흐드러지고 양지 녘엔 양지꽃이 노란 모습을 나타낸다. 시냇가엔 동의나물이 노랗고 아름다운 꽃망울을 터뜨리고 산속에서는 생강나무가 노란 꽃을 피워 봄이 시작되었다는 첫 신호를 보낸다.

생강나무에는 녹나무과에 드는 많은 식물이 흔히 그러하듯 특유한 냄새가 있다. 생강나무는 방향성 정유(특이한 향기를 가진 기름)를 함유하고 있어 그 잎이나 어린 가지를 잘라 비비면 그 상처에서 독특한 냄새가 나는데, 그것이 바로 생강 냄새이다. 그래서 이름도 생강나무다. 우리가 양념으로 음식에 넣는 생강은 열대 아시아 원산으로 1608년쯤에 우리나라에 들어왔다고 하니 어쩌면 오랜 옛날에는 생강보다 생강나무가 우리와 더 가까웠을 듯싶다. 실제로 생강이 없던 때에 생강나무의 어린 가지와 잎을 말려 가루로 만들어 향료로 쓰기도 할 만큼 생강나무의 생강 냄새는 두드러진다. 그러면서도 생강처럼 쏘지 않고 산뜻하여 냄새가 아니라 '향기'로 느껴진다. 산속에서 코끝에 와 닿는 생강나무의 냄새는 산행의 상쾌함을 더해준다. 생강나무는 크게 자라

- **식물명** 생강나무
- **과명** 녹나무과(Lauraceae)
- **학명** *Lindera obtusiloba* Blume

- **분포지** 전국 산지의 그늘이나 돌이 많은 전석지
- **개화기** 3월, 노란색
- **결실기** 9월, 검은색 장과
- **용도** 약용, 식용, 기름, 정원수
- **성상** 낙엽성 관목

봐야 3미터를 넘지 못하는 관목인데 높게 자라는 다른 교목 사이에서도 추위와 목마름을 이겨내며 잘 자란다. 다른 나무와 풀들은 살기를 꺼리는 참나무 숲이나 소나무 숲은 말할 것도 없고 특별히 가리는 곳 없이 우리 강산이면 어느 곳에나 사시사철 제각기 다른 모습을 보여주며 자란다. 산의 초입에서부터 1,000미터가 넘는 높은 산에서까지 두루 볼 수 있으며 우리나라는 말할 것도 없고 일본과 만주에까지 분포한다.

3월이 되면 앙상한 회갈색 가지에 잎보다 먼저 노랗고 둥근 꽃망울을 터뜨린다. 암수딴그루로서 암꽃과 수꽃을 각기 따로 피워낸다. 꽃망울에

생강나무 꽃

산수유 꽃

는 금이 있는데 나무에 물이 오르면 그 금을 따라 꽃잎(사실은 꽃잎이 아니라 우리가 흔히 꽃잎으로 착각하는 꽃덮개이다)이 벌어진다. 이 작은 꽃들은 잎도 없이 마른 가지에 바싹 붙은 채 우산처럼 동그랗게 모여 핀다. 작고 노란 꽃을 하나씩 자세히 살펴보면 꽃덮개가 여섯 갈래로 깊이 갈라져 있고, 그 속에는 암술 한 개와 그 둘레를 둘러싼 수술 아홉 개가 있다. 수술 아홉 개에서 안쪽의 수술 여섯 개는 꿀샘이 없고 바깥쪽 수술 세 개의 밑에만 꿀이 고인다. 작은 꽃들은 모여 우산 모양의 꽃차례를 만들고 꽃차례를 달고 있는 노란 꽃자루(줄기)의 길이가 짧아 마치 마른 나뭇가지에 자루 없이 바로 꽃이 붙어 있는 듯이 보인다.

남들보다 서둘러 봄을 맞이해 봄 산을 혼자 독차지하던 생강나무 꽃들이 시들어갈 즈음에 다른 식물의 움직임과 때를 같이하여 생강나무에서도 새순이 올라온다. 손바닥만 한 생강나무 잎의 모양은 그 향기만큼이나 독특하다. 잎의 맥은 크게 셋으로 갈라지고 갈라진 맥을 중심으로 하여 잎의 윗부분이 크고 둥글게 셋으로 갈라진다. 가장자리는 밋밋하고 손가락 두 마디쯤 되는 잎자루에는 성긴 털이 보인다. 9월쯤 맺기 시작하는 열매는 1센티미터를 넘지 못하는데 노랗게 달렸다가 차차 빨갛게 변하고 완전히 크면 검은빛을 띠어 색 변화가 무척 조화롭다. 생강나무에는 생강나무에서 갈라진, 품종은 다르지만 비슷하게 생긴 나무가 몇 종 있다. 잎의 뒷면에 유난히 긴 털이 많이 있으면 털생강나무, 잎끝이 셋으로 갈라지지 않고 둥글게 연결되어 있으면 둥근생강나무, 다섯 개로 갈라지면 고로쇠생강나무이다. 고로쇠생강나무는 아무 곳에서나 볼 수 있는 것

생강나무 열매

생강나무 수피

이 아니고 전라북도 내장산에만 자라는 우리나라 특산 식물이다.

　생강나무는 오래전부터 선조들과 함께 살아왔다. 그 살아온 연륜만큼 우리나라의 각 지역과 쓰임새에 따라 다양한 이름이 붙었다. 생강나무의 까만 열매로 기름을 짜는데 그 기름은 동백기름처럼 부인들이 머릿기름으로 쓴다. 그래서 날씨가 추워 동백나무가 자라지 않는 중부 이북 지방에서는 생강나무를 산동백나무라고 부른다. 종자에서 짜내는 머릿기름은 향기도 좋고 질도 좋아 양반집 마님들의 차지였다고 한다. 강원도 지역에서는 동박나무라고도 하는데 다음은 '동박나무'가 나오는 〈정선 아리랑〉이다.

　　떨어진 동박은 낙엽에나 쌓이지
　　사시장철 임 그리워서 나는 못 살겠네
　　아우라지 지 장구 아저씨 배 좀 건네주게
　　싸리골 올동박이 다 떨어진다

　아우라지라는 나루터에 노랗게 피어나는 동박나무(생강나무)들을 배경으로, 장구 가락이 신명나는 지씨 성을 가진 뱃사공이 노를 저으며 오가는 모습이 눈에 보이는 듯하다. 배를 타고 건너야 하는 싸리골에는 유난히 많은 동박나무(생강나무)가 자랐다고 한다. 그래서 처녀 총각들에게 싸리골은 어른들에게 머릿기름이나 등잔 기름으로 필요한 그 나무의 열매를 주우러 간다는 핑계를 대고 가서 사랑을 나누는 장소가 되었던가 보다. 날씨가 풀려 봄바람이 불면 마을 처녀들의 마음은 들뜨고, 음력 2월 말이면 강 건너 노랗게 피어나는 동박나무 꽃을 보고는 열매가 익는 9월까지 기다리기가 힘들어 "지난겨울 떨어진 열매가 낙엽에 쌓여 있다면 그 핑계로 님을 만나러 배를 타고 갈 수 있을 텐데" 하는 애틋한 마음이 가락가락 절절하다.

한방에서는 생강나무를 '황매목'이라 한다. 매화처럼 일찍 노란 꽃이 피어서 붙은 이름인 듯하다. 특히 가지는 '황매피'라고 하여 햇볕에 말린 뒤에 그대로 잘게 썰어 한방에서 사용하는데 좀 신맛이 난다고 한다. 이 것은 위를 튼튼히 하는 건위제로 쓰고 복통, 해열에도 효과가 있으며 간을 깨끗하게 하는 데도 쓴다. 하루에 10그램쯤을 물에 넣고 달여 마시거나 상처가 있으면 잘게 빻아 그 부위에 붙이기도 한다. 노란 꽃은 따서 꽃 차의 풍미를 즐기기도 한다.

'작설차'로 일컬어지는 것에는 여러 가지가 있으나 생강나무의 어린잎을 말려 만든 차도 작설차라 부른다. 산골의 아낙들은 봄에 새순이나 어린잎을 채취하여 나물로 무치거나 찹쌀가루를 묻혀 튀기기도 했다. 머릿 기름 혹은 꽃꽂이 소재로도 이용된다.

생강나무는 그 생강 냄새 때문에 많은 수난을 당한다. 지은이가 맨 처음 생강나무를 본 것은 대학교 2학년 때에 경기도 수원 근처의 광교산으로 식물분류학 실습을 나가서이다. 잎 모양이 독특하여 학생들이 나무 이름을 묻자 은사께서는 아무 말 없이 잎을 따서 코에 대주셨다. 그러자 누구나 할 것 없이 동시에 '생강나무' 하고 외쳤다. 그렇게 생강나무와 처음 만나고 나면 그 독특한 냄새와 잎 모양 때문에 두고두고 기억에 남게 된다. 후각과 시각으로 그 냄새와 잎 모양을 처음 만나 머릿속에 새겨진 생강나무를 지은이는 이른 봄, 아직은 어느 나무도 봄을 맞을 채비를 하지 못한 채로 마른 가지를 그대로 드러내는 산속에서 다시 만나곤 한다. 파스텔을 칠해놓은 듯 부드럽고 연한 노란색 꽃이 점점이 마른 숲에 퍼져 있는 모습은 언제 보아도 설렌다.

생강나무와의 또 다른 만남은 가을 단풍 때 이루어진다. 울긋불긋 산야를 수놓으며 남쪽에서 올라가던 꽃 소식과는 반대로 남쪽으로 내려오는 단풍의 물결은 붉은 단풍 말고도 노랗게 물든 잎새가 섞여 있어 더욱 아름답게 마련이다. 그 가운데 두드러지게 고운 노랑으로 물든 잎을 보면 어김없이 생강나무이다. 몇 년 전인가 내설악 백담사에서 수렴동 계곡을 타고 오르며 보던 그 아름다운 단풍의 빛깔, 특히 유난히 곱던 노란 생강나무 잎은 가슴에 더욱 선명히 살아 있다. 참 아름다운 노란 단풍의 하나인데 애석하게도 도시에서는 생강나무 단풍에 얼룩이 져 고운 빛 구경이 어렵다.

잎마저 떨어지고 나면 생강나무에는 한동안 동그란 열매만 남는다. 생강나무의 열매는 노란색으로 맺히기 시작하여 붉게 익어가다 완전히 성숙하면 검붉어지므로 한 나무, 한 가지에 여러 색의 열매가 달린 듯이 보이기도 해 산행의 재미를 더해준다. 그래서 생강나무는 산을 찾는 우리를 계절 따라 다른 모습으로 맞이하는 친구이다.

이제 누군가 지은이에게 생강나무의 이름을 물으면 지난날 은사께서 하신 것처럼 작은 가지를 하나 잘라 코에 대어주고 생강나무를 떠올리게 한다. 오로지 그 냄새 때문에 사람의 손에 부러진 생강나무의 잎과 가지의 수효는 또 얼마나 될까?

아까시나무

햇살이 마냥 따스하기만 한 늦은 봄날, 바람결에 실려 오는 아까시나무의 향기는 달콤하기만 하다. 아까시나무는 주렁주렁 포도송이처럼 달린 하얀 꽃송이들마다 향기로 또는 그 부드럽게 하얀 꽃 빛으로 그리고 신록의 싱그러움으로 찬란한 5월의 주인공이 되곤 한다.

지은이가 이렇게 꽃향기 운운하니 분명 '아카시아'를 이야기하는 듯싶은데 왜 '아까시나무'라고 부를까 의아한 이들이 있을 것이다. 사실 우리와 친숙한 이 나무를 두고 아카시아라고 부르는 것은 잘못된 일이다. 그 이유는 아카시아라는 나무는 열대지방에 자라는 엄연히 다른 나무이기 때문이다. 우리가 자주 만나는 이 나무의 학명은 로비니아 프세우도아카키아*Robinia pseudoacacia*로 로비니아속에 속하는 가짜 아카시아라는 뜻이다. 이 나무가 우리나라로 들어와 진짜 아카시아가 되어버렸는데 이 나무는 아까시나무이다. 아카시아라는 이름이 주는, 세련되면서도 아름다운 그 느낌이 못내 아깝기는 하지만 그래도 틀린 것은 틀린 것이니까.

아까시나무는 북아메리카 대륙에서 건너온 콩과에 속하는 낙엽성 활엽수이며 아주 크게 자랄 수 있는 나

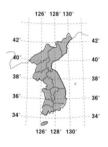

- **식물명** 아까시나무
- **과명** 콩과(Leguminosae)
- **학명** *Robinia pseudoacacia* L.

- **분포지** 전국의 야산에 식재
- **개화기** 5~6월, 백색 총상화서
- **결실기** 10월, 갈색 협과(꼬투리)
- **용도** 약용, 식용, 가구재, 조림수
- **성상** 낙엽성 활엽 교목

무이다. 지금은 우리의 어느 땅에서나 볼 수 있는 가까운 나무가 되었다. 잎은 아홉 내지 열아홉 개의 작은 잎들이 깃털처럼 줄줄이 달려 있는데 이런 잎들을 우상복엽이라고 한다. 어린 시절, 같은 숫자의 작은 잎들을 가진 복엽을 골라 따서는 가위바위보를 하여 이기면 하나씩 잎을 땄던 기억은 누구에게나 있을 것이다.

5월에 피는 유백색 꽃송이는 작은 흰나비를 닮았다. 멀리서 보면 희게만 보이지만 꿀이라도 빨아보려고 떼어내보면 꿀샘이 있는 근처에는 좀

아까시나무 꽃

아까시나무 수피

더 진한 색소가 나와 벌들이 금세 꿀을 찾을 수 있게끔 되어 있는 것을 확인할 수 있다. 가을에 익는 열매는 콩과 식물인 만큼 갈색의 긴 꼬투리가 달려 오래 남아 있다.

아까시나무를 대하는 우리네 심정은 사람마다 너무 다양하고 복잡하다. 산을 망쳐버리는 아주 몹쓸 나무가 되는가 하면 꿀이 많고 꽃이 아름다우며 향기가 좋고 용도가 많은 추억 속의 아름다운 나무가 되기도 한다.

아까시나무가 좋지 않다고 여기는 이들 말로는 목재가 쓸모없고, 이 나무가 자라는 숲은 으레 나쁜 숲이며, 그중에서도 도저히 보아 넘길 수 없는 나쁜 점은 바로 조상의 묏자리에까지 뿌리를 뻗어가는 것인데 없애려고 무진 애를 써도 도저히 어떻게 되지 않더라고 한다.

아까시나무가 우거진 숲은 대개 잡풀이 적다. 워낙 생장이 왕성하여 스스로 자라는 데 많은 양분이 필요하므로 다른 식물이 나누어 쓰지 못하도록 일종의 독성을 내보낸다는 것이다. 생태계의 다양성 측면에서 본다면 나쁜 점수를 받을 것이 분명하다. 하지만 반대로 콩과 식물인 아까시나무는 공중 질소를 뿌리혹박테리아로 고정하여 토양을 비옥하게 만드는 기능도 한다. 이렇게 아까시나무가 우리에게 나쁜 선입견을 주는 요인에는 일제의 영향을 피할 수 없다. 아까시나무는 1890년 중국을 거쳐 일본인의 손을 통해 인천으로 처음 들어왔으며 특히 일제강점기에 황폐한 산을 긴급히 녹화하기 위해 전국에 심었다. 그래서 사람들에게는 우리나라 망치려고 좋은 나무 다 베어내고 산에 몹쓸 나무만 잔뜩 심었다는 인상이 강하게 남아 있다.

그러나 아까시나무는 빨리 자라고 또 땔감을 공급해야 하는 목적 때문에 전쟁 후에도 많이 심었으며 들리는 이야기에 의하면 한창 치산 녹화 사업에 열을 올리고 산림 보호에 힘을 쓸 때도 이 나무의 가시가 입산을 통제하는 데 효과가 있어 권장했다는 이야기도 있다.

아까시나무는 그 청량한 꽃향기가 아니더라도 장점이 많다. 먼저 이 나무는 약으로 쓴다. 잎은 특히 이뇨 작용이 뛰어나고 신장 치료에 효과가 있으며 약재로 이용하는 부분은 주로 뿌리의 껍질인데 봄이나 가을에 채취하여 잘게 썰어 건조해놓고 달여 마시면 이뇨, 수종, 변비에 효과가 있다고 한다.

봄철에 어린잎을 나물로 무쳐 먹으며, 샐러드를 해 먹어도 풋풋하니 그 맛이 좋다고 한다. 꽃이 피면 꽃과 어린잎을 섞어 튀기거나 무침 등 다양한 요리를 할 수 있다. 다 자란 잎은 살짝 찐 다음, 손으로 비비면서 말려 차로도 마신다. 풀 냄새 같은 것이 나긴 하지만 이뇨 효과도 있고 좋다.

아까시나무는 양분도 많아 사료로 아주 좋은데 문제는 그 가지에 있다. 가지째 자른 다음 말려서 잎이 떨어지면 그때 사료로 쓰곤 하였는데 이것을 보완하기 위해 가시 없는 아까시나무도 만들어 보급했다. 그러나 이제 꼴을 베어 사료를 하던 시대가 다 지나가서 이마저 흐지부지된 상태이다.

사람들은 아까시나무를 두고 목재로는 아무 쓸모없는 잡목이라고 생각한다. 예전에는 이 나무를 땔감으로 쓰려고 계속 베어내었고 그 후로는 없앨 궁리를 했으니 아까시나무는 제대로 자기의 수형樹型 한번 만들어보지 못한 채 못생긴 잡목이 되어버린 까닭이다. 아주 드물지만 제대로 길러놓은 아까시나무 숲에서 듬직하게 자란 그 줄기를 본다면 지금까지와는 전혀 다르게 느낄 수 있을 것이다. 게다가 최근에는 목재로서의 가치가 높아졌다. 아까시나무의 목재는 강도가 높고 비중이 커서 내구성이 강한 데다가 무늬와 색상이 아주 독특하다. 일반 목재보다는 다소 비싸지

꽃아까시나무

만 고급 특수 목재로 수입하는 다른 나무보다는 값도 싼 편이어서 앞으로 많은 각광을 받을 것이라는 전망이다.

아까시나무는 꿀의 생산량을 따져보더라도 어쩌면 가장 높은 수익을 주는 나무일지도 모른다. 잘 자란 나무 한 그루에서 딸 수 있는 아까시나무 꿀의 양과 그 가격을 생각해보면, 한 나무에서 그것도 매년 그만큼의 수익을 주는 나무가 또 어디에 있을까? 꿀 값이 세계에서 가장 비싼 우리나라에선 아까시나무는 많이 심어도 시원찮을 지경이다. 꽃이 피는 시절의 아까시나무 숲은 마치 황금 알을 낳는 거위처럼 좋은 수입원이 될 수 있을 것이다. 실제로 헝가리 같은 나라에서는 수없이 많은 아까시나무 품종을 만들어 개화기를 늘리고 아름다운 가로수를 조성하여 크게 덕을 보고 있다.

그러나 아무 곳에나 아까시나무를 심자는 이야기는 물론 아니다. 잘 자란 우리의 숲에 굳이 아까시나무를 들여놓을 필요는 없다. 그 왕성한 생명력은 분명 생태계를 교란할 것이기 때문이다. 그러나 다른 식물이 제대로 자라지 못하는 척박한 땅, 버려진 땅에 아까시나무를 제대로 심어 가꾼다면 아까시나무는 스스로 아무도 이용하지 못하는 공기 중의 질소를 양분으로 삼아서 잘 자라 우리에게 몇 갑절의 보은을 할 것이다.

사위질빵

사위질빵의 흰 꽃이 마치 흰 눈이라도 소복이 내린 듯 탐스럽게 피어 있는 모습을 보고 있으면 한여름의 무더위라도 씻겨 내릴 듯 시원스럽다.

사위질빵은 미나리아재비과에 속하는 덩굴성 목본 식물이다. 덩굴이라고 해서 칡덩굴이나 등 줄기처럼 굵고 질긴 나무덩굴이 생기는 것이 아니라 쓰임새로 따지자면 어느 곳 하나에도 도움이 되지 않을 듯한 여린 덩굴을 가진다. 그런데도 이웃해 자라는 덤불이나 담장을 타고 넘으며 풍성한 꽃송이를 한 아름 피워내는 모습은 참으로 장하다. 이 가는 덩굴이 결국 사위질빵이라는 아주 독특한 이름을 얻게 하였는데 그 사연인즉 이렇다.

옛날부터 '사위 사랑은 장모'라는 말도 있듯이 처가에 가면 사위는 으레 극진한 대접과 사랑을 받게 마련이다. 예전 일부 지방에서는 가을에 추수할 때가 되면 사위가 처가에 가서 가을걷이를 돕는 풍속이 있었다고 한다. 그러나 눈에 넣어도 아프지 않을 귀한 사위에게 일을 시키는 장인과 장모의 마음이 오죽했으랴. 그래서 다른 일꾼들보다 유난히 짐을 적게 실어 지게질을 하게

- **식물명** 사위질빵
- **과명**
  미나리아재비과(Ranunculaceae)
- **학명** *Clematis apiifolia* DC.

- **분포지** 전국의 산야 양지 쪽 덤불 숲
- **개화기** 7~9월, 유백색
- **결실기** 9~10월, 수과
- **용도** 관상용, 약용, 식용
- **성상** 낙엽성 덩굴식물

하자 함께 일하던 농부들이 반은 불평으로 반은 부러움으로 약하디 약한
이 식물의 줄기로 지게의 질빵을 만들어 져도 끊어지지 않겠다며 놀렸
다고 한다. 그 후 이 덩굴식물의 이름은 사위질빵이 되었다는 것이다. 북
한에서는 사위질빵을 질빵풀이라고 부르며 서양에서는 '버진스 바우어
Virgin's bower' 또는 '악토버 클레머티스October clematis'라고 한다. 앞의 말은
'처녀의 은신처'란 뜻일 듯한데 은신처가 되는 덤불 치고는 곱고 아름다
운 꽃이 피기 때문일까? 악토버 클레머티스라는 이름은 이 꽃이 다른 꽃
에 비해 늦게 피기 때문인 듯한데 우리나라에서는 아무리 늦어도 9월을
넘지 않으니 이 또한 조금은 맞지 않는 듯싶다. 라틴어 학명인 속명 '클
레마티스Clematis'는 '덩굴'이라는 뜻을 가진 그리스어 'Klema'에서 유래
하였으며 종소명 '아피이폴리아apiifolia'는 '샐러리 잎 비슷한 모양'이라는
뜻인데 아닌 게 아니라 갈라진 잎의 모양이 샐러리와 비슷하지만 이 샐
러리 역시 서양에서나 흔한 채소이니 이 또한 우리 정서와는 다소 차이
가 있다.

　사위질빵의 잎은 세 장의 작은 잎이 달린 복엽이 두 개씩 한 마디에 마

주 보고 달린다. 손가락 두 마디쯤 되는 작은 잎에는 큰 결각이 나 있다. 여름에 피는 꽃은 잎자루와 줄기 사이에서 그 탐스러운 꽃대가 올라오는데 하나하나의 꽃이야 그 지름이 2센티미터 남짓 되므로 별다를 것 없지만 여러 송이의 꽃이 모여 하나의 커다란 원뿔을 만들면 보기만 하여도 마음이 밝아질 만하다. 그러나 속지 말아야 할 것은 우리가 꽃잎이라고 부르는 네 장의 하얀 잎새는 꽃잎이 아니라 꽃받침이라는 점이다. 이 화사한 꽃받침 사이로 그 길이만큼이나 길고 아주 수가 많은 수술이 달려 화려함을 더하고 가까이 다가가면 향긋한 향기가 있어 좋다. 열매는 꽃이 지고 난 후에 뭉쳐난다. 이 열매의 모습 또한 특색 있는데 할미꽃의 열매와 느낌이 비슷하다. 즉 작은 종자 끝에 암술대가 남아 있으며 이 암술대에는 갈색빛이 섞인 흰색의 깃털이 날개 모양으로 달려 있고 이 덕택에 바람에 잘 날려 후손을 널리 퍼뜨린다.

사위질빵은 아직 우리나라에서는 본격적으로 관상적인 가치를 알고 키우는 이는 없지만 앞으로 좋은 관상수가 될 듯하다. 더욱이 차츰 조경 소재가 다양해지고 덩굴성 소재의 중요성이 부각되면서 관상수로서의 전망은 아주 밝다.

이렇듯 조경용으로서의 쓰임새는 아직 미개척 분야이지만 사위질빵은 오래전부터 약재로 이용되어온 식물이다. 한방에서는 이 나무를 두고 여위女萎 또는 산목통山木通이라고 부르며 주로 줄기를 이용한다. 약으로 쓸 때는 사위질빵은 물론 이와 유사한 좀사위질빵도 구분하지 않고 함께 쓰는데, 가을에 줄기를 채취하여 껍질을 벗기고 알맞게 썰어서 볕에 말려 쓴다.

전초에는 케르세틴quercetin, 유기산, 스테롤과 같은 성분이 들어 있으며 주로 탈항脫肛, 말라리아 같은 병으로 춥고 열이 날 때, 부인들의 부종, 콜레라성 설사 등에 처방한다. 일반적으로는 진통, 어린이 간질병, 설사 등에 처방한다. 대개 달이거나 환약을 만들어 먹는데 외용을 할 때에는 태

사위질빵 꽃

사위질빵 열매

워서 연기를 쐰다고 한다.

또한 시골에서는 사위질빵의 잎을 따서 묵나물로 해 먹는데 먼저 데쳐서 독한 성분을 잘 우려낸 다음 오래 저장해두었다가 독성이 약화되면 나물로 해 먹는다. 혹 독성분이 덜 빠진 것을 그냥 먹으면 입안이 붓고 치아가 빠지며 구토, 설사를 일으키기도 하니 주의해야 한다.

사위질빵에는 같은 속에 속하는 유사한 식물이 많이 있으며 한결같이 탐스럽고 아름답다. 가장 혼동을 많이 일으키는 식물은 으아리와 할미밀망이다. 으아리는 잎 가장자리에 결각이 없으므로 쉽게 구분할 수 있지만 으아리 외에도 꽃의 수가 1~3개인 외대으아리, 꽃이 더 크고 많이 달리는 참으아리가 있고, 할미밀망은 잎에 사위질빵처럼 결각이 있지만 꽃잎 잎겨드랑이에서 3개씩 달리는 것으로 구분한다.

한방에서는 으아리도 이용한다. 중국에서는 위령선이라는 같은 속의 식물이 있지만 한방에서는 으아리를 두고 위령선이라고 부른다. 기본적으로 요산증, 통풍, 중풍, 적취, 황달 등의 증상에 처방하며 이 밖에 마취 작용, 항히스타민 작용 등도 한다. 뼈가 목에 걸렸을 때도 효과가 있고 또 증류한 기름은 신경마비, 언어장애에 효과가 있다고 한다. 위령선이라는 이름은 성질이 맹렬하다는 뜻의 '위威', 효과가 빠르다는 뜻에서 '령선靈仙'이라고 한다니 이 식물의 약으로서의 강력함을

으아리 꽃

짐작할 수 있다. 으아리는 어사리, 응아리라고도 부른다.

그러나 이러한 사위질빵의 형제 나무들 가운데 가장 우리들의 눈길을 끄는 식물은 아무래도 큰꽃으아리이다. 우리나라 산야에 자라는 식물 가운데 이토록 크고 탐스럽게 아름다운 식물이 있었나 하는 생각이 들 만큼, 그래서 혹시 외국에서 원예종 식물이 들어온 것이 우연히 퍼져나간 것이 아닐까 하는 오해를 살 만큼 아주 화려하고 이국적인 풍모를 가진 꽃을 피운다. 이 큰꽃으아리와 모양과 크기가 거의 같은 식물이 외국에 있는데 중국을 비롯하여 다른 나라에서는 이를 위령선이라고 부르며 원예 품종으로 아주 많이 개발해놓았다. 그러나 정결하면서도 부드러운 빛깔의 큰꽃으아리는 현란한 외국의 위령선과 크기나 모양이 유사하나 그 분위기는 사뭇 다르다. 한방에서는 큰꽃으아리를 위령선 또는 철선련이라고 부르는데 약효는 으아리와 매우 유사하다. 기록에는 약효가 많은 위령선을 철각위령선이라고 부른다고도 적혀 있다.

그 밖에도 우리나라에는 종덩굴, 검종덩굴, 누른종덩굴, 개버무리 등 꽃 색깔과 고깔 모양의 꽃이 다르지만 사위질빵과 같은 속에 속하는 형제 식물이 여러 종류 있으며 모두 덩굴성인 공통점이 있고 관상수로서 가치 있는 것이 많다. 야생 꽃으로는 거의 드물게 검은 꽃을 피우는 종류까지 있으니 그 다양함은 짐작할 수 있으리라. 이 밖에도 세계 각지에서 자라고 있는 사위질빵의 친족을 모아보면 150~200종류에 달하며 여기서 갈라진 여러 원예 품종까지 따지면 헤아리기 어려울 정도이다.

사위질빵을 기르기는 그리 어렵지 않다. 토양을 가리지 않고 잘 자라며 광선을 필요로 하는 것 외에는 특별한 보온이나 처리가 거의 필요 없다. 번식은 실생, 삽목, 취목, 분주 모두 가능하다.

잎갈나무

소나무, 잣나무, 전나무들처럼 우리가 알고 있는 침엽수는 모두 상록수이다. 그래서 많은 이들이 침엽수라고 하면 두 번 생각하지 않고 당연히 상록수일 것이라고 예상하는데 잎갈나무는 여기에서 제외되는 대표적인 나무이다. 잎갈나무는 침엽수이되 가을이면 물들어 잎이 떨어지는 낙엽수이다. 이렇게 잎을 간다 하여 잎갈나무 또는 이깔나무라고 부른다.

잎갈나무의 속명 '라릭스*Larix*'는 '풍부하다'는 뜻의 켈트어 '라르lar'에서 유래되었는데 수지가 많기 때문에 생긴 이름이라고 한다.

잎갈나무는 북한이 고향이다. 금강산 세존봉 이북부터 자라고 백두산에 울창한 원시림을 형성하고 있는 나무 가운데 하나인데 남쪽에는 어디에도 자생하지 않는다. 국립수목원이 있는 광릉 숲에 1910년대에 심어놓은 나무가 작은 숲을 이루고 있을 뿐이다. 그러나 이곳에 있는 잎갈나무도 나이가 너무 들고 기후가 맞지 않은 탓인지 그리 좋지 못하다. 그 밖에 오대산의 월정사에도 잎갈나무가 있는데 이 나무는 학자에 따라 심은 나무라고도 하고, 자연 상태로 있는 가장 남쪽의 나무

- **식물명** 잎갈나무(이깔나무)
- **과명** 소나무과(Pinaceae)
- **학명** *Larix olgensis* var. *koreana* Nakai

- **분포지** 금강산 이북 지역
- **개화기** 4월, 연노란색
- **결실기** 9월, 갈색 구과
- **용도** 풍치수, 약용, 목재
- **성상** 낙엽성 교목

라고도 하여 논란이 있다.

잎갈나무는 소나무과에 속하는 낙엽성 교목이다. 다 자라면 40미터 가까이 큰다고 한다. 높디높게 줄기를 뻗고 이와는 수평이 되도록 옆으로 길게 혹은 조금 아래로 처지도록 가지를 낸다. 봄이면 병아리색처럼 고운 연노랑 수꽃과 작은 암꽃이 달리며 잎도 새순을 내보내기 시작한다. 가을이 한창일 무렵 잎갈나무 숲은 연한 연둣빛 새 잎이 산뜻한 느낌을 준다. 별빛

처럼 사방으로 모여 달리는 잎새의 길이는 2센티미터 정도이다.

열매는 9월에 익는데 솔방울처럼 생겼고 손가락 한 마디만 하다. 솔방울이 익어갈 무렵 잎은 황토빛으로 물들기 시작하고, 겨울이 오면 그나마 이 누런 잎새마저도 다 떨어지고 앙상하게 뻗은 가지를 고스란히 드러낸 채 추위를 견딘다.

잎갈나무는 목재로도 쓰고 약으로도 쓴다. 습기에 강하므로 여러 곳에 이용하는데 관의 재료로 쓰기도 한다. 상처가 났을 때 고약으로 이용하고 어린눈으로 차를 끓여 마신다는 기록도 있다. 한방에서는 잎을 임질, 통경, 탈모증, 두창, 치통 등에 다른 약재와 함께 처방해서 쓴다.

이 잎갈나무가 사시사철 계절에 따라 내보이는 아름다운 색 변화를 보고 싶으면 아쉬운 대로 남쪽에 많이 심어놓은 일본잎갈나무 숲을 보면 된다. 일본잎갈나무는 낙엽이 진다하여 낙엽송이라고 부른다. 낙엽송은 알지만 우리의 잎갈나무는 모르는 이가 훨씬 많을 듯싶다.

일본잎갈나무 숲 일본잎갈나무 수꽃 일본잎갈나무 암꽃

일본잎갈나무는 1904년 우리나라에 들어왔다. 잎갈나무와는 달리 비교적 춥지 않은 중부 이남에 잘 자라고 줄기도 굽지 않고 자란다. 한때 우리나라의 조림수종으로 올라가 많은 곳에 심었고 전봇대나 철도목, 나무젓가락을 만드는 단골 재료였다. 수피에서 염색의 재료와 타닌을 채취하기도 한다.

일본잎갈나무와 우리 잎갈나무는 아주 비슷하여 솔방울을 형성하는 조각인 실편의 수를 헤아려 구분한다. 잎갈나무는 이 실편이 20~40개 정도로 50개 이상인 일본잎갈나무보다 적다. 또 끝이 뒤로 젖혀지지 않고 바로 서며 좀 더 일찍 싹이 나고 낙엽이 지는 점으로도 구분한다.

그러나 한동안 일본잎갈나무를 목재로 잘 사용하지 않았다. 빨리 자란 탓에 목재의 질이 떨어진다는 것이다. 나무를 처음 심을 때 빽빽이 심어 곧게 자라도록 해주고 중간 나무를 솎아내는 간벌을 해야 하는데 산에 심어놓은 일본잎갈나무는 목재 값이 너무 헐해서 인건비마저 나오지 않으므로 그대로 방치하여 일본잎갈나무 숲이 많이 망가졌다. 하지만 다시 우리나라에서 자란 낙엽송의 가치가 인정받고 수요가 생기면서 값이 올랐다. 특히 헐벗은 북한 산야에 나무를 심어 도우려면 이 나무의 묘목을 많이 만들어야 하는데 종자가 크게 모자란 상황이다. 역시 나무의 존귀를 사람이 따지기는 부족하다. 그저 이 땅에 잘 맞고 질 좋은 나무를 골라 심겠다는 마음으로 다양하게 잘 심을 일이다.

시베리아에는 잎갈나무 종류이면서도 목재가 아주 단단한 다후리카낙엽송이란 나무가 있는데 시베리아 원시림에서 파도처럼 넘실거려 장관을 이룬다고 한다. 워낙 단단하고 쓸모가 많은 이 나무의 목재로는 모스크바 올림픽의 사이클 경기장을 만들 정도인데 이 나무로 바닥을 깔면 더욱 좋은 기록이 나온다고 한다.

잎갈나무 잎과 열매

잎갈나무와 비슷하게 생긴 나무 가운데 개잎갈나무가 있다. 이

개잎갈나무와 열매

나무는 모양이 잎갈나무 같지만 낙엽이 지지 않는 상록수여서 잎을 갈지 않는 가짜 잎갈, 그래서 개잎갈나무인 것이다. 개잎갈나무는 히말라야시다라는 이름으로 더 많이 알려져 있는데 대구나 경주를 중심으로 하는 남부 지방에서 흔히 볼 수 있고, 땅에 닿을 듯 가지를 아래로 축축 늘어뜨린 아름다운 나무이다. 이 나무의 고향은 히말라야 산맥인데 우리나라에는 1930년쯤에 들어왔다. 나무 사랑만은 역대 대통령 중 최고로 칠 만한 한 대통령이 특별히 사랑한 이 나무는 부하들의 과잉 충성으로 대통령이 자주 갔을 만한 남쪽 지방 어디에서나 구경할 수 있다.

이 나무는 세계 3대 정원수로 칠 만큼 자태가 빼어나다. 간혹 안양이나 서울 등 중부지방에서도 볼 수 있는데 자라기에 적합한 기후가 아니므로 아마 겨우겨우 살아가고 있을 것이다.

청미래덩굴

청미래덩굴은 우리와 아주 친숙한 '나무'이다. 아주 자그마해도 숲이 발달한 곳이면 어느 곳에서든 볼 수 있다. 언제부터인지는 모르지만 아주 오래전부터 수많은 외래 수종이 범람하는 지금까지도 우리 곁에서 쉽게 볼 수 있어서 그리 특별하게 생각되는 나무는 아니지만 우리 숲에서 한몫 단단히 하는 나무이다. 혹 청미래덩굴을 우습게 아는 이가 있다면 청미래덩굴 없는 산이나 숲 있으면 말해보라고 하고 싶다.

청미래덩굴에는 다양한 이름과 별명이 있다. 청미래덩굴이란 이름은 주로 경기도 지방에서 그리 불러 공식적으로 채택된 이름이고, 황해도에서는 망개나무라고 불렀다고 하며 간혹 매발톱가시라고도 한다. 영호남 지방에서는 명감, 명감나무 또는 맹감이라고 부르는데 간혹 종가시나무라고 부르기도 한다. '명감나무'는 감나무의 하나라고 혼동하기 쉽고, '종가시나무'는 참나무과에 속하는 전혀 다른 나무의 이름과 혼동하기 쉽다. '매발톱가시' 역시 노란 꽃이 피는 매발톱나무가 있어서로 혼동하기 쉽다. 또 망개나무는 우리나라의 속리산이나 주흘산 같은 곳에 아주 드물게 자라는 세계적인

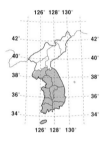

- **식물명** 청미래덩굴
- **과명** 백합과(Liliaceae)
- **학명** *Smilax china* L.

- **분포지** 전국의 산야
- **개화기** 5월, 황록색 산형화서
- **결실기** 9~10월, 붉은색 장과
- **용도** 약용, 식용, 절화용
- **성상** 낙엽성 활엽수, 덩굴성 관목

희귀 나무가 따로 있기도 하다.

희귀한 나무인 망개나무에 대해 원고를 써달라는 청탁을 받아 몇 날 며칠을 고생하며 자료를 모아 글을 써보낸 적이 있었는데, 망개나무가 아니라 청미래덩굴이라고 원고를 되돌려 받은 경험이 지은이에게도 있을 정도이다. 이래서 우리가 우리의 식물을, 특히 그것들이 사람들과 사는 모습을 공부하기란 여간 어려운 일이 아니다. 게다가 꽃 가게에서는 이 나무가 멍개나무로 통하는데 특별히 바다에서 나는 멍게와는 관계가 없으니 망개나무를 잘못 부르는 이름일 것이다. 또 이런 이름들 말고도 한방에서 쓰는 생약명과 중국에서 전해온 한자 이름도 여러 가지가 있다.

청미래덩굴은 백합과에 속하는 덩굴성 식물이고 낙엽이 지는 나무이다. 백합과 식물은 거개가 백합이나 원추리처럼 초본이고, 크고 화려한 꽃이 피는데 나무가 백합과인 것이 신기하다. 그러나 청미래덩굴은 봄이 한창일 때에 연한 녹색과 노란색이 섞인 작은 꽃이 우산처럼 둥그렇게 달리는데 이 꽃을 자세히 들여다보면 다른 백합과 식물처럼 꽃잎 끝이 여섯 갈래로 나누어지고 잎맥도 나란하니 백합과 식물임이 틀림없다.

이렇듯이 백합과 식물들로서는 미운 오리 새끼같이 별나던 청미래덩

청미래덩굴 암꽃차례

청미래덩굴 열매

덩굴줄기와 덩굴손

굴이 어느 날 백조로 변신할 기회가 있었다. 바로 1억 년 전으로 추정되는 화석식물이 발견된 것이다. 백합과 식물은 거의 초본이어서 화석이 되기가 어려워 자기들의 역사와 전통을 자랑할 증거가 없었는데 청미래덩굴이 이를 증명해준 것이다.

청미래덩굴은 잎 모양도 독특하다. 둥그런 잎은 갑자기 끝에서 뾰족해져 깜찍하고, 둥글둥글 달리며 반질거리고 만져보면 생각보다 두껍다. 잎의 질감이 가죽 같아 혁질이라 부른다. 혁질인 잎은 대개 겨울에도 잎이 있는 상록성 활엽수에 달리게 마련인데 청미래덩굴은 낙엽성이다. 그러나 청미래덩굴은 많은 햇볕을 잎으로 반사시켜 체온의 상승을 막아보자는 나름대로의 전략이 있는 것이다. 청미래덩굴에는 덩굴손도 있다. 잎겨드랑이에 달리는 탁엽이 변하여 생긴 것인데 두 갈래로 갈라져 돼지 꼬리처럼 꼬불거리며 자란다.

땅속으로 굵은 줄기가 넘실넘실 이어지고 그 중간 마디에서 줄기가 올라오곤 하는데 갈고리 같은 가시가 나 있다. 산에서 가끔은 몹시 엉켜 있는 그 덩굴에 옷을 찢기기도 한다.

예전에는 청미래덩굴의 뿌리에 관심이 많았다. 뿌리 곳곳에는 혹같이 생긴 괴근(덩이뿌리)이 있는데 괴근에는 녹말 성분이 많이 들어 있어서 흉년이 들 때마다 요긴하게 이용되었다. 뿌리를 캐어 잘게 썰어서는 여러 날 물에 담가 쓴맛을 우려내고 남은 것으로 다른 곡식과 섞어 밥을 지어 먹었다. 그러나 청미래덩굴로 만든 밥을 오랫동안 계속해서 먹으면 변비가 생겨 고생할 수 있는데 이때는 쌀뜨물을 함께 넣어 끓이면 된다고 한다. 옛날에 나라가 망하자 산으로 도망친 선비들이 먹을 것을 찾아 헤매다가 이 나무를 찾아 뿌리를 캐어 먹었는데 그 양이 요깃거리로 넉넉했다고 하여 '우여량禹餘糧'이란 이름까지 갖게 되었다. 산에 있는 기이한 양식이란 '산기량山奇糧', 신선이 남겨준 양식이란 뜻의 '전유량仙遺糧'이란 이름도 있다.

청미래덩굴의 잎을 달여 차로 마시면 백 가지 독을 제거한다는 이야기도 있으니 그 이름이 무색하지 않다. 이야기가 나왔으니 하는 말인데 한방에서는 이 뿌리를 토북령이라고 부르고 중국에서는 산귀래라고도 하여 매독 치료제로 썼다. 이런 곁이름들이 붙은 데는 웃지 못할 사연이 있다.

옛날 중국의 어떤 이가 부인을 두고 못된 짓을 많이 하다 매독에 걸려 죽어가게 되었다고 한다. 그 아내는 남편이 너무 미워 산에다 버렸는데 남편은 허기져 풀숲을 헤매다 청미래덩굴의 괴근을 보고는 배고플 때마다 먹었고 결국은 자기도 모르는 사이에 몹쓸 병이 나아 집으로 돌아오게 되었으며 다시는 나쁜 짓을 하지 않고 잘 살았다고 한다. 그래서 마을 사람들은 이 나무 이름을, 산에서 돌아왔다는 뜻으로 '산귀래山歸來'라고 붙였다는 것이다.

그 밖에 청미래덩굴은 발한, 이뇨, 지사에 효과가 있다고 하여 뿌리를 얇게 썰어두었다가 감기나 신경통이 있을 때 약한 불에 달여 먹기도 했다. 열매를 태워 참기름에 개어 종기나 태독에 바르면 좋다고도 전해진다.

청미래덩굴의 열매는 지름 1센티미터쯤 되는데 둥근 열매가 여럿 매달려 다시 좀 더 큰 공을 만든다. 잎이 떨어지는 것과 속도를 맞추어 점차 붉게 익어간다.

청미래덩굴은 약용식물이나 구황식물로 쓰는 외에 열매를 가을 꽃꽂이 소재로 쓰기도 한다. 잎은 차로 달여 마시기도 하고 담배 대용으로 피우기도 한다. 어린순은 나물로 먹으며, 큰 잎으로는 떡을 싸서 먹는다. 아직은 방치된 나무이지만 그 속에 숨겨진 많은 사연과 용도를 생각해보면 앞으로 훨씬 더 좋은 대접을 받을 수 있는 나무이다.

진달래

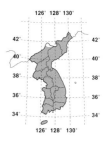

봄이 오면 산과 들에 진달래가 지천으로 핀다. 한 송이만 쳐다보면 처량하고 빈약하다 싶으면서도 무리 지어 피는 모습은 어느 것과도 바꿀 수 없는 아름다운 모습이다. 진달래는 오랜 세월 동안 이 땅에 피고 지며 우리의 굴곡 많은 역사와 함께 숨 쉬고 살아왔다.

진달래는 진달래과에 속하는 낙엽성 관목이다. 봄이면 잎보다 먼저 가지 가득 진분홍빛 꽃이 핀다. 다섯 장의 꽃잎이 한껏 벌어져 있지만 아래는 한데 붙은 통꽃으로 가지 끝에서 3~6개의 꽃송이가 모여 달린다. 잎은 철쭉과는 달리 뾰족한 타원형이며 광택이 있다.

우리나라에는 진달래와는 피를 나눈 변종과 품종이 몇 가지 자라는데 아주 귀한 것으로 흰 꽃이 피는 흰진달래, 잎과 자루에 털이 있는 털진달래, 잎이 넓은 왕진달래, 잎 표면에 돌기가 있고 윤이 나는 반들진달래, 열매가 가늘고 길며 한라산에 자라는 한라산진달래가 그것이다.

우리 민속에 화전놀이라는 것이 있다. 화전놀이는 진달래꽃이 만발한 3월 삼짇날에 부녀자들이 화사한 봄볕 아래로 나가서 진달래로 전을 부쳐 먹고 춤추며 노

- **식물명** 진달래
- **과명** 진달래과(Ericaceae)
- **학명** *Rhododendron mucronulatum* Turcz.

- **분포지** 전국의 산지
- **개화기** 4월, 진분홍색 통꽃
- **결실기** 9월, 갈색의 원통형 삭과
- **용도** 관상수, 약용, 식용
- **성상** 낙엽성 활엽 관목

래하고 하루를 보내던 놀이다. 집안의 남정네들이 솥뚜껑 등 무거운 것을 들어 나르고 냇가에는 돌을 모아 화덕을 만들어 불을 지펴놓고 슬그머니 사라지면, 아낙들은 솥뚜껑을 뒤집어놓고 참기름을 두른 후 찹쌀가루 반죽에 진달래 꽃잎을 올린 화전을 지져 먹는다. 아이들은 그사이 화전을 부치느라 꽃에서 꽃잎만을 떼어내고 남은 암술대를 휘어 걸고 당기는 꽃싸움, 즉 또 다른 화전花戰을 하며 보낸다. 일부 지방에서는 관원들이 화전놀이를 나가 꽃전을 부쳐 먹고 시를 지으며 하루를 보냈다고도 한다.

이 밖에 진달래와 관련된 민속 가운데 무병하고 소원을 이루어달라고 성 밟기를 하였는데 진달래꽃을 꺾어 꽃방망이를 만들고 여의화장如意花杖이라 부르며 그것으로 서생의 머리를 치면 과거에 붙고, 기생의 등을 치면 정을 준다고 믿으며 놀기도 하였다. 또 진달래꽃이 두 번 피면 가을 날씨가 따뜻해지고 여러 겹으로 피면 풍년이 든다고 믿었다.

진달래 꽃잎을 따서 빚은 술을 두견주라고 한다. 지방마다 조금씩 만드는 법이 다른데 백일주라고 하여 술을 담근 지 100일 만에 마시면 좋다고 했다. 처음부터 찹쌀밥과 진달래꽃을 겹겹이 넣어 빚기도 하며 다 된 청주에 진달래꽃을 한 달 정도 담가두기도 한다. 두견주는 특히 충남 당진 것

진달래 꽃

진달래 열매

진달래 수피

이 유명하다. 이 술은 조금씩 잘 마시면 진정과 안정에 도움이 되는데 한때 좋다는 소문이 나서 전국의 진달래 씨가 다 마를 뻔하였으나 한 번에 많이 마시면 혈압이 급격히 떨어지고 눈에 좋지 않다는 소문이 나서 이제 잠잠해졌다. 진달래로 만드는 음식은 몇 가지 더 있는데 고운 오미자 즙이나 꿀물에 녹말가루를 묻힌 진달래를 끓는 물에 살짝 데쳐내어 띄우는 진달래 화채가 유명하다. 이렇게 진달래는 먹을 수 있는 꽃이라서 참꽃이라고도 한다. 반면에 독성 때문에 먹지 못하는 철쭉은 개꽃이라고 한다.

중국에서는 진달래를 두견화라고 부른다. 중국 촉나라의 망제 두우가 전쟁에 패망하여 나라를 잃고 죽어서 두견새가 되어 매년 봄이 오면 피눈물을 흘리며 온 산천을 날아다니는데 이 눈물이 떨어져 핀 꽃이 바로 진달래꽃이라는 것이다. 한편으로는 두견새의 입속 색깔이 진달래처럼 붉어서 이 이름을 가지게 되었다고도 한다.

진달래는 한방에서는 두견화 또는 만산홍이라 하여 꽃을 약으로 쓰는데 진해, 조경의 효능이 있고 혈액순환을 활발하게 하여 기침, 고혈압, 월경불순, 폐경, 하혈 등의 증상에 처방하였다. 민간에서는 관절염, 신경통, 담이 결릴 때, 그 밖에 감기, 기침, 옴 등에 진달래꽃을 달여 먹었다고 한다.

진달래 줄기로 숯을 만들어 이 숯물로 삼베나 모시를 물들이면 화학 염료로는 도저히 흉내 낼 수 없는 푸른빛 도는 회색물이 든다고 한다.

진달래는 산속에 자연스럽게 핀 모습이 가장 아름답다. 『삼국유사』에 한 노인이 불렀다는 「헌화가」가 나오는데 이 노래는 신라 성덕왕 때 수로부인이 강릉 태수로 부임해 가는 남편 순정공을 따라가다가 산에 핀

흰진달래 꽃

털진달래 꽃

진달래의 아름다움에 반해 수레를 멈추고 꽃을 따줄 것을 부탁했으나 모두 산이 험하여 주저하자 소를 몰고 가던 한 노인이 꽃을 따서 헌화하며 부른 노래로 전해진다. 진달래를 이야기하면서 김소월의 시 「진달래꽃」을 빼놓을 수 없다. 영변의 약산 진달래꽃을 아름 따다 나를 버리고 가시는 임의 발길에 뿌려놓겠으니 그것을 사뿐히 즈려밟고 가라는 이 애절한 시는 많은 사람이 애송한다. 이 진달래 만발하던 약산이 있는 북한의 영변에 이제 핵 시설이 있다고 떠들썩하니 오래오래 마음에 새겨 담은 진달래꽃의 정서를 모두 잃는 게 아닌지 모르겠다.

흐드러지게 핀 진달래 숲은 분명 아름답지만 생태학적인 관점에서는 그렇게만 볼 수 없다. 이 나무는 척박한 토양에서 자라며 특별히 산성토양을 좋아하기 때문이다. 울창한 낙엽 활엽수림이 파괴되면 소나무가 등장하고 그 깨진 숲 속에 진달래가 나기 때문이다. 그동안 이 땅에 진달래가 유난히 많았던 이유는 산이 그만큼 헐벗고 척박했다는 증거이기도 하다. 이제 우리의 숲은 제법 울창하게 우거져가지만 한편으로는 대기오염이나 산성비 등으로 피해를 받아 진달래도 앞으로 어떻게 될지 모르겠다.

대개 가을에 익은 종자를 따서 그대로 공기 중에 보관하다가 봄에 이끼 위에 파종한다. 삽목은 뿌리가 잘 내리지 않아 어려움이 있다.

진달래는 수분이 너무 많거나 한여름 볕이 너무 강한 곳을 좋아하지 않는다. 또 꽃이 지려는 즈음에 꽃을 모두 따주면 이듬해 더욱 풍성하게 꽃을 피우며, 꽃이 지고 순이 나올 때 일부만 남겨놓고 따주면 역시 실하게 커간다. 또 실내에서 겨울을 춥지 않게 지내면 꽃이 피지 않는다.

팽나무

팽나무는 마을의 당산목으로 위엄을 보이고 서 있으면
까마득히 멀게 느껴지는 나무였다가도 잘 갈라진 나무
위에 올라 달콤한 열매를 따 먹을 때면 친근하게 느껴
지기도 한다.

　팽나무는 은행나무나 느티나무만큼은 아니어도 오래
살고 크게 자라는 나무로 500년에서 많게는 1,000년까
지 살기도 한다. 전국에 보호되고 있는 노거수가 500주
에 달한다니 어쩌면 앞의 두 나무 다음 세 번째로 노거
수가 많은 나무인 듯하다. 천연기념물로 지정된 나무도
여럿 있다. 한 그루 또는 몇 나무가 크게 잘 자랐다고 하
여 천연기념물로 지정된 것도 있고, 여러 나무와 함께
줄나무로 지정된 나무도 있으며 천연기념물로 지정되
어 보호되고 있는 수림樹林에 섞여 사는 나무까지 합치
면 헤아릴 수 없을 만큼 많다.

　단독수로 지정된 나무 가운데 부산 구포동에 있는 천
연기념물 제309호 팽나무는 나이가 500년 이상 된 보
기 드문 거목이다. 마을의 당산목으로 오랫동안 자리를
지켜온 이 나무 아래에서 매년 대보름이면 동민 가운데
가장 정결한 이를 제주로 뽑아 마을의 평안과 풍어를

- **식물명** 팽나무
- **과명** 느릅나무과(Ulmaceae)
- **학명** *Celtis sinensis* Pers.

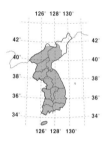

- **분포지** 함경북도 외의 전 지역,
  평지
- **개화기** 5월, 취산화서
- **결실기** 10월, 등황색의 둥근 핵과
- **용도** 정원수, 공원수, 약용, 식용,
  목재
- **성상** 낙엽성 활엽 교목, 덩굴식물

비는 제사를 지낸다. 이 나무의 신통력으로 나무 아래에는 당집이 두 채나 있고 주변이 너른 공터여서 마을 사람들이 제를 지내기에는 안성맞춤이다. 그러나 언제 이 공터에 집이 들어서 나이 든 팽나무의 위엄을 가릴까 걱정이 앞선다.

가장 아름다운 나무는 누가 뭐라 해도 천연기념물 제310호로 지정되었던 전남 무안 현경면의 팽나무였다. 마을의 입구에 자리 잡은 이 나무는 지상 1미터 부분부터 균형을 잡아가며 잘 자라나 거목이 되었는데 멀리서 바라보면 커다란 반원 같았다. 이 나무를 보면 신의 예술품이라 칭찬하는 소리에 절로 마음이 동하였다. 이 나무 역시 마을의 당산목으로 매년 초에 제사를 지내며 특히 3년마다 나무에 새로 옷을 해 입히는 행사를 했다. 볏짚으로 만드는 이 나무의 옷은 마을 사람들이 보내는 사랑과 공경의 표시였는데 중요한 나뭇가지가 잘려나가 수형이 망가져 천연기념물 지정이 해제되었다. 노거수이나 한 생명을 가진 자연물의 한계는 우리에게 좋은 교훈을 준다. 제주도를 여행하는 사람들이면 한 번쯤 들렀을 법한 성읍의 민속 마을에도 천연기념물 제161호 느티나무와 팽나무가 있다. 길가에 모두 여섯 그루가 있는데 그 앞에 있는 무당집이며 마방터, 옥감(감옥) 등을 둘러보고 사진을 찍으면서도 진정 살아 있는 역사인 나무에 관심을 주는 이는 얼마나 될까? 함께 어울려 자라는 생달나무, 아왜나무, 후박나무, 동백나무 등이 있어 마을 사람들의 자랑거리가 된다. 고려 충렬왕 때부터 있던 이 숲은 그 당시에는 훨씬 우거졌다고 한다.

무안 청천리에 있는 천연기념물 제82호는 줄나무이다. 청천리 마을 앞 국도변에 가로수로 줄지어 선 나무는 팽나무 60여 그루를 비롯하여 개서어나무, 느티나무인데 나이는 500살 정도로 추정되고 높이는 20미터가 넘는다. 전하는 말에 의하면 500년 전 이곳에 낙향한 배씨의 선조가 이곳이 지형상으로 허하여 보충하려고 심었다고 하며 마을로 보아서는 중

무안 현경면의 팽나무

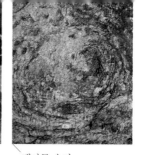

팽나무 꽃   팽나무 열매   팽나무 수피

요한 방풍림 역할도 하고 있다. 이 나무를 꺾거나 열매를 먹으면 병에 걸린다는 이야기가 있어 그간 별 탈 없이 자랐다. 전남 함평 대동면의 제108호 역시 팽나무 열 그루를 비롯해 느티나무, 개서어나무 등 여러 나무가 섞인 줄나무이다. 이 나무 역시 청천리 줄나무처럼 풍수지리상 지형적인 결함을 보충하기 위해서 심은 것으로 알려져 있는데 당시 명륜당 남쪽에 있는 함평산의 화산火山 수산봉이 화기를 품어 재앙이 예상되므로 이것을 방지하기 위해 유림 대표인 정방 이양휴 등 몇 사람이 향교리에서 나무를 옮겨 왔다고 한다. 이 나무가 처음 조성될 당시는 물론이고 처음 천연기념물로 지정된 일제강점기 당시에도 80여 그루는 있었는데 지금은 반 이하로 줄어들었다.

팽나무의 노거수가 많은 곳은 아무래도 영호남의 곡창지대여서인지 이팝나무처럼 팽나무로도 한 해의 농사를 점치기도 한다. 발아가 양호하면 풍년이고, 봄에 일제히 싹이 트면 풍년이며, 위쪽의 잎부터 싹트기 시작하면 풍년이고 동쪽에서 먼저 싹이 나면 동쪽이 풍년, 서쪽에서 먼저 싹이 나면 서쪽이 풍년이라는 것이며 그렇지 못할 경우에는 흉년이라는 것이다. 이 팽나무에 얽힌 전설도 마을마다 무수하다.

지금부터 200여 년 전 평택 도대리는 박씨가 많은 동네였다. 어느 날 한 스님이 시주를 권하는데 이 박씨들은 시주는커녕 오히려 봉변을 주고 내쫓았다. 돌아가는 길에 스님은 동네에 있는 산의 허리를 자르고 산속에 있는 팽나무를 마을에 옮겨 심으면 마을이 잘된다는 말을 남기고 떠났다.

박씨들은 자신들이 한 일은 생각지도 않고 잘살려는 마음에 그 스님의 말대로 했는데 이는 저주였던지 박씨 마을은 망해버리고 말았다. 이때 옮겨 심은 나무가 아직도 이 마을에 살아 있다.

소나무 석송령처럼 팽나무 중에도 논밭의 소유주가 되어 등기부에 오른 나무가 있다. 예천 금남리에 있는 팽나무인데 마을 사람들이 풍년제를 지내기 위해 쌀을 모아 공동 재산을 마련하면서 훗날 재산 다툼을 피하려고 나무 이름을 황목근이라 정하여 이 당산나무 앞으로 등기를 냈다. 이 나무가 소유한 땅은 3,500평으로 석송령보다 많지만 세금은 적게 낸다고 한다. 비교적 나중에 천연기념물 제400호로 지정되었다.

팽나무는 느릅나무과에 속하는 낙엽성 교목이다. 꽃은 아주 작게 꽃잎도 없이 피고 지므로 이를 제대로 구경한 이는 아주 드물다. 반쯤 나 있는 톱니, 나란한 잎맥, 뾰족한 잎끝은 개성이 있다. 가을에는 콩알만 한 열매가 달린다. 성장이 빠르며 평탄하고 토심이 깊은 땅을 좋아한다. 그래서 경사진 산에서는 잘 자라지 않는다.

맹아력도 있고 옮겨 심어도 잘 산다. 종자를 파종해서 번식할 수도 있다. 이 나무는 우리나라에서 제주도부터 함경북도에 이르기까지 각 곳에 분포하나 경상도와 전라도에 특히 많다. 지리적으로는 일본, 대만, 중국의 황하강 이남에 있다. 또 팽나무 가운데도 모양이 조금 다른 품종이 있는데 외나로도에 있는 잎자루가 긴 나무인 섬팽나무, 제주도 등에서 자라는 잎이 둥근 나무인 둥근잎팽나무, 열매가 검은 검팽나무, 잎의 끝에 결각이 있고 열매가 노란 산팽나무, 산팽나무와 유사하지만 열매만 검은 왕팽나무, 잎의 하반부까지 톱니가 있으며 둥근 장수 팽나무 등이다.

또 지역에 따라서는 팽나무를 두고 폭나무(폭나무라는 다른 나무도 있다), 펑나무, 달주나무, 게팽, 매태나무 등 조금씩 다르게 부른다. 영어로는 재패니즈 핵베리Japanese hackberry, 네틀 트리Nettle tree, 슈가 베리Sugar berry 등으로 쓰며 학명 가운데 속명인 '켈티스Celtis'는 '단맛이 있는 열매가 달리는 나무'의 고대 라틴어 이름에서 유래했다고 한다.

팽나무의 쓰임새는 제법 다양하다. 먼저 약용으로는 생약명을 박유지 樸楡枝, 또는 박수피樸樹皮라고 하고 잔가지를 약재로 쓴다. 팽나무는 물론 좀팽나무, 섬팽나무 등은 스카톨, 인돌 등을 함유하고 있으며 진통에 효능이 있어 혈액순환을 빠르게 하고 요통, 관절염, 월경불순, 심계항진, 습진, 종기를 다스리는 데 효과가 있다고 한다. 대개 달여 마시거나 소주에 담가 오래 묵혔다가 마신다.

잘 익은 열매를 그대로 먹거나 열매로 기름을 짜 먹기도 한다. 어린잎은 나물로 무쳐 먹는데 조리할 때는 반드시 재를 푼 물에 데쳐서 우려내야 탈이 없다.

오랫동안 우리나라의 전통적인 경관수, 방풍림, 줄나무, 녹음수 등으로 썼음은 새삼 말할 필요도 없고 목재도 단단하고 잘 갈라지지 않으므로 기구재나 건축재로 쓰며 큰 나무를 통째로 파서 통나무배를 만들기도 한다. 이 통나무배를 '마상이' 또는 '마상'이라고 부르는데 어선이 아니고 주로 나룻배로 썼다. 논에 물을 퍼 넣을 때 쓰는 기구인 용두레도 이 나무로 만들었다.

우리나라가 5리마다 이정표로 오리나무를 심었던 것처럼 일본에서는 1리마다 이정표로 팽나무를 심었다고 한다. 중국에서는 회화나무를 이정목으로 심었는데 이 회화나무가 일본에서는 나지 않으므로 소나무로 대신하였다가 개미 때문에 많이 죽자 다른 나무로 바꾸라고 말한 것이 잘못 전달되어 팽나무가 되었다고 한다. 우리나라에도 길가에 줄나무로 팽나무를 심었으니 나쁠 것은 없지만 요즈음처럼 도로 사정이 나쁜 시기에 팽나무는 너무 크지 않을까 싶다.

서어나무

서어나무는 산림 생태계에서 아주 중요한 자리를 차지하는데 바로 극상림을 구성하고 있기 때문이다. 식물의 군집도 사회가 형성되고 발전되듯 점차 변하는데 이를 '천이'라고 하며 이 단계의 마지막으로 적당한 습도와 온도를 가진 토양 위에서 이루어진 안정된 산림 군락을 '극상림'이라고 한다. 우리나라는 지형이 다양하여 그에 따른 극상수종이 달라지기도 하지만 그래도 온대 중부 활엽수림에서는 서어나무가 명실상부한 극상림의 자리를 지키고 있다.

서어나무가 주는 또 하나의 의미는 우리나라가 세계 분포의 중심에 든다는 점이다. 화석을 분석하여 보면 서어나무속 식물은 아시아에서는 이미 제3기Tertiary Period에 출현하기 시작하였고 이제 세계적으로 수십 종이 알려져 있으나 그 분포의 중심을 우리나라에 두고 있으니 여간 반가운 게 아니다. 서어나무의 학명은 '카르피누스 락시플로라Carpinus laxiflora'인데 여기서 속명 '카르피누스Carpinus'는 켈트어로 '나무'라는 뜻의 '카car'와 '머리'라는 뜻의 '핀pin'의 합성어로 나무의 우두머리가 되니 왠지 예사롭지 않게 느껴진다.

- **식물명** 서어나무
- **과명** 자작나무과(Betulaceae)
- **학명** *Carpinus laxiflora* Blume

- **분포지** 강원도 및 황해도 이남 지역
- **개화기** 4~5월, 암꽃 녹색, 수꽃 적황색
- **결실기** 9~10월, 삼각상 난형
- **용도** 풍치수, 목재
- **성상** 낙엽성 교목

서어나무속 식물이 생태학적으로 확실한 위치를 차지하고 있는 반면 분류학적으로 그 위치가 모호하여 논란이 많고, 그래서 더 많은 사람의 관심을 끌고 있다. 서어나무류는 자작나무과에 속한다는 견해가 보편적으로 받아들여지고 있지만 학자에 따라서는 개암나무과에 넣기도 하고 서어나무과를 따로 독립시켜 이에 포함시키기도 한다.

종의 수준으로 내려가서도 학자에 따라서는 우리나라에 자라고 있는 서어나무속 식물을 적게는 7종류에서 많게는 두 배에 가까운 13종류까지 보고 있다. 서어나무류의 형태 변이가 얼마나 다양한지 짐작할 수 있다.

서어나무는 계절에 따라 보여주는 나무 자체의 아름다움만으로도 사랑받기에 충분하다. 이른 봄 서어나무의 새순은 연둣빛이 아니라 아주 진한 붉은빛이다. 멀리서 바라보면 색다른 봄꽃 같다. 핏빛처럼 빨갛던 새순이 어느샌가 잎새의 형태를 갖추어가면서 아주 고운 연둣빛이 되어 사방에 퍼진다. 서어나무가 주는 신록의 싱그러움을 따라갈 만한 나무는 그리 많지 않을 듯싶다. 제대로 벌어진 잎새는 긴 타원형이며 열에서 열두 쌍 정도의 가지런한 잎맥을 가진다.

꽃은 이보다 조금 늦게 피지만 여느 꽃들처럼 화려한 꽃잎이 없어서 봐도 꽃인 줄 모르기 십상이다. 이러한 꽃이 결실하여 열매로 자라나는 데 열매는 과포, 즉 열매의 포에 싸여 층층이 포개져 전체적으로는 손가락 하나 길이의 이삭 모양으로 길게 늘어지는데 서어나무류에서만 볼 수 있는 아주 개성 있는 모습이다.

서어나무 수꽃차례

서어나무의 멋은 가을 단풍에서도 찾을 수 있다. 노랗지도 그렇다고 아주 붉지도 않은, 이 두 색깔을 섞고 거기에 약간의 흰 물감까지 더해 은은한 분위기마저 돈다.

곱던 가을 잎새마저 다 지고 나면 서어나무는 특유의 가지를 그대로 드러낸다. 서어나무의 수피는 회색에 검은 얼룩이 섞이고 마치 육체미를 자랑하는 보디빌더의 팔뚝 근육처럼 울퉁불퉁 튀어나와 힘이 넘친다. 그래서 이 나무의 별명이 머슬 트리Muscle tree 즉 근육 나무이다.

서어나무와 아주 비슷한 나무로 개서어나무와 까치박달이 있다. 서어나무와 개서어나무의 잎은 정말 비슷해서 구분하기가 어렵지만 잎의 표면에 털이 나 있으면 개서어나무이다. 분포적인 특징을 따져보면 산을 오르다가 아래쪽에서 나타나면 서어나무요, 고도가 높은 곳에서 나타나면 개서어나무이기 쉽다. 까치박달은 잎이 좀 더 유별나게 촘촘히 여러 개가 생겨나서 구분하기가 좀 쉬운데 잎맥이 많아 12쌍에서 20쌍 사이면 까치박달이요, 12쌍 이하면 서어나무이다.

계절별로 내보이는 색감과 줄기의 멋스러움 등 장점이 많아서 조경하는 데 풍치수로 적합하지만 목재로도 이용할 수 있다. 결이 곱고 치밀하며 약간 무겁고 잘 갈라지지 않는 데다가 점성이 강하여 오래전에는 직물을 짜기 위한 방적용 나무관을 만들었다고 한다. 그 밖에 가구재, 농기구, 세공재로 용도가 다양하며 표고버섯을 재배하는 골목으로도 이용이 가능하다. 최근에는 새순의 색이며 줄기의 특성 때문에 분재 소재로도 많은 관심을 끌고 있다.

이 땅에 자라는 서어나무가 처음 소개된 것은 1900년 러시아의 식물학자 팔리빈에 의해서이다. 그는 서울에서 처음 이 나무를 발견하고 발표하였다. 그러나 요즈음은 서울에서 서어나무

개서어나무 암꽃과 수꽃

를 찾아보기가 그리 쉽지 않다. 남산의 식물을 조사한 보고서를 보면 그곳에 자란다고 기록되어 있는데 남산의 식물을 조사할 기회가 여러 번 있어 유심히 찾아보았으나 아직 지은이는 발견하지 못하였다. 혹 그새 살기에 힘겨워 사라진 것인지 걱정이 든다.

서어나무 수피

　제대로 된 서어나무 숲이라면 중부지방에서는 단연 경기도 포천시의 광릉숲 소리봉을 추천한다. 광릉이라는 세조 왕릉이 있어 보호되고 일제강점기에는 시험림이 있어 보호된 데다가 가까스로 전쟁을 피했기에 유일하게 남아 있는 천연림이다. 수백 년에 걸친 보전의 역사를 가진, 우리나라에서 단위면적당 생물종 다양성이 가장 높은 곳이기도 하다. 2010년 유네스코가 생물권 보호지역으로 지정한 이 숲은 보호구역이어서 직접 갈 수는 없지만 국립수목원 육림호에서 바라다보면 해발 500미터가 조금 넘는 산에 잘 자란 나무들이 조화로운 숲을 이루고 각종 희귀한 동식물이 살고 있음을 알 수 있다. 서어나무 숲이 만들어내는 그 고운 빛깔과 소리와 냄새마저도 모두 느낄 수 있다.

　서어나무는 황해도와 강원도 이남에 자라는데 우리나라에서는 설악산에 있는 나무가 가장 북쪽에 살고 있는 것이 아닌가 추측된다. 남으로 오면 더욱 자주 만날 수 있고 무안이나 함평에는 개서어나무와 팽나무 같은 나무가 줄지어 서 있어서 각각 천연기념물 제82호와 제108호로 지정해 보호하고 있다.

　번식은 대개 늦가을에 채취한 종자를 건조하지 않은 곳에 보관하였다가 이듬해 3월쯤에 파종하면 된다. 추위에는 비교적 잘 견디지만 공해에는 약하므로 심는 장소를 잘 골라야 한다.

오리나무

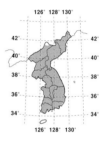

오리나무는 그 이름만 들어도 아주 친근하게 생각되는 우리 나무이다. 그러나 막상 산이나 들에 가서 오리나무를 찾으려면 그리 쉬운 일만은 아니다. 오리나무와 형제 나무인 물오리나무나 사방오리는 자주 만날 수 있어도 오리나무는 무척 귀하다. 그래서 식물도감을 뒤져도 흔히 부르는 참나무는 없듯이, 가까운 나무라는 느낌만 가지고 오리나무를 찾으러 떠났다가는 그야말로 오리무중이 되기 쉽다.

그러나 옛 기록을 들추어보면 우리가 이 나무에서 느끼는 친근감만큼이나 우리 선조들의 생활과 아주 밀접한 관계를 맺고 살아온 나무라는 것을 알 수 있다. 그렇다면 왜 오리나무가 되었을까 하는 의문이 먼저 생긴다. 오리라고 하면 꽥꽥거리는 오리를 떠올리기 쉽지만 이 오리와는 전혀 관계가 없고 '오'는 다섯 오五 자, '리'는 옛날에 거리를 나타내는 수단으로 쓰인 리里에서 유래되었다는 이야기가 설득력 있게 전해져 내려온다. 예전에는 요즈음처럼 어느 도시까지 몇몇 킬로미터 하는 이정표가 따로 없었던지라 대략 5리五里마다 이 나무를 심어놓고 이 나무를 처음 만나면 5리를 온 것이고 두

- **식물명** 오리나무
- **과명** 자작나무과(Betulaceae)
- **학명** *Alnus japonica* Steud.

- **분포지** 우리나라 거의 전역, 만주, 북해도 등
- **개화기** 3~4월, 황백색 유이화서(수꽃), 암수딴그루
- **결실기** 10월, 갈색의 타원형 구과
- **용도** 목재, 염료, 약용, 비료목
- **성상** 낙엽성 활엽 교목 또는 소교목

번째 지나면 10리를 온 것으로 계산하였다. 진짜 이러한 이정표로 삼기 위하여 부러 심었는지는 어느 기록에도 딱 부러지게 나타나지 않아 확언할 수는 없지만 적어도 5리마다 만날 수 있을 만큼, 그것도 길에서 만날 만큼 항상 주변에 있었다는 것만은 확실히 알 수 있다. 오래전부터 내려오는 전래 노래인 〈나무타령〉에도 '십 리 절반 오리나무'라는 대목이 나오니 이 설이 훨씬 그럴듯하게 들린다. 오리나무를 가까이 심은 이유 중의 하나는 굵은 목재는 아니지만 목질이 치밀하고 단단하여 여러 용도로 긴요하게 쓰이므로 논이나 밭둑에 몇 주씩 심어두는 풍속이 있었기 때문이라고 한다.

오리나무로는 가지를 엮어 볏단을 걸어 말리는 도가稻架나 지팡이, 지게, 연장 자루, 나막신, 그릇 등 여러 가지를 만들어 썼으며 고된 농사일을 하다가 이 오리나무 그늘에서 땀을 식히기도 했다. 또 오리나무의 숯은 화약의 원료가 되기도 하고 대장간의 숯불로도 중요하게 여겨졌다고 한다.

그 외에도 오리나무에는 물감 나무라는 별명도 있는데, 이는 염료로서의 용도를 잘 설명해준다. 이 나무를

오리나무 꽃   오리나무 열매   오리나무 수피

삶으면 붉은색, 수피에서는 다갈색, 열매와 논의 개흙을 섞으면 검은 물이 들었다고 하는데, 이는 수피나 열매에 타닌이 함유되어 있기 때문이다. 특히 어망이나 물고기를 잡는 도구인 반두라는 기구에는 꼭 이 물을 들였다고 한다. 오리나무를 염료로 이용한 것은 우리나라뿐이 아니었던지 일본의 아이누 족들은 오리나무 껍질에 상처를 내면 빨간 피 같은 액이 나오기 때문에 오리나무를 '게네', 즉 '피나무'라고 부르고 섬유를 붉게 염색하였다고 하며, 또 다른 문헌에는 오리나무로 물들이는 것이 도토리보다 낫다고도 적혀 있다 한다.

동해에 접해 있는 어떤 민족은 바다에 나갈 때 이 오리나무로 만든 목패를 만들어 가지고 갔다. 이는 이 붉은 목패를 보고 물고기들이 많이 모여들기 때문이었는데, 돌아올 때는 바다에 던져 바다의 신에게 무사 귀환을 비는 제물로 바쳤다고 한다.

오리나무는 우리나라를 비롯한 주변의 나라에서는 농사짓는 사람들에게나 고기 잡는 사람들에게나 나름대로 아주 가깝고 중요한 나무였음이 틀림없다. 오리나무 목재가 건조시켜도 벌어지지 않는 특징이 있어서 요즈음에는 토목재, 조각재, 악기재 등으로도 사랑을 받는다.

오리나무는 약으로도 이용하였다. 가을철에 잎이 떨어지기 전에 열매를 따서 약으로 쓰는데, 한방에서는 지사제로 또는 위장에 병이 있을 때 처방하며 민간에서는 껍질을 달여 산후에 피를 멎게 하거나 위장병, 눈병, 류머티즘, 후두염 등에 쓴다고 한다. 또 봄철에 달리는 수꽃의 화서는 폐렴에 좋다고 한다. 그러나 이 수꽃의 꽃가루는 봄에 날아다니다가 꽃가루 알레르기의 원인이 되기도 한다.

이 오리나무가 최근에는 새로운 각도에서 학자들의 관심을 모으고 있다. 오리나무에는 공중의 질소를 식물이 직접 양분으로 이용할 수 있게 바꾸어주는 근류균이 공생하므로 스스로 땅속에서 양분을 만들어 척박한 토양에서도 잘 자람은 물론이요, 토양 자체를 비옥하게 하는 비료목으로 주목을 받기 때문이다. 그래서 수년 전부터 이 식물의 뿌리에서 자라는 공생균에 대한 연구가 활발히 진행되고 있다.

우리나라에서 오리나무가 군림을 이룬 곳이 있다는 이야기는 듣지 못했으나 전국에서 주로 산기슭이나 개울가에 자라며, 특히 만주와 시베리아, 일본의 북쪽 북해도에 많이 분포한다고 한다. 오리나무는 자작나무과에 속하는 낙엽성 소교목 또는 교목으로, 다 자라면 20미터까지 크기도 한다. 꽃은 잎도 나기 전인 이른 봄에 달린다. 꽃가루를 한껏 머금은 수꽃화서가 가지 끝에 축 늘어져 달리며 그 주변에는 자세히 관찰하지 않으면 스쳐 지나기 쉬운 붉은색의 갈라진 암술머리를 가진 아주 작은 암꽃이 달려 있다. 잎은 꽃이 질 무렵 나기 시작하는데 길쭉한 타원형의 잎은 손가락 하나 길이쯤 된다. 열매는 가을에 타원형의 작은 구과가 달린다.

오리나무와 비슷한 나무 가운데에는 잎이 둥글며 잎 가장자리에 이중의 둔한 톱니가 있는 물오리나무가 가장 흔하고, 외국에서 건너온 사방오리는 잎이 길쭉한데, 한때 흙이나 모래가 떠내려가는 것을 막는 사방용으로 우리나라 전역에 많이 심어 지금까지 전국 곳곳에 남아 있다.

오리나무의 이용 가치가 떨어져서 그런지 오리나무를 많이 심겠노라는 이를 보기는 어렵지만 혹 심어 가꾸고자 한다면 가을에 채취한 열매의 종자를 건조시켜서 밀봉해 저장했다가, 씨를 뿌리기 전에 며칠 물에 담갔다가 봄에 뿌린다. 기르기 어렵지는 않지만 어린 나무일 때 건조 피해를 입지 않도록 한다. 어려서는 그늘에서도 잘 자라지만 양수이므로 크면서 볕이 드는 곳에 심는 것이 좋다. 추위에도 공해에도 강한 나무다.

자작나무

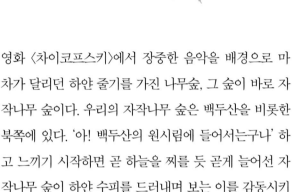

영화 〈차이코프스키〉에서 장중한 음악을 배경으로 마차가 달리던 하얀 줄기를 가진 나무숲, 그 숲이 바로 자작나무 숲이다. 우리의 자작나무 숲은 백두산을 비롯한 북쪽에 있다. '아! 백두산의 원시림에 들어서는구나' 하고 느끼기 시작하면 곧 하늘을 찌를 듯 곧게 늘어선 자작나무 숲이 하얀 수피를 드러내며 보는 이를 감동시키곤 한다. 그래서 자작나무를 두고 눈처럼 하얀 수피를 가져 숲 속의 귀족이요 가인佳人이며 나무들의 여왕이라고 했던가. 특히 흰색을 좋아하는 백의민족이 그 하얀 수피를 각별히 귀히 여겼음을 얼마든지 짐작할 수 있다.

자작나무는 자작나무과에 속하는 낙엽성 활엽 교목이다. 대개 20미터 정도 자라는데 백두산 원시림에는 하늘 높은 줄 모르고 높이높이 자라고 있다. 우리나라 북부 지방을 비롯하여 일본 북부나 중국의 동북부, 사할린이나 캄차카에도 분포한다.

자작자무는 북부 지방의 심심산천에 자라는 나무다. 거제수나무의 수피가 회백색으로 잘 벗겨져 많은 사람이 그 나무와 자작나무를 혼동하는데 심어 가꾸는 나무

- **식물명** 자작나무
- **과명** 자작나무과 (Betulaceae)
- **학명** *Betula platyphylla* var. *japonica* H. Hara

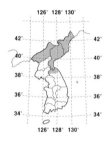

- **분포지** 북부 지방의 깊은 산
- **개화기** 4~5월, 유이화서
- **결실기** 9월, 갈색
- **용도** 종이, 약용, 공원수, 가공재
- **성상** 낙엽성 교목

외에 자생하는 자작나무는 남한에는 없다.

자작나무는 수피로 매우 유명하다. 수피의 겉면은 흰색의 기름기 있는 밀랍 가루 같은 것으로 덮여 있고 안쪽은 갈색이며 종이처럼 얇게 벗겨지는데 불에 잘 타면서도 습기에 강하여 쓰임새가 아주 많다.

그러나 옛 문헌에서 나무에 대한 기록을 찾아내고 해석하는 데는 어려움이 많다. 예전에 나무를 지칭하여 쓴 한자가 지금과 같은 나무를 가리키는지 의문이 들기 때문이다. 그러나 대개 화樺 자는 자작나무를 지칭하는 것으로 인정하고 있고 간혹 화華 자로 쓰기도 한다.

지금도 결혼식을 올리면 화촉華燭을 밝힌다고 하며 '축 화혼祝 華婚'이라고 축하의 글을 보낸다. 예전에는 전기는커녕 초도 없어서 불이 잘 붙는 자작나무 껍질에 불을 붙여 사용했는데, 화촉을 밝힌다 함은 자작나무 껍질에 불을 붙여 어둠을 밝히고 행복을 부른다는 뜻이 담겨 있다. 그러나 화촉이란 말을 무조건 결혼과 연관 지어 해석할 필요는 없다. 이 자작나무 불이 그 시대의 등불이었으므로 넓은 의미로 '불을 밝힌다'는 뜻이 된다. 소식蘇軾의 시 가운데 '손님을 보내는 숲에 자작나무 껍질로 불을 밝

히는데 그 냄새가 향기롭다'는 뜻의 "송객임중화촉향送客林中華燭香"이란 구절이 나와 이를 입증한다.

자작나무 껍질은 종이 역할도 한다. 우리나라에서는 물론이고 일본이나 중국도 이 자작나무 껍질에 부처님의 모습을 그리거나 불경을 적어두어 후세에 전할 수 있도록 했다는 기록이 있다. 또 책자를 만들기도 하였고 단궁(활)을 만들 때 궁배(활등)를 싸는 것을 비롯하여 낚싯대, 각종 연장의 손잡이를 감싸는 데도 이 껍질을 이용하였다.

자작나무를 백서白書라고도 하는데 이는 옛날 그림을 그리는 화공들이 이 나무의 껍질을 태워서 그 숯으로 그림을 그렸고 가죽을 염색하는 데 사용하면서 부른 이름이다. 이러한 까닭에 그림 도구 및 염료를 파는 가게를 화피전이라고도 한다.

자작나무가 숲을 이루어 자라고 있는 북부 지방에 사는 사람들은 이를 두고 보티나무라고 부른다. 그래서 "보티나무에 살고 보티나무에 죽는다"라는 말도 있다. 자작나무 껍질로 덮은 지붕 아래서 태어나서 이 나무로 불을 지펴 밥을 해 먹고 불을 밝히며 살아가다가 죽어서는 시신이 자작나무 껍질에 싸여 저승으로 간다는 것이다. 관 대신에 자작나무 껍질로 싸서 바로 매장하기도 하지만 일반적으로 장사를 지내고 3년 뒤 다시 묘를 열어 백골이 된 시신을 꺼내서는 자작나무 껍질로 빈틈없이 싸고 다시 묻어 분묘를 만드는데, 이는 오래도록 부모의 백골을 보존하기 위한 효심에서 비롯되었다고 한다. 만일 시신이 미처 백골이 되지 않았으면 대나무 칼로 살을 깎아내었다고 하는데 이 풍속을 개천이라고 부른다.

백두산 근처의 집은 너와집이 많은데 통나무로 집을 지어 지붕을 이고는 자작나무 껍질로 덮고 바람에 날리지 않도록 그 위에 돌을 가득 올려놓는다. 이 자작나무 지붕이 좋은 것은 껍

자작나무 꽃

자작나무 열매   자작나무 수피

질에 기름기가 많아 잘 썩지 않기 때문이다. 불이 잘 붙는 것도 물론 기름기가 많기 때문이다.

산길을 가다가 자작나무 토막을 밟거나 길을 내려갈 때 쓰러져 있는 이 나무줄기를 의지해서는 안 된다. 그 이유 역시 껍질은 살아 있는 나무처럼 형태가 그대로 남아 있어도 줄기 속은 모두 썩어 있기 때문이다.

그 밖에 『본초강목』에 "화樺는 색은 황색이고 분홍색 반점이 있으며 수피는 두껍고 부드러우며 신발의 뒤창에 붙이고 때로 칼집으로 쓰며 말안장이나 활을 싸기도 하고 껍질로 밀을 감싸서 초를 만들어 불을 붙이기도 한다"라고 기록되어 있다. 실제로 제2차 세계대전 중 물자가 부족하던 일본 군인들은 군화 뒤창을 이 껍질로 대용하였다고 한다.

자작나무 목재는 박달나무의 형제인 만큼 아주 단단하고 조직이 치밀하며, 벌레가 잘 안 생기고 또 오래도록 변질되지 않아 건축재, 조각재는 물론 여러 가지로 이용된다. 해인사 팔만대장경의 일부는 자작나무로 만들어졌고 도산서원에 있는 목판 재료 역시 자작나무이다. 경주 천마총에서 출토된 그림도 자작나무에 그려져 있다고 한다. 외국에서도 자작나무 목재는 비싼 편이다.

이 나무가 많이 자라는 러시아에서는 목재를 건류해서 얻은 자작나무 타르를 가죽 제조에 이용하며, 자작나무 눈芽을 증류하여 방향을 추출해서 화장품 제조에 이용한다.

자작나무는 약재로도 쓰인다. 한방에서는 백화피 또는 화피라고 하여 자작나무의 껍질을 이용한다. 주로 여름에 껍질을 벗겨 햇볕에 잘 말린

다음 물에 넣고 달여서 복용하면 이뇨, 진통, 해독 등에 효과가 있어 폐렴, 기관지염, 요도염, 방광염, 류머티즘이나 피부병에 처방한다. 류머티즘이나 통풍에는 이 약재를 달인 물로 직접 찜질을 하기도 한다. 또 고로쇠나무나 거제수나무처럼 곡우 때 자작나무 줄기에 상처를 내어 그 수액을 마시면 무병장수한다는 이야기가 있고, 우리나라 북부 지방에서는 귀한 손님이 오면 이 수액으로 대접한다. 북한에서는 이 수액을 용기에 담아 판매한다고도 한다. 또 이 수액을 발효시켜 만든 술이 아주 일품인데 아무리 마셔도 한 시간이 지나면 깨끗하게 술이 깨는 명주라고 한다.

사우나의 본고장 핀란드에 가보면 사우나탕 안에 허리께쯤 오는 자작나무 가지가 다발로 묶여 있다고 한다. 목욕하면서 이것으로 팔다리와 어깨를 두드리면 혈액순환에 좋다는 것이다.

자작나무는 역시 산의 나무다. 정원에 심고 가꾼다 하더라도 뿌리를 깊이 내리지 않아 강한 바람에 약하고, 가지를 잘라주면 아주 싫어한다. 공해에도 강한 편이 못 되며, 크게 자란 나무는 하늘소의 침입이 있어 두루두루 주의해야 한다.

자작나무는 대개 종자로 번식한다. 손가락 같은 꽃차례에 달리는 얇고 작은 종자가 흩어지기 전에 따서 말려 찬 곳에 잘 보관하였다가 이듬해 봄이 되면 모래를 살짝 덮어 뿌린다.

자작나무가 맑고 깨끗하고 깊은 산을 좋아하는 속성을 잘 말해주는 전설이 하나 있다.

옛날 칭기즈칸이 유럽을 원정할 때 칭기즈칸 편에 서서 여러모로 도움을 준 유럽의 한 왕자가 있었다. 왕위에 오르지 못해 불만을 품었는지, 아니면 아버지 왕에게 미움을 받아서 쫓겨났는지 정체를 숨긴 왕자였는데 칭기즈칸의 군대는 막강하고 엄청난 무기가 있다는 등의 거짓 소문을 퍼뜨려 칭기즈칸과 싸우려던 유럽의 군사들이 싸우지도 않고 미리 도망가게 만들었다.

후에 이 사실을 안 유럽 왕들은 이 왕자를 잡으려고 나섰다. 이 소식을 들은 왕자는 유럽에 가지 않고 그렇다고 칭기즈칸의 군대에도 가지 않고 혼자 북쪽으로 도망쳤다. 그러나 더 이상 도망칠 수 없음을 알게 된 왕자는 땅에 큰 구덩이를 파고 자신의 몸을 흰 명주실로 친친 동여매어 그 속에 몸을 던져 죽고 말았다. 이듬해 봄, 왕자가 죽은 곳에서는 나무가 한 그루 자라났는데 이 나무가 바로 흰 비단을 겹겹이 둘러싼 듯, 하얀 껍질을 아무리 벗겨도 흰 껍질이 계속 나오는 자작나무라는 것이다. 왕자가 죽어서 된 자작나무는 왕자의 넋을 기리는 듯 사람을 피하여 자신의 정체를 숨길 수 있는 깊은 산속에서 살고 있다.

찔레꽃

봄이 무르익으면 찔레꽃도 그 환한 꽃망울을 터뜨린다. 양지바른 개울가나 산의 초입 비탈진 곳에 찔레꽃은 사랑스럽게 피어 향기를 퍼뜨린다. 찔레꽃은 산처녀처럼 때 묻지 않았으면서도 그 안에 감추어진 아름다움으로 주위를 온통 밝게 만들곤 한다. 보기 좋은 것은 꽃만이 아니다. 가을에 빨갛게 익는 열매는 진주알만큼 작지만 귀엽고 앙증스럽다. 찔레꽃은 이리저리 불규칙하게 휘어진 가지에 작은 열매를 달고서 모진 겨울을 난다.

그 고운 꽃에 어떻게 찔레꽃이란 이름이 붙게 되었을까? 어느 곳에서도 정확히 확인할 수는 없지만 한 식물학자의 추측을 빌리면, 찔레꽃은 온몸에 가시가 있는데 꽃이 어여뻐 혹 가지 하나 꺾기라도 하면 이 가시에 영락없이 찔리게 되므로 '찌르네' 하다가 찔레가 되었을 거라고 한다. 지방에 따라서는 찔룩나무 또는 새비나무라고 부르기도 한다.

찔레꽃은 장미과 장미속에 속하는 낙엽성 관목이다. 키는 보통 2미터까지 자라며 우리나라에는 찔레꽃 없는 곳이 없고 일본이나 중국에도 자란다. 본디 전 세계가 사랑하는 장미는 여러 야생 장미를 기본종으로 하여

- **식물명** 찔레꽃
- **과명** 장미과(Rosaceae)
- **학명** *Rosa multiflora* Thunb.

- **분포지** 전국의 숲 가장자리, 들판의 시냇가
- **개화기** 6월, 백색
- **결실기** 8~9월, 붉고 둥근 열매
- **용도** 관상용, 향료, 약용, 식용
- **성상** 낙엽성 활엽 관목

인위적으로 만든 원예 품종이고 세계에는 야생의 들장미가 많은데, 찔레
꽃은 우리나라의 들장미라고 할 수 있다. 실제로『본초강목』에 보면 찔레
꽃(여기서는 생약명 영실이라는 이름을 썼다)을 장미라고 하고 담장을 의지해
서 자란다는 기록이 있다. 벌과 나비가 화려한 장미보다는 찔레꽃을 더욱
많이 찾아오니 이 또한 재미있는 일이다.

찔레꽃의 학명은 로사 물티플로라*Rosa multiflora* 인데, 여기서 속명 로사
는 꽃의 여왕 장미는 물론 찔레꽃과 그 사촌들 모두를 일컫는다. 로사는
'붉은색'이라는 뜻의 켈트어 '로드rhodd'가 그리스어로 '장미'라는 뜻의
'로돈rhodon'이 되었는데 이 말에서 유래되었다고 한다.

찔레꽃은 덩굴성 식물은 아니지만 긴 줄기는 활처럼 늘어지고 이 줄
기에는 다섯 내지 아홉 장의 작은 잎이 하나의 깃털 같은 큰 잎을 만들어
서로 어긋나게 달린다. 꽃은 5월에 피며 지름이 손가락 한 마디쯤 되고
우산살처럼 여러 개가 새로 난 가지 끝에 달린다. 하얀 꽃잎은 모두 다섯

장 달리는데, 꽃잎의 중앙이 입술처럼 옴폭하며 꽃잎 가운데로 샛노란 수술이 가득하다. 간혹 꽃잎에 연한 분홍빛이 돌기도 한다.

우리나라에 자라는 야생 장미는 찔레꽃만 있는 것은 아니다. 명사십리 바닷가에 곱게 핀 해당화, 붉은인가목, 흰인가목, 생열귀나무를 비롯하여 다섯 장의 화려한 꽃잎과 수많은 수술과 가시를 가진 야생 장미들이 깊은 산골에 숨어서 홀로 아름답다.

어린 시절을 시골에서 보낸 이들은 봄철에 돋아나는 연한 찔레꽃 순의 맛을 잊지 못한다. 순하게 생긴 새순을 골라 껍질을 까서 씹으면 떫은맛이 돌기는 하지만 그래도 사각이면서도 들쩍지근한 맛이 달콤하게 느껴져 군것질거리가 궁하던 아이들에게 더없이 좋은 친구가 되곤 하였다. 이 찔레꽃 순 따 먹기에서 발달한 놀이가 하나 있다. '찔레꾸지'라고 부르는 놀이인데 먼저 냇가의 돌을 주워다가 아궁이를 만들고 그 위에 돌을 둥글게 쌓아 지붕을 만든 다음 마른 땔감을 구해 와 불을 지핀다. 불이 타는 동안 돌멩이가 달아올라 들썩거리면 이를 무너뜨리고 풀을 깐다. 그사이에 다른 아이들이 따 온 찔레꽃 순을 놓고 다시 풀을 꼭꼭 덮은 다음 고운 진흙을 덮는다. 잠시 후 여기에 구멍을 뚫고 깨끗한 물을 부으면 찔레꽃 순은 수증기에 야들야들하게 쪄진다. 복잡하고 번거로워 보이지만 봄날에 무료한 아이들에게는 더없이 즐거운 놀이였다. 또한 찔레꽃이 필 때 비가 세 번 오면 풍년이 든다고 농부들은 말한다.

찔레꽃

붉은인가목

해당화

찔레꽃 열매   찔레꽃 줄기

찔레꽃의 향기는 매우 좋다. 우리나라에서는 향수 문화가 발달하지 않아서 관심이 덜하지만 야생 들장미는 신선한 향기로 마음을 빼앗는다. 그렇다고 우리의 선조들이 향기 자체에 관심이 없는 것은 아니어서 향기로운 열매를 담아두고 겨울을 나기도 했고 꽃잎을 모아 향낭을 만들거나 베갯속에 넣어두기도 하였다. 또 찔레꽃을 증류시켜서 이것을 화로花露, 즉 꽃이슬이라고 불렀고 화장품이 없던 시절의 처녀들은 말린 꽃잎을 비벼 세수하곤 했다.

찔레꽃은 약용식물이기도 하다. 생약명은 영실 혹은 장미자라고 하는데 반 정도 익은 열매를 따서 말려 쓴다. 이뇨, 해독 등에 효과가 있어 신장염, 각기, 수종, 변비, 월경불순, 오줌이 잘 나오지 않을 때 처방한다. 대개 물을 붓고 달이거나 가루로 만들어 쓰지만 열매를 술에 3개월 이상 담가두었다가 조금씩 복용하기도 한다.

오래전부터 많이 불러오던 흘러간 대중가요 가운데 "찔레꽃 붉게 피는 남쪽 나라 내 고향, 언덕 위에 초가삼간 그립습니다……" 하는 노래가 있다. 가끔 가사가 모순되는 노래를 만나는데 이 노래 역시 그 가운데 하나다. 찔레꽃 가운데에는 연한 분홍빛이 도는 것도 있기는 하지만 붉게 핀다는 것은 아무래도 맞지 않고, 또 찔레꽃은 남쪽의 따뜻한 지방보다는 중부지방에서 훨씬 흔하게 보는 꽃이기 때문이다.

장미를 비싸게 사들여서 약을 치며 돌보고 겨울에는 얼지 않게 싸주어야 하는 번거로움을 감수하느니 이 찔레꽃을 심으면 어떨까? 생울타리로 올려도 좋고 정원의 한구석에 서로 어우러지도록 무리로 심으면 향기롭고 풍성한 봄이 될 것이다.

　땅속줄기에서 뿌리를 내기도 하지만 많이 번식시킬 때에는 종자를 뿌린다. 익은 열매를 따서 과육을 제거하고 저온에 저장하였다가 그해 가을이나 이듬해 봄에 파종한다. 종자가 건조하지 않도록 주의해야 한다.

　찔레꽃에는 슬픈 전설이 하나 있다. 옛날 고려 시대, 국력이 약해지자 몽고에 굴복하여 조공을 바치면서 아리따운 소녀 500명이 함께 팔려 가게 되었다. 그 속에는 찔레라는 착하고 아름다운 소녀도 끼어 있었다. 찔레꽃을 데려간 몽고 주인은 다행히 마음씨도 착하고 지체도 아주 높아 찔레꽃은 고생하지 않고 사랑받으며 지냈다.

　그런 지 10년이 흘렀지만 찔레꽃은 고향에 두고 온 부모와 개구쟁이 동생을 잊을 수 없어 상심의 나날을 보냈다. 이를 불쌍히 여긴 찔레꽃의 주인은 고려로 하인을 보내 가족을 찾아 함께 살게 하려 했으나 찾을 길이 없었다. 그러자 이번에는 찔레꽃이 직접 가족을 찾으러 나섰으나 방방곡곡을 헤매도 찾을 길이 없었다. 다시 오랑캐의 나라로 돌아가지 않겠다고 생각한 찔레꽃은 동생의 이름을 부르며 죽었다. 그 뒤 이 가련한 소녀가 가족을 찾아 헤매던 골짜기마다 소녀의 마음은 흰 꽃이 되고 수없이 흘린 피눈물은 열매가 되었으며 동생을 부르던 목소리는 아름다운 향기가 되어 온 산천에 피어났다. 그 후부터 사람들은 이 꽃나무의 이름을 찔레꽃이라고 불렀다고 한다.

산딸기

잎새 뒤에 숨어 익은 산딸기
지나가던 나그네가 보았습니다
딸까 말까 망설이다 그냥 갑니다

초등학교 때 즐겨 부르던 동요이다. 요즈음 어린이들
도 유행가 말고 이런 동요를 부르며 지낼까? 요즈음 어
린이들도 여름날 빨갛게 잘 익은 그 달콤한 산딸기의
맛을 알까?

산에서 산딸기를 만나는 때는 대부분 무더운 여름이
다. 깊은 산중보다는 산을 다 내려와 힘겨운 여름 산행
이 끝나갈 무렵, 한층 목마름이 심하고 지칠 때 산딸기
를 만나면 정말 반갑다. 그런 때는 발길을 멈추고 혹은
하던 조사를 중단하고 어린 마음이 되어 따 먹기에 열
중하곤 한다. 빨갛게 잘 익은 것일수록 시지 않고 달콤
하다. 나뭇가지를 들추어 잘 익은 놈을 골라서 따 먹는
산딸기의 맛은 과일 가게에서 사 먹는 것보다는 백배
쯤 맛이 좋다. 앞서 가는 사람이 갈 길을 재촉이라도 할
라치면 욕심껏 따서 손에 들고는 남은 산길에 두고두고
아껴 먹곤 한다. 그러다가 유난히 크고 잘 익은 열매 하

- **식물명** 산딸기
- **과명** 장미과(Rosaceae)
- **학명** *Rubus crataegifolius* Bunge

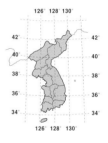

- **분포지** 전국의 숲 가장자리나 들판
- **개화기** 6월, 백색 산방화서
- **결실기** 7~8월, 홍색 취합과
- **용도** 약용, 식용
- **성상** 낙엽성 활엽 관목

나 집어서는 함께 가는 벗에게 건네기도 하면서.

산딸기는 장미과에 속하는 낙엽성 관목이다. 우리가 흔히 먹는 딸기는 아메리카 대륙이 고향인 초본 식물로서 과일로 개량 재배된 것이지만, 산에서 만나는 산딸기는 모두 목본 즉 나무이다. 우리는 그저 산에서 야생으로 자라며 먹음직스러운 붉은 열매를 맺는 것을 따로 구분하지 않고 모두 산딸기라고 부르지만 이렇게 산에서 자라는 딸기의 종류는 우리나라에만도 스무 가지가 넘는다. 이 산딸기류는 모두 학명으로 루부스*Rubus* 속에 속한다. 이는 라틴어로 '적색'이란 뜻의 '루베르_{ruber}'에서 유래되었다. 열매의 붉은빛 때문에 그런 이름을 가진 것이다. 학명이 말해주듯이 루브스속에 속하는 모든 산딸기류는 꽃 모양과 잎 모양이 제각기 다르지만 열매만은 모두 같아서 산에서는 그냥 구분하지 않고 그럴 필요도 느끼지 않으며 산딸기라 부르고 열매를 따 먹곤 한다.

진짜 산딸기는 초여름에 시원스런 하얀 꽃이 핀다. 붉은빛이 도는 줄기에 가시가 있어 가까이 다가서는 것을 경계하지만 겁을 줄 만큼은 아니다. 손가락 길이쯤 되는 잎은 셋 또는 다섯 갈래로 거칠게 갈라져 야성미가 돋보인다.

산딸기 꽃

산딸기 열매

　산에서 흔히 보는 종류로 줄딸기와 멍석딸기가 있다. 줄딸기는 다섯 내지 아홉 장의 작은 잎들이 나란히 달린 복엽이 나며 봄에 진분홍빛 꽃을 피우고 덩굴져 자라서 산길을 가는 이들의 발목을 붙잡곤 한다. 멍석딸기는 잎이 세 장씩 달리고 뒷면에 흰 털이 보이므로 구분하기 쉽다.

　복분자딸기는 그 열매로 아주 소문이 난 종류이다. 다름이 아니라 이 열매를 먹으면 정력에 좋다는 소문이 나서 수난이 그칠 새가 없다. 줄딸기와 비슷하지만 전체적으로 크고 무성하며, 잎도 더 크고 줄기는 늘어지지만 그렇다고 덩굴성은 아니며 전체적으로 흰 가루가 덮여 있어 구분이 된다.

　장딸기는 제주도나 완도 같은 남쪽의 따뜻한 섬 지방에서 흔히 만나는 종류이다. 반관목이어서 키도 크지 않은 데다가 반상록이어서 겨울에도 잎이 남아 있고 꽃 크기도 가장 큼직해서 보기에 좋다. 이 밖에도 겨울에 열매가 익는 겨울딸기, 줄기에 붉은 가시가 무성한 곰딸기, 거문도에서 자라는 섬딸기와 거문딸기, 잎이 다섯 갈래로 갈라지는 오엽딸기 등 일일이 구분하기 어려울 만큼 여러 종류가 이 땅에 자라고 있다.

복분자딸기 꽃과 열매

줄딸기 열매

장딸기 꽃

우리는 그저 우연히 만난 열매를 따 먹거나, 풍류 많은 이들이 과실주를 담가놓고 즐기거나, 혹 부지런한 시골 아낙들이 열매를 따다가 시장에 내어놓아 사 먹을 수 있는 것이 고작이지만 서양에서는 관상용으로 또는 보다 좋고 많은 열매를 얻기 위해 여러 종류의 품종을 만들고 일부러 길러 비타민이 풍부한 싱싱한 열매를 과실로 먹는 것은 물론이고 잼이나 젤리 또는 과즙 같은 것을 만들어 팔기도 한다. 산딸기로 만든 파이는 맛이 일품이다.

한방에서는 산딸기나 복분자딸기를 크게 구분하지 않고 복분자 혹은 복분이라는 생약명으로 쓴다. 약재에는 덜 익은 열매를 쓰는데 초여름에 아직 푸른 기운이 남아 있는 열매를 따서 그대로 햇볕에 말렸다가 물에 넣고 달이거나 가루로 만들어 처방한다.

여기에는 각종 유기산과 포도당, 과당 등의 당분이 함유되어 자양, 강정 등의 효능을 가지며 몸이 허약하거나 음위陰痿, 유정遺精, 자주 소변이 마려운 증상에 처방한다. 몸을 따뜻하게 하고 피부를 부드럽게 하는 데도 효과가 있다고 한다. 민간에서는 익은 열매에 술을 부어 복분자주를 만들어 피로 회복이나 식욕 증진에 쓴다.

멍석딸기는 한방에서의 용도가 조금 다른데 생약명이 산매山莓 혹은 홍매紅莓라고 하며 열매를 포함한 모든 부분을 쓰는데 진해, 거담, 진통, 해독, 소종 등에 효과가 있어서 감기, 기침, 천식, 토혈, 월경불순, 이질, 치질, 옴에 옮았을 때 쓴다.

관상수로 용도를 생각해보면 이 산딸기 종류는 꽃이 두드러지게 화려하지는 않으므로 각광받기는 어렵지만 그 생태적 특성에 따라 황폐한 지역이나 깎여 드러난 사면 같은 곳에 심어 지면을 덮고 땅을 보호하는 역할을 하게 할 수 있으며 이들이 잘 어우러져 정착하고 나면 꽃과 열매로 아름다운 환경을 만들 수 있으니 권해볼 만하다.

　이러한 산딸기류를 번식시키고자 한다면 초여름 새 줄기가 나왔을 때 옆으로 휘어 땅에 묻어두고는 이 부분에 뿌리가 내리면 잘라 묘목으로 만드는 방법이 있고, 큰나무 그루터기 군데군데 삽을 넣어 뿌리를 잘라준 다음 그 자리에서 맹아가 왕성하게 나오면 옮겨 심어도 된다. 예전에는 열매를 따서 새끼에 묻히고(씨가 너무 작아 구분하기 어려우므로) 그대로 땅에 묻어 이듬해 싹이 트게 하는 방법을 쓰기도 하였다. 햇볕이 잘 들고 비교적 수분이 많은 땅에서 잘 자란다.

칡

칡은 사람들이 정확히 알고 있지 못하는 나무 중 하나이다. 옛 문헌에는 이 나무를 풀로 취급한 것이 있으며 칡의 한자어 갈葛 자만 보아도 풀 초艸 자를 머리에 이고 있다. 다른 물체를 친친 감고 올라가는 덩굴성 식물이니까 나무도 풀도 아닌 다른 식물로 아는 이도 있지만 칡은 분명히 목질부를 가지는 목본식물, 즉 나무이다. 더구나 그저 덩굴이나 뿌리뿐인 줄 알았던 이 나무에 얼마나 아름다운 꽃이 피는지 제대로 아는 이는 드물 것이다.

칡은 콩과의 낙엽성 목본식물이다. 다른 나무를 감고 올라가는 덩굴식물로 우리나라에서는 그리 높지 않은 산, 상층이 파괴되어 볕이 드는 곳 어디에서든지 볼 수 있다. 일본과 중국, 대만에도 자라고 있으며 최근에는 북미에까지 번지고 있다고 한다.

칡은 길게 자라면 10미터가 넘는다. 나무이지만 겨울이면 가는 가지 끝은 말라 죽는다. 열심히 양분을 만들어 이루어낸 칡덩굴 잎은 깻잎같이 큼직하게 세 장씩 달려 보기에 시원스럽다. 여름이 한창일 무렵 잎겨드랑이에서 나오는 꽃은 한 뼘쯤 되는 꽃차례를 이루고 보랏빛 꽃봉오리가 차례로 벌어지면서 분홍빛과 자줏빛

- **식물명** 칡
- **과명** 콩과(Leguminosae)
- **학명** *Pueraria lobata* Ohwi

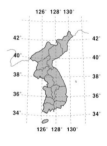

- **분포지** 전국의 산지
- **개화기** 8월, 연보라색 총상화서
- **결실기** 9~10월, 협과(꼬투리)
- **용도** 약용, 식용, 공원수, 섬유재 등
- **성상** 낙엽성 덩굴식물

꽃잎이 어우러지며 그 사이에는 노란빛도 섞인다. 이 식물은 콩과 식물이므로 열매에는 꼬투리가 달린다.

칡덩굴은 일부러 심지는 않았어도 옛날부터 우리 가까이에 있던 식물이다. 그런 만큼 한자 이름 갈葛 외에도 덩굴, 갈마, 갈등, 달근, 곡불히 등 이름이 많다. 오랜 세월 동안 구황 식량이 되기도 하고 약이 되기도 했다. 현대인들에게는 건강식품이 되고 있는데 쓰임새가 많다.

한방에서는 뿌리를 갈근, 꽃을 갈화라고 부른다. 뿌리는 가을이나 봄에 캐어 물에 담갔다가 햇볕에 말린 뒤 잘게 썰어 쓴다. 칡은 67퍼센트 이상이 수분으로 되어 있으나 그 밖에 당분, 섬유질, 단백질, 철분, 인, 비타민 등이 골고루 들어 있어 건강에 좋음은 물론이요, 다이드제인, 다이진 등의 성분이 함유되어 고열, 두통, 고혈압, 설사나 귓병에도 쓴다. 대개 물에 넣고 달이지만 가루로 빻아 쓰기도 한다.

활짝 핀 꽃을 따서 말렸다가 쓰는 갈화는 식욕부진, 구토, 장출혈 등에 효과가 있다고 하고 술독을 푸는 데도 유효하다. 칡뿌리를 약용하게 된 것은 2,000년 전으로 거슬러 올라가는데 중국에서 가장 오래된 책의 하나인 『신농본초경神農本草經』에는 "갈근은 소갈, 신열, 구토와 모든 마비증

칡 꽃   칡 열매   칡 덩굴줄기

을 다스리고 음기를 일으키고 모든 독을 풀어주며 음식을 소화시킨다"라고 소개되었으며 귀중한 의서 『본초강목』에는 "갈근은 울화를 흩어버리고 술독을 풀어주며 갈꽃은 장풍腸風을 다스린다"라고 기록되어 있다.

요즈음 한약방에서는 땀을 내고 열을 내려주며 갈증을 멈추게 해주고 두통을 멀리 해주므로 증상에 따라 감기약으로 처방하며 아예 대량으로 생산하는 한약방도 있다. 약국에서 감기약으로 파는 갈근탕도 이렇게 만든 약이다.

민간에서는 산길을 가다 다쳐서 피가 나면 얼른 주변의 칡잎을 따서 비벼 붙였는데 지혈 작용은 물론 해독 작용까지 했다. 요즈음 소독하고 상처를 아물게 하는 신제품이라고 열심히 선전하고 있는 약도 이미 오래 전의 칡잎이 그 효시가 된 것이다. 한방에서는 칡잎을 피고름을 멈추게 하는 데도 쓴다.

칡뿌리에는 녹말이 많이 있어 갈분을 만드는 데 쓴다. 예전에는 이것으로 갈분국수나 갈분다식을 만들어 먹었다. 갈분을 묽게 풀어 생강즙과 꿀을 타면 '갈분이의'가 되는데 이는 숙취에 좋다. 또 갈분을 고아 갈근엿도 만든다. 이 엿은 간식거리가 되었음은 물론 위장병에도 좋아 일부러 해 먹었다.

어린순으로 나물을 해 먹으면 그 맛이 일품이고 쌀과 섞어 칡밥을 짓기도 한다. 뿌리에서 즙을 짜내거나 잎으로 차를 만들며 뿌리나 꽃으로 술을 담그면 약술이 된다.

요즈음 우리가 칡뿌리를 쉽게 만날 수 있는 곳은 "칡 즙 팝니다"란 어

설픈 간판을 적어놓고 커다란 통칡을 갈아 파는 리어카나 용달차이다. 최근에는 그 수가 부쩍 늘어 국도를 다니다 보면 으레 만난다. 이 칡 즙은 건강식품임은 물론이어서 술꾼들이 해장하기 위해 애용한다고 한다. 산에서 칡뿌리를 캐본 경험이 있는 사람이라면 다 알겠지만, 칡뿌리는 워낙 굵고 깊게 자라 한나절 동안 파도 그리 수확이 많지 않다. 그런데 칡 즙 파는 곳에 놓인 칡뿌리는 그 두께가 허벅지만 해 신기해서 캐는 방법을 알아보니 포클레인을 동원해서 판다고 한다. 정말 격세지감을 느낄 수밖에 없다. 다방에서는 칡으로 진액을 만들어 차 재료로 쓰기도 한다. 이미 시중에 인스턴트 칡차도 나와 있다.

칡 즙을 만드는 데는 1~2년생 뿌리가 가장 좋은데 봄에 물이 오르거나 가을에 양분이 내릴 즈음 채취한 것이어야 효과가 좋다. 겉껍질을 벗겨 잘게 썬 뒤 물을 조금씩 넣고 절구에 잘 찧어 삼베에 짜서 쓰는데, 요즘은 쉽게 녹즙기를 사용한다. 믹서에 물을 넣고 갈아 찌꺼기를 가라앉히고 윗물만 따라 쓴다. 어떤 방법을 썼든 냉장고에 보관해야 하고 가능한 한 공복에 마시는 것이 좋다.

차를 만드는 갈근은 가을에 낙엽이 진 뒤부터 싹이 돋기 직전에 캐야 좋다고 한다. 말려서 만든 가루를 꿀과 함께 타 마시거나 물에 달여 마셔도 된다. 가루로 만든 차는 갈증 해소와 변비에 좋고 달여 마시는 차는 헛구역질에 특효라고 한다.

예전에는 칡덩굴의 껍데기를 벗겨 섬유를 뽑아 '청올치' 또는 '칡오락'이라 하였다. 옷감으로 짠 것이 갈포이고 이 갈포로 해 입은 옷을 갈옷이라 부르는데 평민들의 옷이었다고 한다. 갈포로 만든 두건은 갈건, 적삼은 갈삼이라고 한다. 칡으로 만든 갈옷은 사라진 지 오래며 제주도에서는 이 섬유를 덜 익은 감으로 물들여 입는다. 제주도에는 정당이라는 칡덩굴로 만든, 벌립이라는 벙거지 같은 모자 즉 정당 벌립이 있는데, 목동들은 이 모자를 쓰고 다니며 가시덤불이나 나뭇가지로부터 얼굴이 긁히는 것

등칡 열매   등칡 덩굴줄기   등칡 꽃

을 막았다. 요즈음은 옷을 해 입기에는 너무 거칠어 갈포지라는 고급 벽
지로 발전시켜 일본으로 수출하기도 한다.

또 줄기는 잘라 새끼줄 대용으로 썼다고 하니 얼마나 튼튼했는지 짐작
할 수 있다. 우리나라에서는 갈질이라 하여 부모님 상을 당했을 때 쓰는
두건 테두리를 칡 껍데기로 감아 만든다. 또 사람이 나쁜 병으로 죽게 되
면 머리를 칡으로 묶는데 이는 시신에 부기를 없애고 병균이 퍼지지 말
라고 하는 풍속이었다고 한다. 한때는 물이 새는 수도꼭지를 감는 감개나
삼태기, 광주리, 바구니 등을 만들어서 요긴하게 사용하였으며, 사냥꾼들
이 산속에서 임시로 머물기 위해 짓는 집 문짝을 칡덩굴로 엮어 만들었
는데 이러한 집을 갈호葛戶라고 불렀다.

칡나무는 이렇게 다양하게 쓰이고 연한 줄기나 잎은 건강식품 혹은 기
르는 사슴이나 염소의 천연 먹이로, 꽃은 밀원식물로 이용된다.

또 흙이 떠내려가는 것을 막는 사방 사업용으로 심기도 한다. 줄기가
땅에 닿으면 그곳에서 뿌리를 내리며 척박한 토양에서도 잘 자라 도로를
만드느라 산허리를 자르거나 산사태가 난 사면을 빠르고 단단하게 복구
할 수 있기 때문이다.

칡은 사람들에게 어떠한 형태로든 사랑의 마음으로 자기를 나누어주
고 싶어 하지만 사람들은 그토록 다양하게 칡을 이용하면서도 아무도 그
뜻을 받아주지 않고 모른 체한다.

칡덩굴을 쓸모없고 귀찮은 존재로 만드는 데 일조한 전설 하나를 소개
한다. 경상북도 김천 수도산에는 도선국사가 창건했다는 청암사에 수도

암이 있다. 이곳은 보물 제297호인 3층 석탑을 비롯한 많은 보물이 있고, 불도를 닦는 도량으로도 유명하다.

화강암으로 만들어졌으며 석굴암의 부처에 버금간다고 평가되고 있는 이 절의 보물 제307호 비로자나불은 절을 창건할 당시 산 아래 거창군에서 만들어졌다. 돌로 된 워낙 무거운 부처인지라 어떻게 산으로 옮겨야 할지 몰라 한참 고민하고 있는데, 어디선가 노승이 나타나더니 가볍게 돌부처를 메고 나는 듯이 걸어 올라가는 것이 아닌가. 모두들 이 노승의 법력에 감탄하며 따라가는데 절이 바라보이는 어귀에서 이 노승은 그만 칡뿌리에 발이 채어 넘어지고 말았다. 화가 난 노승은 당장에 산신을 불러 앞으로 이 산에는 칡이 자라지 못하게 하라고 호령했다. 그 후로 아무 데나 자라던 칡덩굴이 절 주변에서 사라지고 산등성이를 넘어가야 볼 수 있게 되었다고 한다.

이런들 어떠하리 저런들 어떠하리
만수산 드렁칡이 얽혀진들 어떠하리
우리도 이같이 얽혀서 백 년까지 누리리라

이는 태종 이방원이 정몽주를 회유하며 부른 유명한 시조이다. 덩굴져 있는 칡처럼 엉켜서 100년까지 누리리라고 이야기했지만 칡덩굴이 감고 올라가는 나무는 오래 살지 못하고 말라 죽기 때문에 특별한 목적으로 키우는 숲에 칡덩굴이 올라간다면 이는 마땅히 제거해야 한다. 그러나 무조건 칡덩굴을 몹쓸 것으로 여기는 일은 이제 그만했으면 한다. 건강식품, 약용, 또는 관상용으로 잘 개발한다면 이 땅에 지천으로 자라는 칡뿌리는 분명 좋은 자원이 되리라고 생각한다. 쓰는 사람에 따라서, 보는 사람에 따라서 칡덩굴은 얼마든지 귀하고 쓸모 있고 아름답게 커갈 수 있는 우리의 나무이다.

피나무

식물들은 듣기만 하여도 개성을 알 수 있는 이름을 가진 것이 있다. 생강나무는 생강 냄새가 나고, 소태나무는 씹으면 소태처럼 쓰며 피나물이라는 초본에서는 피 같이 붉은 유액이 나온다. 그러면 피나무는 어째서 피나무일까? 피나무는 붉은 피가 아닌 한자 피皮에서 유래하였다. 피나무의 나무껍질은 섬유로 이용하였으므로 한자로 피목皮木이 되었고 이를 따라서 피나무라 부르게 된 것이다. 그렇다고 중국 이름을 따온 것은 아니다. 중국에서는 피나무를 두고 단목段木이라 한다. 피나무는 낙엽성 활엽 교목으로 피나무과에 속한다. 피나무과 피나무속Tilia에 속하는 나무는 찰피나무를 비롯하여 섬피나무, 웅기피나무, 염주나무 등 우리나라에만도 아홉 가지가 자란다. 이중 염주나무 등 여섯 종류는 우리나라 특산종이므로 의미가 자못 크다. 그러나 이들 모두는 한 나무에서도 잎의 크기가 5~30센티미터에 달하는 등 변이가 아주 심하고 모양도 비슷비슷하여 그저 피나무라고 함께 부르고 있다.

사실 피나무류는 목재의 재질이 아주 뛰어난데 이 때문에 옛날부터 남벌이 잦아 좋은 유전자가 많이 퇴화되

- **식물명** 피나무
- **과명** 피나무과(Tiliaceae)
- **학명** *Tilia amurensis* Rupr.

- **분포지** 중부 이북의 산지
- **개화기** 6~7월, 황백색
- **결실기** 9~10월, 황갈색
- **용도** 정원수, 공원수, 밀원, 가공재, 기구재, 악기재 등
- **성상** 낙엽성 교목

어버렸다. 더욱이 종자에서 싹을 틔우기가 무척 어려워, 식물학적으로나 산업 쪽에서나 모두 유용한 나무인데도 자생지를 찾기가 점차 어려워지고 있다.

　깊은 산 계곡이나 산허리 아래에 땅이 기름지고 토심이 깊고 배수까지 잘 되는 곳에서 잘 자란다. 피나무 군집을 찾기란 여간 힘들지 않지만 오대산이나 계방산 또는 설악산 오색계곡에 들어가면 모여 사는 피나무를 볼 수 있는데 크고 좋은 나무는 이미 사람의 손을 탄 지 오래고 잘려 나간 나무의 자식들이 만들어낸 숲 속의 나무줄기는 폭이 30센티미터를 넘지 못하는 것이 대부분이다.

세계적으로는 피나무속 식물이 약 30여 종 분포하고 있는 것으로 알려져 있는데 동북아시아, 북미 동부, 유럽 등 북반구의 온대 지역에 사는 것이 대부분이며 이 세계적인 피나무 종류들도 변이가 많고 중간 형태가 많아 구별하기 어렵다.

초여름에 피는 황색 또는 흰 꽃은 다소 기형인 꽃차례에 달린다. 이 꽃차례 자루 위로 꽃과 같은 색깔의 포라고 하는 것이 달리는데 꽃이 꽃가루받이를 거쳐 종자가 여물도록 내내 달려 있다. 어찌 보면 주걱 같기도 하고 프로펠러 같기도 한 이 포는 피나무들의 아주 중요한 특색 중 하나이다. 다른 식물에는 없는 이 포가 왜 유독 피나무에게만 있을까? 이것은 프로펠러처럼 바람을 타고 돌아 열매가 떨어져 후손을 퍼뜨리는 데 좀 더 멀리 갈 수 있도록 도와준다는 설이 있다. 아직 증명할 길은 없으나 재미있는 해석이다.

피나무 잎은 기다란 잎자루에 심장, 즉 하트 모양으로 달린다. 뒤집어 보면 보송한 갈색 털이라든지 잎 가장자리의 결끄러운 톱니가 모두 피나무의 특징이다.

성문 앞 우물곁에 서 있는 보리수
나는 그 그늘 아래 단꿈을 꾸었네

피나무 꽃

염주나무 꽃

피나무 수피

피나무 열매

이렇게 시작하는 슈베르트의 가곡이 있다. 이 가곡에 나오는 보리수는 바로 피나무이다. 많은 이들이 피나무를 보리수나무로 잘못 알고 있는데 보리수나무란 열매가 달콤하고 은빛 도는 털이 있는 관목으로 피나무와는 전혀 다르니 고쳐 불러야 한다. 그렇다면 왜 피나무를 두고 보리수나무라 불렀을까? 피나무는 한자로 '菩提樹'라고 쓰고 '보리수'라고 발음한다. 그러나 부처가 길상초를 깔고 앉아 득도했다는 열대지방에 자라는 불교의 성수 보리수波羅(비팔나무)는 무화과나무속에 속하는 피나무와는 식물학적으로 관계가 없는데, 잎이 아주 비슷 하여 이 나무가 없는 온대 지방에서 혼동하는 듯싶다. 게다가 보리菩提라는 말이 범어梵語로 보디Bodhi 즉 불도佛道라는 뜻이고 보면 일반인들에게 더욱 설득력 있게 들렸을지 모른다. 법주사나 도선사 같은 큰 절에서도 잘 자란 피나무를 볼 수 있는데 이를 두고 부처가 그 아래에서 득도했다는 설명은 삼갔으면 한다.

게다가 콩알같이 동글동글한 열매로 염주를 만들므로 피나무를 두고 염주나무라고도 하여 굳이 불교와 연관을 짓는데 실제로는 피나무와 아주 유사한 나무 가운데 염주나무란 것이 따로 있다.

독일어로 피나무는 '린덴바움Lindenbaum'이다. 독일의 이 린덴바움 가로수는 독일인들의 사랑을 한 몸에 받고 있다. 7월을 린덴의 달로 정하여 피나무에서 딴 꽃잎으로 차를 달여 마신다. 프랑스에는 피나무 꽃차로 유명한 찻집도 있다고 한다.

그리스 신화에 이 피나무에 얽힌 이야기가 있다. 옛날 소아시아의 프리기아라는 곳에 할머니와 할아버지가 살았다. 어느 날 아들과 여행을 떠

꽃이 핀 피나무

난 제우스 신이 이 프리기아 지방에 오게 되었다. 변장한 제우스를 알아보지 못한 마을 사람들은 모두 차갑게 대했으나 오직 이 노부부만이 진심으로 여행자에게 따뜻한 대접을 하였다. 이에 감동한 제우스 신은 감사의 뜻으로 두 사람에게 소원을 물었는데 "이제까지 한평생을 두 사람이 사이좋게 살았으니 죽을 때도 함께 죽고 싶습니다"라고 했다. 이들은 소원대로 함께 죽어 할머니는 피나무, 할아버지는 참나무가 되어 오늘도 프리기아 언덕에 나란히 서서 여행자들을 반갑게 맞고 있다는 이야기다. 그래서 유럽 사람들은 참나무를 남신, 피나무를 여신이 깃든 신성한 나무로 생각한다. 그리고 피나무는 부부의 사랑을 상징하기도 한다.

피나무의 용도는 다양하다. 껍질을 벗겨 섬유로 이용하면 질기기가 삼베보다 더하고 물에도 잘 견딘다. 나무의 겉껍질은 기와 대신 지붕을 이는 데 쓰고 부드러운 속껍질로는 천을 짜서 술이나 간장을 거르는 자루나 포대를 만든다. 지게의 등받이를 비롯하여 노끈이나 새끼를 꼬고 큰 고기를 낚는 어망을 짜기도 하였으며 미투리를 비롯하여 약초 캐는 망태, 지게의 어깨끈 등을 만들었다.

북부 지방 특히 백두산 같은 산촌에서는 방바닥에 삿자리를 엮어 깔고 사는 경우가 많은데 촉감이 무척 좋다고 한다. 또 대나무가 없는 곳에서는 쌀을 이는 데 조리 대신 이남박을 사용했는데 이 역시 피나무 섬유로 만든 것이었다.

영어로는 배스 우드Bass wood라고도 하는데 나무의 속껍질을 뜻한다. 우리나라에서처럼 서양에서도 피나무의 속껍질을 바구니나 깔개 등 여러 생활 도구로 만들어 썼다고 하며 이름까지 우리나라처럼 붙여놓았으니 인연치고는 무척 반가운 인연이다.

그러나 피나무의 가장 큰 가치는 역시 목재로서의 역할에 있다. 비교적 빨리 자라는 편이고 중간에 이리저리 휘지 않으며 곁가지가 적어 옹이가 생기지 않는다. 중심 심재는 옅은 황갈색, 가장자리 변재는 황백색으로 색감이 부드럽고 나이테 구분까지 뚜렷하지 않아 질이 고르고 가볍고 연하면서도 갈라지거나 뒤틀리는 일이 없으니 목재로서 단연 으뜸이다. 피나무 목재는 가구나 기구를 만드는 데는 물론 정교한 조각재나 악기재로 다양하게 이용된다.

'소반(밥상)은 트지 않은 피나무 상'이라 할 만큼 상 만드는 재료로 명성이 높고 맷돌질할 때 쓰는 망함지나 함지박 등도 이제 스테인리스나 플라스틱으로 만들지만 옛날에는 재료가 모두 피나무였다고 한다. 또 우리나라 속담에 "서툰 숙수가 피나무 암반 나무란다"라는 말이 있는데 숙수가 요리사를 말하는 것은 이미 알려져 있는 것이고 암반은 떡을 칠 때 쓰는 넓은 나무판이다. 이 속담 뜻은 자신의 서툰 솜씨는 생각하지 않고 남만 탓한다는 것이지만 여기서 암반이라는 요리 도구가 대부분 피나무였다는 것도 미루어 짐작할 수 있다.

피나무는 바둑판으로도 아주 유명하다. 아름드리 피나무를 통째로 잘라 바둑판을 만든다는데 예전에 상관에게 잘 보이려는 군인들에 의해 많이 잘려나갔고, 일부 지역에서는 장성이 전출할 때 선물로 또는 그 지역에서 근무하던 위관이나 영관급 장교들의 전역 기념물로 공식화된 일이 있었다고 한다. 심지어 그곳으로 발령을 받으면 숲 속에서 '저 피나무는 내 바둑판'하고 정해놓았다가 나중에 챙겨 가기도 했다 한다. 피나무는 목재로서 뛰어나 오히려 수난을 당하는 대표적인 나무다.

피나무의 또 다른 가치는 꿀을 많이 생산하는 밀원식물이라는 데 있다. 피나무 꿀은 꽃의 꽃받침이 있는 부근에서 나오는데 향기가 좋고 당분 함량이 높으며 양도 많아 아주 훌륭한 밀원으로 높이 치고 있다. 이처럼 많은 꿀과 향기로 끊임없이 찾아오는 벌 때문에 서양에서는 벌나무라는 뜻의 '비트리Bee tree'라는 이름까지 붙여놓았다.

피나무는 조경수로 개발하여도 손색이 없는 나무이다. 서양 특히 유럽에서는 이미 가로수나 공원수로 널리 피나무를 심어왔다. 모나지 않은 수려한 수형樹形, 심장 모양의 커다란 초록 잎, 여름마다 나무 전체를 뒤덮는 향기로운 담황색 꽃, 게다가 빨리 자라고 전정이 가능하여 마음대로 모양을 가꿀 수 있고 환경 적응력도 강한 편이니 훌륭한 조경수의 자격을 갖춘 나무라 할 수 있다.

한방에서는 꽃이 피기 시작할 무렵 따서 말린 피목화 또는 가수화라고 하는 것을 해열이나 진경鎭痙 또는 땀을 내게 해주므로, 감기로 열이 날 때 쓴다고 한다. 열매는 지혈제, 잎은 종기나 궤양 치료약으로 쓴다.

피나무를 많이 키우는 데는 어려움이 많다. 먼저 2세를 만들어낼 수 있는 충실한 종자를 맺는 데도 나무의 종류나 기후에 따라 차이가 많고, 더욱이 꽃이 피는 시기가 마침 여름비가 많은 때여서 꽃가루받이에 막대한 지장을 초래하는 것도 종자의 충실도를 낮추는 원인 중 하나이다. 또 잘 여문 종자를 골라내었다 하더라도 발아에서 또 한 차례 어려움을 겪는다. 뿌리를 나누는 일은 가능하지만 묘목을 많이 만들어내는 데는 한계가 있고 삽목을 하여도 뿌리를 잘 내리지 않는 아주 까다로운 나무이다.

아무리 번식이 어려워도 피나무의 무궁한 가치는 워낙 많은 사람들이 욕심을 내기에 충분하여 요즈음은 조직배양으로 피나무를 만들어내기 시작하였고, 발아 촉진 기술이 발전하기 시작하여 대량 증식이 불가능하다는 이야기는 옛말이 될 듯도 하다.

소나무

소나무는 언제부터 이 땅에 자라고 있었을까. 우리 민요 〈성주풀이〉에는 성주신과 솔씨(소나무 씨앗)의 근본이 안동 땅 제비원인데 천상 천궁에 있던 성주가 죄를 짓고 땅에 내려와 제비원에 거처를 정하고 집짓기를 원하여, 제비에게 솔씨를 주어 전국의 산천에 소나무를 퍼뜨리고 재목감이 되도록 키웠다는 이야기가 나온다. 말하자면 이 〈성주풀이〉가 소나무의 탄생 신화가 되는 셈이다. 그러나 좀 더 과학적으로 소나무의 자취를 더듬어 올라가면 소나무 종류는 신생대부터 지구상에 출현하기 시작하였고 그 종류도 전 세계에 100여 종이 넘으며, 한반도에 자라기 시작한 것도 약 6,000년 전으로 거슬러 올라가고 3,000년 전부터는 많이 자라기 시작하였다고 추정하고 있다. 그러니 그 오랜 세월, 소나무와 함께 살면서 만들어낸 이야기와 시, 노래와 그림 등 소나무의 자취는 짐작할 만하다.

소나무는 소나무과에 속하는 상록성 교목이다. 학명이 피누스 덴시플로라*Pinus densiflora* 인데, 속명 '피누스*Pinus*'는 '산에서 나는 나무'라는 뜻의 켈트어 '핀*Pin*'에서 유래되었다고 한다.

- **식물명** 소나무
- **과명** 소나무과(Pinaceae)
- **학명** *Pinus densiflora* Siebold & Zucc.

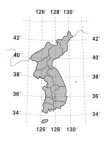

- **분포지** 전국
- **개화기** 5월, 수꽃 연황색, 암꽃 붉은색
- **결실기** 이듬해 9월, 진한 갈색 구과(솔방울)
- **용도** 정원수, 공원수, 약용, 식용, 기구재, 가구재
- **성상** 상록성 교목

우리말로는 솔이라 부른다. 솔은 위上에 있는 높고高 으뜸元이란 의미로, 나무 중에서 가장 우두머리라는 '수리'라는 말이 술에서 솔로 변하였다는 학자들의 풀이가 있다. 한자 이름으로는 줄기가 붉어서 적송赤松, 여인의 자태처럼 부드러운 느낌을 주어 여송女松, 육지에서 자란 육송陸松 등으로 부른다. 소나무 송松이란 한자는 옛날 진시황제가 길을 가다 소나기를 만났는데 소나무 덕으로 비를 피할 수 있게 되자 고맙다는 뜻으로 공작의 벼슬을 주어 목공木公 즉 나무 공작이 되었고 이 두 글자가 합하여 송松 자가 되었다고 한다. 소나무는 중국에는 없고 오직 우리나라와 일본에만 자란다. 남쪽으로 제주도, 동쪽으로 울릉도, 북쪽으로는 백두산까지 우리 국토의 모든 지역에 자란다. 일본에서는 가장 남쪽 섬 규슈에서는 자생하지 않는다. 안타깝게도

소나무 수꽃

소나무 암꽃

우리가 현대적 의미의 식물학에 눈을 뜨기 전에 일본인들이 이 나무를 세계에 먼저 소개하여 재패니즈 레드 파인Japanese red pine 즉 일본붉은소나무라는 영어 이름이 통용된다. 우리 민족의 소나무를 이야기하면서 그리 부른다는 것은 참 가슴 아픈 일이다. 학명이야 국제식물명명규약을 따라야 하니 어쩔 수 없지만 영어 이름은 다르다. 많이 불려 확산되면 곧 통용되기 때문이다. 이에 국립수목원은 식물 학계와 함께 식물의 영어 이름을 재정리하였는데 소나무의 경우 코리아 레드 파인Korea red pine으로 바꾸었으니 우리는 이를 써서 널리 알리면 된다.

간혹 일본 소나무는 곧고 우리 소나무는 굽었다는 이야기를 듣곤 한다. 이를 두고 일본인은 좋은 나무는 남겨 두고 나쁜 나무를 먼저 베어 쓰고, 반대로 우리나라 사람들은 곧고 좋은 나무는 모두 베어 써서 이제 아무 쓸모없는 굽은 나무만 남게 되었다고 한다. 불행하게도 이 말은 일부 사실이기도 하다. 본디부터 우리나라 소나무 형질이 나쁜 것은 절대 아닌데, 곧은 나무만 골라 쓰고 다른 나무가 살지 못하는 척박한 산성토양에서도 살아남다 보니 그리 되었다.

그러나 우리 소나무의 자존심을 살려주는 나무도 있다. 강송 또는 금강송이나 춘양목이라 부르는 금강소나무가 그것이다. 금강소나무는 금강산을 중심으로 해서 강원도에 자라는 곧게 뻗은 나무를 두고 하는 말인데 강송이라고도 부른다. 춘양목은 엄격히 금강소나무에 포함되는데 삼척이나 봉화, 울진 등지에서 나오는 곧게 뻗은 강송들을 일단 춘양역에 모아서 기차로 실어 나른 데서 생긴 말이다. 춘양목이란 춘양에서 실어 온 나무라는 뜻으로, 이곳 소나무의 나뭇결이 곱고 부드러우며, 켜고 나서도 굽거나 트지 않고, 속이 붉은빛이 돌며 다듬고 나면 윤기가 흐르는 등 워낙 품질이 뛰어나 최고로 쳤다.

소나무의 역사를 더듬어보면 우리 민족의 역사만큼이나 많은 굴곡이 있었음을 알 수 있다. 아기가 태어나면 금줄을 치고 솔가지를 매달아 나쁜 기운을 막고자 했다. 소나무로 지은 집에서 살며 소나무로 불을 지폈고, 나무껍질에서 꽃가루에 이르기까지 헤아릴 수 없이 많은 먹을거리를 얻기도 했다. 관도 소나무 관을 최고로 치고 소나무가 있는 산에 묻히니 사람이 태어나서 죽을 때까지 소나무 신세를 진다는 말이 그리 틀린 말이 아니다. 그만큼 소나무는 우리 선조들의 생활 깊숙이 자리 잡고 있다. 얼마 전 우연히 읽게 된 역사 소설에 나온 소나무 이야기에 지은이가 조금 살을 붙여 적어보겠다.

소나무는 나무 자체만으로도 아주 영험한 생체生體이다. 만일 우리나라에 소나무가 없었다면 임진왜란 같은 어려운 시기에 많은 백성이 굶어 죽었을 것이다. 비참한 중에도 소나무 껍질을 벗겨 먹으며 백성들이 살아남게 되었다. 나무껍질에 목숨을 맡기어 그 힘으로 살아난 것은 소나무가 가지고 있는 덕성 때문인데 자신의 껍질 하나로 능히 사람의 목숨을 살릴 만한 것이라면 더 말할 필요가 있겠는가.

소나무의 덕을 말하자면 소나무 꽃(송화)으로 다식을 만들고, 솔잎은 몸을 맑게 해주기에 선식이나 공부하는 이들의 상식이 되고, 소나무 껍질은 벗겨다 끓여 먹고, 송기(소나무의 속껍질)는 멥쌀가루에 버무려 먹고, 솔방울로는 송실주를 만들고, 송판은 결이 부드럽고 조밀하고 단단하니 등치는 잘라 관목을 하고, 노송 한 그루가 머금은 물이 엄청나니 숲에 소나무가 가득 차면 가뭄이 없고, 용의 기품을 가지고 하늘로 솟구치는 기상을 가지니 속기俗氣 없는 그 풍채와 운치는 어떠하며, 사철 푸른 잎은 너풀거리지 않아 좋고, 바늘 같은 침엽은 선비의 성품을 보는 듯하다.

소나무 열매   소나무 수피

이 글을 읽자니 소나무에 대한 우리 민족의 감정과 우리 생활 속에 깊이 뿌리박은 소나무와의 인연이 머릿속에 그려져 매우 공감이 갔다. 바로 이것이 우리 속의 소나무 모습이다. 우리나라 지명 가운데 소나무 송松 자가 들어가는 곳이 681곳이나 된다고 하니 우리나라 사람들의 소나무 선호도를 짐작할 수 있다. 꿈에 소나무를 보면 벼슬할 징조이고 소나무가 무성하면 집안이 번창하며 비 온 후에 새 나무가 나는 것을 보고 나면 정승 벼슬에 오르고 송죽 그림을 그리면 만사가 형통한다고 풀이한다. 반대로 소나무 순이 죽으면 그해에 사람이 많이 죽고 소나무가 마르면 병이 생긴다고 생각하였으니 소나무 문화가 얼마나 깊이 뿌리박혀 있는지 알 만하다.

소나무에 대한 관심은 조선 시대에 들어 급격히 많아진다. 소나무의 변하지 않는 지조와 충절, 꿋꿋한 선비의 이미지가 조선 시대의 기본 이념으로 삼은 유교 사상과도 잘 맞아떨어지기도 했지만 다른 사정도 있었다. 조선 시대에 들어서 새로운 궁궐과 중신들의 상궁을 만드는 데 나무가 많이 소요되는데 고려 시대에 국정이 문란해지면서 개인이 산을 점유하여 삼림 피해가 절정에 이른 터라 이미 소나무 숲은 고갈되었다. 이에 나라에서는 여러 곳에 봉산과 금산을 정하고 소나무 벌채를 금하는 송금 제도를 만들어 아주 엄격하게 지켰다. 소나무로는 이미 전함이나 세곡을 운반하기 위한 선박을 제조했고(거북선도 소나무로 만들었다고 한다), 궁실의 용재로 효용이 크며 왕이나 왕비의 유해를 안치하기 위한 재궁의 재료로도 이용하였으므로 나라에서는 꼭 필요한 조처였다. 『속대전』이나

『대전통편』과 같은 조선 시대 법전에는 황장목을 키우는 봉산에 대한 설명이 나오는데 전라도, 경상도, 강원도 등에 봉산을 정하고 경차감이라는 관리를 파견하여 관리하고 목재를 공급하도록 하였다. 그리고 이를 어겼을 때에는 곤장 100대에 처했고, 금산에서 금송을 벌채하면 사형에 처하기도 했으며, 아홉 그루 이하를 베었을 때에는 사형은 면하나 정배를 보내는 등 아주 엄격하게 다스린 것으로 보아 소나무가 얼마나 긴요하게 쓰였는지 알 수 있다.

소나무를 가장 아낀 임금은 아무래도 정조인 듯하다. 수원에 노송 지대라는 곳이 남아 있는데 이는 약 200년 전 정조가 심어 보호한 것으로, 정조는 백성들이 자꾸 이 나무를 베어 땔감으로 쓰자 이 나무에 엽전을 매달았다. 꼭 이 나무를 베어 가야 할 형편이면 이 돈을 가지고 가서 땔감을 살지언정 나무는 베지 말라는 뜻이었다. 백성들은 이에 마음이 움직여 그로부터 나무를 상하게 하는 일이 없어졌다고 한다. 정조의 소나무 사랑은 감동적이다. 어느 해 소나무에 송충이가 무성하자 너무도 마음이 아픈 정조가 송충이를 자기의 입에 넣어 씹었더니 어디선가 수만 마리의 까치와 까마귀가 모여들어 송충이를 잡아먹더라는 것이다.

이렇게 보호되던 소나무는 조선 시대 말기에 송진이 들어 있어 불땀이 좋고 주변에서 쉽게 구할 수 있다는 이유로 땔감으로 마구 베였고, 일제 강점기를 거치면서 본격적인 수난이 시작되었다. 일제가 우리의 아름 소나무를 마구 베어 전쟁 말기에 땔감으로 쓴 것이다. 이러한 소나무 수탈은 극에 달하여 궁궐의 좋은 소나무 숲까지 모두 수탈하였다. 그나마 얼마 남지 않은 좋지 않은 소나무마저도 톱으로 상처를 내어서는 송진을 받아 전쟁을 치르는 데 썼다. 그 후에도 산판을 하거나 공비를 토벌한다며 많은 나무를 베어냈다. 새로 들어선 정부 역시 유실수를 심자는 산림 정책을 폈고, 이를 이용하여 소나무를 베어 팔려는 장삿속이 맞물려 소나무 수난은 한층 가중되었다.

소나무를 괴롭힌 것은 사람뿐이 아니다. 송충이가 그 시작인데 이미 조선 시대에도 송충이를 없애기 위해 군대를 동원할 만큼 피해가 많았고 1960년대가 되어서도 학생들이 동원될 정도였다. 송충이의 극성이 사라지면서 다시 온 나라의 소나무는 솔잎혹파리의 피해로 가장 큰 위기를 맞이하였다. 솔잎혹파리가 이 땅에 들어온 것은 70년이 훨씬 넘었다고 한다. 신기하게도 최남단 목포와 청와대 소나무에서 퍼지기 시작한 솔잎혹파리는 새로 난 잎을 싸고 있는 엽초에 파고들어가 치명적인 해를 끼쳐 겨울을 나고 나면 소나무가 빨갛게 죽어간다. 옮는 속도가 빨라 한 해에 4킬로미터씩 목포에서부터 북상하며 전국으로 퍼져갔으나 자연 스스로 천적을 만들고 회복되어 일부 지방에서는 이미 이삼십 년 전에 빨갛게 죽어갔던 숲이 다시 싱그러운 숲으로 변했다. 지금은 소나무재선충이 큰 문제이다. 소나무 에이즈라 불리는 이 병은 솔수염하늘소에 기생하는 재선충이 나무에 옮아 생기는데, 일단 재선충이 옮으면 순식간에 수관을 막아버려 소나무가 죽게 된다. 방제는 정부에서 열심히 하겠지만 감염된 나무를 몰래 쓰려고 옮기다 병을 확산시키는 인위적 피해는 줄이도록 함께 노력해야 한다.

이러한 여러 수난 외에도 낙엽과 잔가지들을 땔감으로 긁어 가 토양이 양분을 잃고, 소나무의 수꽃가루인 송홧가루를 받으려고 봄이면 꽃대궁째 잘라 가고, 주전부리할 것 없는 어린 아이들이 소나무의 어린 새순을 잘라 그 즙을 빨아 먹고 다녔으니 나무가 제대로 된 모양을 갖출 리 없다.

소나무가 갑자기 도시에서 각광을 받기 시작한 것은 채 20년이 되지 않은 듯하다. 갑자기 우리 것에 대한 관심이 유행처럼 번져 도심의 조경수로 옛 선조들의 운치가 담긴 구불구불한 소나무가 인기를 얻기 시작하였다. 시청 앞에도 도심의 고층 건물 앞에도 어디선가 실려 온, 결코 키운 듯싶지 않고 산에서 가져온 듯한 구불거리는 소나무들이 심어졌다.

공해와 소나무 문제는 '남산 위의 저 소나무'에 대한 논란으로 절정을 이룬다. 한쪽은 온 서울이 공해로 찌들어가고 산성비가 내려서 남산 위의 소나무들이 죽어가고 있다고 주장하고, 다른 쪽은 남산 위의 소나무가 점차 세력을 잃어가고 있지만 이는 솔잎혹파리로 수세가 약해졌으며 여러 조건이 적합하지 않고 게다가 환경오염까지 가세해서 그런 것이지 레몬즙 같은 산성비가 쏟아져서 죽어가는 것만은 아니라고 주장한다. 게다가 이 남산 위의 저 소나무에 대한 또 하나의 쟁점은 애국가에 나오는, 우리의 기상 같은 철갑을 두른 듯한 청청한 소나무가 왜 남산에 없느냐는 것인데 마침 남산 제 모습 찾기를 한창 진행 중이니 이를 애국가 가사 그대로 청청한 소나무로 복원해야 한다는 주장과, 이제 숲의 천이는 자연스럽게 소나무림에서 참나무림으로 넘어가고 있는데 구태여 자연의 현상을 역류시키고 인위적으로 소나무 숲을 만든다고 해서 소나무가 제대로 살 수 있겠느냐는 주장이다.

　아무튼 남산 위의 저 소나무가 푸르게 잘 자라기를 바라지만 생태계를

인위적으로 변화시켜가면서까지 그리 해서는 안 될 것이다. 남산의 소나무들이 대기오염에 시달리고 있는 것은 분명한 사실이지만, 이것은 우리에게 도시 환경에 대한 경각심과 더 많은 노력을 요구하는 경종으로 받아들여야 한다는 생각이다.

소나무의 쓰임새를 몇 가지만 부연 설명하면, 먼저 목재로서의 이용을 들 수 있다. 곧고 굵은 소나무를 잘라다가 아홉 자씩 되게 토막을 낸 뒤 사방으로 다듬어 기둥을 세우고 도리를 걸치며, 굵지만 휜 나무로는 들보를 올리고 좀 가는 나무는 추녀의 곡선을 따라 껍질을 벗겨 서까래를 올리면 날아갈 듯 아름다운 우리 전통 건축의 선이 표현된다. 사찰을 지을 때에는 간혹 다른 나무를 쓰기도 했지만 조선 시대의 궁궐은 모두 소나무로만 지었는데, 나무가 뒤틀리지 않고 벌레가 먹지 않으며 송진이 있어 습기에도 잘 견뎠기 때문이라고 한다. 궁궐을 짓는 이가 용도에 따라 곧거나 굽은 나무를 고르면 이를 베어 뗏목에 실어 한강 줄기를 따라 내려보낸다. 그사이 물속에서 진이 빠지고 나무가 견고해져 마른 후에도 갈라지지 않는 좋은 목재로 다져진다.

1990년부터 수백억을 들여 장기 계획으로 시작한 경복궁 복원 공사도 이러한 연유로 소나무만 쓰기로 했는데, 이 공사를 맡은 무형문화재 한 분은 적당한 소나무 목재를 구하려고 허구한 날 잘 자란 나무를 찾아 강원도 산골을 헤맨다고 한다. 이 공사에 소요되는 나무가 원목으로 약 200만 재, 알기 쉽게 이야기하면 11톤 트럭으로 500대에 해당하는 양이니 이 땅에 그 많은 소나무가 있을까도 의문스럽고, 있다고 해서 다 베면 어떻게 하나 하는 걱정도 든다. 그분의 말로는 목재로 이용할 만한 오래된 나무는 수명이 다한 것이니 베어야 다음에 어린 나무가 자리를 차지하고 곧게 자랄 수 있다고 한다. 한때 이 공사에서 목재가 부족하니 세계에서 가장 아름답다는 장백산(중국 쪽 백두산)의 미인송을 들여와도 그 의미가 있을 듯하여 중국에서 수입하기도 했으나 우리 토종 소나무보다 강도가 약하여 포기했다고 한다. 산림청은 문화재청과 협력하여 문화재를 복원하기 위한 금강소나무를 키워내는 숲을 지정하여 관리하고 있다.

소나무와 공생하여 나는 송이버섯도 빼놓을 수 없다. 송이 값이 얼마나 높은지는 모두가 알고 있는 터이고, 크고 굵고 신선한 우리의 송이가 일본에 수출되어 외화를 벌어들이고 있다. 우주로 인공위성을 발사하는 이 시대에 아직 인공적으로 송이를 재배하는 기술을 알지 못하니 송이가 귀한 것은 값이 비싸서만은 아니다. 송이의 값이 워낙 비싸니 이를 먹을 때에는 다른 양념으로 인해 귀한 송이의 향기가 줄지 않도록 살짝 굽거나 익혀 먹는다.

소나무는 약으로도 많이 쓰는데 부위별로 용도가 다양하다. 앞에서 말한 바와 같이 신선이 먹는 음식이라 하여 요즈음 다시 유행하고 있는 선식에 솔잎이 들어간다. 이를 장기간 생식하면 몸이 가벼워지고 흰머리가 검어지며 힘이 생기고 추위와 배고픔을 모른다는 것이다. 어디까지 믿어야 할지는 모르겠으나 현대 의학에서도 솔잎의 옥시팔티민이라는 성분이 젊음을 유지해주는 작용을 한다고 말한다. 그 외에 솔잎주는 소염, 통증과 피를 멎게 하며 마비를 풀어주는 작용이 있다 하여 탈모를 비롯한 여러 증상에 처방된다. 고승들은 솔잎으로 차를 마시며 피로할 때나 각종 성인병 예방에 이용하고, 솔잎으로 베개를 만들어 베면 신경쇠약증에 효과가 있으며 신경통이나 풍증을 치료할 때는 한증막에 솔잎을 깔고 솔잎 땀을 흘린다고 한다. 송홧가루는 기운을 돋우고 피를 멎게 하며, 송진이 밴 소나무 줄기를 말렸다가 쓰면 경련과 통증을 가라앉힌다고 한다. 또 송진은 살균력이 강하고 고름을 빨아내므로 부스럼이나 염증을 비롯한 여러 증상에 쓸 수 있다.

가장 귀하고 값진 소나무 약재 중에서 복령이란 것이 있다. 이는 소나무 뿌리에 외생근균이 공생해서 돋아난 것인데, 전하는 말에 의하면 이 복령을 복용한 지 100일이 되면 병이 없어지고 잠을 자지 않아도 되며

4년이 되면 옥녀가 와서 시중을 들게 된다 한다. 어떤 이는 5일간 먹었더니 낮에 그림자가 없어지더라는 이야기가 있을 정도이니 과장되었더라도 중요한 약재임이 틀림없다. 사람들은 나무를 벤 지 2~3년이 지난 뒤 뿌리를 헤쳐 캐는 복령이 땅의 정기를 빨아들여 솟구친 것으로 생각하였고, 아주 지체가 높은 집에서는 약으로 먹기도 아까운 이것을 쌀가루와 함께 버무려 떡을 하거나 인삼 가루와 한 켜씩 놓고 쪄서 먹기도 하였는데, 이 복령을 두고 "떡을 해서 노나 먹자. 그러면 신선될라" 하는 노래도 있다.

그 밖에 소나무 씨앗, 속껍질, 봄에 나는 새순이 약으로 쓰였고 솔뿌리나 잎을 삶은 물로 하는 목욕이 젊어지는 최고의 비결로 전해지며, 오래된 소나무 숲의 샘물은 불로 묘약이라 하여 임금님의 수라상에까지 올랐다고 한다.

우리나라의 유명한 소나무 가운데 속리산 입구의 정이품송을 빼놓을 수 없다. 세조가 행차할 때 타고 가던 연輦이 가지에 걸리자 스스로 가지를 올려 무사히 지나가게 해주었는데 세조가 이에 탄복하여 정이품 벼슬을 내렸다는 이야기이다. 이 신통한 나무도 솔잎혹파리는 비껴가지 못하였던지 이 벌레를 막기 위한 엄청난 철망을 뒤집어쓰고 있기도 했다.

경북 예천에는 1,000여 평의 땅을 소유하고 있는 부자 소나무가 있다. 우산을 펼쳐놓은 듯 길게 퍼져 동서의 길이만도 32미터나 되며 석송령이라 부르는 이 나무는 나이가 600살이 되었고 종합토지세까지 낸 부자 나무이다. 조선 시대 초기에 이 마을에 홍수가 나 마을 앞을 흐르는 석간천에 떠내려 오는 어린 소나무를 마을 사람이 건져 심어놓았는데, 1920년대 말 자식이 없던 이 마을의 이수목이란 노인이 이 나무에 석평마을의 영험 있는 나무란 뜻으로 석송령이란 이름을 지어주고 자기 소유의 땅 1,191평을 나무에게 상속하고 세상을 떠났다. 마을 주민들은 석송계를 만들어 이를 관리하고 해마다 마을에서 제사를 지내고 있다.

그러나 이제 세월이 흘러 숲에 나무가 많아지고 토양이 비옥해지면서 소나무는 점차 많아지는 참나무 때문에 설 자리를 잃고 있는 것이 사실이다. 임학 분야에서 소나무에 관한 수많은 연구 논문 대신에 참나무에 관한 논문이 급속히 많아지는 것을 보아도 그렇다. 그러나 우리의 독야청청 푸른 소나무는 영원히 우리 민족의 가슴에 남아 있을 것이다.

으름덩굴

으름덩굴은 늘어진 줄기가 야성적이고 보라색 꽃이 신비로우리만치 아름다우며, 잎새는 특이하고 게다가 먹음직스러운 열매까지 달리니 이보다 좋은 덩굴식물도 어디 흔하랴 싶다. 그래서 아무도 보아주는 이 없는 깊은 산속에 묻어두기에는 아깝다는 느낌이 든다.

으름덩굴은 으름덩굴과에 속하는 낙엽성 활엽수로 다른 물체를 감고 올라가는 덩굴식물이다. 우리나라에서는 황해도 이남의 어느 산에서나 자주 만날 수 있으며 일본과 중국에도 분포한다. 이 나무의 학명 중 속명 아케비아*Akebia*는 으름덩굴의 일본 이름을 그대로 옮겨 정했다. 열매 이름이 으름이므로 식물 자체를 그냥 으름이라고 부르기도 하고, 생약명이 목통이어서 이 말이 그대로 통하기도 하며 지방에 따라 유름 또는 졸갱이줄, 목통어름이라고 부르기도 한다.

깊은 산속이나 마을이 가까운 산자락, 계곡이나 능선 등 어디든 으름덩굴은 자라는 곳을 크게 가리지 않는다. 깊은 산중에서는 줄기가 스스로 휘감기고 늘어지는 오래 자란 으름덩굴을 볼 수 있어 좋고, 산길에 접어들어 조금만 걸어도 길가의 나무들과 어우러진 작은 으

- **식물명** 으름덩굴
- **과명** 으름덩굴과(Lardizabalaceae)
- **학명** *Akebia quinata* Decne.

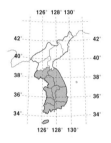

- **분포지** 황해도 이남의 산야
- **개화기** 4~5월, 적자색 총상화서
- **결실기** 9월, 향기 나는 노란색 장과
- **용도** 관상용, 향료, 약용, 식용
- **성상** 낙엽성 활엽, 덩굴성 교목

름덩굴을 얼마든지 볼 수 있다. 그러나 탐스럽게 열린 열매를 구경하기란
정말 어렵다. 자기 눈에 들어오기 전에 다른 사람의 차지가 되었을 확률
이 높고 또 다른 이유는 아무래도 으름덩굴 자신에게 있는 듯싶다. 으름
덩굴은 좀처럼 열매를 달지 않는다. 어떤 이들은 수십 년을 집에 두고 키
운 으름덩굴에서 한 번도 열매를 얻지 못하여 섭섭해하는 것을 보았고,
어떤 이는 이 으름덩굴이 은행나무처럼 암나무와 수나무가 따로 있으니
이를 구분하여 키워야 한다고 말하기도 하나 이는 틀린 말이다. 으름덩
굴은 암수가 모두 한 그루에 있다. 단 암꽃과 수꽃이 한 나무에서 따로 필
뿐이다. 으름덩굴의 수꽃과 암꽃은 모두 봄에 피는데 수꽃은 작지만 많이
달리고 여섯 개의 수술이 있으나 암술은 흔적만이 있으니 한꽃에서 스스
로 수분은 어려울 것이다. 또 암꽃은 적게 달리지만 크기가 아주 커서 지
름이 3센티미터 가까이 되며 꽃잎이 없는 대신 자갈색의 꽃받침잎이 마
치 꽃잎처럼 달려 있다. 사정이 이러하니 아무리 아름다운 꽃을 많이 피

으름덩굴 암꽃과 수꽃

운들 수꽃이야 소용없는 일이고 암꽃이 이 수꽃의 꽃가루와 만나야 결실이 될 터인데 아무래도 스스로 원활하게 이 일을 치르기에는 무리가 있다.

어렵사리 수분이 이루어져 만들어진 열매는 익어서 벌어지기 전까지는 짧게 휜 소시지 같다. 흔히 으름을 두고 그 맛과 모양이 바나나 같다고 하는데 바나나 가운

으름덩굴 열매

데 열대지방에서 나는 작은 몽키바나나를 닮았다. 가을에 이 으름 열매가 자갈색으로 익으면 열매의 배가 열리면서 과육이 드러난다.

검은빛과 흰빛이 적절히 섞여 있는 과육을 입에 넣으면 달콤하고 물컹하며 부드럽기 때문에 맛도 바나나 맛이라고들 하는데 작아서 거슬리지는 않지만 입안에서 수많은 종자가 느껴져 바나나를 먹을 때와는 사뭇 다르다.

씨 없는 수박을 만들듯이 으름덩굴 씨를 없앨 수 있다면 으름덩굴은 훌륭한 과일로 대접받을 수 있으리란 생각에 육종학을 공부하는 많은 이들이 제2의 우장춘 박사를 꿈꾸며 이 일에 열중한다. 그러나 아직 씨 없는 으름덩굴이 나왔다는 이야기는 듣지 못했다.

그러나 사실 으름덩굴은 열매나 꽃이 아니어도 수려한 줄기에 매달린 잎새만으로 충분히 아름답다. 둥글고 작은 잎 다섯 장이 손가락을 편 듯 원을 만들며 모여 달린다. 이러한 모양을 두고 장상복엽이라 한다. 장상복엽을 배울 때면 으레 으름덩굴이 예가 되곤 한다. 그러나 이 작은 잎들

은 꼭 다섯 장으로만 이루어지는 것은 아니고 간혹 여섯 장이 되기도 하며 아주 드물게는 여덟 장, 아홉 장까지도 있는데 이를 특별히 여덟잎으름덩굴이라고 한다. 여덟잎으름덩굴은 지금까지 속리산과 안면도 그리고 황해도 바다 끝 장산곶에서만 발견되었다.

으름덩굴은 어느 한 구석 나무랄 데 없는, 누구나의 사랑을 받을 수 있을 만큼 충분히 장점이 많은데도 제대로 대접을 받지 못하고 뒤꼍에 물러나 있는 것 같다. 아무래도 으름덩굴의 여러 기관이 성적인 상징들로 연관지어져 점잖지 못하게 생각했기 때문이 아닐까 싶다. 으름덩굴의 수술 모양이 남성의 상징을 닮았다고 하는 말은 누구나 한 번쯤 들어보았을 것이다. 여기에 한술 더 떠서 제주도에는 "아은 땐 조쟁이 되고 어룬 되면 보댕이 되는 것이 뭣고?" 하는 수수께끼가 있다. 어릴 때는 남성의 상징 같고 어른이 되면 여성의 상징이 되는 것이 무엇이냐는 것인데 답은 으름덩굴이다. 열매가 처음 만들어졌을 때의 모습과 다 익어서 벌어지는 모습에서 나온 이야기다. 그래서 으름덩굴의 별명 가운데 익은 열매를 두고 만들어진 '임하부인林下夫人'도 있을 정도이니, 독야청청 소나무나 절개를 지키는 대나무를 찾던 점잖은 양반들이 함부로 언급하기에는 체통을 구기는 나무가 되었을 법도 하다.

그러나 이렇게 성적 상징물로 터부시되기에는 아까운 점이 너무 많다. 관상적 가치 말고라도 약용, 식용 등 여러 용도가 있다. 약용으로는 줄기의 껍질을 벗긴 것을 통초, 뿌리의 껍질을 벗긴 것을 목통이라 하여 대개 소염, 이뇨제 또는 진통제로 사용하는데 진통, 배농排膿, 통경通經, 소염, 이뇨 등에 효과가 있다고 한다. 민간에서는 줄기와 뿌리를 말렸다가 수종水腫에 달

으름덩굴 줄기

여 마시거나 임질도 고치고 감기나 갈증이 심할 때도 이용하였다. 또 봄에 물이 오를 때 나무껍질을 벗겨다 삶아서 눈을 씻으면 눈병이 낫고, 산모의 젖이 부족할 때는 잎을 달여 마셨다. 또 울화증에 걸리면 열매를 먹어서 효과를 본다고 한다.

으름덩굴은 귀중한 산채이기도 하다. 봄에 돋아난 어린잎이나 줄기, 꽃을 삶아서 나물로 무치기도 하고 국에 넣어 끓이기도 했으며 어린잎들은 쪄서 말려두었다가 약간 볶아 차로 달여 마시기도 하였다.

으름덩굴의 덩굴은 다루기도 쉽고 질기고 강해서 나무꾼들이 새끼 대신 으름덩굴의 줄기를 잘라 나뭇단을 동여매곤 하였다. 물론 이 나무의 껍질을 벗겨서 바구니 같은 것을 만들기도 했다.

그 밖에 열매의 까만 씨앗은 기름을 짜서 유용하게 썼다. 종자 한 말에서 기름을 짜면 한 되 반이 나오는데 식용으로도 쓰고 등잔을 켤 때도 썼다.

으름덩굴은 기르는 데 큰 어려움이 없다. 추위에도 강하고, 빨리 자라며 땅을 가리지 않아서 등보다 훨씬 정이 간다는 이도 많다. 물을 좋아하니 이를 염두에 두고 씨를 심어도 되고, 그해 새로 난 가지를 장마철 즈음하여 삽목해도 된다.

조릿대

조릿대는 가장 흔히 볼 수 있는 대나무의 일종이다. 웬만한 산에 가면 조릿대가 자라지 않는 곳이 없다. 그래서 그저 산에서 자라는 대나무란 뜻으로 산죽이라고도 부른다. 대나무의 표본처럼 생각하는 굵게 자라는 왕대나 죽순대 혹은 오죽 같은 것은 모두 중국이나 일본에 고향을 둔 것이지만 이 조릿대만큼은 진정한 토종 대나무이며 앞의 것과는 아주 다른 종류이다.

모든 식물이 감소해가는 이 시대에 조릿대는 너무 무성히 자라서 걱정이다. 생태계나 우리 자연의 전반에 대한 염려라기보다는 식물을 공부하는 사람들의 입장에서 느끼는, 많고도 신기한 혹은 새로운 식물을 만나고자 하는 개인적인 섭섭함이다. 조릿대는 땅 위는 물론 땅속으로 줄기를 뻗어가며 숲 속을 장악하여 다른 여린 식물이 발붙이기 어렵게 만들기 쉽다. 어느 식물이 땅 위로는 그 꽉 들어찬 조릿대 잎새와 땅속으로는 사방으로 뻗어가는 땅속줄기에 마음 편히 자리를 잡겠는가. 하지만 조릿대가 있는 숲은 나무가 잘 크고 있는 곳이고 조릿대가 사시사철 푸르고 싱그러운 잎을 달고 우리를 맞이하니 고마운 일이다.

- **식물명** 조릿대
- **과명** 벼과(Gramineae)
- **학명** *Sasa borealis* Makino

- **분포지** 전국의 숲
- **개화기** 4월, 자주색 수상화서
- **결실기** 5~6월
- **용도** 관상용, 약용
- **성상** 낙엽성 상록관목

　조릿대는 벼과에 속하는 상록성 관목이다. 학자에 따라서는 대나무과
로 따로 분류하기도 한다. 조릿대의 학명은 사사 보레알리스*Sasa borealis* 인
데 여기서 조릿대 족속을 통칭하는 속명 '사사*Sasa*'는 일본 이름 세笹의
발음에 따라 붙여진 것이며 종소명 '보레알리스*borealis*'는 이 나무가 북방
계임을 설명해준다.

　조릿대는 대개 1미터의 높이로 엉켜 자라지만 잘 크는 곳에서는 2미터
를 넘기도 한다. 지름이 6밀리미터 정도로 아주 가느다란 대나무이다. 이
가는 줄기를 포엽이 감싸고 2~3년 동안 있다가 4년쯤 되면 마디에 덮여
있던 잔털과 흰 가루가 모두 없어진다. 길이가 한 뼘쯤 되는 길쭉한 잎은

그 끝이 뾰족하고 가장자리는 그저 밋밋해 보이지만 실제 만져보면 아주 작은 톱니가 가시처럼 느껴진다. 꽃은 아주 드물게 핀다. 3~6송이의 꽃이 모여 작은 이삭을 형성하는데 꽃을 둘러싼 포엽이 짙은 보라색이어서 보라색으로 느껴지며 노란 수술이 그 사이로 드러나며 늘어지면 꽃이 만개한 것이다. 꽃이 피고 나면 포기는 급속히 쇠약해진다. 조릿대의 밀알같이 생긴 열매를 영과라고 하는데 껍질이 두껍지만 전분 자원이 될 수 있다.

조릿대는 일반적으로 내륙의 산지에서 흔히 보는 종류 말고도 몇 가지가 더 있다. 울릉도에는 키가 좀 더 높이 자라는 섬조릿대가 있고, 제주도에는 키도 잎도 작고 겨울에는 잎 가장자리가 말리고 갈라져 마치 줄무늬를 가진 듯한 제주조릿대가 있으며, 완도와 백양산에서 자라는 것은 키가 작고 가는 섬대이고, 조릿대와 구분하기 어렵지만 꽃의 끝이 까끄라기처럼 되는 것을 특별히 갓대라고 부른다. 또 우리나라에만 나는 특산으로 함경북도 명천군 운만대 근처에는 섬조릿대와 비슷하지만 키가 작고 잎이 많이 달리는 신이대가 군락을 이루며 자라고 있다. 이들 대부분의 조릿대는 5~6년 혹은 7년 만에 꽃을 피우는데 대개는 커다란 군락에서 부분적으로 꽃이 피고 죽는 일이 반복되지만 간혹 일제히 꽃을 피워 군락전체가 약해지기도 한다.

옛날 울릉도에서는 폭풍우가 끊이지 않아 오랫동안 뱃길이 두절된 적이 있다고 한다. 겨우내 비축해두었던 식량도 동이 나고 섬사람이 모두죽게 되었는데 마침 섬조릿대가 일제히 꽃을 피우고 열매를 맺어 섬사람들은 섬조릿대의 열매와 산마늘(맹이, 혹은 목숨을 구했다 해서 명命이라고 한다)을 먹고 연명하여 목숨을 구했다 하여 아주 고마운 나무로 여기기도한다.

지금부터 몇십 년 전에 제주조릿대가 한라산 전역에 퍼졌다고 한다. 온 한라산이 이 작은 대나무로 뒤덮이는 것이 아닌가 염려하던 어느 해제주조릿대가 일제히 꽃을 피우더란다. 때마침 섬 전체에 기근이 들어 사

조릿대 꽃   제주조릿대

람들은 한라산에 올라 이 나무의 열매와 뿌리를 캐어 목숨을 부지할 수
있었고 일제히 꽃을 피운 제주조릿대는 급격히 세력이 약해지더니 한라
산에서 거의 사라졌다는 것이다. 그 후 많은 식물이 다시 들어와 살면서
한라산은 말 그대로 생물 다양성의 보고가 되었는데 몇십 년이 흐른 지
금 제주조릿대가 다시 번성하고 있으니 이제 곧 꽃을 피우고 힘의 균형
을 깨뜨려줄 것이라는 이야기다. 하지만 이러한 규칙은 깨졌다. 수십 년
이 흐르고 제주조릿대의 꽃이 피어도 그 기세가 줄지 않은 것이다. 한라
산의 제주조릿대는 자꾸자꾸 올라가 시로미와 같이 키 작은 나무와 풀은
물론 구상나무, 털진달래를 덮을 지경이 되었다. 이제 한라산 백록담과
털진달래의 아름다운 군락이 만들어내는 장관은 사진 기록으로밖에 볼
수 없다. 많은 학자들이 원인을 고민하였는데, 기후 온난화로 대나무류가
번성한 데다 한라산의 방목 금지로 대나무순을 먹던 말들이 사라졌기 때
문이라는 분석이다. 스스로 조절하며 균형을 이루는 자연의 질서에 생겨
난 균열 같아 마음이 무겁다.

한방에서는 생약명을 담죽엽, 지죽, 임하죽, 토맥동이라고 부르며 잎과
줄기를 약재로 쓴다. 꽃이 피지 않은 포기는 모두 채취할 수 있으며 햇볕
에 말렸다가 썰어서 달이거나 가루로 빻아 쓴다. 열을 다스리므로 해열
효과가 있고, 이뇨, 갈증을 멈추는 효능이 있어 가슴이 답답하고 열이 날
때, 오줌이 잘 나오지 않거나 붉을 때, 입이 마르거나 냄새가 나는 증상에
처방한다. 제주도에서는 조릿대로 차를 만들어 상품화했다.

조릿대는 햇볕이 잘 드는 곳은 물론 반그늘에서도 너끈히 자라며 특별한 처리 없이 푸르게 겨울을 나므로 도심의 빌딩 주변이나 아파트에 큰 나무를 심어놓은 언저리를 조경하는 데 적당할 듯싶다. 또 뿌리줄기로 잘 이어져 퍼지는 특성을 이용하여 경사면에 심어놓으면 보기에도 좋고 토사의 유출도 막는 이중 효과를 볼 수 있다. 또 공원이나 정원에 빽빽이 심어 지피식생地被植生으로 활용하거나 생울타리를 만들어놓으면 아주 운치 있는 경관을 만들 것이다. 조릿대를 조경에 활용하는 예는 이미 많은데, 애석한 일은 대부분 무늬와 색깔을 넣어 만든 작은 일본의 원예 품종을 도입해서 쓴다는 사실이다. 우리나라 조릿대도 섬조릿대와 제주조릿대 등 조금씩 잎의 모양과 크기, 색깔에서 다른 특징이 있는 것이 있으므로 용도에 맞게 잘 개발할 필요가 있다. 번식은 3월쯤에 포기나누기를 하거나 땅속으로 뻗어나가는 지하줄기를 끊어서 심으면 된다. 다른 작은 식물들과 함께 심으면 나중에 조릿대만 남으므로 주의해야 한다. 수분이 적당하고 비옥한 토양을 좋아하지만 특별히 가리지는 않으며 공해와 염해 등에도 어느 정도 견딜 수 있다. 다만 심한 건조는 피해야 한다.

전나무

모든 나무는 사시사철 나름대로의 멋과 아름다움을 간
직하지만 겨울에는 아무래도 푸른 잎을 가진 상록수가
돋보인다. 그 가운데서도 전나무는 대표적인 겨울 나무
이다. 오대산 월정사 입구에서 겨울에 만난 전나무 숲.
늠름하게 뻗어 올라간 아름드리 줄기며 짙푸른 잎새,
그 위로 가지가 휘어질 듯 덮인 하얀 눈송이와의 조화
는 천상의 아름다움에 견줄 만하다.

오대산의 전나무 외에도 이름난 전나무가 몇 있다.
숲으로는 국립수목원의 전나무 숲이 아주 아름다워 산
책하기에 그만이며, 특히 국립수목원을 오가는 길 양쪽
으로 서 있는 높은 전나무는 보는 이들의 마음을 사로
잡곤 한다. 설악산에 올라가도 아름다운 전나무 숲을
볼 수 있는데 겨울이 되어 거제수나무 잎이 모두 떨어
지고 희뿌연 수피만 드러난 사이사이로 자리 잡은 모습
도 빼어나다.

전나무는 오랫동안 천연기념물과는 연이 닿지 않았
다. 2008년에 들어서야 단목으로는 처음으로 진안 천
황사 전나무가 제495호 천연기념물이 되었다. 두 번째
로 천연기념물 지정이 된 제541호 해인사 학사대의 전

- **식물명** 전나무(젓나무)
- **과명** 소나무과(Pinaceae)
- **학명** *Abies holophylla* Maxim.

- **분포지** 우리나라 전역, 특히
  중·북부 지방의 고산지대
- **개화기** 4월, 황백색 꽃,
  암수한그루
- **결실기** 10월에 위를 향해 달리는
  갈색의 타원형 구과
- **용도** 목재, 약용, 비료목, 공원수
- **성상** 상록성 침엽 교목

나무는 최치원이 짚고 다니다 꽂은 지팡이가 자라 거목이 된 것이라 하고, 강원도 양양군의 명주사에 있는 전나무는 신자들이 부처를 섬기는 것은 물론 이 나무까지 함께 섬겨 기도를 드리는 나무로 이름이 나 있다. 전남 화순에는 신라 진흥왕 때 진각국사가 심었다는 1,200살의 노거수가 있고, 치성을 드리면 영험한 영동의 나무도 있다.

간혹 전나무를 젓나무로 쓴 식물책이 있다. 이를 보면 전나무와는 서로 다른 나무인가 하고 궁금해 할지 모른다. 결론부터 이야기하면 이는 모두 같은 나무이다. 젓나무는 우리나라 식물분류학의 대가인 이창복 박사가 붙인 이름이며 일반적으로 통용되는 이름이다. 이 박사의 견해로는 잣을 생산하는 나무가 잣나무이듯 전나무에서는 하얀 물질이 나오는데 이 물질을 예전에 '젓'이라고 불렀으므로 젓나무가 옳은 이름인데 발음대로 쓰이게 되어 전나무가 되어버렸으니 바로잡아야 한다는 것이다. 그 반대 의견은, 대부분의 사람이 전나무로 알고 있는데 구태여 고칠 필요가 있느냐는 것이다. 지은이는 잘못된 것은 바로잡아가야 한다고 생각하므로 젓나무란 이름을 써왔으나 여러 식물 분류 학자들이 모여 표준식물명을 정하면서 '전나무'로 정하여 이젠 이를 따를 수밖에 없다.

전나무는 여러 이름이 있다. 옛사람들은 이 나무의 수피에 흰빛이 돈다고 하여 백송(요즈음 말하는 백송과는 다르다)이라고도 불렸고 한자로는 종목樅木이라 쓰고

전나무 열매

전나무 수피

중국에서는 회목檜木이라 한다. 우산을 펴듯 퍼지는 가지의 모양이 마치 바람을 타고 말이 질주하는 것과 같다고 하여 포마송이라고도 한다.

전나무는 높은 산에서 자라는 우리나라의 대표적인 침엽수 가운데 하나이다. 전나무가 주로 자라는 곳은 오대산, 설악산을 비롯하여 주로 북부 지방이지만 남부 지방에서도 높은 산에 올라가면 있다. 나무는 30~40미터 높이까지 아주 곧게 자란다. 가지는 수평으로 퍼지듯 달리고 가지마다 손가락 한두 마디쯤 되는 다소 짧은 바늘잎이 빗살 같은 모양으로 가지런히 달린다. 4월이면 꽃으로 보기 어려운 수꽃과 암꽃이 가지 끝에 달리고 10월이면 열매가 익는다. 전나무의 열매는 그 외형만큼이나 날렵하고 잘생긴 솔방울이다. 전나무류는 솔방울이 땅 쪽을 향하지 않고 하늘을 향해 달리므로 아주 힘차고 늠름해 보인다. 우리나라에는 한국산 전나무라고 할 수 있는 구상나무가 한라산이나 덕유산 같은 곳에 자란다. 남쪽에서는 따뜻한 곳에서 잘 자라는 일본전나무를 심는데 우리 전나무는 잎끝이 갈라지지 않으나 일본전나무는 잎끝이 둘로 갈라져 그 모습이 마치 일본 신발 게다와 같다는 이도 있다.

전나무는 쓰임새가 다양하다. 모양이 수려하여 크리스마스트리를 만들기도 하고 환경 조건만 맞는다면 정원수나 풍치수로도 좋다. 겨울철에 푸른 수많은 상록성 침엽수 가운데 유독 전나무를 크리스마스트리로 쓰게 된 데는 나무 자체의 수려함에도 이유가 있겠지만 켈트 족이 이 나무를 신성시한 데서 유래한다고 하며 다음과 같은 아름다운 이야기가 전해 내려온다.

옛날 북유럽의 한 숲에 나무꾼과 딸이 살았다. 이 소녀는 마음씨가 착하고 숲을 몹시 사랑하여 언제나 숲 속에서 숲의 요정들과 함께 놀았다. 그러나 추운 겨울이 와서 숲으로 나갈 수 없게 되면 요정들을 위해 문 앞에 있는 전나무에 작은 촛불을 켜두곤 하였다. 어느 크리스마스이브, 소녀의 아버지인 나무꾼은 나무를 하러 숲으로 들어갔다가 그만 길을 잃게 되었다. 날마저 어두워지고 위험에 처하게 되었는데 불빛이 보였다. 그 불빛을 찾아가니 다시 그 불빛은 사라지고 또 다른 불빛이 반짝였다. 이렇게 몇 번인가 불빛을 따라가다 보니 어느새 자기 집 문 앞에 딸이 밝혀둔 촛불 앞까지 무사히 다다랐다. 이 숲 속의 불빛은 소녀의 친구인 숲의 요정들이 나무꾼을 인도해주기 위해 만든 것이었다. 그때부터 크리스마스이브에는 전나무에 반짝이는 불빛을 비롯하여 여러 장식을 하게 되었다는 것이다. 또 독일에서는 귀한 손님을 맞이할 때 집 앞 침엽수 양쪽에 촛불을 켜두고 손님을 맞이하는 풍속이 있는데 성탄에도 새로 태어난 아기 예수를 영접하는 뜻으로 전나무 촛불을 밝히게 되었다고 한다.

전나무는 관상수 말고도 약으로도 쓴다. 잎은 류머티즘을 비롯하여 요통, 요도염, 임질, 폐렴 등에 쓴다고 하며 감기에 걸렸을 때 욕탕 재료로도 쓴다. 또 폐결핵에 걸렸을 때에는 송진이나 잎을 태운 연기를 들이마시기도 하며 잎과 껍질을 달여 위궤양이나 십이지장궤양의 치료에 쓴다. 한방에서 생송진은 수증기로 증류하여 약으로 쓰는 테레빈유를 만들거나 지혈제로 이용하며, 송진이나 가지를 건류한 기름으로 고약을 만들어 근염, 급성 혈류 장애에 쓴다고 한다. 뿌리와 잎에서는 방향유를 채취할 수도 있다.

전나무의 목재는 예로부터 아주 귀중하게 여겨왔다. 우선 여느 나무처럼 휘거나 마디가 많지 않아 좋고,

더위에도 썩지 않아 가공 기계가 발달하지 않은 예전에는 아주 긴요했다. 어떤 문헌에는 전나무가 다른 나무처럼 줄기가 조금이라도 굽었더라면 수명을 연장할 수 있었을 것이라는 염려의 말이 적혀 있을 정도였다.

전나무 목재는 사찰이나 궁궐 또는 양반집 기둥으로 많이 쓰였고 각종 기구나 기구재로도 다양하게 이용되었다.

요즈음 흔히 등을 심어 그늘을 만드는 것과 같이 예전에 기둥과 대문이 유난스레 높은 대갓집에서는 대청 앞 전나무에 시렁을 매고 가지를 잡아당겨 그늘을 만들곤 하였는데 그 모습이 마치 학이 날개를 편 듯 아름다웠다고 하니 전나무 그늘에서 더위를 식히는 풍류는 상상만 해도 멋지다.

전나무의 모습에 매료되어 이 나무를 심어두고 싶은 이가 많겠지만 고산성 수종으로 추위에는 아주 강해도 도시 환경에는 여러모로 적합하지 않으며 특히 환경오염에는 매우 약한 편이다. 또 음수인 데다가 습기가 적절한 비옥지에서 잘 자라므로 도심에 적응하기가 불가능해 보인다. 전나무가 우리 주변에서 자주 보이는 그날이 우리가 환경오염에서 자유로워진 날이 아닐까 하는 생각도 해본다.

전나무는 가을에 익은 열매를 따서 종자를 분리시키고 바람이 잘 통하는 한랭한 곳에 보관해두었다가 봄에 파종을 하는 것이 보통이지만 11월에 바로 심어도 된다. 발아율은 대략 25퍼센트라고 한다. 또한 맹아력이 약하므로 함부로 전정해서는 절대로 안 된다.

참나무

'참' 나무라면 '진짜' 나무인데 과연 어떤 나무가 진짜 나무일까? 그러나 막상 식물도감을 보면 참나무란 이름을 찾을 수 없다. 대신 졸참나무, 갈참나무, 굴참나무, 신갈나무, 떡갈나무, 상수리나무가 나오는데 이들이 바로 참나무이다. 이 참나무들이 맺는 열매를 도토리라 부르는 바람에 참나무를 도토리나무라고 부르기도 하나 이 이름 역시 식물도감에서는 찾을 길이 없다.

도토리나무를 상수리나무라고 부르게 된 데에는 다음과 같은 사연이 있다. 상수리나무의 원래 이름은 토리였다고 한다. 임진왜란 당시 의주로 몽진한 선조는 제대로 먹을 만한 음식이 없자 토리나무의 열매 토리, 지금으로 말하면 도토리를 가지고 묵을 쑤어 먹었는데 이때 도토리묵에 단단히 맛을 들인 선조는 그 후로 도토리묵을 즐겨 찾았다. 그래서 늘 수라상에 올랐다 하여 '상수라'라고 부르게 되었고 이 말이 훗날 상수리가 되었다고 한다.

어찌 되었든 이러한 모든 나무는 도토리를 열매로 맺는다는 공통점이 있지만 그 잎의 모양새와 쓰임새, 자라는 곳이 조금씩 다르다.

- **식물명** 상수리나무, 졸참나무, 갈참나무, 굴참나무, 떡갈나무, 신갈나무
- **과명** 참나무과(Fagaceae)
- **학명** 상수리나무_ *Quercus acutissima* Carruth
  졸참나무_ *Q. serrata* Murray
  갈참나무_ *Q. aliena* Blume
  굴참나무_ *Q. variabilis* Blume
  떡갈나무_ *Q. dentata* Thumb.
  신갈나무_ *Q. mongolica* Fisch. ex Ledeb.

- **분포지** 수종에 따라 차이가 있으나 우리나라 전역에서 볼 수 있음
- **개화기** 5월, 수꽃은 유이화서, 암꽃은 수상화서
- **결실기** 9~10월, 갈색 도토리
- **용도** 식용, 약용, 표고 골목, 제탄, 관상수
- **성상** 낙엽성 교목

남쪽 지방에는 겨울에도 잎이 떨어지지 않는 상록성 도토리나무가 있는데 가시나무라고 부른다.

모든 도토리나무는 참나무과 참나무속에 속한다. 참나무속은 학명이 쿠에르쿠스Quercus 인데 이 라틴어 역시 '진짜' 즉 '참'이라는 뜻이니 동서양을 막론하고 나무들의 으뜸인 모양이다.

맨 먼저 떠오르는 참나무의 용도는 열매인 도토리로 도토리묵 만드는 것이다. 참나무류의 열매는 모두 도토리라고 부르며 다 묵을 만들 수 있다. 떡갈나무의 열매를 도토리, 상수리나무의 열매는 상수리, 졸참나무의 열매는 굴밤이라고 구분한다지만 이는 실제와는 동떨어진 이야기다. 오히려 여러 도토리나무 가운데서도 특히 상수리나무의 열매를 많이 이용하는데 이는 특별한 이유보다는 인가에 가까운 산지의 낮은 쪽에서 쉽게 만날 수 있어서일 것이다.

신갈나무

　도토리는 한때 구황 식물로 선조들의 배고픔을 덜어주기도 했지만 요즈음은 별미 건강식으로 많이 찾는다. 도토리에는 풍부한 전분과 떫은맛을 내는 타닌, 유지방과 퀘르시트린 등 여러 성분이 함유되어 있는데 식품으로는 물론 약용식물로도 아주 유용하다. 도토리의 여러 성분이 장 및 혈관을 수축시키는 작용을 하여 설사, 탈항, 치질을 비롯하여 거담, 진통, 지혈 등에 효과가 있다. 특히 부인병인 대하 치료에는 불에 데운 도토리를 가루로 만들어 미음을 쑤어 먹으면 효과가 있다고 한다.

　상수리나무는 도토리로 유명하지만 굴참나무는 오래 살아 천연기념물로 지정되어 이름을 날린다. 참나무류 가운데 우리나라에서 천연기념물로 지정된 것은 대부분 굴참나무이다. 어느 왕의 피난처가 되었다고도 하고, 고승들이 성류사를 찾는 길잡이가 되기도 하였다는 울진의 굴참나무 제96호, 강감찬 장군이 지나다가 지팡이를 꽂은 것이 자랐다는 신림동의 굴참나무 제271호, 봄이면 소쩍새가 와서 울어 풍년을 들게 해준다는 안동의 굴참나무 제288호가 그것이다.

　굴참나무는 또 나무껍질에 유난히 코르크가 발달하여 병뚜껑을 만드

갈참나무 열매　　　신갈나무 열매　　　굴참나무 열매　　　상수리나무 열매

갈참나무 잎　　　　굴참나무 잎　　　　상수리나무 잎

는 것을 비롯하여 여러 용도로 쓴다. 예전에는 이를 길게 벗겨 지붕을 이어 너와집을 짓기도 했으며, 나무를 쪼개어 동기와집이라 부르는 집을 짓기도 했다.

　그런데 옛사람들은, 참나무가 흉년이 들 듯하면 도토리를 많이 만들어 사람들이 굶어 죽는 것을 막는다고 믿었는데 실제로 쌀농사와 도토리의 결실량은 반비례하는 경우가 많다. 이를 두고 학자들은 참나무가 꽃을 피워 수분을 하는 시기에 비가 많이 오면 모를 심기에는 아주 좋아 풍년이 들지만 참나무는 수분을 잘 하지 못하여 결실량이 줄어든다고 설명한다.

　나무의 분위기 때문에 노래에 많이 나오는 참나무는 역시 떡갈나무이다. 넓적한 잎에 황갈색 털을 보송하게 달고, 파도가 일 듯 잎 가장자리가 너울거리는 떡갈나무 잎은 참 보기 좋다. 오래전부터 많이 불리는 〈엄마야 누나야 강변 살자〉라는 노래에 "뒷문 밖에는 갈잎의 노래"라는 노랫말이 나오는데 떡갈나무를 두고 갈잎나무라고도 한다 하며, 〈아무도 모르라고〉라는 아름다운 가곡 중에는 "떡갈나무 숲 속에 졸졸졸 흐르는" 하는 노랫말이 있는데 시냇물이 흐르고 아름드리 떡갈나무가 서 있는 숲이 눈에 그려지는 듯하다. 떡갈나무 잎은 한동안 일본으로 수출하여 외화를 벌기도 하였다. 일본 사람들이 단옷날에 떡갈나무 잎으로 싼 떡을 먹는 풍속이 있어 증기로 쪄서 말린 떡갈나무 잎을 일본으로 수출했는데 요즈음은 우리나라 인건비도 올라 값이 비싸서인지 잎을 딸 만한 사람들이 없어서인지, 북한에서 많은 양을 수출한다고 한다.

　사실 떡갈나무 잎으로 떡을 싸는 풍속은 우리나라나 중국에도 있지만

신갈나무 수꽃　　　　떡갈나무 수꽃　　　　졸참나무 수꽃

지금껏 잘 지키는 나라는 일본뿐인 듯하다. 떡갈나무 잎은 참나무 잎 가운데 가장 크다고 할 수 있다. 잎의 길이가 45센티미터에 달하는 나무도 있다니 크기를 짐작할 만하다. 하지만 모두 다 그리 크지는 않고 비교적 변이의 폭도 크다. 떡갈나무 수피는 적룡피라고 해서 천연염료로 쓰기도 한다.

신갈나무는 최근 생태학에서 많은 관심을 두는 나무이다. 한동안 소나무가 우리나라 곳곳에 자라며 많은 사랑과 관심을 독차지했지만 이제 우리나라 숲은 점차 참나무 숲으로 변해간다. 특히 일정한 고도 이상 올라가면 참나무 가운데 신갈나무가 순림에 가까운 숲을 이루고 잘 자라고 있다. 공해로 숲이 사라질 것처럼 보도되는 남산에만 올라가도 북쪽 사면을 중심으로 싱그럽게 커가는 신갈나무를 볼 수 있는데 이들만 보아도 이제 그들의 시대가 도래했음을 짐작할 수 있다. 지은이가 가장 인상 깊었던 참나무 숲은 강원도 점봉산이다. 그 깊은 산에서도 아주 외진 넙적골이라는 곳에 가면 지름이 1미터가 넘는 아름드리나무들이 숲을 이룬다. 흔히 서양의 참나무 숲을 보고 부러워하는 이들이 있지만 이곳을 구경하고 나면 그 어느 나라도 부럽지 않을 만큼 우리 숲에 대한 자긍심이 생길 것이다.

우리나라도 참나무가 번성하여 원시림처럼 잘 우거진 숲을 만날 듯도 한데 제대로 좋은 숲을 만들지 못한 까닭은 소나무를 선호하는 탓에 참나무를 잡목으로 취급해 베어버렸기 때문이라고도 하고, 잦은 전쟁 때문이기도 하지만 땔감으로 쓰거나 숯을 만든 것도 큰 원인 중 하나가 된다. 실제로 신라의 수도 경주는 당시 아주 번성한 도시였으므로 끼니때마다 집집마다 굴뚝에서 나오는 연기가 온 도시를 덮을 지경이었다고 한다. 사

떡갈나무 수피

졸참나무 수피

태가 이리 되자 나라에서는, 이를테면 도시의 대기가 오염된다고 연기가 나지 않는 참나무 숯으로만 불을 때라는 명령을 내렸을 정도였다니 그 일대의 참나무가 얼마나 수난을 당했을까 짐작할 수 있다. 깊은 산에 자리 잡은 숯가마에서 만드는 참나무 숯 이야기도 아주 많다.

장자는 산을 내려다보도록 크게 자란 참나무를 두고, 배를 만들면 가라앉고 관을 만들면 쉽게 썩고, 가구를 만들면 쉽게 망가지는 쓸모없는 나무여서 오래 살아남았다고 했다지만 사실 참나무의 용도는 다양하다.

상수리나무는 술의 향기와 맛에 영향을 미치는 모락톤이라는 성분의 함량이 높아 국산 참나무 가운데 술통으로 가장 좋다. 물론 서양에서 술을 저장한다는 오크oak 통도 참나무통이며 껍질이 얇아서 표고의 골목(버섯을 기르는 나무)으로도 좋다. 그 밖에 참나무는 조금씩 그 성질이 다르기는 하지만 선박재, 농기구의 재료, 수레바퀴, 갱목, 건축재, 펄프 및 합판재 등으로 쓰며 요즈음 가구재로도 많이 쓰는데, 자연미가 돋보이는 고급 가구인 오크 가구가 바로 그것이다.

요즈음은 참나무류로 공원을 조성하는 등 조경수나 가로수로 이용하려는 시도도 한다. 연둣빛 고운 신록, 무성하여 그늘이 시원한 잎새, 분위기 있게 물드는 단풍과 그 낙엽, 이 나무들이 만드는 도토리로 다람쥐까지 볼 수 있으니 좋을 듯싶다. 그러나 우리나라 참나무는 제쳐두고 서양의 참나무만 참나무로 알고 들여와 심으려고 하니 답답한 마음도 든다. 서양 것이 좋다고 무작정 들여오기에 앞서 숨겨진 우리 나무를 잘 개발하는 일이 우선일 텐데. 어찌 되었든 이제 참나무는 새로운 세상을 만날 것이다.

탱자나무

탱자나무는 여러 모습을 지닌다. 봄이면 물레처럼 아름답게 피는 흰 꽃잎, 가을이면 조랑조랑 매달리는 노란 열매, 꽃과 잎이 다 떨어진 겨울에도 여전히 뾰족한 가시는 버리기 아까운 탱자나무의 독특한 모습이다.

탱자나무라는 이름을 보면 이 나무는 열매가 우선인 듯싶다. 열매가 가장 중요한 사과나무 열매를 사과라고 하듯 탱자나무의 그 진노란 열매를 탱자라고 부르니 말이다. 한방에서는 이 탱자를 약으로 쓰는데 충분히 익지 않은 푸른 열매를 둘 내지 셋으로 돌려 잘라 지실이라고 부르고 습진을 다스리는 데 이용하며 탱자의 껍질을 말려 지각이라 부르고 건위, 지사제로 이용한다.

그러나 라틴어 학명은 '퐁키루스 트리폴리아타 *Poncirus trifoliata*'로 잎이 세 장씩 달리는 형태상의 특징을 강조하고 있으며, 영어 이름으로도 잎이 세 장 달린 오렌지라고 부른다. 한자 이름은 또 다르다. 귤나무와 닮았다고 하여 구귤 또는 지귤이라고 하는데 여기서 지자는 해할 지枳 자를 쓴다. 가지의 가시가 해친다는 뜻일 테니 한자 이름은 그 무섭도록 왕성한 가시를 두드러진 특징으로 삼고 있는가 보다. 남쪽의 과수원에는

- **식물명** 탱자나무
- **과명** 운향과(Rutaceae)
- **학명** *Poncirus trifoliata* Raf.

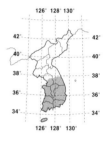

- **분포지** 경기도 이남에 식재
- **개화기** 5월, 백색
- **결실기** 9월, 황색
- **용도** 약용, 생울타리, 대목
- **성상** 흔히 관목상으로 자라는 낙엽성 교목

탱자나무 열매

이 가시로 인해 탱자나무 울타리가 많다. 꽃과 열매의 향이 일품이니 생울타리로는 더없이 좋을 듯하다. 이 탱자나무 울타리는 아주 오래전부터 썼는데 옛 서민들의 집에 이 울타리나 낮은 사립문, 흙담이 고작인 것을 보면 도둑을 막겠다는 생각보다는 가시가 귀신을 쫓는다는 주술적인 의미로 많이 심었던 것 같다. 전염병이 번지면 가시가 무성한 음나무나 탱자나무 줄기를 잘라다 가문 위에 걸어두는 벽사의 신앙이 이 생각을 뒷받침한다.

이 탱자나무의 가시로 성 주위를 튼튼히 둘러싸서 외적의 침입으로부터 나라를 지키고자 하였는데 이 미담의 주인공 중 한 나무가 강화도에 있다. 고려 고종 때 몽고의 침입이 있자 고종은 이 난을 피하여 강화도에 천도하여 28년이나 굴욕의 시간을 보냈다. 병자호란 때에 다시 인조 임금의 가족이 강화도로 청나라의 군사를 피해 갔다. 이러한 전란이 자극이 되어 외적으로부터 나라를 지키고자 성을 튼튼히 하고 적군의 병사들이 쉽게 접근하지 못하도록 탱자나무를 심었는데 세월이 흐르고 성은 무너져 흔적만 남았으나 이 나무만이 남아 있다가 1962년 천연기념물 제78호로 지정되었다.

이 강화도 갑곶 탱자나무는 나이가 400살 정도 되었을 것으로 추정되는데 높이가 4미터가 넘고 둘레는 1미터에 달하며 두 갈래로 갈라져 자라는데 긴 쪽의 가지가 6미터에 이른다. 이와 나란히 강화도 사기리에 있는 탱자나무도 천연기념물 제79호로 지정되었다. 갑곶 탱자나무처럼 그 유래가 확실하지는 않지만 그와 비슷한 시기에 심어졌을 것으로 추정하고 있다. 이 사기리 탱자나무는 무릎 높이에서 세 개로 가지가 갈라진 다음 다시 여러 개로 갈라져 있다. 밑부분의 지름이 50센티미터가 넘는다. 이 오래된 나무가 아직까지도 꽃을 피우고 열매를 맺는다고 하니 그 힘의 근원은 무엇일까?

앞에서 말한 탱자나무의 쓰임새 외에도 몇 가지 용도가 더 있는데, 꽃은 정유를 함유하고 있어 화장품을 비롯한 각종 향료로 이용하고 나무는 감귤나무 접붙이는 데 대목으로 쓰며 민간에서는 목 안에 종창이 생겼을 때 잎을 삶아 마시기도 하고 소화에 효과가 있어 체했을 때 흔히 쓰기도 한다. 그러나 이 열매는 과일로 먹을 수 없다.

탱자나무는 운향과에 속하는 관목상으로 자라는 교목이다. 줄기가 항상 푸르러 상록수로 착각하기 쉬우나 낙엽성이다. 탱자나무가 속한 운향과 식물은 그 향기로 한몫을 한다. 탱자나무는 시고도 달콤한 유자나무와

탱자나무 수피

감귤나무와는 사촌쯤 되어 냄새와 가시는 물론 납작한 잎자루에 날개가 달린 것도 서로 같고, 열매를 가루 내어 추어탕을 끓일 때 넣거나 고급 일식집에 향기 나는 잎으로 장식을 하기도 하는 초피나무와 산초나무와도 팔촌쯤 된다.

이러한 운향과 식물 중에서 탱자나무의 특징은 열매의 표면에 털이 나 있고 앞에서도 말한 바와 같이 잎이 하나씩 달리는 감귤류나 여러 개가 함께 달리는 산초나무류와 달리 세 개씩 모여 줄기에 엇갈려 달린다는 점이다. 그 잎은 길이가 3~6센

탱자나무 꽃

티미터 사이로 타원형이고 가장자리에는 둔한 톱니가 나 있다.

꽃은 5월쯤, 잎보다 먼저 가지 끝이나 잎겨드랑이 사이에 달린다. 다섯 장의 흰 꽃잎은 서로 사이를 두어 달리고 그 안에는 수술이 많다. 가장자리의 수술과 꽃잎은 대칭을 이룬다.

탱자나무는 중국이 원산이라고 알려져 있는데 낙동강 하구에 있는 가덕섬이란 험준한 곳에서 탱자나무가 군락을 이루고 있음이 발견되자 몇몇 학자들은 여러 입지적 조건으로 이 군락은 자연산이라고 주장한다. 만일 이곳의 탱자나무가 자생한 것이라면 한국도 원산지가 될 수 있다.

탱자나무는 추운 곳에서는 자라지 못한다. 주로 중부 이남 지역에 자라므로 앞에서 말한 강화도의 탱자나무들이 북한계선이 된다. 서울에서도 이따금 탱자나무를 볼 수 있는데 노거수는 없으며 제 기후가 아니어서인지 겨우겨우 살아가는 이 나무들은 제대로 결실하지 못하는 경우도 있다.

우리나라에서는 감귤류를 기르는 데 접목을 하기 위해 탱자나무를 이용하였다. 그리하면 나무가 빨리 자라고 열매를 빨리 맺을 수 있으며 과실의 맛도 좋아질 뿐 아니라 특정 바이러스에 대해서는 면역성도 생기고 뿌리에 기생하는 선충도 줄인다고 한다. 그러나 비료 소모량이 많고 노쇠도 빨리 온다는 단점도 있다.

화살나무

화살나무는 우리나라 산에서 그리 어렵지 않게 볼 수 있는 관목이다. 줄기가 독특하고 가을 단풍이 아름다워, 혹은 약으로 쓰고자 일부러 심는 이도 있지만 특별히 골라 기르는 정원수가 아닌 서민적인 나무이며, 그저 숲 속의 여러 나무와 조화되어 평범하게 살면서도 가까이서 관심을 가지고 보면 줄기 하나 잎새 하나 모두 특색 있는 정다운 우리 나무이다.

화살나무는 노박덩굴과에 속하는 낙엽 관목이다. 다 자라도 3미터를 넘지 못한다. 우리나라 땅이면 전국의 어느 산에서든 자라고 일본과 중국에서도 볼 수 있다. 우리가 잘 알고 심는 사철나무와 같은 과, 같은 속에 속하지만 사철나무는 상록성인 데 반해 화살나무는 낙엽성이어서 대부분의 사람들은 두 나무의 인척관계를 잘 알지 못한다.

화살나무의 가장 큰 특색은 아무래도 줄기에 두 줄에서 네 줄까지 달린 코르크질의 날개를 들 수 있다. 진회색 수피와 같은 색의 이 날개가 마치 화살에 붙이는 날개의 모양과 같다 하여 이 나무의 이름이 화살나무가 되었으며, 지방에 따라서는 날개의 모양이 예전에 머리

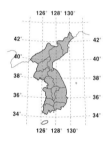

- **식물명** 화살나무
- **과명** 노박덩굴과(Celastraceae)
- **학명** *Euonymus alatus* Siebold

- **분포지** 전국의 산지
- **개화기** 5월, 유백색
- **결실기** 10~12월, 붉은색
- **용도** 관상수, 약용, 식용
- **성상** 낙엽성 관목

를 빗던 참빗과 같다고 하여 참빗나무라고도 부르며 홑잎나무라고도 한다. 또 단풍이 비단처럼 고와 금목錦木이라는 이름도 있다. 그래서 화살나무는 여느 낙엽성 나무와는 달리 꽃도 지고 잎도 지고 난 겨울, 줄기만으로도 특색 있는 모습을 나타내어 보는 사람을 즐겁게 해준다.

화살나무의 학명은 '에우오니무스 알라투스*Euonymus alatus*'인데 여기서 앞의 속명은 '좋다'라는 뜻의 고대 그리스어 '에우*eu*'와 '이름'이라는 뜻의 '오노마*onoma*'가 합쳐서 된 이름으로 그리스 신화에 나오는 신의 이름에서 따왔으며, 화살나무의 특징을 말해주는 종소명 '알라투스*alatus*' 역시 '날개가 있다'는 뜻이어서 줄기의 날개가 이 식물의 중요한 특징임을 알 수 있다.

손가락 두 마디쯤 되는 잎은 서로 마주 보고 달린다. 그리 크지도 않고 작지도 않은 잎이 부드럽고 신선하게 보인다. 5월에 잎겨드랑이에서 꽃

화살나무 꽃

화살나무 열매

화살나무 가지

자루가 나오고 여기서 다시 둘로 갈라져 Y자 모양을 이룬다. 그 끝에 연한 연둣빛을 띠는 작은 꽃이 달린다. 봄철의 다른 관목들처럼 볼거리가 많고, 한눈에 들어오는 화사한 꽃잎은 아니지만 작은 꽃잎 네 장이 서로 마주 보고, 다시 그 속에는 네 개의 수술이 선명하게 드러나 예쁘다. 화살나무의 가장 화려한 모습은 가을철에 붉게 물드는 잎새와, 역시 붉게 익지만 귀엽기만 한 열매의 모습에서 볼 수 있다. 이 화살나무의 단풍은 10월에 기온이 섭씨 15도 이하로 내려갔을 때 가장 선명하고 붉게 들며, 더운 지역에는 햇볕이 많은 곳보다는 다소 그늘진 곳에 심어야 더욱 고운 단풍을 구경할 수 있다. 특히 단풍나무의 단풍은 기온이 많이 내려가고 또 낮과 밤의 기온 차가 큰 곳에서 강렬하기 때문에 따뜻한 지방에서는 제대로 단풍을 구경하기가 어려우니 이러한 지방에서는 화살나무를 대신 심어 가을의 풍치를 돋우는 것도 좋다.

　화살나무는 일가친척이 되는 나무가 많다. 화살나무와 특징이 다 같지만 줄기에 날개만 없는 것을 회잎나무라고 부른다. 그 밖에 잎에 털이 있는 털화살나무, 열매가 크고 끝에 갈고리가 있는 삼방회잎나무, 연보라색 꽃이 피는 회목나무, 열매와 꽃자루가 길게 늘어지는 회나무, 열매 껍질에 날개가 있는 나래회나무, 가지와 껍질이 암 치료에 효과가 있다고 소문이 난 참빗살나무, 상록성인 사철나무와 줄사철나무 등 열 가지가 넘는데 상록성인 나무를 제외하고는 모두 단풍이 곱다. 그러나 최근에는 재배하기 쉽고 생육이 빠르다는 이점이 있고 잎에 광택이 도는 미국화살나무를 비롯하여 유럽참빗살나무 여러 품종, 중국의 산동화살나무, 코카서 스화살나무와 같이 외국에서 육종된 원예 품종이 들어와 우리 나무가 설 땅을 빼앗고 있어 걱정이다.

지금까지 화살나무는 단풍을 보려고 정원에 간혹 심는 것이 고작이었으나 요즈음에는 분재 등으로도 개발되고 있으며 특히 날개가 달린 줄기를 잘라 꽃꽂이에도 많이 활용하고 있다. 그러나 이 개성 있는 날개의 진짜 용도는 약용이다. 대부분의 약용식물은 잎이나 열매 혹은 뿌리를 이용하게 마련이나 화살나무는 날개 부분만 쓴다. 생약 이름은 귀전우, 위모, 호전우 등인데 피멍을 풀어주고, 피를 조절하고, 거담 작용을 하므로 동맥경화, 혈전증, 가래 기침, 월경불순 및 출산 후 피가 멈추지 않거나 어혈로 생기는 복통, 젖이 분비되지 않을 때 쓴다. 그 밖에 풍을 치료하는데, 피부병 등에 처방한다. 민간에서는 날개 부분을 검게 태워 가시를 빼는 데 썼다고도 한다.

이 밖에도 어린잎을 나물로 무쳐 먹거나 잘게 썰어 밥을 지어 먹기도 하는데 그냥 먹으면 다소 쓴맛이 나므로 데쳐서 흐르는 물에 잠시 담갔다가 먹으면 좋다. 그러나 무성하게 자란 잎이나 열매를 잘못 먹으면 구토와 설사를 일으키기도 한다.

또 화살나무를 잘라 진짜 화살을 만들기도 하였으며 지팡이도 많이 만들었다. 목재는 치밀하고 인장 강도가 높아 나무못 같은 특수 용도나 세공재로 쓴다.

번식은 삽목을 하는 것이 가장 좋으며 종자 파종도 가능하지만 종자가 비교적 오래 휴면하는 특성이 있으므로 이를 염두에 두어야 한다. 가을에 종자를 따서 노천 매장하였다가 뿌리는데 발아하기까지 3년이 걸린다.

화살나무는 햇볕을 좋아하는 양수이지만 그늘에서도 잘 견디며 곁줄기도 많이 나오고 추위와 짠 바닷바람에도 잘 견디며 전정도 아주 잘 된다. 공해에는 약한 편이며 토양은 특별히 가리지 않는다. 또 병에는 거의 걸리지 않으나 다만 잎말이나방 같은 벌레의 해를 받기 쉽다.

싸리

싸리는 모습이 권위적이고 귀족적이지 않아 친근하며, 화려하고 현란하지 않아 소박하고 우리나라의 산야에 지천으로 퍼져 있어 정겨우며 무엇보다도 우리 조상의 삶 구석구석에 자리 잡고 함께 지내온 민초들의 나무여서 좋다. 거창한 이상이나 명분에 매이지 않고 직접 생활에 뛰어 들어온 진짜 우리 나무 가운데 하나이다. 우리나라 방방곡곡에 싸리골이나 싸리재 같은 마을 이름이나 고개 이름이 많은 것만 보아도 싸리가 이 땅에서 얼마나 많이, 그리고 친숙하게 자라온 나무인지 짐작할 수 있다.

싸리는 콩과에 속하는 낙엽성 관목이다. 우리가 산에서 주로 만나는 싸리의 높이는 고작 2미터를 넘지 못하지만 아름드리로 자랐다는 옛 이야기가 전해지고 있어 호기심을 불러일으킨다. 경북 청량산에는 한 뼘 굵기의 싸리들이 숲을 이루었다 하고, 경북 안동에는 낙동강 줄기가 바라다보이는 산 중턱에 송암 권호문 선생의 정자 '연어헌'이 있는데 이 정자의 기둥이 싸리로 만들어졌다고 전해진다.

그러나 가장 믿기 어려운 이야기는 송광사의 싸리나

- **식물명** 싸리
- **과명** 콩과(Leguminosae)
- **학명** *Lespedeza bicolor* Turcz.

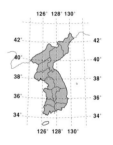

- **분포지** 전국의 산지
- **개화기** 7~9월, 홍자색 접형화관
- **결실기** 10~11월, 협과(꼬투리)
- **용도** 약용, 기구재, 식용
- **성상** 낙엽성 활엽 관목

무 밥통이다. 송광사가 한창 번성하던 시절 300명분의 밥을 담을 만한 그릇이 있었는데 나무를 파서 소 여물통처럼 길게 만든 이 그릇을 다름 아닌 싸리로 만들었다고 전해진다.

　그러나 우리가 산에서 만나는 싸리는 가느다란 가지를 총총히 만들어 가지마다 잎을 만들어 달고 꽃을 피운다. 싸리의 잎은 세 장씩 모여 달린다. 달걀 모양의 작은 잎은 잎끝이 오목하게 들어가 있고 그 자리에 아주 짧은 침이 생겨나 귀여움을 더한다. 싸리 꽃은 여름이 가면서 피기 시작하여 가을 내내 잔잔하게 퍼지듯 피고 지기를 반복하는데 간혹 찬 서리가 내릴 때까지도 계속되기도 한다. 진분홍 싸리 꽃은 아주 작지만 다른 콩과 식물처럼 나비 모양의 아름다운 꽃잎이 난다. 가을에 맺는 열매는 새끼손톱 길이만큼이나 작지만 꼬투리 모양을 제대로 갖추고 있다. 익으면 콩깍지가 벌어지듯 두 갈래로 벌어진 열매에서 작은 종자가 드러난다.

싸리 꽃   싸리 열매

　사실 우리나라에는 싸리 외에도 싸리 형제가 수없이 많다. 그 가운데 싸리와 쌍둥이처럼 닮아 거의 구별하기가 어려운 참싸리는 꽃차례의 자루가 잎보다 짧은 반면, 싸리는 더 길게 자라 구분이 된다. 그다음으로 자주 만나는 싸리 가운데 조록싸리가 있다. 조록싸리는 둥근싸리의 잎과는 달리 잎 모양이 마름모꼴이어서 쉽게 구분이 된다. 그 밖에도 분홍 꽃이 유난히 예쁜 꽃싸리, 거문도 같은 외진 섬에 자라는 해변싸리, 흰 꽃이 피는 흰싸리 등 20여 가지에 달한다.

　그러면 이 정겨운 우리의 친구 싸리가 우리 조상들의 생활에 얼마나 깊이 들어와 있었는지 알아보자. 가장 유명한 것으로 사립문이 있다. 사립문은 싸리를 베어 만든 싸리문을 말한다. 빈한한 살림이지만 이웃과 사촌처럼 살던 소박한 사람들은 싸리문을 만들고 다시 울타리를 엮어 내 집처럼 건너다보며 서로의 정을 나누었으며 집을 지을 때도 이 싸리 줄기로 골격을 만들고 그 위에 흙을 발라 벽을 만들기도 하였다.

　생활 속으로 들어가면 싸리는 더욱 없어서는 안 되는 나무가 된다. 무엇이든지 담아두고 말리곤 하는 소쿠리와 채반이 그중 흔하다. 바느질 도구를 넣으면 반짇고리요 엿을 넣으면 엿고리가 되는, 물건을 담아두는 상자를 가리키는 고리는 싸리로 통을 엮고 종이나 헝겊을 붙여 만들었다.

농사지을 때 꼭 필요한 삼태기, 술을 거를 때 쓰던 용수, 본래 곡식을 고를 때 썼지만 오줌싸개 아이들이 소금을 얻으러 갈 때 쓰던 키, 곡물을 저장하는 독의 역할을 하는 채독도 싸리로 골격을 만들고 그 위에 종이를 붙인 것이다. 또 병아리가 매의 습격을 받지 않도록 덮어씌우는 둥우리를 만들었고 고기 잡는 발도 만들었다. 무엇보다도 싸리비 즉 싸리 줄기로 만든 빗자루는 얼마 전까지도 시골에서는 어렵지 않게 볼 수 있던 생활 도구였다.

싸리는 겨울에 땔감으로도 이용된다. 송강 정철의 노래 가운데 이 싸리 땔감을 팔던 풍속을 잘 나타내주는 재미난 것이 있다.

댁들에 나무들 사오. 저 장사야
네 나무 값이 얼마 외는다, 사자
싸리나무는 한 말 치고 검부나무는
닷 되를 쳐서 합하여 헤면 말 닷 되 받습네
삿대어보으소, 잘 붙습느니, 한적곧
삿대어보면은 매양 삿대이자 하리라

나무 사라고 외치니까 값이 얼마냐고 묻고, 싸리와 검부나무를 합쳐서 한 말 닷 되를 받는데 불을 때어보면 잘 붙으니까 번번이 사서 때라는 이야기다. 가정생활에서 취미 생활로 넘어가 보면 지금까지 이어오는 우리의 민속놀이인 윷놀이의 윷짝도 처음에는 싸리 두 줄기를 가지고 가운데를 잘라 만들었고 나중에는 박달나무로 바뀌었다.

싸리는 아이들의 교육에도 필수적이었는데 싸리 회초리로 종아리를 맞아가며 자라던 어린 시절의 추억을 간직한 이가 아직 있을 듯싶다. 잘못을 저지른 아이들에게 부모들은 나가서 회초리를 만들어 오라고 하고

싸리 수피

아이들은 밖으로 나가 싸리 가지를 꺾어 자신이 맞을 회초리의 굵기를 재어가며 골라 가곤 하였다. 유명한 암행어사 박문수와 싸리 회초리에 얽힌 이야기가 있다.

박문수가 어사의 임무를 띠고 경상도 어느 지방을 돌아다닐 때였다. 어느 날, 첩첩산중에서 목적지에 다다르지 못하고 밤을 맞게 되었는데 칠흑 같은 밤에 걱정을 하며 가다가 외진 산속에 있는 집 한 채를 발견하였다. 반가운 마음에 문을 두드리니 안주인이 남편은 출타 중이고 방도 한 칸뿐이니 외간 남정네를 재워줄 수 없다고 거절하였다. 그러나 박문수는 이대로 가면 자신은 죽을지도 모른다고 애원하여 집 안에 들었고 저녁밥을 먹고 잠을 청하게 되었다. 방이 한 칸인지라 치마로 방을 나누고 각각 누웠는데 박 어사는 그만 그 아녀의 아름다운 자태에 반하여 엉큼한 마음을 품고 껴안으려 하였다. 그때 여인은 남녀가 유별하여 할 수 없는 일을 워낙 사정이 딱하여 봐주었는데 선비의 도리로 그럴 수 있느냐고 추상같이 호통을 치며 회초리를 만들어 오라 하였다. 그 위엄에 놀라 자신이 만들어 온 싸리 회초리에 박문수는 피가 나도록 맞았고, 그 여인은 그 상처에 맺힌 피를 명주로 감아주면서 부모에게서 받은 피를 한 방울이라도 소홀히 버려서는 안 되니 이 피 묻은 명주를 가지고 다니다가 혹 다시 나쁜 마음이 생기면 교훈으로 삼으라고 건네주었다. 그러한 일이 있은 후, 세월이 흘러 박 어사는 다시 낯선 집에서 하룻밤 재워줄 것을 청하게 되었다. 그러나 이번에는 그 집 안주인이 박 어사를 잘 대접하고 나더니 밤이 되자 속옷 차림으로 방으로 찾아들었다. 박문수는 몇 달 전 회초리로 맞은 생각이 나서 벌떡 일어나 여인에게 호령하며 행실을 바로 하라고 꾸중하고 회초리를 꺾어 오라고 하였다. 그때 난데없이 다락문이 열리고 무섭게 생긴 남자가 도끼를 들고 나와 박 어사 앞에 무릎을 꿇고 말하기를 자신은 그 여인의 남편이며 부인의 행실이 나쁘다는 것을 눈치채고 현장을 잡아 죽일 생각으로, 출타한다고 말해놓고 다락에 숨어 있었는데 이토록 고매한 인격을 가진 분인 줄 모르고 해칠 뻔하였다는 것이 아닌가. 지난날 그 싸리 회초리의 매서운 교훈이 없었더라면 어쩌면 박 어사는 훌륭한 일을 많이 하지 못하고 그때 죽었을지도 모를 일이다.

싸리는 약으로도 유명하다. 한방에서는 잎과 가지를 목형, 형조 또는 호지자라고 하여 쓰는데 해열과 이뇨 효과가 있어서 기침, 백일해, 오줌이 잘 나오지 않거나 임질에 걸렸을 때 처방한다고 한다. 또 굵은 싸리 줄기를 잘라 잿불에 꽂아두면 반대쪽에서 노란 기름이 스며 나오는데 이것을 바르면 얼굴에 피는 버짐이 아주 잘 낫는다고 한다. 또한 싸리는 훌륭한 밀원식물로 꽃이 귀하고 꿀이 귀한 가을에 벌들이 겨울을 날 수 있게 도와주는 중요한 식량이다. 새순이나 어린잎 또는 꽃을 무쳐 먹기도 하고 종자를 가루로 만들어 죽을 쑤어 먹기도 한다.

워낙 지천에 많이 자라는 까닭에 구태여 기르지는 않았으나 옛 고향을 생각하며 가까이 길러보고 싶은 이들은 포기를 나누어 심어도 되고, 파종하려면 가을에 채취한 종자를 그대로 건조시켜두었다가 봄이 오면 빨리 싹이 나오도록 열탕으로 처리한 후 뿌리면 된다. 척박한 지역에서도 아주 잘 자라므로 기르는 데 특별한 주의는 필요하지 않다.

산초나무와 초피나무

산초와 초피라는 이름처럼 두 나무는 비슷하지만 서로 조금씩 다른 나무이다. 꽃의 모양이라든지 여러 장 달리는 작은 잎의 크기라든지 모두 비슷하지만 산초나무는 가시가 서로 어긋나게 달리고 초피나무는 가시가 두 개씩 마주 달리는 것이 형제간인 두 나무를 구별하는 가장 손쉬운 방법이다.

흔히 식물분류학 대가들은 식물을 오래 공부하여 보는 눈이 생기면 자세히 차이점을 관찰하지 않아도 한눈에 이미 '감'으로 식물을 느낀다고 말한다. 산속에 자라고 있는 나무가 한두 가지도 아니고 헤아릴 수 없이 많은데 일일이 뒤집어 털이 있는지, 아니면 가시가 어떻게 생겼는지 잎 가장자리 모양은 어떤지 들여다볼 수는 없는 일이라서 지은이는 언제나 대가들의 그러한 경지를 말할 수 없이 부러워했다. 산초나무와 초피나무는 지은이에게 처음으로 선배 학자들의 그 느낌을 조금이나마 맛보게 해주어 식물학자로서의 고달픈 길을 가는 데 큰 기쁨을 안겨준 나무이기도 하다.

식물을 공부하면서 거치는 또 한 가지 단계는 산에 발을 들여놓기도 전에 전체적인 기후나, 그곳이 계곡

- **식물명** 산초나무와 초피나무
- **과명** 운향과(Rutaceae)
- **학명** 산초나무_ *Zanthoxylum schinifolium* Siebold & Zucc.
  초피나무_ *Zanthoxylum piperitum* DC.

- **분포지** 산초나무_ 함경도를 제외한 한반도 전역
  초피나무_ 남부 지방과 중부 해안 지대
- **개화기** 산초나무_ 9월, 연한 녹색
  초피나무_ 5~6월, 황록색
- **결실기** 9~10월
- **용도** 식용, 약용, 채유
- **성상** 낙엽성 관목

꽃이 핀 산초나무

인지 능선인지에 따라 보지 않아도 대략 어떤 나무가 있고 없음을 예측
할 수 있는 수준인데 정말 신통하게도 이제 지은이는 산초나무와 초피나
무는 미리 짐작할 수 있으니 이 두 나무에 대해 각별한 애정을 갖는 것은
무리가 아니다.

산초나무나 초피나무는 또 다른 즐거움 하나를 덤으로 주고 있다. 산

산초나무 꽃

초피나무 꽃

에서 사는 나무들이 그저 단순한 목재의 차원이 아니고서라도 인간에게 얼마든지 다양한 혜택을 줄 수 있는데 식용이라든지 약용이라든지 하는 일반적인 용도 외에도 이 나무들은 독특한 향신료 역할을 하여 나무가 미래 자원의 보고임을 말해주며 나아가 생물 다양성 보전을 위해 숲이 보존되어야 한다는 목소리에 일조하게 된다.

산초나무는 운향과에 속하는 낙엽성 나무이고 다 자라도 키가 3~4미터를 넘지 못한다. 산초나무는 함경도를 제외한 한반도 전역에 그리 높지도 않고 그다지 깊지도 않은 곳에서 자라며, 초피나무는 남쪽 지방에 주로 분포하고 중부 내륙에서는 볼 수 없으나 해안을 따라서는 중부지방까지 올라온다.

사실 산초나무와 초피나무는 식물학적으로는 엄격히 구분된 서로 다른 종이지만 일반인들이 쓰고 부르는 데는 거의 구분이 없다. 산초나무의 이야기를 하여 한참을 듣다 보면 초피나무 이야기를 하고, 산에 가서 이 나무가 초피나무라고 일러주면 틀렸다고 하면서 산초나무는 다르다고 주장하는 이도 있다.

그러나 이 모든 것은 어쩌면 당연한 일일지도 모른다. 초피나무라는 이름이 공식적으로 등장하기 시작한 때는 그리 오래되지 않았다. 해방 전에 나온 일본어로 된 대부분의 책에는 산초라는 이름은 나와도 초피라는 이름은 없다. 또 1960년대 들어서 책에 처음 나타난 이름도 초피가 아니라 좀피나무라고 되어 있으니 초피나무가 이제 와서 제 이름을 제발 바로 불러달라고 주장하기도 좀 멋쩍지 않을까 싶다.

산초나무 열매　　　　　　　　　　　　초피나무 열매

　산초나무는 이 이름 외에 황해도에서는 분지나무라고 불렸고 어청도에서는 상초, 그 밖에 상추나무, 산추나무라고 부른다. 초피나무의 경우는 좀 더 복잡한데 경상남도에서는 제피나무라고 하고 어청도에서는 산초나무와 구분 없이 상초라 하며, 그 밖에 여러 지방에서는 젠피나무 또는 전피나무 혹은 그냥 산초라고 부른다. 더욱이 초피나무 문화가 발달해 온 일본에서는 초피나무의 일본식 한자 이름이 산초山椒이고 보면 우리의 혼란은 더욱 가중된다.

　사실 이렇게 복잡한 두 나무의 관계를 군이 따져 부를 필요가 없다고 이야기할 수도 있는데 이는 어느 정도 타당한 주장이다. 이 나무에 전해 오는 여러 이야기나 한방에서 약재로 쓰는 데도 두 나무를 구태여 구분하지 않지만 향신료로 쓰는 것은 산초가 아니라 초피나무인 것은 구별할 필요가 있다.

　두 나무의 라틴어 학명을 살펴보면, 산초나무는 잔토실룸 스키니폴리움Zanthoxylum schinifolium이고 초피나무는 잔토실룸 피페리툼Zanthoxylum piperitum인데 여기에서 두 나무가 유사한 형제라는 것을 말해주는 속명 '잔토실룸Zanthoxylum'은 희랍어 '황색'이란 뜻의 '산토스xanthos'와 '목재'라는 뜻의 '실론xylon'의 합성어로 목재의 특성을 이야기하고 있다. 하지만 각 종을 대표하는 종소명에서 초피나무는 '피페리툼piperitum' 즉 '후추 같은'이란 뜻이 있음을 보아도 향신료로 쓰이는 것은 초피나무임을 알 수 있다.

　앞에서 두 나무가 가시 외에는 거의 같다고 했지만 사실 자세히 살펴보면 차이점은 얼마든지 찾을 수 있다. 먼저 꽃 피는 시기가 다르다. 산초나무는 여름이 가고 가을이 다가오는 문턱에서 그 작디작은 꽃을 다보록이 달고 애기 주먹만 한 크기로 피우지만 초피나무 꽃은 봄에 핀다.

잎은 큰 잎자루에 손가락 마디만 한 작은 잎이 나란히 달리는 모습이 비슷해 언뜻 보면 같은 것 같지만 산초나무는 작은 잎의 숫자가 열세 개 이상으로 많고 좀 더 길쭉하며 잎끝도 뾰족한 데 반해, 초피나무는 잎 모양도, 물결 같은 가장자리의 톱니도 좀 둥글다는 느낌을 주고 작은 잎의 수도 열 개를 넘지 못한다. 특히 초피나무의 잎을 잘 들여다보면 가장자리 톱니와 톱니 사이에 아주 약간 돌출된 작은 선점이 보이는데 초피나무의 향기는 바로 이곳에서 나온다.

이 나무들과 아주 가까운 나무가 몇 있다. 산초나무와 형제로 가시가 없는 것은 민산초, 가시가 작고 잎이 둥근 것을 전주산초, 잎이 좁고 작은 것을 좀산초, 산초와 사촌 간으로 잎이 크고 수가 적으며 자루에 날개가 있는 개산초, 초피나무보다 털이 많은 것은 털초피, 큰 잎이 달리는 것을 왕초피라고 한다. 특히 왕초피나무는 제주도에서 볼 수 있는데 이제는 거의 사라져가고 있어서 환경부에서는 특정 식물로 정하여 보호하고 있다.

예로부터 초피나무는 톡 쏘는 매운 맛, 그러나 매우면서도 상쾌하고 시원한 맛 때문에 향신료로 이용해왔다. 지금도 추어탕을 끓이는 데는 이 초피 가루가 필수이고 그 밖에도 지방에 따라 매운탕 등 생선 요리에 넣어 조리한다. 조선 『중종실록』에 보면 고려 말부터 우리나라는 송나라 또는 일본에서 후추를 들여와 먹기 시작했다 한다. 삼포왜란이 있은 후 일본과의 교역이 한동안 중단되어 후추의 양이 줄어들자 약으로 이용할 때를 제외하고는 후추 사용을 금하고 대신 초피를 이용하라고 기록되어 있는데 이는 우리 생활에 초피나무가 끼어든 지 이미 오래되었음을 말해준다.

또 우리나라에서 먹는 중국요리 가운데 오향장육이란 음식이 있는데 여기에 들어가는 오향이란 산초, 회향, 계피, 정향, 진피를 말한다. 일본에

산초나무 수피

초피나무 수피

서는 향신료로 쓰는 것 말고도 어류의 생식生食에 반드시 필요하다고 한다. 생선회를 잎에 싸서 먹기도 하고 생선전 위에 덮어 내오기도 한다. 열매나 잎 외에도 이 나무의 꽃봉오리는 화산초花山椒라 하여 고급 요리에 이용하기도 하니 나무의 모든 부분이 음식에 다양하게 쓰이고 있음을 알 수 있다.

이렇듯 초피나무는 우리나라는 물론 일본 식생활에서 아주 널리 사용됨은 물론 한때 재배하여 일본에 고가로 수출을 하기도 하였다. 그러나 우리나라는 야생하는 것을 채취하거나 농가의 울타리나 밭둑, 과수원 주변에 심어놓은 것들이 있으나 이들도 특별한 관리 없이 그냥 방치해놓은 상태여서 해거리도 심하고 좋은 수확을 기대하기가 어렵다.

산초나무는 우수한 형질의 초피나무 삽수를 접목할 때 대목으로 쓰기도 한다. 산초나무든 초피나무든 짜낸 기름은 전을 부치거나 나물을 무칠 때 쓰고 목화 실을 뽑는 물레와 씨를 빼는 씨아라는 기구의 기름 즉 윤활유로도 이용했다.

한방에서는 산초 열매의 껍질을 천초川椒라 하여 이용한다. 향신료로는 덜 익은 파란 열매를 따서 쓰지만 약용은 열매가 익어 갈라질 무렵 채취하는데 베르갑텐, 에스쿨레틴 디메틸에테르, 베르베린 등을 함유하고 있어 건위, 정장, 구충, 해독 작용이 있으므로 소화불량, 식체, 위하수, 위확장, 구토, 이질, 설사, 기침, 회충 구제 등에 처방한다.

또한 매운 맛을 내는 성분 산시올Sanshol에는 국부 마취 작용이 있고 살충 효과까지 겸한다. 생선 독에 중독되었을 때 해독제로도 이용되었고 옻이 올랐을 때에는 산초 잎을 물에 달여 환부를 씻든지 나무껍질 삶은 물에 아예 목욕을 하면 금방 효과를 본다고 한다. 민간에서는 벌에 쏘이거나 뱀에 물리면 잎과 열매를 소금에 비벼 붙였고 축농증과 습진 제거에도 열매 껍질을 이용했으며 종기에 고름이 생기면 산초 잎으로 즙을 내어 상처에 바르면 잠시 동안 심하게 아팠다가 금세 통증이 없어지고 고름이 모여 빠진다고 한다. 지금까지 이어지는 민간요법의 하나로 치통이 심할 때 당장 병원이 없는 곳에서는 산초의 열매 껍질을 씹으면 일종의 마취가 되어 통증이 사라진다고 한다. 이 방법은 서양에서도 사용하는지 영어 이름이 'Toothache tree' 즉 치통 나무이다. 이 진통 효과는 타박상이나 부은 곳에 잎이나 열매의 껍질을 달여 즙을 내서는 찜질을 해도 즉시 나타난다.

가시가 많은 나무가 그러하듯 산초나무도 귀신을 쫓는 나무로 전해져 온다. 게다가 산초나무는 냄새까지 있으니 귀신이 무서워할 만하다. 집에 울타리 대신 심으면 병마가 오지 못한다거나 노인들이 산초나무 지팡이를 짚고 다니는 것도 마찬가지 생각에서 나온 것이다.

산초나무는 작지만 많은 열매를 달고 있으니 다산多産의 의미도 있다. 그 예로 중국 한나라에서는 황후의 방을 산초나무의 이름을 따서 초방椒房이라고 불렀고 벽에 산초나무를 발랐는데 이는 사악한 기운을 제거함은 물론 이렇게 함으로써 임신이 가능해진다고 믿었기 때문이다.

귀신을 쫓는 구체적인 민속으로 섣달 그믐날 밤에 산초나무 열매 일곱 알과, 역시 냄새로 한몫하는 측백나무 잎을 일곱 장 넣어 초백주椒柏酒라는 술을 빚어 정월 초하루에 마셨는데 이는 한 해의 사악한 기운이나 질병, 액운을 모두 물리친다는 믿음에서였다. 초백주 외에 소도주라는 것이 있는데 이는 산초를 비롯하여 방풍, 백출(삽주), 진피, 육계피를 넣어 빚은 것으로 이 역시 나쁜 것을 몰아내기 위해 정월 초하루에 마신 술이다.

중국의 당나라 초기 기록을 보면 백성들이 얄미운 관리들을 보고 산초나무의 매운맛을 빗대어서 천초川椒라 불렀다고 하니 이 맛이 맵기는 매운가 보다.

초피나무를 기르는 데는 배수가 잘 되어야 하고 기온이 낮은 곳은 피해야 하는 등 일반적으로 알려진 사항 외에도 몇 가지 기억해야 할 일이 있는데, 그 하나는 초피나무가 스트레스에 민감하다는 사실이다. 안정된 적지가 아닐 경우 여러 가지 병이 나타나 심은 지 5년이 지나면 수가 늘어나기는커녕 반으로 줄어드는 경우도 있다고 한다. 더욱이 적절히 관리하지 않고 그냥 방치해놓으면 좋은 형질은 다 퇴화하여 사라지고 잡목처럼 되어버리기 쉽다.

특별한 품종을 키우려는 목적이 아닐 때에는 대개 종자를 뿌려 번식시킨다.

인동덩굴

꽃도 지고, 잎도 지고, 열매를 맺는 마지막 풍성함마저 다 지나간 계절에도 꽃을 피우는 식물이 있다. 때를 모르고 꽃봉오리를 벌린 미친 개나리가 아니더라도 조금 따뜻한 남부 지방에서는 겨울을 눈앞에 둔 계절, 차나무 꽃과 팔손이 꽃이 제철을 만나 한창이다.

인동덩굴 꽃도 그즈음 볼 수 있는 꽃 가운데 하나이다. 따뜻한 남쪽 지방에 가면 볕이 좋은 들녘에 핀 인동덩굴 꽃을 보는 일이 그리 어렵지 않다. 그렇다고 인동덩굴의 개화 시기가 그때인 것은 아니다. 인동덩굴은 여름 꽃이다. 여름이 시작될 무렵부터 아름다운 꽃을 피워 향기를 사방에 퍼뜨리는 식물이지만 기온이 따뜻하여 적합한 지역에서는 겨우내 살아남아 꽃을 피우곤 한다. 그래서 이름도 참을 인忍, 겨울 동冬을 써서 겨울을 이겨내는 '인동'이란 이름을 가졌다.

하지만 중부지방에 오면 이야기가 달라진다. 여름을 절정으로 꽃을 피워내고 가을쯤 까맣고 동그란 열매를 내어놓았다가는 겨울이면 잎새마저 떨구는 낙엽성 식물이 된다. 이렇듯 인동덩굴은 자라는 지역에 따라 낙엽성 식물이 되기도 하고 상록성 식물이 되기도 하여

- **식물명** 인동덩굴
- **과명** 인동과(Caprifoliaceae)
- **학명** *Lonicera japonica* Thunb.

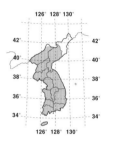

- **분포지** 중부 이남의 산지
- **개화기** 6~7월, 백색 또는 노란색
- **결실기** 9~10월, 흑색
- **용도** 약용, 정원수
- **성상** 반상록성의 덩굴성 관목

구분하기가 어려운데 이러한 경우를 보고 반상록성 식물이라고 한다. 몇 해 전 겨울 전남의 어느 들판을 기웃거리다가 날씨가 갑자기 나빠지고 눈발마저 흩날리기 시작한 가운데 파랗게 자라는 싱싱한 인동덩굴 잎새를 보고는 그 이름의 참된 의미를 비로소 알았다. 만일 인동덩굴이 여느 상록수처럼 항상 푸른 모습만 보여주었더라면 겨울을 견디는 진정한 고통을 이야기할 수 없었을지도 모른다.

인동덩굴은 아주 오랜 옛날부터 이 땅에서 자라면서 우리 조상과 많은 이야기를 엮으며 지내온 나무이다. 사실 기록을 통해 우리 조상이 관심을 가진 나무를 보면 대부분 중국산이기 쉽다. 중국 문화의 영향을 받으면서 식물마저 중국과 같은 것을 즐겨 보았으니 조금은 부끄럽다. 그러한 현실 가운데 인동덩굴은 드물게 우리의 옛 기록에서도 그 자취를 찾을 수 있는 우리 나무이다.

인동덩굴 꽃

인동덩굴 열매

　'금은화'란 이름은 인동덩굴의 꽃 색깔 때문에 붙었다. 기록에 가장 많이 등장하는 이름이며 생약명으로도 그렇게 부른다. 인동덩굴의 꽃을 보면 흰 꽃과 노란 꽃이 한 나무에서 그것도 나란히 붙어서 핀다. 노란 꽃을 일러 금화, 흰 꽃을 두고 은화라고 하여 금은화라고 한다. 이름이 이러하니 인동덩굴이 길조를 상징하는 식물이었음은 더 말할 필요도 없다. 그러나 사실 인동덩굴은 흰 꽃과 노란 꽃이 각기 따로 있는 것이 아니다. 흰 꽃이 먼저 피었다가 시간이 지나고 개화가 진행되면서 점차 노란색으로 변한다. 그래서 한 나무에서 흰 꽃이 많이 보이면 이제 막 개화가 시작되었음을, 노란 꽃이 많이 달려 있으면 곧 꽃이 지는 시기가 다가올 것임을 짐작할 수 있다.

　인동덩굴을 금은화라고 부르게 된 사연에 얽힌 아름다운 전설이 하나 전해지고 있다.

　옛날 어느 작은 마을에 금실 좋은 부부가 살고 있었다. 그러나 이들에게는 자식이 없어 걱정이었다. 지성으로 천지신명께 정성을 다하기를 여러 해, 그들의 좋은 마음씨와 간절한 소망이 하늘에 전달되었는지 어느 날 부인은 아이를 가지게 되었고 딸 쌍둥이를 낳았다. 귀하게 얻은 자식인지라 부부는 큰딸의 이름을 금화, 작은 딸의 이름을 은화라고 지었다.

이 자매는 예쁘게 잘 자랐고 사이가 얼마나 좋았던지 한날 태어났으니 한날 죽자고 약속하고 서로 위해주었다. 어느새 세월은 흘러 자매의 나이는 열여섯이 되고 좋은 집안에서 혼담이 오갔으나 자매는 서로 떨어져 살 수 없다고 생각하여 모두 거절하였다. 그러던 어느 날 언니 금화가 병에 걸렸고 자신을 돌보지 않고 언니를 극진히 간호하던 은화마저 앓아 눕게 되었다. 죽음을 앞둔 두 자매는 "우리가 죽으면 반드시 약초가 되어 우리처럼 죽는 이들이 없게 하자"라고 맹세하고는 한날한시에 숨을 거두었다. 그 이듬해에 이 자매의 무덤가에는 한 줄기 여린 덩굴식물이 자라나더니 흰 꽃과 노란 꽃이 피었다. 마을 사람들은 이 식물이 죽은 금화와 은화가 꽃으로 변한 것이라 하여 금은화란 고운 이름을 지어 불렀다. 이 금은화 인동덩굴이 약용으로 이용되고 있음은 물론이다.

우리나라의 옛 기록을 보면 『동의보감』에 "견ᄋ사리너출"이라고 쓰기 시작하여 『산림경제』에 "겨으사리너튤", 그 밖에 겨우사리풀, 겨으슬이너출 등 겨울을 지내는 덩굴이란 뜻의 이름을 지녔으나 『물명고』와 『조선산 야생 약용식물』에서는 인동덩굴이란 현재 이름이 적혀 있다.

중국에서도 이 식물의 이름을 인동초라고 부르니 아무래도 인동덩굴이란 이름은 중국의 영향으로 붙었다는 것을 부인할 수 없다. 이 밖에 '노옹수老翁鬚'라는 별명은 인동덩굴 꽃의 수술이 할아버지 수염과 같다고 하여 붙었고 꽃잎이 펼쳐진 모양이 해오라기 같다고 하여 '노사등鷺鷥藤'이라고도 한다. 덩굴식물로 줄기가 왼쪽으로 감아 올라간다 하여 '좌전등左纏藤', 금색과 은색이 나는 덩굴식물이어서 '금은등金銀藤', 꿀이 있으니 '밀보등密補藤', 귀신을 다스리는 효험이 있는 약용식물이라 하여 '통령초通靈草'라고도 하니 기억하여 헤아리기 어려울 정도이다.

인동덩굴은 동아시아가 원산지이며 현재는 아메리카 대륙까지 널리 퍼져 있고 인동덩굴과 사촌이 되는 인동속 식물이 세계적으로 널리 퍼져 있다. 서양에서도 우리나라와 일본에서 자라는 이 인동덩굴을 두고 골드

인동덩굴 줄기

실버 플라워Gold silver flower 즉 금은화라고 부르지만 그 외에 여러 비슷한 인동덩굴의 친척들에게는 덩굴성 목본식물임을 강조하여 우드바인Woodbine, 나팔처럼 개성 있는 꽃잎의 모양을 두고 트럼펫 플라워Trumpet flower, 풍부한 꿀을 분비하는 것을 두고 허니 서클 Honey suckle이라고도 한다. 같은 식물을 두고 동양과 서양이 보는 점이 두드러지게 다름을 알 수 있어 재미있다.

우리나라에는 괴불나무를 비롯해 생김새가 유사한 인동덩굴의 형제가 많이 살지만 덩굴인 것은 인동덩굴뿐이다. 고대 이집트를 시작으로 하여 고대 그리스, 로마, 인도, 중국 등 찬란한 고대 문명을 꽃피운 많은 곳에서 건축이나 공예의 장식 문양으로 인동덩굴 꽃을 썼다. 이 조각 기법이 우리나라에까지 영향을 미쳤는지 평안남도 강서 지방의 고구려 중묘 벽화와 중화 지역의 진파리 제1호 고분 벽화에도 인동덩굴 무늬가 새겨져 있어 이를 입증하고 있고, 인동덩굴 무늬를 아로새긴 기와나 청자도 볼 수 있다. 이러한 인동덩굴 문양은 삼국 시대에 우리나라를 거쳐 일본에까지 소개되어 그 유명한 일본의 법륭사에서도 발견된다고 한다.

『본초강목』을 보면 인동덩굴은 귀신의 기운이 몸에 덮쳐 오한과 고열이 나고 정신이 어지러워지며 급기야는 죽음에 이르게 된다는 무서운 오시병을 고치는 명약으로 기록되어 있다고 한다. 이러한 연유로 귀신을 다스리는 통령초란 별명은 앞에서 이야기하였다. 인동덩굴의 귀신과의 이러한 관계는 일본에서도 볼 수 있는데 일본에서는 진화제라고 하는 1,000년 이상 계속 이어온 국가적인 대제사가 있다고 한다. 이 풍속은 흩어지는 꽃잎처럼 전염병 귀신이 가라고 비는 제사로 이때의 제물 가운데

배합과 인동덩굴이 있
었다고 한다.

우리나라에서 전해
내려오는 민간요법에
서는 인동덩굴 잎을 뜨거운
재에 넣었다가 비벼서 종기에 붙

괴불나무 꽃과 열매

이면 독을 빨아내며, 이러한 종기 때문에 열이 심할 때도 해독제로 줄기
나 잎을 달여 먹으면 큰 효과를 본다고 한다. 이 밖에도 옴이나 피똥을 쌀
때도 이용하곤 했으며 인동덩굴을 삶은 물에 목욕을 하면 피부병에 좋다
하고, 화상에도 이 물로 찜질하면 쉽게 화기가 가시고 새살이 돋았다 하
니 항생제가 없던 그 시절 인동덩굴의 활약은 정말 눈부셨다. 한방에서는
인동덩굴을 화농성 종기의 세척제로, 정혈, 해독에 쓰며 중국에서는 인동
덩굴의 이 뛰어난 항균 작용을 이용하여 인후부에 염증이 있을 때 양치
하는 약으로 개발하였다. 최근에 콜레스테롤의 흡수를 방지한다 하여 활
발한 연구가 진행 중이다. 인동덩굴 목욕이나 인동덩굴 술보다 더 운치
있는 것은 인동덩굴 차인데 노랗게 변한 꽃잎을 따다가 밝은 그늘에서
말려 뜨거운 물에 우려 마시면 풍류가 재스민 차 못지않다.

집에 작은 마당이 있는 이라면 인동덩굴 한 뿌리 심어보라고 권하고
싶다. 가냘프지만 강인하게 올라가는 줄기에 솜털이 보송한 초록빛 잎새
를 튼튼하게 매달고 마디마디 사이좋게 두 쌍의 꽃을 매단 모습은 참 보
기 좋다. 개화가 한창이어서 두 쌍의 꽃이 서로 마주 보고 활짝 웃기라도
하면 은은히 풍겨 나오는 그 향기의 달콤함이며, 꽃그늘 아래에서 즐기는
인동덩굴 차의 멋보다 값진 것이 세상에 그리 흔치 않을 것 같다.

인동덩굴

철쭉

철쭉은 숲 속의 나무들이 푸른 잎을 맺지 못한 메마른 봄에 우아한 자태의 꽃을 피운다. 본격적인 철쭉 철이 되면 사람들은 봄의 자취를 따라 산과 들을 찾아 나서고 남쪽에서는 철쭉제를 지낸다.

철쭉은 진달래과에 속하는 관목이며 겨울이 되면 잎을 떨구는 낙엽성 식물이다. 봄이 시작되면 철쭉은 화살촉처럼 붉고 뾰족한 꽃봉오리를 살며시 열며 피어난다. 충분히 무르익은 봄에 피기 시작하므로 꽃샘추위에 해를 당하는 일은 결코 없다. 꽃은 한 가지 끝에 둘 내지 일곱 송이가 모여 달린다. 꽃잎은 활짝 피면서 솜사탕처럼 부드러운 연분홍빛이 되고 다섯 갈래로 벌어지면서 제 모습을 드러낸다. 이 갈라진 꽃잎은 아랫부분이 함께 붙은 통꽃이다. 꽃잎은 마치 깔때기처럼 유연한 곡선을 그리며 이어지고 그 사이로 꽃잎보다도 길게 나온 한 개의 암술과 열 개의 수술은 마치 갈고리처럼 한 방향으로 휘어진다. 꽃잎의 안쪽, 수술이 맞닿은 곳에는 자줏빛 선명한 반점이 점점이 박혀 소녀의 주근깨처럼 애교스럽다.

꽃이 피면서 함께 자라기 시작한 철쭉 잎은 주걱처럼

- **식물명** 철쭉
- **과명** 진달래과(Ericaceae)
- **학명** *Rhododendron schlippenbachii* Maxim.

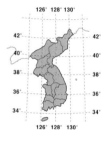

- **분포지** 전국의 산지
- **개화기** 5월, 연분홍색
- **결실기** 10월, 갈색
- **용도** 약용, 정원수
- **성상** 낙엽성 관목

길쭉하게 둥근 잎을 잎자루 없이 한 가지 끝에 다섯 장쯤 원을 그리며 매
다는데 잎끝은 약간 오목하게 들어가 있다. 이러한 꽃과 잎을 매단 가지
는 어릴 때는 녹색이었다가 점차 회색으로 변해간다. 연둣빛 잎새가 싱
싱한 초록빛으로 변할 무렵 꽃이 진다. 시든 꽃잎은 한 장 한 장 떨어지지
않고 보기 싫은 모습이 되기 전 앙증스런 깔때기 모양의 통꽃잎이 한 번
에 떨어진다. 아니 그대로 빠져버린다는 표현이 더 어울릴 듯싶다. 봄비
라도 내리고 나면 고운 분홍빛을 그대로 간직한 꽃잎을 볼 수 있는데 바
닥에 어수선히 떨어지고 가지 끝에는 암술이 홀로 남아 매달려 있는 모

철쭉꽃

흰철쭉 꽃

산철쭉 꽃

진달래 꽃

홍철쭉 꽃

참꽃나무 꽃

습은 철쭉꽃이 보여주는 또 하나의 봄 풍광이다.

　먹을거리가 부족하던 시절, 뒷산에 지천으로 피어 한입 가득 따서 물고 허기를 달랬던 진달래를 사람들은 참꽃이라 부르고, 비슷하게 생겼으나 먹을 수 없는 철쭉은 개꽃이라 불렀다. 퍼지듯 내뻗은 가지에 담뿍 꽃송이를 매달고 강렬하지 않고 부드럽게 봄 산을 물들이는 이 아름다운 꽃에는 어울리지 않는 이름이다. 철쭉은 개꽃연달래라는 고운 이름도 있는데 이 이름은 경상도에서 부르던 옛 이름으로 진달래가 피고 연이어 피는 꽃이라 그렇게 불렀다.

　중국에서는 산철쭉을 산척촉山擲燭이라고 하는데 이 한자어에서 철쭉이란 이름이 생긴 듯하다. 그래서 『해동역사』같은 책을 비롯하여 우리의 옛 기록에는 철쭉을 척촉 또는 양척촉羊擲燭이라 쓰고 있는데 이는 가던 길을 더 가지 못하고 걸음을 머뭇거리게 한다는 뜻이다. 사람에 따라서는 철쭉꽃에 반하여 더 가지 못하고 멈춰 서서 꽃을 바라보게 되어 붙은 이름이라고도 하고, 어린 양이 철쭉의 붉은 꽃봉오리를 어미 양의 젖꼭지로 잘못 알고 젖을 빨기 위해 가던 길을 멈추었다고도 하지만 그보다 철쭉꽃에는 독성이 있으므로 양이 꽃을 따 먹으면 죽게 되어 이 꽃만 보아도 가까이 가지 않고 머뭇거린다 하여 붙은 이름이라는 이야기가 맞는 듯하다. 가끔 벌을 키우는 사람들이 철쭉에 이런 유독 성분이 있는 줄 모르고 철쭉꽃이 피는 곳에 벌을 들여놓았다가 벌이 다 땅에 떨어지는 경우가 있는데 이때 벌은 아주 죽는 게 아니고 곧 깨어난다고 한다. 작은 벌조차 죽이지 못하고 기절시키는 정도의 독성이고 보면 그리 독하지는 않은 모양이다.

　학명으로는 로도덴드론 스클리펜바키Rhododendron schlippenbachii로 소개되어 있는데 로도덴드론은 철쭉이나 진달래 종류의 모든 식물에 붙여진 성姓 같은 말이고, 스클리펜바키는 우리나라 동해안에서 이 꽃을 처음 발견하여 서방에 소개한 러시아 해군 장교의 이름에서 유래되었다.

　독성 외에도 철쭉은 꽃받침 주변에서 끈끈한 점액이 묻어나는 특징이 있어 벌레를 곤경에 빠뜨린다. 진달래가 피기 시작하는 이른 봄이야 날씨가 덜 풀린 탓에 벌레들의 활동이 뜸하지만 철쭉이 만발하는 시기에는 온갖 벌레가 나와 기승을 부린다. 나비나 벌에게는 꽃잎에 날아와 앉아 철쭉꽃의 수분(꽃가루받이)을 돕도록 하지만 새순을 갉아먹는 벌레에게는

철쭉 열매 　　　　　　철쭉 수피

점액질에 발이 묶여 꼼짝하지 못하게 한다.

철쭉은 약용식물인데 강장, 이뇨, 건위에 좋다. 조각재로도 쓰이지만 정원을 아름답게 가꾸는 관상수로서 가치가 높다.

철쭉이란 이름은 잘 알지만 탐스러운 꽃송이를 아는 사람은 얼마나 될까? 추측하건대 철쭉제에 다녀온 사람 가운데도 철쭉을 바로 알지 못하는 사람이 많을 것이다. 설악산이나 소백산 철쭉제를 다녀온 사람은 연분홍 꽃잎을 제대로 알지만 한라산을 다녀온 사람은 털진달래를 철쭉으로 잘못 알고 있을 것이다.

철쭉제는 새 계절을 맞으며 산신령에게 안녕을 기원하는 우리 민족의 소박한 마음이 잘 묻어나는 정성스런 예이다. 산진달래나 털진달래는 식물을 전공하는 사람들도 철쭉으로 혼동할 만큼 모습이 비슷하다. 한 부모 밑에서 태어난, 같은 성을 가진 형제가 모습과 개성이 다르듯 두 꽃도 진달래과에 속하며 속명屬名도 동일하지만 서로 다른 이름을 가질 만큼 다르다. 진달래꽃이 먼저 피고 꽃빛이 진분홍이라면, 철쭉은 꽃과 잎이 동시에 나며 연분홍색 꽃은 크고 아름답다.

열매와 잎 모양, 배열도 조금씩 다르다. 진달래 외에도 우리의 산과 들에는 철쭉꽃과 비슷한 형제 나무가 여러 종류 있다. 철쭉처럼 꽃과 잎이 함께 나지만 꽃 색은 진달래와 같은 진분홍이어서 구별이 가능한 산철쭉, 전라남도 불갑산에 있고 흰 꽃이 피는 흰산철쭉, 겹꽃잎이 달리는 겹산철쭉, 잎에 털이 많이 나는 털진달래, 항상 잎이 푸른 상록성 만병초, 백두산에 고개 숙이고 피는 가솔송, 남북 고위급 회담에서 이 나무 열매

철쭉의 다양한 원예 품종

로 만든 술을 마셨다 하여 유명해진 들쭉나무 등 스무 종에 이른다.

이렇듯 우리 강산에서 변함없이 피고 지는 철쭉과 진달래 종류가 많건만 현재 우리 땅에는 일본 철쭉이 많이 들어와 활개를 치고 있다. 정원수를 파는 곳에 가보면 철쭉이라고 파는 나무들 대부분이 일본에서 만들어 낸 원예 품종들이다. 사쓰키철쭉, 기리시마철쭉 등의 일본 철쭉은 그 빛이 화려하다 못해 마치 조화처럼 느껴진다. 일본에는 현재 만들어낸 원예 품종만도 수백 종이 넘는다. 그러나 이러한 일본 철쭉의 침입이 하루 이틀만의 일은 아니다. 세종 23년 세종대왕에게 일본 철쭉을 진상하였다는 기록이 있는가 하면 조선조 강희안이 가까이 두고 보았다는 꽃나무를 모두 아홉 등급으로 나누어 쓴『양화소록』에 왜홍철쭉을 이품에 두고 있다고 했으며 우리나라의 진달래인 홍두견을 육품에 올려놓았다.

철쭉꽃을 잘 키우려면 몇 가지 기억해야 할 일이 있다. 철쭉은 산성토양을 좋아하며 비옥하게 해주되 질소비료 같은 것은 주지 않는 것이 좋다. 또 뿌리가 섬세하고 가늘어 산소 부족으로 썩는 경우가 있으므로 통기성이 좋고 배수가 잘 되는 곳에 심어야 한다. 그늘이 지면 가지가 가늘고 길게 자라 나무 모양이 흩어지므로 햇볕이 있는 곳이 좋다. 번식은 씨뿌리기, 꺾꽂이, 포기나누기, 접붙이기 모두 가능하다. 파종은 종자를 따서 가을에 그대로 흩뿌려야 하고 꺾꽂이는 초여름인 6월이나 가을이 적당하다. 병충해로 어린잎이 기형으로 부풀고 흰 떡과 같이 되는 떡병, 잎에 다갈색 반점이 생기는 갈반병, 응애 등의 피해를 조심하여 제때 방제해주어야 한다.

팥배나무

지은이가 팥배나무를 처음 본 것은 학부 시절 식물분류학 실습으로 관악산에 올랐을 때이다. 척박한 바위산에서 자라던 팥배나무는 모양이 신통치 않아 그저 볼품없이 자라는 초라한 나무라고 생각했고 다만 오리나무를 닮은 잎새에 선명한 잎맥만 기억에 남을 뿐이었다. 그 후 책에서 이 팥배나무가 장미과에 속하는 나무라는 것을 알았지만(장미과에 속하는 나무의 꽃들은 대개 화려하고 아름답다) 별 관심을 두지 않았다.

몇 년 전 홍릉에 있는 임업연구원에서 아주 크게 자라 꽃을 피운 팥배나무를 보면서도 심어 가꾸었으니 그럴 수도 있지 하고 무심히 지나쳤다.

그러다가 몇 해 전 봄이 가고 더위가 조금씩 고개를 들기 시작할 무렵, 남산의 식물을 조사하다가 초록빛 숲을 아래로 두고 파란 하늘을 배경 삼아 흐르는 구름을 보는 듯 환하게 꽃을 피운 늘씬한 나무를 보았다. 바로 팥배나무였다. 잘 자란 팥배나무의 꽃그늘은 온 서울 시민의 휴식처가 될 듯 넉넉하고 정결해 보였다.

옛 문헌에서도 이 나무에 대한 기록은 얼마든지 찾을 수 있다.

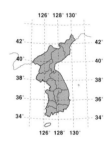

- **식물명** 팥배나무
- **과명** 장미과(Rosaceae)
- **학명** *Sorbus alnifolia* C. Koch

- **분포지** 전국의 산지
- **개화기** 5~6월, 백색 산방화서
- **결실기** 9~10월, 붉은색 이과
- **용도** 관상수, 기구재
- **성상** 낙엽성 활엽 교목

팥배나무는 장미과에 속하는 낙엽성 활엽수이며 다 자라면 15미터나 되는 교목이다. 우리나라 산지에서 그리 어렵지 않게 만날 수 있으며 일본과 중국의 만주 지역에서도 자란다.

여러 나무가 모여서 자라고 햇볕이 부족하여도 잘 견딘다. 추위에 아주 강하고 땅이 비옥하지 않아도 끄떡없는 나무이다.

손가락 길이만 한 잎은 달걀 모양을 닮았지만 가장자리에 불규칙한 톱니가 이중으로 나 있고 잎맥이 뚜렷하다. 배꽃을 닮은 꽃은 늦은 봄에 피어난다. 하나씩 달리지 않고 열 개에 가까운 꽃이 부챗살을 펼쳐놓은 듯 둥글게 모여 달린다. 열매는 가을에 익으며 찔레나 앵두의 열매처럼 생겼으나 속을 잘라보면 배의 구조와 더 비슷하며 표면에는 흰 점이 많다.

팥배나무의 변종으로 잎에 결각이 심하지 않으면 벌배나무, 잎과 열매가 큰 것은 왕잎팥배, 열매가 길쭉한 것은 긴팥배, 잎 뒤의 털이 끝까지 남아 있으면 털팥배라고 구분하여 부른다.

왜 팥배나무란 이름이 붙었을까? 배꽃처럼 하얀 꽃이 피어 배나무, 열매는 배처럼 크지 않고 팥처럼 작아 팥배나무가 되었다고 한다. 이 팥배나무는 배나무와 같은 장미과에 속하고 꽃의 기본 구조가 거의 비슷한 데다가 색깔마저 희며

팥배나무 꽃　　　　　　　　　　　팥배나무 열매

배나무를 접붙일 때 팥배나무를 대목으로 쓴다고도 하나 식물학적으로는 장미과에 속하는 다른 식물과 비교해볼 때 별 연관은 없다.

팥배나무라는 이름 외에 지방에 따라 다르게 불렸는데 강원도에서는 벌배나무 또는 산매자나무, 전라남도에서는 물앵도나무, 평안도에서는 운향나무, 황해도에서는 물방치나무였다. 한자로는 감당甘棠, 당리棠梨, 두杜 또는 두리豆梨, 杜梨라고도 하는데 역시 배나무와 많은 연관이 있음을 알 수 있다.

팥배나무의 붉은 열매는 배나무 열매와는 달리 먹지 않는다. 물론 먹을 수도 있고 해가 되지도 않지만 별 맛은 없다. 그러나 숲 속에 사는 새와 짐승들에게 좋은 먹이가 된다. 또 꽃이 피는 계절에는 깊고 풍부한 꿀샘을 찾아 벌이 날아오니 이 또한 즐거움이다.

팥배나무의 목재는 비교적 무겁고 단단하며 잘 갈라지지 않는다고 한다. 그래서 각종 기구를 만들거나 마루를 깔고 건축을 할 때도 이용한다. 또 우리가 참나무로만 만든다고 생각했던 숯도 만든다.

번식은 종자로 하는데 해거리를 하므로 계획을 미리 세워야 한다. 약간 덜 익은 열매를 따서 2~3일간 물에 가라앉혔다가 과육을 제거하고 종자만 골라낸 후 젖은 모래와 섞어 땅속에 묻어두었다가 봄에 뿌리거나 아니면 그해 11월에 바로 뿌려도 된다. 팥배나무는 어떤 환경에서도 잘 견뎌내므로 큰 어려움은 없다.

후박나무

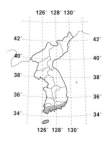

후박나무는 후박厚朴이라는 말 그대로 인정이 두텁고 거짓 없이 소탈한 우리 나무이다. 그러나 만일 남쪽 섬 지방에 사는 사람과 중부지방의 도시에 사는 사람이 만나 후박나무 이야기를 하면 동문서답이 오갈 것이다. 서로 다른 나무를 두고 후박나무라고 부르기 때문인데 결론부터 이야기하면 남쪽 섬사람들이 말하는 후박나무가 진짜 우리 후박나무이다.

그러면 중부지방에서 말하는 후박나무는 무엇일까? 바로 일본목련이다. 이 일본목련이 후박나무가 된 것은 일본에서 이 나무를 호오노키朴の木라고 부르는데 이것을 한자로 쓰면 후박厚薄이 된다는 것이다. 남쪽 지방에만 있는 우리의 후박나무를 볼 기회가 없었던 조경업자들이 일본에서 이 나무를 들여오면서 전문가의 자문도 없이 덜컥 후박나무라고 불러 아직까지도 많은 사람들에게 혼란을 주고 있다.

후박나무는 따뜻한 남쪽 지방에 내려가야만 만날 수 있는 잎이 넓은 상록수이다. 무채색의 계절인 겨울에, 많지는 않아도 이러한 상록 활엽수가 모여 숲을 이룬 상록수림이 종종 남아 있어 싱그러움을 자랑하곤 한다.

- **식물명** 후박나무
- **과명** 녹나무과(Lauraceae)
- **학명** *Machilus thunbergii* Siebold & Zucc.

- **분포지** 울릉도 및 남쪽 섬
- **개화기** 5~6월, 황록색 원추화서
- **결실기** 이듬해 7월, 흑자색
- **용도** 방풍림, 풍치수, 약용
- **성상** 상록성 교목

후박나무는 녹나무과에 속하는 교목이다. 다 자라면 15미터 정도 되는데 종종 더 크게 자란 나무도 있다.

굵고 튼실하게 올라가는 후박나무 줄기는 노란빛을 띤 회색으로 밝아서 좋다. 그러나 나이가 들면 껍질이 작은 비늘 모양으로 떨어진다. 어린아이 손바닥만 한 잘생긴 타원형 잎새는 윤기로 반질거린다.

잎의 윗부분이 좀 더 넓은 도란형 잎을 가진 것을 왕후박나무라고 부른다. 봄이 가고 여름이 올 무렵, 고깔모자 같은 꽃차례에 다섯 장의 꽃잎을 가진 작고 귀여운 황록색 꽃이 가득 달린다. 꽃이 피고 진 후 1년을 꼬박 보내고 난 7월쯤 열매가 익기 시작하는데 구슬처럼 둥근 녹둣빛 열매가 점차 검은 보랏빛으로 익어 흑진주를 달아놓은 듯 반짝인다.

오래 살면서 크고 아름답게 자라 천연기념물로 지정된 후박나무가 몇 그루 있다. 군락이 아닌 단목으로 가장 먼저 지정된 것은 1968년에 정해진 진도 관매리의 곰솔과 함께 서낭당 숲을 이룬 후박나무이다. 이 마을에서는 음력 12월 말이 되면 제주를 골라 동제를 드린다. 제주는 동제를 지내기 사흘 전부터 서낭당 안에서 혼자 치성을 드리며 지내다가 제를 올리고 난 후에야 마을 사람들의 농악에 맞춰 나올 수 있으며

그 후에도 1년 동안은 몸을 깨끗이 해야 탈이 없다고 한다. 물론 이 동제는 마을의 안녕과 번영을 빌기 위한 것이며 그 덕택에 후박나무가 아직까지 잘 보존되어 있다.

남해 창선면 바닷가에서 150미터쯤 떨어진 들판에 홀로 의연하게 서 있는 왕후박나무 역시 천연기념물 제299호로 지정되었다. 지금부터 500년 전 이 마을에 노부부가 고기잡이를 하며 살고 있었는데 어느 날 아주 큰 고기를 잡게 되었다. 고기의 배를 가르자 안에서 씨가 나왔는데 이 씨가 싹을 틔워 자란 것이 바로 이 왕후박나무라고 한다.

임진왜란 때에는 이순신 장군이 왜병을 물리치고 나서 이 나무의 운치 있는 그늘에 앉아 휴식을 취했다는 이야기도 전해지고 있다. 어쨌든 이 왕후박나무는 나무의 남쪽 가지 끝에서 북쪽 가지 끝까지의 길이가 20미터에 가까운 아주 큰 나무이다.

그 밖에 경상남도 통영시의 우도와 추도에도 천연기념물 제344호, 제345호로 각각 지정된 후박나무가 있다.

울릉도의 후박나무는 흑비둘기 덕택에 유명해졌다. 1936년 울릉도에서 처음으로 흑비둘기가 잡혔는데 우리나라에서는 아주 귀한 새라 그 서식지에 관심이 모였다. 흑비둘기는 울릉도의 사동으로 이어지는 남쪽 바닷가 도동에 서 있는 후박나무 다섯 그루에 둥지를 틀었다. 새와 나무를 보호하는 차원에서 함께 천연기념물로 지정되었다. 그 후 제주도, 흑산도, 홍도 등에서도 흑비둘기가 발견되었는데 이곳은 모두 후박나무가 자라는 곳이니 재미있는 우연이다. 섬의 많은 나무 가운데 흑비둘기가 왜 유독 후박나무를 선택했는지 모르지만, 이 새가 후박나무 열매

제주도 선흘리 후박나무

후박나무 꽃

후박나무 열매

를 잘 먹는 것으로 미루어 먹이 때문이 아닌가 짐작해본다.

후박나무는 약용식물로 유명하다. 나무껍질 말린 것을 약으로 쓰는데 이 자체를 한방에서 후박이라 한다. 생약으로서의 후박은 정유가 대부분인데 마그놀올, 마키놀 등이 주성분이고 점액질도 있으며 감기, 이질, 이뇨, 근육통 등에 효과가 있다고 한다.

그 밖에 집토끼를 대상으로 실험한 바에 의하면 이 나무에는 운동신경을 마비시키는 성분이 들어 있다고 한다. 집토끼에게 후박나무 수액을 주사하였더니 전신 이완성 운동신경 마비 증상이 일어나고 정맥에 주사하였더니 미주신경 흥분으로 혈압이 급히 내려갔다가 회복되는 결과를 낳아 주목받고 있다.

후박나무는 조경수로도 가능성이 있다. 이미 오래전부터 해안가에 심어 풍치수와 방풍림 역할을 훌륭하게 해왔다. 제주도에서는 자생하는 여러 가지 상록 활엽수를 가로수로 정착시키고자 하는 노력을 해오고 있는데 후박나무도 이 가운데 하나로 제주도 일부 지역에 가로수로 심어져 그 자태를 과시하고 있다. 추위만 이길 수 있는 곳이라면 넓은 공원이나 학교에 심어도 아주 좋을 듯싶다.

건축재, 가구재, 각종 기구, 악기, 침목, 사진기에서 나무로 된 부분, 조각재 등으로 다양하게 이용되나 목재의 질이 그리 좋은 편은 못 된다. 그 밖에 목분으로 만들어 향료를 만들 때 점착성 있는 연결제로도 이용한다.

후박나무는 남쪽에 자라는 나무라서 추위에 약하다. 그러나 워낙 바닷가에 많이 분포하므로 내염성이 강한 것은 물론이거니와 옮겨심기도 쉽고 빨리 자라 키우기는 그리 어렵지 않지만 녹병을 주의해야 한다.

번식은 씨를 뿌리는 것이 가장 좋은데 종자를 따서는 이틀간 물에 가라앉혀 육질 부분을 제거하고 저온 저장 또는 노천 매장을 하였다가 이듬해 봄에 뿌린다.

온산공단의 앞바다, 거대한 콘크리트 공장에서 저마다 내뿜는 회색빛 연기 속에서 유난히 짙푸른 후박나무가 잎을 반짝이며 외로운 투쟁을 하고 있다. 죽어가는 검은빛의 바다 위에 떠서 어느 방향에서 보아도 공장을 배경으로 하지 않고는 볼 수 없는 이 목도를 바라보노라면 대자연의 끈질긴 생명력에 대한 경탄과 너무나 고독하게 혼자 떠 있는 초록 섬에 대한 애처로움이 함께 느껴진다.

울릉도를 제외하고는 동해안에서 유일하게 북방 지대에 자리 잡은 상록 활엽수림이라 그 가치가 인정되어 1962년 천연기념물 제65호로 지정된 목도는 후박나무 숲이라 해도 그리 틀린 말은 아니다.

목도에서는 후박나무가 숲의 가장 높은 곳에서 하늘을 가리는 지붕처럼, 숲을 둘러싼 울타리처럼 가지를 뻗고 자라고 있다. 그래서 숲의 바깥에 나와 멀리 바라보면 온통 후박나무만 보인다. 특히 가지가 아래서 여섯 개, 위에서 열네 개로 갈라져 높이가 18미터, 밑동의 둘레가 640센티미터, 수관 폭이 13미터에 달하는 아주 큰 나무가 섬 중앙에 자라고 있다. 간혹 후박나무 사이에 팽나무가 보이기도 하고 그 아래로는 무른나무

후박나무 수피

를 비롯하여 동백나무, 보리밥나무 등 관목들이 중간층을 형성하고 지면에는 자금우와 송악 같은 상록성 식물이 덮고 있어 섬의 신비스러움을 더해준다.

오래전 이 섬에는 이대가 많이 자라 대섬이라고도 했고 동백꽃이

유난히 붉고 커서 봄이면 이 근방 사람들이 즐겨 찾아 춘도라고도 했다. 예전에는 눈비수리라고 하는 희귀한 식물도 살았지만 이제 그런 식물은 찾아볼 길이 없다. 관광객들에게 시달려 숲이 망가지고 게다가 무분별한 도벌업자가 수백 년 된 아름다운 동백을 마구 캐내었다. 그 기름지던 후박나무 잎새는 병든 징후가 뚜렷이 보이는 폐허의 숲이 되었다. 어린나무들이 훌륭하게 자라 더욱 아름다운 후박나무 숲이 이어지도록 하는 일은 이제 우리의 손에 달렸다. 우리의 푸른 미래가 여기에 있는 것이다. 파괴되어가는 우리 자연의 현실 속에 어린 후박나무들이 새로운 희망을 준다.

4장
———

쓰임새가

요긴한

나무

가래나무

가래나무를 가장 쉽게 소개하려면 우리나라에 자생하는 산호두나무라고 하면 될까? 우리가 잘 알고 있는 호두나무는 고향이 명확하게 드러나 있지는 않지만 추적해보면 기원전 1세기경에 중국이 티베트에서 종자를 들여와 심어 기르던 것을, 약 700년 전 고려 때 유청신이라는 사람이 중국에 사신으로 갔다가 종자와 묘목을 가져와 고향인 천안시 광덕면에 심은 것이 우리나라에 처음 들어온 유래이다. 이래서 천안이 아직까지 호두나무 주산지로 명성을 얻고 있으며 호두과자까지 만들어내었으니, 이 나무는 엄격히 말하면 사람들이 그 과실을 얻기 위해 부러 심은 나무라고 할 수 있다. 반면에 가래나무는 우리 땅에서 군락을 이루며 스스로 자라는 우리 나무이다. 우리나라 곳곳에 가래골, 즉 가래나무가 많은 골짜기란 지명이 있는 것으로도 짐작할 수 있다. 물론 호두나무 역시 서역에서 전해져온 역사가 아주 오래되었고, 그사이 동으로 전해지면서 새로운 지역의 풍토에 맞게 적응하여 이제 진짜 고향의 나무와는 조금 다른 모습을 하게 되었다.

또한 우리 민족과 섞여 지내온 역사도 만만치 않은

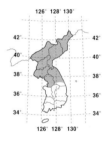

- **식물명** 가래나무
- **과명** 가래나무과(Juglandaceae)
- **학명** *Juglans mandshurica* Maxim.

- **분포지** 소백산 및 속리산 이북 지역
- **개화기** 5월, 붉은색 암꽃과 녹황색 수꽃, 유이화서
- **결실기** 9월, 녹색 견과
- **용도** 관상수, 식용, 약용, 목재
- **성상** 낙엽성 교목

것이 사실이고 보면 넓은 의미로 볼 때 우리 나무가 아니라고는 할 수 없지만 가래나무에 비해 정통성이 떨어지는 것은 어쩔 수 없는 사실이다.

가래나무는 가래나무과에 속하는 낙엽성 교목인데 다 자라면 키가 20미터를 넘기도 한다. 줄기는 굵고 곧으며 회갈색 수피는 세로로 갈라진다. 잎은 여러 장이 깃털 모양으로 달리는 우상복엽이다. 손가락 하나 정도의 길이인 긴 타원형 소엽이 적게는 일곱 개에서 많게는 열일곱 개까지 나란히 달리며, 이 소엽이 만든 복엽은 가지 끝에 마치 한자리에서 난 듯 둥글게 모여 달려 싱싱하고 힘차게 느껴진다.

5월에 피는 꽃은 여느 꽃나무들처럼 화려한 꽃잎을 갖고 있지 않아 금세 눈에 뜨이지는 않지만 매우 독특한 모습을 하고 있다. 암꽃과 수꽃이 따로 있으나 한 나무에 달린다. 잎이 막 터져 나오기 시작할 즈음, 나비 모양의 붉고 작은 암술머리가 돋보이는 암꽃이 하늘을 향해 몇 개씩 모여 달리고, 그 아래로는 꼬리처럼 기다란 수꽃 꽃차례가 땅을 향해 늘어져 달린다. 열매는 9월쯤 익기 시작한다. 이 열매가 다 익어서 벌어진 것을 보면 가래나무와 호두나무가 형제 나무인 것을 알 수 있다. 두 개씩 마

가래나무 수꽃　　　　　　　　　　가래나무 수피

주 달리는 호두나무 열매와는 달리 가래나무 열매는 여러 개가 길게 모여 달리는데, 녹색의 겉껍질이 벌어지면 호두와 비슷하지만 조금 작은 열매가 나온다. 그 딱딱한 껍질을 제거하면 호두처럼 속살이 나온다. 두 나무는 같은 과 같은 속에 속하는 형제 나무이므로 우리의 성姓처럼 함께 쓰는 두 나무의 속명은 '유글란스Juglans'인데, 이 말은 라틴어로 '요비스Jovis' 즉 '주피터'라는 뜻과 호두, 땅콩 같은 열매를 일컫는 '견과'라는 뜻의 '글란스glans'의 합성어임을 볼 때 이 열매를 견과 중에서도 최고로 쳤음을 짐작할 수 있다. 가래나무와 호두나무는 열매가 달리기 전에도 잎만으로 구별이 가능한데 호두나무 잎이 상대적으로 더 둥근 형태이고 소엽의 숫자도 훨씬 적다.

오래전부터 구전되어온 나무에 관한 민요에는 "덜덜 떠는 사시나무, 오자마자 가래나무" 하는 대목이 나온다. 그러나 가래나무란 이름은 가라는 뜻에서 유래된 것은 아니다. 예전에 이 나무를 가래남우加來南于라는 방언으로 불렀다는 기록이 있는데, 이것이 전해지면서 가래나무가 되었다고 하며 이 방언의 뜻에 대한 기록은 아직까지는 찾지 못하였다.

가래나무는 한자로는 추목楸木이라고 부르며 열매는 추자라고 하고, 호두를 핵도라고 부르는 것과 구별하여 산핵도라고도 한다. 옛사람들은

호두나무

가래나무 열매

호두나무 열매

조상의 묘가 있는 곳을 추하楸下, 산소를 찾는 일을 추행楸行이라고 했는데, 이는 후손들이 효도하기 위해 무덤가에 가래나무를 심어 가꾸었기 때문에 이 나무를 가리키는 추楸 자를 써서 그리 부른 것이다.

요즈음 가래나무는 조경수로 조금씩 주목을 받는 듯하다. 곳곳에 심어져 그리 어렵지 않게 볼 수 있다. 큼직한 복엽이 사방으로 뻗어 달려 보기에 아주 시원스럽고 독특한 분위기를 자아낸다.

그러나 예전에는 가래나무의 용도가 가래나무 자체보다는 그 열매 가래에 더 많았던 듯싶다. 가래는 껍질이 호두보다도 훨씬 더 단단하여 좀처럼 깨어지지 않으므로 불가佛家에서는 이것을 둥글게 갈아서 작은 것을 골라 염주를 만들고, 조금 더 큰 것은 손목에 걸고 다니는 단주短珠라는 것을 만들었다고 한다. 또 향낭이나 노리개 또는 조각의 재료나 상감을 만들기도 했는데, 여기에는 미신적인 요소가 많이 숨어 있다. 예로부터 우리나라에는 복숭아나무가 귀신을 쫓는 주술을 발휘한다고 알려져 있는데, 이 가래나무의 열매가 복숭아를 닮았으므로 이 나무 역시 귀신을 쫓을 것이라는 믿음에서 생겨난 풍속이다. 지금까지 전해 내려오는 이러한 풍속 가운데 가래 두 알을 손 안에 넣고 마주 비비는 것이 있다. 옛사람들은 이 열매가 귀신(중풍에 걸리게 하는)을 쫓는다는 믿음에서 습관처럼 손 안에 가지고 있었는데, 현대 의학으로 볼 때도 혈액순환을 촉진시키고 한방에서 볼 때는 지압의 효과를 줄 터이니 병의 치료에 큰 도움이 되었을 것이라고 본다.

시골에 가면 가래탕이라는 것이 있다. 이것은 가래로 만든 음식이 아니고, 덜 익은 가래를 두들겨서 강에 넣어 그 독성으로 물고기를 잠시 기절시켜 물에 뜨게 하여 잡는 일을 말한다. 또 민간에서는 광견병을 비롯하여 고기를 먹고 체했을 때나 복통, 종기 등에 가래를 썼으며 잎은 무좀 치료제가 되었다고 한다. 또 이 열매의 기름을 짜서 궁중요리인 신선로에 넣거나 목기를 윤내는 데도 이용하였다고 한다. 그러다가 흉년이 든 해에는 호두처럼 구황 식물의 역할을 했고 어린잎이나 꽃대는 봄나물로도 이용하였다.

가래나무 목재는 재질이 치밀하고 단단하며 뒤틀리지 않아 널리 이용된다고 한다. 건축 내장재나 기계재, 조각재로 많이 쓰이며 특히 비행기의 기구재와 총의 개머리판은 이 나무의 목재로 만든다고 한다. 나무의 껍질은 섬유 자원으로 이용하기도 한다.

번식은 대개 가을에 종자를 따서 노천 매장을 하였다가 봄에 파종하며, 추위에도 잘 견뎌 생육상의 어려움 없이 빨리 잘 자란다.

대추나무

대추나무는 갈매나무과에 속하는 낙엽성 관목으로 키가 5미터 안팎까지밖에 못 자란다. 사실 우리가 키우는 대추나무의 원조는 멧대추이다. 대추나무는 멧대추를 기본종으로 하는 변종으로 대추나무의 열매인 대추가 길쭉하다면 멧대추의 열매는 구슬처럼 둥글다. 그 밖의 특성은 거의 똑같다.

대추나무에는 가시가 있다. 잎에 가려 잘 드러나지 않지만 잎겨드랑이에 생기는 3센티미터쯤 되는 이 가시는 제법 날카롭다. 잎 아랫부분에 있는 탁엽이 변해서 가시가 된 것이라고 한다.

우리나라에서 흔히 하는 말 가운데 일이 복잡하게 되어 갈 때 "대추나무에 연 걸리듯"이라는 말을 쓴다. 이 말이 나온 것은 아마도 대추나무의 가시 때문인 것 같다. 잘 날 것 같던 연들이 번번이 이 가시에 걸려 매달렸을 테니까.

대추나무는 한자로 조棗 자를 쓰는데 이 글자를 이루는 두 글자를 옆으로 놓으면 가시 극棘자가 되는 것도 재미있다. 그러나 한국산 대추나무는 우리네 심성이 그러하듯 다른 지역의 대추나무보다는 가시가 덜 거세다.

- **식물명** 대추나무
- **과명** 갈매나무과(Rhamnaceae)
- **학명** *Zizyphus jujuba* var. *inermis* Rehder

- **분포지** 북부 산간 지대를 제외한 한반도 전역
- **개화기** 5~6월, 황록색
- **결실기** 9~10월, 적갈색
- **용도** 식용, 약용, 정원수
- **성상** 낙엽성 관목

실제로 이시진은 산에 나는 대추나무를 극棘 자를 써서 나타내기도 했는데, 재배하는 대추나무는 키가 크게 자라므로 두 글자를 위로 올려놓아야 하지만 산에서 야생하는 것은 키가 작으므로 두 글자를 옆으로 놓아야 한다고 주장했다. 이처럼 옛 사람들의 융통성과 상상력은 우리보다 훨씬 앞선다. 이 두 글자를 이루고 있는 속束 자 역시 나뭇가지 중간에 가시가 달린 모양을 나타내는 상형문자로, 나무 목木 자 중간에 두 개의 획을 긋고 있으니 뭐니 뭐니 해도 대추나무의 특징은 이 가시에 있다.

이 대추나무 가지에 싹이 트는 것은 아주 늦은 봄이나 초여름이다. 성급한 다른 나무들이 잎을 내고 꽃을 피워내는 동안에도 마치 죽어 있는 듯 침묵하며 애를 태우다가는 어느 날 문득 초록빛 새순이 터져 나온다. 그래서 이렇게 때가 될 때까지 늑장을 부리는 대추나무를 두고 양반나무라고도 한다.

늘어진 듯 느껴지는 가지를 사이에 두고 타원형의 앙증스런 잎새들은 서로 어긋나게 달린다. 가운데에 중심이 되는 맥을 두고 세 개의 맥이 양쪽으로 서로 이어져 있다. 새로 난 잎이 미처 다 짙푸르러지기도 전에 잎 사이사이에 꽃이 달린다. 잎보다 연한 황록색의 작은 꽃은 색과 모양이 두드러지지는 않지만 벌들은 잘도 알고 찾아온다. 대추는 가을에 푸른색에서 점차 붉은 갈색으로 익어가는데 추석을 즈음해서는 파랗기도 누렇기도 한 얼룩이

대추나무 꽃   대추나무 수피

남아 있다.

대추나무속을 나타내는 학명 '지지푸스Zizyphus'는 대추를 가리키는 아랍어 '지존프zizonf'가 그리스어 '지지폰zizyphon'으로 바뀌고 이 말이 다시 '지지푸스Zizyphus'로 변하여 생겼다.

대추나무는 마치 약방의 감초처럼 많은 보약에 들어간다. 어떠한 약이든 대추 한두 알쯤은 으레 함께 넣어 약을 달인다. 대추에는 당분과 트리테르페노이드 등 여러 성분이 들어 있는데 두 가지로 나누어 쓴다. 열매가 약간 길쭉한 대추나 보은대추는 생약명이 대조大棗로 자양, 기운을 북돋우고 해독 작용 등을 한다.

열매가 둥근 멧대추는 생약명이 산조인酸棗仁으로 열매 혹은 잎이나 수피가 신경을 편안하게 하고 진정, 소갈, 건망증 등에 효과가 있다고 한다. 그 밖에 진통, 가슴이 울렁거릴 때, 근육 경련, 목이 쉬고 붓고 아프거나 입안이 마를 때, 변비 등 다양한 증상에 쓰이기도 한다. 특히 신경을 안정시키고 잠을 잘 오게 하는 데 효과가 있어서 불면증을 비롯하여 히스테리, 노이로제와 같은 현대인의 신경성 질병에 많은 효과를 낸다. 단, 위가 약한 사람에게는 대추 하나만 처방하는 것은 좋지 않으며 특히 파와 함께 먹어서는 안 된다고 한다.

대추의 약효는 중국의 고사에도 나온다. 태원왕太原王이 젊었을 때 전쟁을 하다가 낙오되어 이틀 동안이나 굶은 채 헤매다가 쓰러졌다고 한다. 꿈속에 어린 동자가 나타나 누워 있지만 말고 어서 일어나 대추를 먹으라고 하는 소리에 깨어보니 진짜 옆에 대추가 있었다. 그는 이것을 먹고 기운을 차리게 되었고, 이때부터 대추는 하늘에서 신선이 내려준 것이라는 이야기가 전해진다.

이 밖에도 중국에는 대추의 종류가 서른네 가지나 되는데, 그 가운데에서 대조大棗는 삶으면 그 향기가 십 리나 가고, 죽은 사람이 다시 살아나기도 하며 병이 낫는다고까지 전해진다. 그러나 실제로 대조라는 것은 큰 대추나무가 아니라 바로 우리나라 대추나무를 일컫는 말이라고 하니, 중국산보다 국산 농산물이 귀한 요즈음처럼 그 옛날에도 한국산 대추가 품질이 우수하여 중국에서 높이 친 것이 아닌가 하는 추측도 해본다.

우리나라에서 대추를 먹기 시작한 시기에 대한 기록은 명확하지 않으나 대략 삼국 시대로 거슬러 올라가는데, 그때부터 지금까지 과일 또는 약재로 쓰였음은 물론 흉년이 들 때는 구황 식품, 전쟁 때에는 군량으로, 또 목재가 치밀하므로 인쇄용 판자로 쓰기도 하고 집 부근의 논두렁에 많이 심어놓아 바람과 수해를 막는 역할까지 하는 등 정말 두루두루 이용되어 왔다. 고려 때에는 대추나무 심기를 권장했으며 진상 품목에 올라 있었다.

전해 오는 이야기 가운데 대추의 풍년을 기원하는 행사로 '대추나무 시집보내기'가 있다.

정월 대보름과 5월 단오에 대추나무 가지가 둘로 갈라진 틈에다가 돌을 끼워주는 것이다. 그리고 마을의 아낙들이 저마다 흩어져 큰 돌을 주워 오면 마을에서는 가장 적절한 돌을 골라 상처가 날 정도로 빠지지 않게 나무에 꽉 끼운다. 이렇게 하면 대추가 많이 열린다는 것이다.

사실 이러한 풍속은 언뜻 미신처럼 보이지만 사실 과학적인 근거가 있다. 줄기 중간에 돌을 끼워 양분의 이동을 제한하여 잎에서 만들어진 탄소가 아래로 내려가는 것을 막고, 영양 생장에 필요한 질소가 뿌리에서 만들어져 위로 올라가는 것은 줄여 대추나무가 열매를 많이 맺게 하는 것이다.

대추는 밤과 함께 약방의 감초처럼 여러 음식에 쓰인다. 대추를 말려 보관해두었다가 떡이나 약식을 비롯하여 대추밥, 대추전병 등 여러 음식에 넣기도 하고, 제사 음식에도 올리는데 대추는 동쪽에 밤은 서쪽에 놓는다. 대추로 만든 고급 음식으로 조란棗卵이라는 것이 있다. 대추를 쪄서 씨를 빼내고 체에 거른 다음 꿀을 반죽하여 밤 가루에 꿀을 묻힌 것으로 소를 넣고 다시 대추만 하게 빚는 것이다.

옛 예절을 기록한 책에는 손님이 찾아오면 그 집 안주인은 오른손에는 대추를, 왼손에는 밤을 담는 그릇을 들고 대접했다는 기록이 있다.

서양식으로 결혼식을 올리는 지금까지도 전해 내려오는 풍속 가운데 폐백이 있다. 약식으로 이루어지긴 하지만 아직도 대추를 실에 꿰어 담아 놓고 시댁 어른들께 절을 올리면 시부모들은 대추를 뽑아서 새댁에게 던져주면서 아들 낳기를 이른다.

우리나라에서 대추로 유명한 곳은 단연 충청북도 보은이다. 멧대추보다 길쭉하고 대추보다는 살이 많고 안에 들어 있는 인仁이라고 하는 딱딱한 부분이 적거나 아예 없어 먹기 좋다. 보은 사람들은 대추로 생계를 잇고 딸을 시집보내기도 하였다. 그래서 "삼복에 오는 비에 처녀의 눈물도 비 오듯 쏟아진다"라는 말이 생기기도 했다. 삼복에 비가 오면 대추가 흉년이 들고, 그러면 혼수 비용을 마련할 길이 없기 때문이다.

대추나무는 목재로도 이용한다. 재질이 굳고 단단하여 집에서 떡을 칠 때 쓰는 떡메, 떡살을 비롯하여 달구지와 도장, 목탁과 불상 등 공예품의 재료로도 쓰였다. 이 대추나무 단단하기가 박달나무 못지않아 오죽하면 모질고 굳은 사람을 대추나무 방망이라고 불렀겠는가. 이와 함께 키가 작고 빈틈없이 야무진 사람을 두고 대추씨 같다고도 한다.

대추나무 가운데에서도 벼락 맞은 대추나무로 도장을 새겨 쓰면 나쁜 것을 몰아내고 행운을 준다는 믿음이 있어 이것이 비싸게 팔리기도 한다. 요즈음 도장을 비롯한 여러 공예품을 만들어 사찰을 중심으로 형성된

많은 관광지에서 팔고 있는데, 벼락
맞은 나무 하나도 보기 힘든 이즈
음 웬 벼락 맞은 대추나무가 그리
도 많은지 하는 생각이 들어 쓸쓸
하기도 하다.

대추나무 열매

멧대추 열매

　대추나무는 종자로 번식시키는
데, 뿌린 종자의 약 30퍼센트 정도
가 싹을 틔운다고 한다. 그 외에 번식법으로 곁뿌리가 옆으로 뻗어가면서
지면과 가까워지면 진작 만들어두었던 눈에서 새싹이 나오게 되는데 이
를 갈라 심기도 한다. 특히 보은대추처럼 어미로부터 특별한 특징을 그대
로 이어받은 나무를 얻으려면 나중의 방법을 택해야 한다. 옮겨 심고 난
후에는 나무가 쓸데없이 에너지를 소모하지 않고 뿌리를 충실히 내려 활
착하도록 가지를 잘라주어야 한다.

　언제나 하는 생각이지만 이다음에 마당이 넓은 집에서 살게 된다면 대
추나무 한 그루 심을 작정이다. 봄이면 그 대추나무를 시집도 보내고, 매
년 가을 풍성한 열매를 따다가 채 썰고 꿀에 절여서 향기 좋고 맛도 좋은
대추차도 만들어야겠다.

모과나무

사람들은 모과를 두고 세 번 놀란다고 한다. 우선 모과가 너무 못생긴 과일이어서 놀라고, 못생긴 과일의 향기가 너무 좋아서 놀라고, 그리고 그 향기 좋은 과일이 맛이 없음에 놀란다고 한다. 지은이는 모과나무를 두고 또 한 번 크게 놀란 적이 있었는데 그 꽃이 너무나도 아름답기 때문이었다.

모과나무라는 선입견과는 너무나 어울리지 않는 곱디고운 다섯 장의 꽃잎은 수줍은 새색시의 두 볼처럼 붉다. 이렇게 다양한 모습을 가져서인지 모과나무가 있는 풍경은 언제나 아름답고 또 정겹게 느껴진다.

모과나무는 장미과에 속하는 낙엽성 활엽 교목이다. 다 자라면 키는 10미터까지 이른다고 한다. 못생긴 모과가 아름다운 장미과라니 의심이 들지만 모과나무 꽃을 한번 보면 금세 이해할 수 있다.

모과나무의 고향은 중국이다. 중국에서는 이미 2,000년 전에 과수로 심었다고 하며, 우리나라에 건너와 과수로 심어진 연대는 정확히 알려지지 않았지만 조선 시대의 소설 속에 모과는 예천의 것이 맛있다는 이야기가 나오니 그것으로 미루어 볼 때 그 이전에 이미

- **식물명** 모과나무
- **과명** 장미과(Rosaceae)
- **학명** *Chaenomeles sinensis* Koehne

- **분포지** 중국이 원산지, 우리나라 중부 이남에 널리 식재
- **개화기** 5월, 분홍색 꽃
- **결실기** 9월, 향기 나는 노란색 이과
- **용도** 관상용, 향료, 약용, 식용
- **성상** 낙엽성 활엽 교목

들어와 퍼져 있었던가 보다.

　모과나무 꽃은 봄이 한창인 5월에 핀다. 그 꽃의 사랑스러움은 앞에서 말했거니와 하나씩 달리는 꽃 옆에는 새로 난 타원형 잎새들이 조화롭게 달린다. 모과는 이 꽃이 피었던 자리에 달리는 모과나무의 열매이다. 평범한 가지에 어울리지 않게 커다란 열매가 자루도 없이 바싹 달라붙어 달리는 모양부터가 엉뚱하고 재미있다. 울퉁불퉁 못생긴 모과, 누구나 모

모과나무 꽃

모과나무 수피

과 같다고 하면 화를 내지만 못생긴 모과가 더 향기가 좋다고 하니 사람의 향기도 외모와는 상관이 없는 것이리라. 이 모과는 석세포石細胞로 되어 있어 과일이라고 하지만 먹을 수가 없다. 그러나 이것으로 모과의 생명이 끝난 것은 아니다. 된서리가 내릴 즈음 툭툭 떨어지는 모과는 아름다운 소반에 담겨 문갑이나 선비들의 책상 옆에 놓여 그 향기로 더욱 사랑을 받는다.

모과나무의 알려지지 않은 매력 가운데 하나는 수피가 있다. 매끈거리는 수피는 갈색이나 보랏빛이 돌고 윤기가 흐른다. 나이가 들면서 묵은 껍질은 봄마다 조각조각 떨어지는데, 조각이 떨어져나간 자리의 푸른빛이 만들어내는 얼룩의 모양과 빛깔이 아주 독특해 나무줄기에 생기는 골과 어우러져 모과나무만의 개성을 나타낸다.

이처럼 모과나무는 열매와 꽃으로 계절마다 다른 아름다움을 즐길 수 있게 하고 겨울에도 나무줄기만으로도, 또한 소반에 담긴 모과의 향기로 즐거움을 주니 가까이 심어두고 보기에 좋은 나무이다. 그래서 옛사람들은 모과나무 없는 정자는 생각할 수 없다 하고 모과나무를 정자목이라고 하였다.

지은이가 처음 모과나무 꽃을 구경한 곳은 촉석루였는데, 옛사람들이 진주 남강을 바라보며 기생들의 춤과 노래를 즐겼을 바로 그 누각 옆에 모과나무가 꽃을 피우고 있었다.

모과는 한자 이름 목과木瓜에서 나온 이름이다. 잘 익은 노란 열매는 마치 참외와 같아 나무 참외라는 뜻이다. 누구나 모과나무의 열매만을 생각하기 쉽지만 꽃을 보고 배꽃처럼 아름답게 여겨 화리목이라고 하고 화초목, 화류목, 명려, 명사란 이름도 있다. 우리나라 일부 지방에서는 모과를 모개라고 한다. 또 중국 이름 가운데 호성과護聖果라는 이름이 있는데 이에 관해서는 다음과 같은 이야기가 전해 내려온다.

옛날에 공덕을 많이 쌓은 어느 스님이 외나무다리를 건너고 있을 때였다. 아슬아슬하게 다리를 반쯤 건너고 있는데, 맞은편에서 커다란 구렁이가 외나무다리를 친친 동여 감고 건너오는 스님을 노려보고 있었다. 그냥 가자니 구렁이가 겁나고 되돌아가자니 균형을 잃어 다리에서 떨어질 것 같아 정말 난처한 지경에 빠진 스님이 제발 길을 가게 해달라고 소원을 빌자, 바람 한 점 없던 고요한 날씨였는데도 갑자기 계곡가에 길게 가지를 드리웠던 모과나무에서 모과 하나가 툭 떨어져서는 구렁이의 머리를 맞혔다. 놀란 구렁이는 그대로 물에 빠지고 그 스님은 다리를 무사히 건널 수 있었다. 이 이야기가 사람들에게 전해지고 사람들은 모과가 성인 같은 스님을 보호한 것이라 하여 호성과라 부르며 그 공을 칭송하였다.

모과나무의 쓰임새는 그 아름다운 외형과 열매의 향기에만 그치지 않는다. 열매 모과는 약으로 이용하는데, 타닌을 비롯하여 칼슘, 철분 등의 무기질이 풍부한 알칼리성 식품으로서 진해, 거담, 지사, 진통 등에 효험이 있으므로 백일해, 천식, 기관지염, 폐렴, 늑막염, 각기, 설사, 신경통 등에 쓴다. 민간에서는 특히 기침을 고치는 데 많이 쓰는데 대개는 얇게 저민 모과를 설탕이나 꿀에 조렸다가 뜨거운 물을 부어 차를 만들어 마신다. 토사곽란吐瀉癨亂에 특별한 효과가 있고 여러 염증에 모과 잎을 찧어 바르기도 한다.

모과나무 열매

모과는 차로 즐기지 않더라도 모과주는 향

열매가 주렁주렁 달린 모과나무

기가 좋아서 다른 술에 몇 방울씩 넣어 마시면 그 풍미를 즐길 수 있다. 그 밖에도 우리 선조들은 생과일로는 먹을 수 없는 모과의 껍질을 벗기고 삶아 으깨어 거르고 꿀과 함께 조려 만든 모과정과, 모과 가루에 찹쌀 뜨물로 죽을 쑤어 생강즙에 타 먹는 모과죽, 모과 가루와 녹두 가루를 섞어 꿀을 넣어 만드는 모과병 등 다양하게 조리해 먹었으나, 차와 술을 제외하고는 이제 우리의 손길을 떠난 지 오래된 잊힌 음식들이 되었다.

모과나무는 목재로서의 가치도 높게 쳐준다. 재질이 치밀하며 광택이 있어 아름다운가 하면 다루기도 쉽기 때문이다. 예나 지금이나 가구재라면 자단紫檀을 드는데, 이것은 남방에서 들여오는 것이니 좀처럼 구하기 어려웠을 것이고 대신 모과나무의 목재를 화류목 또는 화초목이라 하여 고급 가구재로 썼다. 그 유명한 흥부전에는 제비가 물어다 준 박을 타서 부자가 된 흥부의 세간살이 중 놀부가 탐을 내어 지고 가는 화초장이 나오는데, 이것이 바로 모과나무의 목재로 만든 것이다. 이 밖에도 허리에 차고 다니는 긴 칼의 자루와 칼집 또한 이 화초목 즉 모과나무로 만들었다.

이토록 긴요하게 모과나무를 써온 역사가 오래되었으니 나이 든 모과나무 몇 그루 남아 있을 법하다. 천연기념물로 지정된 나무는 한 그루밖에 없지만 보호수로 지정된 노거수는 20주에 달한다. 우리나라에서 가장 오래된 모과나무는 전남 용수리에 있는 것으로 높이가 35미터, 가슴 높이의 둘레가 4.5미터에 달한다고 한다. 경기도 시흥에도 높이가 12미터쯤 되는 모과나무가 있다고 한다. 애국심이 남다른 나무로는 전북 순창에 있는 300년 된 나무를 이야기한다. 이 나무는 그 오랜 세월을 자라는 동안 한 번도 꽃을 피우지 않았으나, 해방이 되자 가지마다 꽃이 만발하고 열매가 열려 기뻐했다고 전해진다. 또 전남 승주에 500살 가까이 된 나무가 있는데, 매년 1월 2일에 이 나무에 귀여운 작은 새가 날아와 울면 풍년이 든다고 한다.

우리나라에서는 예로부터 모과나무는 노인이 심는 나무이며 젊은이들은 심지 않는데, 만일 이를 지키지 않으면 오래 살지 못한다는 이야기도 전해진다.

모과의 열매에는 까만 종자가 들어 있는데 이를 골라 가을에 뿌려놓으면 봄에 싹이 트고 빠르게 자라 묘목을 얻을 수 있다.

비자나무

일 년을 지내며 가장 쓸쓸한 계절은 가을에서 겨울로 넘어가는 길목인 듯싶다. 겨울엔 하얀 눈이 내리면 왠지 포근하고, 난롯가에 둘러앉아 언 손을 녹이는 정겨움이 있으나 가으내 온 산하를 붉게 물들이던 단풍잎이 하나둘씩 떨어져 내리고 겨울을 재촉하는 비라도 흩뿌리고 나면 길가에 가득 밟히는 낙엽이 주는 스산함은 각별하다.

그러나 한반도의 그 선명한 계절의 변화에도 변함없이 늘 푸른 나무들이 있는데, 주목과 비슷한 모양새를 한 비자나무도 참빗 모양 줄기에 나란히 잎을 달고 따뜻한 한반도의 남쪽 땅에 자라는 상록수이다.

비자나무는 다 자라면 25미터까지 크고 줄기는 두 아름까지 자라는 교목이다. 자라면서 정형화한 형태 없이 사방으로 가지를 뻗으며 자란다. 나무껍질은 회갈색으로 매끈매끈하지만 연륜을 쌓아감에 따라 얇게 세로줄을 그으며 갈라져 하나씩 떨어진다.

잎은 길이가 손가락 두 마디쯤 되고 너비는 3밀리미터쯤 되는 끝이 뾰족한 잎들이 줄기를 중심으로 깃털처럼 나 있다. 본래 나사 모양으로 어긋나 약간 꼬여서 좌

- **식물명** 비자나무
- **과명** 주목과(Taxaceae)
- **학명** *Torreya nucifera* Siebold & Zucc.

- **분포지** 제주도와 남부 해안에 주로 분포하고, 전라도, 경상도에서도 자람
- **개화기** 4월, 갈색
- **결실기** 9~10월, 적자색
- **용도** 약용, 정원수, 공원수, 가공재, 가구재, 토목재 등
- **성상** 상록성 교목

백양사의 비자나무 숲(천연기념물 제153호)

비자나무 열매

비자나무 수피

우로 달린다. 이 잎은 만지면 단단한 느낌이 들고 표면은 짙은 녹색을 띠며 광택이 난다. 어긋나 달리는 잎들이 언뜻언뜻 내보이는 잎의 뒷면을 보면 황백색을 띠는데 잎의 가운데 맥을 이르는 중륵과 잎 가장자리만은 녹색이다. 상록수는 언제나 푸른 잎을 달고 있는 듯하지만 남모르게 잎갈이를 한다. 나무의 종류에 따라 다르지만 비자나무는 한 잎의 수명이 6년에서 7년이다. 수많은 잎들이 시간의 차이를 두고 낡은 잎을 떨구고 새 잎을 달기 때문에 우리 눈에는 늘 푸른 나무로 보인다.

비자나무의 꽃을 본 사람은 더욱 드물 것이다. 은행나무나 향나무처럼 비자나무도 꽃이 피냐고 되물을 사람도 있을 것이다. 비자나무에도 꽃이 핀다. 암꽃 수꽃이 각기 다른 나무를 가지는 암수딴그루의 꽃이다. 그러나 인간이나 혹은 벌과 나비를 유혹할 만한 화려한 색의 꽃잎을 달고 있는 완전한 모양새의 꽃은 아니다. 꼭 필요하지 않은 기관은 퇴화해버리고 수꽃은 꼭 필요한 수술만 갈색 덮개(포라고 한다)에 싸여 마치 알 모양 같은데 크기는 1센티미터를 넘지 않는다. 이러한 수꽃은 줄기와 잎이 달리는 사이사이에 자리를 잡는다. 암꽃은 모여 달린 암술을 녹색의 덮개가 싸고 있고 그 크기는 수꽃보다 다소 작다. 4월쯤 눈에 두드러지지 않던 꽃들이 개화하고 바람이 맺어준 인연으로 수꽃과 암꽃이 만나면 그다음 해 가을에야 열매가 성숙한다. 대추처럼 생긴 열매는 가을이 깊어가면서 붉은 자주색으로 익으며 그 안에 종자가 있다. 열매보다는 다소 작으며 마치 아몬드처럼 생겼지만 색이 좀 더 연한 갈색이다. 이 종자만을 비자라고 부른다.

비자나무는 쓰임새가 많지만 무엇보다도 유명한 것은 약효이다. 오랜 옛날부터 비자나무의 열매는 구충제로 써왔다. 하루에 일곱 알씩 7일간 복용하라는 처방도 있고, 한 번에 일곱 내지 열 알씩 하루에 세 번, 식전에 일곱 내지 열 알씩 생으로 계속 복용하면 기생충이 물로 되어버린다는 기록이 있다. 비자나무 열매의 맛이 좋았다고는 하지만 "한 알로 구충 박멸"이라는 선전 문구를 내건 오늘날의 구충제와 비교하면 조금은 지루한 느낌도 든다.

그 밖에도 비자나무를 몇 가지로 약용했다는 기록이 있다. 비자 세 알, 호두 두 알을 측백나무 잎 한 냥과 함께 찧어 눈 녹은 물에 담그고 이 물로 머리를 빗으면 탈모가 방지된다고 한다. 탈모에 다소 서정적인 느낌까지 드는 눈 녹은 물이라니 조금은 어울리지 않는 듯싶지만 그래도 정다운 민간요법이 아닐 수 없다. 그 외에도 치질이나 어린이들의 야뇨증에도 효과가 있다고 한다.

비자나무의 종자엔 기름이 많아(50퍼센트가량의 지방유 함유) 예전엔 식용유로도 쓰고 등불 기름으로도, 머릿기름으로도 썼다. 비자나무는 독특한 향이 있어, 가지나 생잎을 태워 연기를 만들어 모기의 접근을 막기도 했으니 우리 선조들과 가까운 나무였음은 틀림없다.

비자나무의 또 하나의 큰 쓰임새는 목재이다. 목재의 중앙을 차지하고 있는 심재는 갈색이고, 그것을 둘러싼 변재는 황색으로 결이 무척 아름답고 가공이 쉬워 매우 귀한 목재로 이용되었다고 한다. 조선 영조 때엔 비자나무 널빤지 열 장을 세공으로 바치도록 되어 있었고 요즈음엔 가구재, 바둑판, 장식재, 조각용, 토목용으로 이용되는 등 그 쓰임새가 매우 많다.

다산 정약용 선생의 『목민심서』에도 나와 있듯이, 예전엔 비자나무에 대한 무리한 공물로 비자나무림이 수난을 당했으며, 오늘날은 그나마 얼마 남지 않은 비자나무의 거목을 통으로 잘라 고가의 바둑판을 만들겠다는 일부 사람들의 사욕으로 도벌을 당하고 있으니 이래저래 수려한 목재

가 오히려 화를 입는 듯싶다.

　『동국여지승람』이나『세종실록지리지』같은 옛 책들을 들추어보면 비자나무가 예전엔 경남, 전남, 제주는 물론 내륙 지방인 경북 고령에까지 분포하고 있었던 것으로 기록되고 있으나 오늘날엔 제주도와 전남 해안에 주로 분포하고 간혹 전북, 경남에도 자란다. 이 나무들의 대부분은 사찰 근처에 자라고 있어 과연 우리나라에 자생하는 나무인지 일본에서 가져온 나무인지에 대해서는 논란이 많지만 대체로 내륙의 사찰 근처에 있는 나무들은 심은 것이고 제주도 비자림은 자생하는 것이라는 견해가 지배적이다.

현재 이렇게 남아 있는 비자나무들은 대부분 노거수여서 천연기념물이나 무형문화재, 보호수로 지정되어 있는데, 각기 그에 따른 사연이 있다. 가장 유명한 비자나무림은 천연기념물 제182호인 제주도 한라산천연보호구역의 비자림이다. 가지런히 가로수를 다듬어놓은 포장이 잘 된 진입로를 통과하고 나면 길옆으로 한 그루 한 그루씩 비자나무가 나타나는 듯싶다가는 어느덧 비자나무의 원시림을 만난다. 고대의 천연과 현대의 문명이 교차하는 순간이다. 13만 6,000평의 넓이에 300년에서 600년된 나무로 높이가 10미터가 넘는 2,570그루의 비자나무들이 순림을 이룬다. 비자나무의 수관들이 닿아 하늘을 덮어 숲 속엔 햇빛 보기가 어렵고 지정된 관찰로를 벗어나면 길을 잃기 십상이다.

두텁게 낀 이끼 층과 이 비자림에서만 볼 수 있는(실제로 크기가 너무 작고 높은 나뭇가지에 붙어 있어 일반인들은 찾기 어렵다) 나도풍란, 혹란, 차걸이난, 사철난과 같은 착생 난초들은 이 비자림의 연륜과 가치를 알려주고도 남음이 있다. 조선 시대 어느 때인가 가뭄과 흉년이 계속되어 자연적으로 화재가 발생해 많은 나무를 잃었고 일제강점기엔 고급 가구재로 이용하기 위하여 많은 도벌이 있었음에도 불구하고 현재 비자림이 이만큼이라면 그 이전의 모습은 어떠했을까? 아직도 제주도의 예순 살 이상 되는 노인들은 그곳에 가기를 꺼린다니 그곳이 얼마나 신성시되어왔는지를 짐작할 수 있다. 제주도 비자림 속의 그윽한 풀과 나무의 향기, 비자 냄새와 축축한 대기는 한순간에 문명의 피로를 잊게 해준다.

우리나라에서 가장 큰 비자나무는 전남 강진군 병영면의 비자나무로 천연기념물 제39호이고 나무의 높이는 11.5미터, 줄기의 둘레는 6미터가 넘으며 수관 폭은 16미터에 이른다. 마을 사람들의 이야기를 들어보면 태종 17년에 쓸 만한 나무는 모두 베어 쓰고 줄기가 굽어 쓸모가 없어진 이 나무만 남게 되었다고도 하고, 조선 왕조 500년 동안 병사들의 구충제로 사용하기 위하여 보호되었다는 두 가지 이야기가 있으나 어느 것이 정확한지는 알 수 없다. 한때 이 나무는 나라에 불길한 일이 있으면 며칠 전부터 한밤중에 이상한 소리를 내어 마을 사람들은 신목으로 생각하고 매년 두 번씩 제사를 지냈다고 한다. 천연기념물 제111호인 진도 임회면의 비자나무는 어린아이들이 놀다가 떨어져도 다친 일이 한 번도 없는 신목이라 하여 매년 주변에 금줄을 치고 제사를 지내며, 편을 갈라 줄다리기를 하는 풍속도 있다. 사실 이 나무의 가지가 워낙 무성하여 떨어지기도 어려울 듯싶다. 전남 장흥군의 비자나무는 가지를 자른 사람이 3일 만에 죽었다는 이야기도 있다. 섣달그믐 신이 깃드는 소나무를 문 앞에 세우는데 이때 비자나무와 콩깍지를 한데 세워 풍년과 만사형통을 빌었으며 비자나무의 가지에는 종이를 비틀어 꽃을 만들어 장식하고 콩 농사가 잘 되기를 기원하는 민속도 있다. 어쨌든 비자나무는 예로부터 신성시되었으며 우리 선조들과 무척이나 가까웠던 나무임은 틀림없다.

학술적으로 가치가 있는 비자나무림은 천연기념물 제153호로 지정된 내장산 백양사의 비자림이다. 이 비자나무들은 백양사 주변 남쪽 비탈면에 있는데 비자나무의 북한계 지역, 즉 자생하는 비자나무 중에서 가장 북쪽에 자라고 있는 나무라 하여 관심의 대상이 되고 있다. 그 외에도 곳곳에서 나름대로의 사연을 가진 많은 비자나무가 자라고 있다. 그러나 중부 이상에서는 추워서 자라지 못한다.

비자나무는 주목과에 속하는데, 비자나무와 생김새가 비슷한 나무는 주목과 개비자나무를 들 수 있다. 주목은 빨간 열매가 달리는 모양이 비자나무와는 확연히 다르고, 꽃이나 열매가 없는 시기에는 주목의 줄기가 붉은색이며 잎 뒷면에 식물이 숨을 쉬게 하는 구멍이 선을 이루는데(이를 기공조선이라 한다) 이 선이 연두색이며, 비자나무는 백색이다. 또한 비자나무는 잎끝이 날카롭고 단단하여 찌르면 아프지만 개비자나무의 잎은 유연하고 만져도 찔리지 않는 차이점이 있다.

지금까지 남아 있는 비자나무의 노거수들은 대부분 신성시되었거나 그 열매를 약용하기 위해 보호되어온 것들이다. 현재 보호되고 있는 노거수는 많아도 그 노거수들의 대를 이을 어린 비자나무에 관심을 두는 이는 아무도 없고 그래서 어린나무들을 보기 어렵다.

비자나무는 그늘을 좋아하는 음수여서 어린나무가 어미나무 밑에서 자랄 수 있도록, 그래서 그 원시의 비자림이 수백 년 아니 수천 년을 이어갈 수 있도록 좀 더 관심을 가져야 할 때다. 한 가지 보태어 말하면 너무 잘 보호한다는 구실 아래 비자나무 둘레에 철책을 두르고 축대를 쌓고 시멘트를 발라 나무의 뿌리가 숨 쉬기조차 어려워 죽어가는 일은 더더욱 없었으면 싶다.

오미자

오미자는 다섯 가지 맛을 내는 열매라는 뜻의 한자 이름이다. 한자 이름에서는 대개 열매 또는 종자를 뜻할 때 아들 자子 자를 붙이곤 한다. 예를 들면 구골나무의 열매는 구골자, 벽오동의 열매는 오동자, 산사나무의 열매는 산사자가 된다. 그런데 자식 즉 열매가 바로 부모의 이름이 되는 나무들이 있는데, 오미자가 그러하고 이 밖에도 구기자나무, 사상자, 복분자딸기, 유자 등 아주 많다. 열매를 약으로 쓰는 나무에 이러한 경우가 많다.

오미자는 우리나라의 웬만한 산에서 어렵지 않게 만날 수 있는 목련과에 속하는 덩굴식물로 겨울에 낙엽이 지는 활엽수이다. 꽃이나 열매가 없을 때 보면 큼직한 타원형의 잎이 그 흔한 미역줄나무를 닮기도 했고 다래나무 잎새와도 크게 다르지 않으므로 유심히 보지 않으면 스쳐지나가게 마련이다. 오미자는 산의 낮은 곳에서부터 높은 곳에 올라서까지 모두 만날 수 있고 깊은 산 골짜기의 전석지轉石地 같은 곳에서도 무리지어, 덩굴로 자라곤 한다. 일본에도 있고 만주에서도 자란다.

오미자는 암꽃과 수꽃이 서로 다른 나무에 달린다. 은행나무처럼 암나무도 있고 수나무도 있는 것이다. 여

- **식물명** 오미자
- **과명** 오미자과(Schisandraceae)
- **학명** *Schisandra chinensis* Baill.

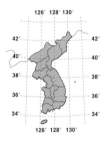

- **분포지** 전국의 산지
- **개화기** 6~7월, 황백색 꽃, 암수딴그루
- **결실기** 8~9월, 수상으로 달리는 붉은색 장과
- **용도** 약용, 식용, 관상용
- **성상** 낙엽성 활엽 덩굴식물

름이 시작되는 6월이나 7월이면 다소 곳이 고개 숙인 황백색 오미자 꽃들이 피어난다. 그 향기로운 꽃송이들은 꽃잎이 여섯 장에서 아홉 장까지 달려 마치 작은 종처럼 고운 모습이지만 무성한 잎새에 가려 잘 드러나지는 않는다. 여름을 보내며 오미자 열매가 익기 시작한다.

빨갛고 작아 구슬 같은 열매들이 손가락 길이만큼 줄줄이 달리는데 작고 붉은 포도송이처럼 보인다. 그 연하고 수줍은 꽃송이에서 이토록 강렬한 붉은 열매가 만들어진다는 사실을 누가 상상이나 할 수 있을까? 꽃자루도 열매자루도 길어 축축 늘어지듯 달리는 모습이 독특하다. 산촌 사람들은 가을이 오고 오미자 열매가 익기 시작하면 허리춤에 바구니를 끼고 그 고운 열매를 따러 산으로 올라간다.

우리나라에는 오미자 외에도 제주도 한라산이나 남해 섬 지방 같은 곳에서 남오미자가 자라는데, 오미자와는 달리 열매가 길지 않고 공처럼 둥글며 잎도 작고 길쭉하며 가장자리에는 작은 톱니가 있어 금세 구분할 수 있다. 또 제주도에는 열매가 검고 자르면 솔 냄새가 나는 흑오미자도 있다.

오미자 열매의 오미五味, 즉 다섯 가지 맛이란 단맛, 신맛, 매운맛, 쓴맛, 짠맛을 말한다. 이 가운데 신맛이 가장 강한 듯하고 다른 맛들은 여간한 미각을 가지지 않고는 따로따로 구분하여 느끼기 어렵지만 이러한 맛들

오미자 꽃

오미자 수피

이 어우러져 오미자만의 독특하고 깊이 있는 맛을 낸다. 오미자는 열매를 이용하는 약용식물이다. 오미자의 약효는 수없이 많다. 생약명도 오미자라고 부르고 간혹 감미라고도 하는데 구연산, 주석산, 사리산 등 여러 유기산과 각종 세스퀴테르펜을 가지는 정유, 과당유와 지방유 등을 함유하고 있다고 한다. 또 종자의 기름에는 시잔드린, 시잔드롤 등이 포함되어 있는데, 이 성분은 조직을 긴축시키며 침을 멎게 하는 진해 작용을 하여 기관지염이나 발작적으로 호흡이 곤란해지는 천식에 효능이 탁월하다고 알려져 있다. 또 오미자는 뛰어난 강장 작용으로 이름이 높다. 그래서 결핵 치료제를 비롯하여 자양 강장제, 피로 회복제, 음강 보정제 등으로 널리 이용된다.

오미자에는 결핵균을 살균하는 성분도 있다고 하여 결핵 환자를 치료하는 병동에는 오미자를 많이 심어둔다. 『동의보감』을 보면 허한 곳을 보補하고, 눈을 밝게 하며 장을 따뜻하게 하고 음陰을 강하게 하며 남자들의 정精을 더한다고 적혀 있으니 모든 이들이 이 오미자의 약효에 관심을 가질 만하다. 이 밖에도 갈증을 없애고, 몸에 열이 나거나 가슴이 답답할 때, 피가 머리로 몰려 생기는 홍조나 두통에, 술을 해독하고 기침을 다스릴 때도 두루 쓰인다. 게다가 오미자는 약성이 완만하고 순하며 독은 물론 부작용도 전혀 없어서 약 중에서도 오래도록 쓸 수 있는 좋은 약이라고 한다. 오미자를 약으로 쓸

오미자 열매

때에는 붉게 익은 열매를 햇볕에 말렸다가 은근한 불에 달이거나 가루로 만들어 복용하며, 술에 오래 담가 오미자주를 만들어 마셔도 같은 효과를 볼 수 있다.

이러한 뛰어난 효능으로 오미자는 한방에서 널리 이용되고 있음은 물론이요, 예로부터 우리 선조들은 이것을 차로 만들어 마시는 지혜가 있었다. 오미자차는 여름에는 차게, 겨울에는 따뜻하게 달여 마셔야 제맛과 제약효가 난다고 하는데, 이 때문에 오미자차를 두고 약차藥茶라고도 한다. 그러나 지은이가 보기에 오미자차는 이 여러 약효를 염두에 두지 않더라도 그 빛깔과 맛만으로도 가장 훌륭한 우리의 전통차라고 할 수 있을 만큼 여러모로 뛰어나다. 찻잔에 담아 내온 오미자차의 붉은 빛깔은 색이 곱다는 홍차마저도 뛰어넘는 깊이 있고 정갈한 빛이다. 또 꿀을 적당히 섞어 내온 오미자의 그 깊은 맛을 한번 느껴본 사람이라면 금세 반할 것이다.

오미자의 고운 빛깔을 이용하여 만든 우리의 전통 음식이 많았다고 한다. 그중 유명한 것에 오미자 화채가 있고, 또 궁중에서 만들어 임금님께 바치던 음식 가운데 '오미자응이'라 는 것이 있는데, 녹두를 곱게 갈아 가라앉힌 녹말을 오미자 즙에 넣고 끓여 만드는 이 음식은 빛깔이 고운 것은 물론이요 담백하면서도 산뜻한 맛이 일품이고 몸에도 좋았다고 하니 이보다 훌륭한 음식이 어디 있었으랴. 오미자의 어린순을 잘라 나물로 먹기도 하는데 그냥 먹으면 쓰고 떫은맛이 강하므로 잘 우려내고 무쳐야 한다.

번식은 대개 종자로 하지만 특별히 열매가 많이 열리거나 약효가 좋은 것은 삽목으로 번식시키기도 한다. 관상용으로 개발하여도 싱싱한 잎과 아름다운 열매를 볼 수 있어 좋지만 공해와 소금기에 약한 결점이 있다. 음지에서도 잘 자라고 추위에도 잘 견딘다. 배수가 잘 되는 비옥한 토양에서 기르는 것이 좋다.

남오미자의 꽃과 열매

감나무

청명하기만 한 가을 하늘. 아침저녁으로 서늘한, 그래서
상큼한 바람과 구름 한 점 없이 맑고 높기만 한 쪽빛 하
늘. 창밖에서 매미가 마지막 울음을 한껏 토해낸다. 바
쁘기만 한 일상에서 자연을 끄집어내기 시작하면 머리
에서는 온갖 가을의 풍광이 꼬리를 물고 살아 나온다.
마을마다 집집마다 잘 익은 열매를 주렁주렁 매달고 있
는 감나무와 그 감나무를 배경으로 한 더할 나위 없이
푸른 하늘과 거리마다 하늘대는 코스모스, 그 위로 오
가는 그 앙증스런 고추잠자리라니.

이 아름다운 가을의 주인공 가운데 감나무는 단연 돋
보인다. 가을이 한창일 때 조금 따뜻한 남쪽 지방을 돌
아다니다 보면 온 마을은 붉은 감으로 가득 차고, 누렇
게 익어가는 가을 들판의 벼 이삭과 함께 감나무의 주
홍빛은 우리네 가을을 넉넉하고 풍요롭게 해준다. 나지
막한 시골집에 잘 자란 감나무와, 긴 장대 하나 손에 들
고 감나무 밑을 서성이는 얼굴에 땟물이 꼬질꼬질한 장
난꾸러기 소년. "가자 가자 감나무, 오자 오자 옻나무"
를 외치며 뛰어 노는 그 모습은 생각만 해도 흐뭇한 가
을의 서정이다. 감을 따는 막대기는 밤나무를 후려쳐

- **식물명** 감나무
- **과명** 감나무과(Ebenaceae)
- **학명** *Diospyros kaki* Thunb.

- **분포지** 남부 지방과 일부
  중부지방
- **개화기** 5~6월
- **결실기** 9~10월
- **용도** 식용, 약용, 관상용
- **성상** 낙엽성 교목

떨어뜨리는 막대기와는 조금 다르다. 그 끝이 둥글게 원으로 되어 있어 감꼭지를 걸어 따거나, 잘 익어 연한 감이 상처를 입지 않도록 망태기가 달려 그 속에 담기도록 되어 있거나, 손쉽게 새총 모양의 Y자형 가지에 꼭지를 걸어 따기도 한다. 감나무를 마당에 한두 그루쯤 가져본 이들은 흔히 감은 밤에 잘 떨어지고 그렇게 주운 감은 유난히 맛이 좋다고들 한다. 저절로 떨어진 감은 충분히 잘 익었을 터이므로 맛이 좋은 것은 당연한 일이고 감이 밤에 많이 떨어진다는 이야기는, 낮에는 빤히 바라보면서 감이 떨어지기를 기다리는 시간이 상대적으로 더 길게 느껴지기 때문일 것이다. 그러나 가장 일찍 일어나 바구니를 챙겨 들고 감나무 밑으로 가

감나무 꽃

감나무 수피

면 누구보다도 더욱 많고 좋은 감을 주울 수 있는 것은 당연한 일이니 감나무가 사람을 부지런하게 만드는 것만은 사실인 것 같다.

감나무는 보기에도 좋지만 가장 중요한 용도는 무엇보다도 먹음직스러운 과실에 있다. 누구나 감을 좋아하지는 않지만 감을 좋아하는 사람들은 유별나게 감만을 찾는다. 잘 익은 감을 바라보며 "색승금옥의 감분옥액청色勝金玉衣甘分玉液淸"이라며, 감나무의 색은 금빛 나는 옷보다도 아름답고 그 맛은 맑은 옥액에 단맛을 더한 듯하다고 했으니, 과실에게 주는 찬사에 이보다 더한 것이 있을까? 또 감나무의 학명은 디오스피로스 Diospyros인데, 여기에서 '디오스'는 '신'이란 뜻이고 '피로스'는 '곡물'이란 뜻이니, 서양에서도 과실의 신이라 칭할 만큼 훌륭히 여겼나 보다.

가을에 단단한 생감을 잘 저장해두면 색은 더욱 붉어지고 맛은 더욱 달콤해져 먹음직스럽게 말랑한 감이 되는데 이를 두고 홍시라 부른다. 또 생감의 껍질을 벗겨 햇볕에 잘 말리면 쫀득한 곶감이 되어 겨우내 두고 먹을 수 있는데 이를 백시라고 부르며, 이때 곶감의 표면에 생기는 서리같이 하얀 가루를 감의 서리라 하여 시상枾霜이라 부른다. 감으로 만든 먹을거리를 좀 더 소개하자면, 요즈음 인스턴트식품이 나올 정도로 흔한 곶감으로 만든 수정과는 옛날에는 상류층에서만 먹던 음식이었으며, 잘 익은 홍시를 체에 걸러 쌀뜨물로 죽을 쑤어 꿀을 타면 홍시죽이 된다. 또 찹쌀과 껍질을 벗겨 말린 감을 가루로 만들어 대추를 삶아 으깨어 꿀과 섞어 빚은 뒤, 밤과 대추를 부수고 계핏가루와 잣가루까지 묻혀 만든 것을 감기설떡이라 하였다니 생각만 하여도 군침이 도는 음식이다. 또한 곶감의 단맛은 설탕이 없던 시절 매우 귀한 감미료가 되었다. 한때는 감을 이용하여 만든 감식초가 인기이더니 이제는 감으로 만든 와인까지 인기를 끌고 있다. 더욱이 홍시를 얼려 저장성이 약하다는 단점을 극복하고 고급스러운 후식이나 간식으로 만든 것도 인기가 높다. 곶감을 술에 담근 시삽枾澁은 목의 갈증을 멎게 한다고 한다. 감이 지니는 그 텁텁한 맛은 타닌 성분 때문인데, 가을이 되면서 타닌은 굳어지기 시작하여 주근깨 같은 갈색 반점이 되고 이 반점이 많아지면서 떫기만 하던 감이 다디단 단감이 된다.

그러나 이렇게 다양하게 먹을거리를 제공하는 것 이외에도 감의 중요한 용도 가운데 하나는 약용할 수 있다는 것이다. 감은 한자로는 시枾라 부르고 열매를 시자, 꽃을 시화, 마른 것을 시병, 수피를 시목피라 하며 모두 약용한다. 특히 홍시는 술을 깨는 데 효과가 있으며, 술로 아픈 속을 다스려주고 술로 인한 설사도 멎게 해준다. 또한 감꼭지는 딸꾹질을 멈추게 하는 데 효과가 있다. 흔히들 딸꾹질을 할 때는 숨을 멈춰보기도 하고 깜짝 놀라게 하기도 하지만, 이 정도로 그치지 않을 때에는 감꼭지에 감초를 넣어 달여 먹으면 대개는 멈춘다고 하며, 제철이 아니어서 감을 구할 수 없을 때에는 곶감의 꼭지를 따서 쓰기도 한다. 그 밖에도 치질로 인한 출혈이 있을 때 떫은 감을 갈아 즙을 내어 명반을 조금 섞어서 피가 나는 곳에 바르기도 한다. 감나무의 잎은 고혈압에 좋다는 이야기가 있는데, 그 효과야 직접 보지 못했으니 장담할 수는 없는 일이고 감나무 잎 차는 마실 만하다.

그러나 맛이 좋고, 몸에 좋다고 많이 먹을 것만은 아니다. 허준의 『동의보감』에는 연시는 술을 마신 후에 먹으면 위통이 생기고 술이 더 취한다는 기록도 남아 있어, 비록 종류는 다르더라도 같은 감을 두고 상반된 이야기를 하고 있으니 한방의 신비라 해야 할까?

감나무

또 설사에는 감이 좋더라도 변비가 있는 사람에게는 금물이며 임신부도 감 먹는 것을 금했는데 이는 변비를 걱정했기 때문일 것이다. 또한 감은 찬 음식이므로 역시 찬 음식에 해당하는 게 같은 어패류와는 함께 먹는 것을 금하고 있다.

그 밖에도 감나무는 쓰임새가 다양하다. 제주도에는 감물을 들여 만드는 갈옷이 있는데 윗저고리를 갈적삼, 아래옷을 갈중이 또는 갈굴중이라고 한다. 여름이 한창일 때 풋감을 따서 텅그텅막개라는 절구통에 다 넣고 으깨어 즙을 낸 후 옷 사이사이에 넣어 오래 주물러 물을 들이고 햇볕에 말리면 황토빛이 짙어지면서 빳빳해지는데, 이것으로 옷을 지어 입는다고 한다. 그러면 더러움도 덜 타고, 입은 채로 그냥 물에 들어가면 저절로 빨래가 되며 뒷손질이 따로 필요하지 않은 아주 실용적인 옷이 된다. 감 즙이 때 묻은 옷을 삭지 않게 하고 냄새도 없으며 바람이 잘 통하여 시원하고 물이 묻어도 그냥 굴러 떨어지며, 목초를 벨 때도 가시덤불에서 보호해주는 더할 나위 없이 좋은 작업복이라고 한다. 이러한 감물은 옷에만 들인 것이 아니고 종이에 들여 부채를 만드는 데 쓰기도 하고 나전칠기를 만들 때 옻칠하기 전 종이에 먹이기도 했다고 한다.

감나무는 심재가 굳고 탄력이 있으며 빛이 검어 흑시 또는 오시목이라고 부르며, 양반 집안의 귀한 가구재로 쓰였고 활을 만드는 촉목으로도 높이 쳤다고 한다. 요즈음도 인도네시아에서 수입하는 열대 목재 가운데 에보니 또는 흑단이라고 하는 고급 가구재 역시 감나무와 형제 같은 나무이다. 특히 검은색의 목재가 더욱 귀하므로 혹 색이 덜 검으면 땅에 묻어 검게 만들었으며, 이렇게 땅에 묻혔던 목재는 생나무 특유의 잘 갈라지는 결점이 보완된다고 한다.

그 밖에 예전에는 탄력이 좋은 감나무로 망치의 머리를 만들어 쓰곤 했는데, 이제 나무망치를 구경하기는 어려운 시대가 되었으나 요즈음은 이 감나무 목재의 탄력성이 골프채의 나무 헤드에 유용하게 이용된다.

이렇게 오랜 세월을 인간과 함께 살아온 감나무를 두고 감나무의 칠절七絶이라 하여 칭찬하는데 『유양잡조酉陽雜俎』라는 옛 책을 보면 감나무의 훌륭한 점은 첫째로, 오래 살고, 둘째로, 좋은 그늘을 만들며, 셋째로, 새가 집을 짓지 않고, 넷째는, 벌레가 없으며, 다섯째는, 단풍이 아름답고, 여섯째는, 열매가 먹음직스러우며, 일곱째는, 잎이 큼직하여 글씨를 쓸 수 있다는 것이다. 새가 집을 지은 감나무가 전혀 없는 것도 아니고 간혹 잎벌레가 나오는 것도 사실이며 더욱이 요즈음처럼 종이가 흔한 시절에 글씨를 쓸 수 있어 좋다는 것은 다소 과장되고 시류에 맞지 않는 이야기지만 그래도 얼마나 감나무를 아꼈는지만은 미루어 짐작할 수 있다. 사실 옛 어른들은 감나무 잎을 종이로 쓸 수 있는 실용적인 측면에서보다는 감나무 잎을 주워 시를 쓰는 풍류를 즐기는 일에 더욱 치중했는지 모를 일이다.

이렇게 익을 대로 익은 어느 가을날, 곱디곱게 물든 감나무 잎을 하나 주워 시를 짓노라면 다음과 같은 시구가 저절로 나왔으리라. "붉디붉게 타올라 불의 신이 불우산을 펴든 듯, 구름도 타는 듯, 나무도 타는 듯하니 굵은 감나무 열매가 나무를 덮었어라 赤赫炎官張火然雲燒樹大實騂."

감나무에 대한 예찬은 이것뿐이 아니다. 감나무 잎이 종이가 된다 하여 문文이 있고, 나무가 단단하여 화살촉으로 쓸 수 있으니 무武가 있으며, 감의 겉과 속이 모두 똑같이 붉어 표리부동하지 않아 충忠이 있고, 노인이 치아가 없어도 먹을 수 있는 과일이므로 효孝가 있고, 늦가을까지 남아 달려 있으므로 절節이 있다 하여 감나무의 오상五常이라 부르기도 하였다. 그 밖에도 감나무 목재의 검은색, 잎의 푸른색, 꽃의 노란색, 열매의 붉은색, 곶감에 생기는 흰 가루의 흰색을 일러 오색五色이라 불렀으니 그 관심과 사랑을 짐작할 만하다.

감나무는 감나무과에 속하는 낙엽성 교목이다. 세계적으로 감나무 종류는 200종 가까이 된다고 한다. 그러나 이 대부분은 열대지방이나 아열대 지방에서 나는 것이고 우리나라와 같은 온대 지방에서는 감나무와 고욤나무 두 종이 자란다. 대부분의 문헌에서 감나무의 원산지가 한국, 일본, 중국으로 기록되어 있고, 우리나라 땅에 그토록 흔하게 자라건만 모두 마을이나 집 안에 심은 나무들이지 아직까지 숲 깊숙한 곳에 야생하는 감나무는 구경하지 못하였다.

그러나 감나무의 자생지가 어디든 너무도 오랜 옛날 우리나라에 들어와 긴긴 세월을 우리 민족과 함께 지내왔고 우리 문화에 함께 섞여 자랐으니 누가 뭐래도 감나무는 우리의 나무이다. 감나무는 따뜻한 지방에서 잘 자란다. 중부지방에서 이북까지는 안 된다고 하지만 서울이 그 경계가 되는 것 같다. 같은 서울 하늘 아래여도 햇볕이 좋고 겨울에 찬바람을 적절히 막아주는 곳에서는 잘 자라기도 하니 말이다.

감나무의 가을 경치는 앙상히 남은 검은 가지에 고스란히 드러난 감의 모습만이 좋은 것은 아니다. 잎이 다 떨어지기 전 감나무 잎의 단풍도 일품인데, 붉지만도 노랗지만도 않은 감나무 단풍은 단풍이 들기 시작하면서 여러 가지 색깔이 나타나 한 나무의 잎에서 온갖 가을의 색을 모두 구경할 수 있다.

때죽나무

5월은 햇살만 보아도 눈이 부신 계절이지만 때죽나무에 가득 매달린 꽃송이를 보노라면 감탄사가 절로 난다. 꽃 가운데에는 흰색이 많지만 때죽나무처럼 순결한 흰 꽃이 또 있을까? 작은 종처럼 생긴 하얀 꽃들이 봄바람에 흔들려 때죽나무의 상큼한 레몬향 같은 향기가 전해져 오면 그 나뭇가지 아래서의 순간은 황홀할 지경이다.

때죽나무는 때죽나무과에 속하는 낙엽성 교목으로 일본과 중국에도 자란다. 그러나 실제 교목으로 자란 큰 나무는 구경하기 어렵다. 흔히 얕게 갈라지곤 하는 암갈색 수피 사이로 손가락 두 마디쯤 되는 잎새가 달릴 때까지만 해도 여느 나무들처럼 평범해 보이지만, 5월이 오고 층층이 자란 긴 가지에서 다시 갈라진 잔가지 사이마다 마치 은종처럼 아래를 향해 두서너 송이씩 모여 매달리는, 헤아릴 수 없을 만큼 많은 흰 꽃이 일제히 피어날 때면 그 장관을 어디에 비유해 설명할 수 있을까?

가을이 오면 꽃이 진 자리에 달리는 도토리 같기도 하고 작은 달걀 모양을 닮기도 한 열매가 긴 자루에 주렁주렁 매달린 모습도 보기 좋다. 이 열매는 회갈색 털

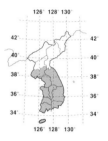

- **식물명** 때죽나무
- **과명** 때죽나무과(Styracaceae)
- **학명** *Styrax japonicus* Siebold & Zucc.

- **분포지** 전국의 숲 속
- **개화기** 5~6월, 종 모양의 백색 꽃
- **결실기** 9월, 달걀형의 삭과
- **용도** 관상수, 향수의 원료, 기름
- **성상** 낙엽성 활엽 교목

이 가득 덮여 인위적으로 만들기 어려울 듯한 녹백색의 신비한 색감을 자아낸다.

우리나라에는 이 때죽나무 말고도 사촌쯤 되는 쪽동백도 있는데, 이 나무의 꽃 모양은 때죽나무와 비슷하지만 스무 송이 정도의 꽃들이 한데 모여서 꽃차례를 이루며 오동잎처럼 큼직하고 둥근 잎새를 가진 것이 다르다. 쪽동백나무 역시 두고 보기에 아주 아름다운 나무이다.

때죽나무의 학명은 스티락스 야포니쿠스*Styrax japonicus*이다. 속명 '스티락스*Styrax*'는 '안식향을 산출한다'는 뜻의 고대 그리스어 '스토락스*storax*'에서 유래되었는데, 실제로 우리나라의 때죽나무는 아니지만 인도네시아 등지에서 자라는 때죽나무 중에는 줄기에 홈을 내어 흘러나오는 황색의 유액을 받아 안식향을 얻었다고 한다. 또 이 속명이 '물방울'이라는 뜻의 '스티리아*stiria*'에서 유래되었다고도 하는데, 이 역시 나무에서 나오는 수액이 물방울 모양이기 때문이라고 한다. 영어 이름은 스노벨*Snowbell* 즉 '눈 종'이라는 뜻이니 이 또한 고운 이름이다.

때죽나무의 열매껍질에는 에고사포닌이라는 성분이, 종자에는 여러 종류의 글리세리드와 지방유, 에고놀 등이 함유되어 있다. 이 가운데 에고사포닌은 독성이 매우 강해서 옛사람들은 물고기를 잡을 때 이 때죽나무 열매를 찧고 냇물에 풀어 물고기들을 기절시켜 떠오르게 했다고 한다. 이 밖에도 이 성분은 물에 풀면 기름때를 없애는 역할을 하므로 비누가 제대로 없던 예전에는 이 열매를 찧어 푼 물에 빨래를 했다고 한다. 동학혁명 때 무기가 부족하자 농민들이 총알을 직접 만들어 썼는데 바로 이 때죽나무의 열매를 빻아 반죽해 화약과 섞어 썼다고 한다. 물고기를 기절시키는 성분이 사람에게도 피해를 줄 수 있다는 생각에서였을 것이다. 실제로 최근 실시된 가축 실험 결과에 의하면 이 에고사포닌이라는 독성분은 적혈구를 파괴한다고 한다.

또 민간에서는 때죽나무의 꽃을 인후통이나 치통에, 잎과 열매는 풍습 風濕에 썼다고 하는데, 다량으로 복용하면 목과 위장에 장애를 일으킨다고 한다. 이 나무 역시 잘 쓰면 약이요, 잘못 쓰면 오히려 독이 될 만하니 함부로 쓰는 일은 삼가야 한다.

제주도에서는 이 나무를 족낭이라고 불렀는데 그 용도가 좀 더 특별하다. 제주도는 예로부터 물이 귀한 곳이었다. 그래서 외진 산골 사람들은 지붕이나 나무줄기를 타고 내려오는 빗물을 받아 모아놓고 식수로 사용하였다. 지붕에서 받은 물은 '지신물', 나뭇가지로 받은 것은 '참받음물'이라고 했는데, 특히 때죽나무는 정결한 나무로 여겨져 이 참받음에 가장 많이 이용되었다고 한다. 때죽나무 가지에 띠를 엮어 줄을 매달면 이를 따라 물이 흘러내려 항아리에 모이는 것이다. 특히 부잣집에서는 커다란 독을 많이 장만해두고 사용하였는데, 신기한 일은 이렇게 모아둔 물은 몇 년씩 놓아두어도 상하는 일이 없고 이러한 하늘의 물, 천수를 받아두면 석 달이 지

때죽나무 꽃

때죽나무 열매   때죽나무 수피

나고 나서 오히려 물이 깨끗해지고 물맛도 좋아진다고 한다. 땅에서 나는
샘물을 길어 와도 며칠이 지나면 변질하는 것이 보통인데, 이를 보면 다
시금 자연을 잘 이용한 선조들의 지혜가 돋보인다.

이 밖에도 때죽나무는 목재로 장기 알이나, 여러 목기, 지팡이 등을 만
들어 썼으며, 종자에서 기름을 짜 머릿기름으로 바르기도 하고 불을 켜는
데 쓰기도 했다. 꽃의 향기는 향수의 원료가 되기도 한다.

최근에 때죽나무가 크게 주목받게 되었는데 다름 아닌 공해 문제 때문
이다. 서울 도심에 있는 남산이나 비원 같은 곳의 숲들이 산성비와 대기
오염 때문에 피해를 많이 입곤 하는데 유독 때죽나무는 왕성하게 어린나
무를 키워 내보낸다. 그래서 이 때죽나무가 미국자리공처럼 공해의 피해
를 알려주는 지표식물이 된 셈이다. 그러나 제주도와 같은 맑은 곳에서도
때죽나무가 잘 자라고 있음을 보면 이 나무가 공해 지역에서만 잘 사는
나무라기보다는 공해에 견디는 능력이 다른 나무보다 뛰어나다는 것을
짐작할 수 있다.

우리가 때죽나무에 대해 정말 관심을 두어야 할 부분은 관상수로 개발
하는 것이다. 최근 때죽나무에 대한 관심이 높아지고 있지만 아직까지는
정원수로 그리 널리 보급되지는 않고 있다.

우리가 이처럼 우리의 좋은 자원을 방치해두고 있는 사이에 외국에서
는 우리의 때죽나무를 들여다 훌륭한 관상수로 개발하여 팔고 있다. 특
히 몇 년 전 미국의 동북부 지역에 한파가 몰려왔을 때 대부분의 때죽나

무들이 모두 피해를 입었지만 유독 한국산 때죽나무만이 튼튼하게 살아
남아 관심을 모으게 되었고, 전 세계에 분포하는 120여 종에 가까운 때
죽나무 가운데 한국산이 추위에 가장 강하다는 것이 알려졌다. 1984년에
는 미국 국립 수목원 사람들이 한국의 식물을 조사하면서 다른 나무보다
잎이 두꺼운 한국의 변이종을 찾아낸 바 있고, 다시 1986년에 서해의 외
진 소흑산도에서 채집한 때죽나무는 꽃도 잎도 보통 때죽나무보다 두세
배 가까이 되어 이 나무의 품종을 '소흑산도'로 붙였다가 다시 '에메랄드
파고다Emerald pagoda'라고 붙여 개발하고 있는 중이다. 이 밖에도 '크리스
털Crystal'이란 품종 등 여러 종류가 관심을 모으고 있는데, 우리나라산 때
죽나무들은 앞에서 말한 바와 같이 추위에 강함은 물론 병충해, 공해에도
아주 강한 특성을 보여 세계 제일이라 해도 과언이 아니다. 세계가 관심
을 가지는 우리의 때죽나무를 우리는 아직 잘 모르고 있는 것이다.

번식시킬 때는 삽목을 하기도 하지만 대개 종자를 뿌리는데, 열매를
이삼일간 말린 후 종자만 골라서 살충하고 건조도 방지할 겸 이황화탄소
(CS2)에 며칠 담가두었다가 바로 뿌리면 된다.

밤나무

밤나무는 파란 가을 하늘 밑으로 탐스럽게 열리는 밤송이가 있어 가을을 더욱 풍요롭게 하지만, 봄이 지나갈 즈음 풍성하게 달리는 그 환한 밤꽃송이와 그들이 내놓는 진한 밤꽃 냄새도 매우 특별하다.

밤나무는 참나무과에 속하는 낙엽성 교목이다. 잘 자라면 15미터까지 크는 이 나무는 세로로 벗겨지는 흑갈색 나무껍질이 깊이 있어 좋고 길이가 한 뼘쯤 되는 길쭉한 잎새가 시원스럽다. 사실 이 밤나무 잎은 도토리가 열리는 참나무 잎과 아주 비슷해서 꽃도 열매도 없이 산속에서 만나면 구분하기가 어렵다. 한때 누군가 지은이에게 이 나무의 이름을 물으면 혹 주변에 작년에 떨어진 밤 껍데기가 있나 없나 살펴보곤 했었는데 이제는 그럴 필요가 없다. 두 나무 모두 잎 가장자리에 바늘처럼 뾰족한 엽침葉針이 달려 있는데, 밤나무 잎에는 엽록소가 이곳까지 퍼져 있어 파랗게 보이지만, 상수리나무의 엽침에는 엽록소가 없어 파랗지 않아 구별할 수 있기 때문이다.

밤나무의 꽃은 워낙 눈에 잘 띄고 냄새만으로도 알수 있을 정도로 유별나지만, 이 나무에 암꽃과 수꽃이

- **식물명** 밤나무
- **과명** 참나무과(Fagaceae)
- **학명** *Castanea crenata* Siebold & Zucc.

- **분포지** 함경도를 제외한 전역
- **개화기** 6~7월, 황백색 유이화서
- **결실기** 9~10월, 황갈색
- **용도** 식용, 약용, 밀원, 가공재
- **성상** 낙엽성 교목

따로 있다는 사실을 알고 있는 이는 많지 않을 것이다. 우리가 흔히 보는
술처럼 더북하게 길게 늘어져 달리는 것은 수꽃의 꽃차례이고, 암꽃은 이
수꽃의 꽃차례 바로 밑에 세 개씩 달리는데 눈에 잘 띄지 않는다.

밤나무 열매는 껍질이 유난히 많다. 고슴도치처럼 뾰족한 밤송이를 벗
겨내도 밤톨의 겉껍질과 속껍질이 또 나온다. 따라서 들쩍지근한 밤 알갱
이의 속살을 먹으려면 수고를 좀 해야 한다.

밤을 한자로 율栗이라 한다. 이는 나무 위에 꽃과 열매가 아래로 드리
워진 모양을 본떠서 만든 상형 문자이다. 일본에서는 밤을 '구리〈 〉'라고
한다. 구리는 '왔다'는 뜻의 '래来' 자를 발음한 것인데, '전쟁터에서 이기
고 돌아왔다'는 뜻이라고 해서인지 개선 축하식에는 밤을 쓴다고 한다.

밤은 영어로 체스트넛Chestnut이라고 한다. 이는 단단한 통에 들어 있는
견과라는 뜻인데, 가시 같은 밤송이는 아무도 접근하기 어려우므로 이러

밤나무 수꽃차례   밤나무 암꽃

한 이름이 붙은 것 같다.

밤나무의 학명은 카스타네아 크레나타*Castanea crenata*인데, 여기서 밤나무를 총칭하는 '카스타네아*Castanea*'는 밤이라는 뜻의 그리스어 '카스타나*Castana*'에서 유래되었다.

밤나무는 그 무엇보다도 맛있는 밤을 열매로 맺기 때문에 최고로 꼽힌다. 밤을 이용한 먹을거리는 무궁무진하다. 가을밤이면 가족들끼리 둘러앉아 삶은 밤을 까먹는 재미가 여간 아니다. 군밤을 한 봉지 사서 주머니에 넣고 겨울 데이트를 즐기는 연인들의 즐거움은 또 어떤가. 밤을 그냥 불에 구우면 뻥하고 터져 눈을 다친다는 어른들의 말씀에 가슴 조이며 큰 밤톨만 골라 작은 칼집을 내서 밤을 구워 먹으려고 고집하며 불에 올려놓던 어린 시절은 누구에게나 있었을까?

생밤은 제상에 반드시 올라가야 하는 제물로 치는데, 이때는 밤을 깎는다고 하지 않고 밤을 '친다'고 한다. 밤을 넣어 만든 약밥도 별식 중의 하나이고 갈비찜을 비롯한 여러 요리에 모양 삼아, 맛 삼아 밤을 넣는다. 그 밖에도 밤으로 만든 음식에는 밤주악, 밤초, 밤죽, 밤떡, 밤다식, 밤단자, 밤경단, 송편의 밤소 등 무궁무진하다. 밤을 말려 껍질을 제거한 황밤도 맛이 고소하다.

특별히 밤이 많이 생겨 놓아두면 심식충이라는 알이 껍질에 붙어 있다가 따뜻해지면서 부화하여 어린 애벌레가 밤 속으로 파고들어 간다. 맛있게 깨물던 밤 속에서 애벌레를 발견한 경험이 누구에게나 한 번쯤 있을 것이다. 밤을 많이 저장해야 하는 곳에서는 농약으로 소독한다는데, 농약은 몸에 해로우므로 가급적 피하고 대신 진한 소금물에 한 일주일 담갔다가 보관하면 이 징그러운 벌레의 피해를 막을 수 있다. 옛날에는 밤을 이렇게 소금물에 담갔다가 어머니 혼자 알 수 있도록 아궁이 앞에 구멍을 파고 모래와 함께 묻어두었다가 제사 때마다 조금씩 꺼내어 썼다고도 한다. 그러나 너무 오래 담가두면 짠맛이 배어 밤이 못쓰게 되니 냉장고가 흔한 요즈음에는 냉장 보관을 추천한다.

프랑스에는 마롱글라세Marrons glaces라는 유명한 과자가 있다. 밤알을 설탕에 진하게 조려 만드는 이 과자는 세계 3대 명과에 속할 만큼 맛이 좋다.

한방에서는 열매는 율자栗子 또는 율과栗果라고 하여 이용하며 밤껍질이나 밤꽃, 나무껍질로도 이용한다.

밤 자체가 영양가 높은 식품이 되기도 하지만 약재로도 아주 훌륭하다. 밤에는 탄수화물이 가장 많고 단백질, 지방, 리파아제와 칼슘, 인, 철분 같은 무기질, 비타민, 펜토산 등 많은 영양소가 들어 있다. 밤나무에는 여러 종류가 있는데, 특히 약밤이 약효가 가장 좋고 밤송이 안에 밤알이 세 개 있다면 그중 특히 가운데 있는 것이 가장 약효가 좋다고 한다. 이 율자에 들어 있는 성분은 위와 장을 튼튼히 하고 콩팥을 보호하며 혈액순환을 돕고 지혈 작용까지 하므로 허약 체질인 사람, 설사, 혈변, 구토 증상에 처방되고, 허리나 다리가 약하여 뼈마디가 쑤신다는 이들에게도 보양제가 된다.

『동의보감』에는 하혈 또는 토혈하는 이들은 밤껍질을 태워 복용하고, 설사가 나면 구운 밤 이삼십 개를 먹으면 되며, 허리와 다리에 힘이 없으면 매일 생밤 열 개씩 먹으라고 적혀 있다. 밤꽃에는 아르기닌이라는 성

밤나무 열매 밤나무 수피

분이 있어 심한 설사나 이질, 혈변 등에 쓴다. 민간에서는 밤의 떫은 속껍질을 달여 마시면 가래가 삭고 기침이 멈춘다고 하고, 술 중독으로 피부가 붉게 붓고 쑤시는 주독酒毒을 비롯하여 입안이 헐거나 옻이 오르거나, 나병, 타박상, 벌레에 물린 데 등에 껍질 삶은 물로 씻거나 재를 발라 치료한다고 전해진다.

밤나무는 꽃에서 따는 꿀로도 유명하다. 아까시나무 꿀을 모두 따고 나면 양봉업자들은 다시 밤꽃을 따라 움직인다. 밤나무 꿀은 맑고 향기로운 아까시나무 꿀에 비하여 색깔과 냄새가 진하다. 맑은 꿀을 상품으로 치는 입장에서 보면 하등품이지만 우리나라 사람들은 이 진한 밤꿀이 훨씬 몸에 좋은 약꿀이라고 높이 친다. 그러나 여러 가지 꿀을 대상으로 실험한 결과를 보면 어느 꿀이나 큰 차이는 없다.

사당이나 묘를 세우는 위패를 만드는 데는 꼭 밤나무를 쓴다. 그 이유에는 재미있는 자연현상이 들어 있다.

대부분의 식물들은 종자에서 싹을 틔워내면서 종자의 껍질을 밀고 올라오게 마련이다. 그러나 밤나무는 그 반대로 종자의 껍질이 뿌리가 내려가고 줄기가 올라가는 그 경계 부근에 오래도록 달려 있다. 좀 과장되었겠지만 10년 또는 100년 이상 껍질이 달려 있다고 한다. 그래서 밤나무는 자기가 나온 근본을 잊지 않는, 즉 선조를 잊지 않는 나무로 여겨졌다.

밤은 자식과 부귀를 상징하기도 한다. 그래서 혼례에도 밤이 꼭 등장하는데, 전통 혼례의 대례청에 있는 밤을 먹으면 아들을 낳는다고 하여 혼례식이 끝나면 동네 여인들은 재빨리 밤을 집어 가곤 한다. 이러한 관습은 신식 결혼식을 올리고도 시가 어른들께 폐백을 올리는 일로 지금까지 이어지고 있는데, 이 폐백상에는 반드시 밤과 대추가 있어 신부가 시가 어른들께 절을 하고 나면 절을 받은 사람은 자식을 많이 낳으라고 밤과 대추를 던져준다. 여기서 밤은 물론 아들을 뜻하므로 사람들은 밤 던지는 것을 잊지 않는다. 혼례식 대례청 밤을 먹으면 밤에 이를 가는 나쁜 습관이 없어진다는 이야기도 있다.

제사 때 밤을 올려놓는 것은 조상에게 부귀와 자손의 번창을 비는 마음도 있었겠지만, 그보다는 밤을 돌아간 조상님의 음식으로 여겼기 때문이다. 옛날에 먼 길을 가거나 전쟁터에 나갈 때 밤을 식량 삼아 가지고 간 것처럼 저승 가는 길의 식량으로 밤을 올리는 것이다. 선사 시대 무덤에서 밤이 나온 사실이나 중국의 동방삭이 죽었다가 일 년 만에 살아 돌아오면서 말하기를 저승 가서는 밤만 먹고 살았다고 했다는 이야기를 보아도 밤을 죽은 이의 음식으로 생각할 수 있다.

밤나무는 목재로도 많이 이용한다. 세계 각국의 철도 침목은 거의 밤나무이다. 밤나무는 재질이 단단하고 탄성이 커서 승차감이 좋다. 게다가 목재에 타닌 성분이 있어 잘 썩지 않으므로 다른 나무보다 수명이 길고 특별히 방부 처리를 하지 않아도 된다. 이 목재의 타닌은 방부제 역할뿐 아니라 염료 및 가죽을 부드럽게 하는 데도 이용한다.

상하지 않는 목재로서의 이 특성은 옛날부터 잘 인식되어 왔는지 경주 천마총 내관의 목책木柵도 밤나무로 되어 있다. 그 밖에 농기구 등 각종 기구, 가구재, 건축재 등으로 이용되어 왔다. 서양에서는 포도주를 보관하는 통으로 오크oak 통, 즉 참나무통이 유명하지만, 밤나무 목재에 액체의 흐름을 막아주는 조직이 발달해 있어 밤나무 술통도 많이 쓰인다. 또한 영국의 유명한 웨스트민스터 사원 역시 밤나무 목재로 지었다고 한다.

밤은 재배 역사가 가장 오래된 과수의 하나이다. 밤이 우리의 생활에 끼어든 것은 얼마나 오래되었을까? 삼한 시대의 유물 가운데 칠기 속에서 밤알 몇 개가 발견된 적이 있다고 하니 아주 오랜 옛날이다.

세계적으로 유럽, 북아메리카, 북아프리카, 아시아의 온대 지방 등 북반구에만 약 열 종류의 밤나무가 있다. 유럽의 밤나무 역사도 오래되어 로마 시대부터 심었다는 기록이 있고, 미국 대륙에도 자생하는 밤나무류가 있지만 유럽 종과 중국의 것이 많이 들어가 심어졌다.

우리나라에 나는 밤나무의 종류를 그냥 밤나무라고 부른다. 일부에서는 기르는 밤나무를 그냥 밤나무, 이와 비교해 산에서 자연적으로 자라는 나무를 산밤나무라고 나누어 부르기도 한다. 일본에서 나는 밤나무와 같은

종류이지만 실제로 조금 차이가 있다는 것이 사람들의 말이고, 이제는 각기 자신들의 밤나무를 모체로 하여 많은 품종이 나와 있으니 더욱 그러하다. 예로부터 우리나라에서 자라는 밤나무는 밤송이가 크기로 유명했다.

『삼국지』나 『후한서』에는 마한馬韓에서 배만 한 굵기의 밤이 난다고 적혀 있으며, 『수서』 또는 『북사』 등의 중국 역사책에는 백제에서는 달걀만 한 큰 밤이 난다고 기록되어 있다. 밤나무 크기에 대한 과장된 기록은 우리나라뿐 아니고 중국도 마찬가지여서 한무제의 과수원에서 나는 밤은 어찌나 굵은지 밤알 열다섯 개가 한 말이 되었다고도 하고, 어떤 사람이 밤알 두 개로 식사 대접을 받았는데 두 개면 밥 한 공기가 넘는다고 했다. 두보의 시에도 커다란 밤이 종종 나타나는데 그 한 구절을 소개하면 다음과 같다. "벼농사는 풍년이고 밤은 주먹보다도 크다穰多栗過拳." 듣기만 하여도 풍성한 가을 수확이 마음을 흐뭇하게 해준다.

우리나라 밤 생산의 중심지는 경기도 시흥과 과천 등이다. 특히 과천은 고구려 때부터 이 이름으로 불렸는데, 밤이 많이 나서 열매 '과果' 자를 써 과천이라 했다고 한다. 고려 시대나 조선 시대의 역사책에는 밤나무를 비롯하여 옻나무, 닥나무, 뽕나무와 같은 것을 적합한 땅에 심도록 권장한 사실이 곳곳에 기록되어 있다. 조선 시대에는 단지 권장을 넘어서 강제성을 띤 조항이 많이 나온다. 각 고을마다 유실수의 수를 기록하고 할당량을 국가에 바치곤 했는데 그 일이 혹독하여 백성들의 원성을 사기도 하였다. 성종 23년에 발간된 『속대전』을 보면 밤나무를 생산하는 농민은 부역에서 제외되었고, 밤나무 목재를 귀히 여겨 밤나무 보호림을 지정한 사실을 알 수 있다.

태종 7년에는 강변에 밤나무를 심도록 법령으로 정했으므로 아직까지 한강, 금강, 낙동강 등 강가나 하천가에 남아 있는 좋은 밤나무 숲을 볼수 있다. 경남 밀양의 밤나무 숲, 금호 강변의 밤나무 숲, 그리고 한강에도 밤섬이 있어 철새들의 집으로 유명하고 남양주에도 밤섬이 남아 있어

많은 사람들이 찾는다. 밀양의 밤나무 숲에서 읊은 서거정의 유명한 시조가 있다. "밤나무 꽃은 눈처럼 피어 향기가 진동하고, 밤송이는 송이송이 달려 하늘의 별들이 내려앉은 것 같구나栗花如雪香浮浮疊疊結子如繁星."

이 시조를 읊노라면 그 강가의 밤나무 숲이 얼마나 장관이었는지 눈에 그려지는 듯싶다. 특히 『경상도읍지』를 보면 이 밀양의 수산리 숲을 비롯하여 고령의 밤나무 숲, 청도의 상지율림, 하지율림, 상주의 밤나무 숲이 나오는데, 이 가운데 상주의 밤나무 숲은 이 마을의 서쪽 지형이 마치 지네와 같아서 지네의 독을 누르기 위해 인위적으로 동쪽에 만든 것이라는 이야기가 전해진다.

우리나라에 오래된 밤나무로는 천연기념물 제97호인 강원도 주문진 밤나무가 알려졌었다. 동네 사람들의 말로는 나이가 1,000살이 넘는다고 하고 천연기념물 관련 기록에는 500살로 되어 있는 이 나무는 최옥이란 사람이 심었다고 한다. 어느 날 이 나무가 있는 밭 임자가 나무의 높이가 25미터가량으로 너무 커지자 밭갈이에 방해가 되어 가지를 잘랐더니, 온 식구가 병에 걸려 온 마을 사람들이 제사를 드린 후에야 나았다는 이야기가 있다. 그래서 이 마을 사람들은 병이 난 사람이 있으면 먼저 이 나무에게 빌곤 하였는데 어느 핸가 큰 태풍으로 쓰러지더니 결국은 죽어 천연기념물에서 해제되었다고 한다. 이제 최고령 밤나무의 영예는 2008년 천연기념물 제498호로 지정된 평창 운교리 밤나무에게 넘어갔다. 이 나무는 과거 운교역창雲橋驛倉의 마방馬房 앞에 있던 나무로 성황당도 함께 있어 보전될 수 있었다. 6,000년이 된 것으로 알려진 이 나무는 명성을 떨칠 정도로 좋다 하여 '영명자榮鳴玆'란 별칭도 있다.

『삼국유사』에 나오는 밤나무 이야기로는 원효대사의 사라율紗羅栗이 있다. 원효대사의 어머니는 길을 가다 갑자기 산기가 있어 미처 집에 가지 못하고 집에서 서남쪽에 있는 밤나무 밑에서 남편의 옷을 밤나무 가지에 걸어 몸을 가리고 원효대사를 낳았다. 그래서 이 밤나무의 이름이 사라율이 되었다고 한다. 원효대사의 고향 경산의 율곡栗谷에 있었다는 이 남다른 밤나무는 그 열매가 얼마나 큰지 스님들의 밥그릇인 바리때에 밤 한 톨이 가득 찰 정도였다고 한다.

우리나라에서 약밤이라는 밤을 기억하는 이들이 많을 것이다. 이 밤을 두고 토종밤으로 알고 있는 이들도 있으나, 약밤은 중국이 고향인 밤나무로 함종율, 성천율이라고 부르지만 예전에 평양의 대동강을 중심으로 한 지역에서 많이 길러 평양밤으로 더 유명하다. 고향을 이곳에 둔 분들은 밤껍질이 홀랑 잘 벗겨졌고 깨물면 아주 달고 맛있어 말 그대로 꿀맛이었다고 회상하곤 한다.

이 약밤이 우리나라에 전해진 경로에 대해서는 두 가지 이야기가 있다. 그 하나는 중국의 하북성 부근 특히 성천成川에서 들어왔다는 설이다. 이 도시는 예로부터 북한 지방과 교류가 빈번한 곳이었으며 이곳을 왕래하는 승려와 학생들에 의해 우리나라로 들어왔다고 한다. 또 하나는 함종 지방에 중국의 상선이 난파하였는데 이 배에서 처음으로 약밤이 나왔다고도 한다. 어찌 되었든 이렇게 바다를 건넌 약밤나무는 평안남도 해안가에서부터 심기 시작하던 것이 평안도, 황해도로 퍼져나갔다고 한다. 하지만 일부에서는 이 약밤 즉 평양밤은 원래부터 그 근처에서 난 것이라고 말하는 이들도 있다. 하지만 처음 이 나무가 중국에서 들어온 것인지는 몰라도 현재 평양을 중심으로 나는 약밤은 우리나라 밤나무와 중국 밤나무의 중간 형태가 많이 나타난다고 한다. 본래 중국 것이었으나 우리나라로 건너와 우리의 기후 풍토에 적응하여 토착화되었다고 말하는 것이 옳을 듯싶다. 일본에서도 이 종류의 밤을 천진단밤이라 해서 많이 수입하고 있다. 값이 비싼 것이 흠이지만 워낙 맛있으니까 잘 팔린다고 한다.

밤나무를 기르는 데 가장 어려운 것은 해충과 병과 동해이다. 밤나무를 기르는 이들 가운데 그 지긋지긋한 병충해와 싸우느라 혼이 났다고 하는 이들이 많다. 해충 가운데 유명한 것은 혹벌인데, 겨울철에 애벌레가 눈에 들어가 있는 그 모양이 꼭 콩알 같은 혹과 같아서 그런 이름이 붙었다.

병 중에서 유명한 것은 동고병이다. 오래전 미국의 밤나무가 일시에 이 동고병으로 죽어간 사건은 이 분야에서는 굉장히 유명하고 교훈적인 일이다. 이 병은 병균이 줄기의 상처를 통해서 들어가 잎이 노랗게 변하기 시작하여 나중에는 속까지 썩게 되는 무서운 질병이다.

동해는 겨울에 나무줄기가 동상을 입어서 생긴다. 밤나무는 어릴 때 껍질이 얇고 물기가 많아서 겨울에 동상에 걸리기 쉽다. 하지만 우리나라에서 자라는 밤나무들은 이러한 걱정이 별로 없는데, 새로 나온 품종 특히 일본의 품종은 동해에 각별히 주의해야 한다.

벌써 오래된 일이지만 어느 놀이공원을 만들면서 산지에 밤나무 단지를 조성하였다. 소유자의 각별한 관심이 있었는지 심혈을 기울여 좋은 밤나무 동산을 만든 것까지는 훌륭한 일이었는데, 모두 일본에서 묘목을 들여다 심은 탓에 몹시 춥던 어느 해 겨울 많은 피해를 당한 일이 있다. 게다가 일단 동상이 걸리면 그곳을 통하여 동고병 병균이 들어가므로 엎친

데 덮친 격이 되어 밤나무는 치명적인 피해를 받는다.

밤나무 숲은 인건비가 모자라거나 수익이 안 맞아서 버려진 곳이 많다고 한다. 시장에서 밤을 사 먹으려면 비싸고 농민들은 밤 키우기를 포기하니 참 어려운 세상이다. 그래서 요즈음 밤나무 동산에 입장료만 내고 들어가면 얼마든지 밤을 딸 수 있는 새로운 업종이 생기기도 했다 한다. 아이들의 손을 잡고 모자 쓰고 장대 들고 하루 종일 밤나무를 터는 재미는 무엇에 비할까? 가을 햇살을 가득 받으며 발로 밟아 가시 같은 껍질을 벗겨내는 것을 일러주는 아버지의 모습이 참 정겹다.

뽕나무

뽕나무는 친근감이 넘치다 보니 오히려 귀히 여기지 않는 나무가 되었다. 그러나 입술을 까맣게 물들이며 따 먹는 뽕나무 열매 오디에 얽힌 어린 시절의 추억, 뽕잎을 먹고 자란 누에가 만들어낸 비단실이 생각난다. 뽕나무는 아주 오랜 세월을 우리와 함께 숨 쉬며 살아온 정다운 우리 고향의 나무이다.

"오자마자 가래나무 / 덜덜 떠는 사시나무 / 하느님께 비자나무 / 방귀 뀌어 뽕나무……."

오래전부터 우리나라에 전해 내려오는 나무 노래의 일부분이다. 정말 방귀 뀌어 뽕나무가 되었을까? 그렇다는 이야기도 있다. 뽕나무의 열매 오디를 먹으면 소화가 잘되어 방귀를 뽕뽕 잘 뀌게 되어 붙여진 이름이라는 것이다.

한자로는 상桑 자를 쓴다. 이것은 뽕나무의 모양을 그림으로 그린 상형문자인데 나무 위에 뽕나무 열매 오디가 다닥다닥 붙어 있는 모양이다. 이 문자를 만든 옛날 옛적 사람들도 누에 치는 잎보다도 오디를 먼저 생각했다니 재미있다. 오디는 한자로 상심桑椹이라고 한다.

일본 사람들은 뽕나무를 '구와〈ゎ'라고 부른다. 이것을

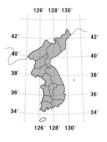

- **식물명** 뽕나무
- **과명** 뽕나무과(Moraceae)
- **학명** 뽕나무_ *Morus alba* L.
  산뽕나무_ *Morus bombycis*
  Koidz.

- **분포지** 한반도 전역
- **개화기** 5~6월, 녹황색
- **결실기** 6월, 검보라색
- **용도** 양잠, 식용, 약용, 정원수
- **성상** 낙엽성 소교목

한자로 옮겨 적으면 식엽食葉인데 누에가 즐겨 먹기 때문에 붙인 이름이다.

　우리나라 속담에 "임도 보고 뽕도 딴다"라는 말이 있다. 한 가지 일을 하고서 두 가지 효과를 얻는 일석이조의 의미이나 왠지 엉큼한 냄새가 난다. 남녀가 유별하던 시절, 청춘 남녀가 연모의 정을 나누기에 뽕밭이 좋았을 것이다. 뽕잎을 따러 간다는 핑계도 있고, 무성하게 자라는 뽕밭은 남의 이목을 피하기에 적합한 장소였을 터이니. 이러한 분위기 때문인지 마을 총각이 뽕잎을 따는 처녀에게 뽕잎을 따줄 테니 대신 명주옷을 지어달라고 하면, 이것은 수줍은 총각이 하는 청혼이었다. 그러나 문화의 잘못된 일면만을 부각시킨 탓인지 요즈음은 뽕나무라 하면 불륜의 분위기를 먼저 떠올리니 그 정답던 뽕나무에 얽힌 어릴 적 추억들을 점잖은 자리에서는 입에 올리기도 왠지 조심스러워졌다. 이 기회를 통해 뽕나무의 원래 모습 찾기를 위한 이야기를 한바탕 해야겠다.

　이 밖에도 마음이 흡족하여 어쩔 줄 모른다는 뜻의 "뽕내 맡은 누에 같다"라는 속담이 있고 뽕나무 밭이 변하여 푸른 바다가 되어도, 즉 아무리

뽕나무 열매

산뽕나무 열매

큰 어려움이 닥치더라도 희망이 있다는 뜻의 "상전이 벽해桑田碧海 되어
도 비켜설 곳 있다"라는 속담도 있다.

뽕나무는 뽕나무과에 속하는 낙엽성 소교목이다. 산에서 저절로 자라
는 나무는 산뽕나무이며, 이와는 별도로 밭에서 기르는 것은 그냥 뽕나무
라고 한다. 식물학적으로는 다른 종류이다. 산뽕나무보다 특별히 잎이 더
갈라지면 가새뽕나무이고, 울릉도에서 자라는 잎이 두꺼운 나무는 섬뽕
나무이다.

사실 산뽕나무는 우리 땅에 자라는 토박이 뽕나무이고 누에치기를 위
해 기르는 뽕나무는 본래 그리스가 원산지였는데 고대 유럽을 통해 전
해졌으며, 이를 입증하듯 폼페이의 유적에서도 발견된다. 그러나 뽕나무
는 땅에 자리 잡은 역사와 전통이 삼국 시대 이전으로 거슬러 올라가며
산뽕나무와도 큰 차이점을 발견하기 어려우니 그저 우리 나무려니 싶다.
5월이면 그리 두드러지지 않은 꽃송이를 아래로 매달았다가, 6월이면 꽃
송이 모양 그대로인 열매 오디가 익기 시작한다.

뽕나무 잎은 누에의 가장 좋은 먹이이다. 지금은 뽕나무 밭이 많이 사
라졌고 서울대학교에 있던 잠사학과도 이 분야가 사양길에 접어들어서
인지 천연섬유학과로 그 명칭을 바꾸어버렸지만, 예전에는 누에를 키우
기 위해서 일부러 뽕밭을 만들었다. 그러나 요즈음도 비단, 아니 어쩌면
비단은 사라지고 실크만이 남았다고 할 만큼 외국 이름으로 더 잘 불리

는 이 섬유의 명성만은 여전하다. 고급 의류는 대부분 이 실크로 만든다. 여름에는 시원하고 겨울에는 따뜻하다나. 산뽕나무는 우리나라 전국의 산에서는 그리 어렵지 않게 볼 수 있으며, 인가 주변이나 밭에 있는 것은 양잠을 위해서 일부러 심은 뽕나무로 산상계, 백상계, 노상계 등 세 가지로 품종을 구분하여 심는다.

사실 뽕나무는 누에치기로 우리와 가까워졌다. 누에치기는 상고 시대에 황제皇帝의 비 서능씨가 처음으로 시작했다 하여 서능씨를 잠신蠶神으로 받들고 제사를 지내는 풍속도 있다. 우리나라에서도 고려 때 이 제사 의식인 선잠의를 시작하여 서능씨를 선잠단(성북동에 있음)에 모셨으며 궁궐에도 뽕나무를 심고 온 백성에게 권장했음은 물론이다. 그러나 민간에서는 서능씨가 아니라 마두랑에게 제사를 지냈는데 그 사연은 다음과 같다.

옛날 어느 마을에 한 처녀가 살고 있었다. 이 처녀의 아버지가 집을 나가자 아버지를 그리워하는 딸을 보다 못한 어머니는 아버지를 데려오는 사람에게 딸을 시집보내겠다고 약속했다. 그러자 그 집에 살고 있던 말이 스스로 뛰쳐나가 아버지를 태워 돌아왔다. 그 말이 남몰래 딸을 흠모하고 있었던 것이다. 그 후 말은 딸만 보면 울부짖었고, 말이 감히 딸에게 마음을 품은 것에 화가 난 아버지는 말을 죽이고 가죽을 벗겨 말려놓았다. 어느 날 그 딸이 우연히 말리고 있는 말가죽 옆을 지나는데 갑자기 가죽이 일어나 딸을 싸가지고는 사라져버렸고 며칠 후 누에로 변하여 뽕나무에

뽕나무 잎

산뽕나무 잎

뽕나무 수꽃차례

걸려 있는 것이 발견되었다. 그 후로 사람들은 이 딸을 마두랑馬頭娘이라고 불렀으며, 누에 치는 집에서는 말가죽을 누에 곁에 놓고 제사를 지낸다. 또 누에 치는 방에 말가죽을 걸어놓으면 누에치기가 잘된다는 믿음까지 있었다.

　우리나라에서는 언제부터 누에를 키우기 위해 뽕나무를 심었을까? 이미 삼한 때 시작되어 신라를 세운 박혁거세가 왕이 되고 17년이 지났을 때 마을을 두루 돌아보며 뽕나무 심기를 권장하여 백성들에게 혜택을 주고자 했다는 이야기가 문헌에 보인다. 고구려나 백제에도 이와 비슷한 이야기가 전해지고, 조선 시대에 들어서는 농가를 대, 중, 소로 나누어 해마다 각각 300, 200, 100그루씩 심도록 했으며, 만일 뽕나무를 베면 그 임자에게 엄한 벌을 내렸다고 한다. 서울의 잠실蠶室 역시 뽕나무를 집중적으로 심어 누에를 치던 곳으로 한말까지 세종 때 심은 것으로 알려진 수백 년 된 뽕나무가 남아 있었다고 한다. 맹자는 150평에 뽕나무를 심으면 50명의 노인에게 옷을 입힐 수 있다고 했다.

뽕나무는 뽕잎을 구하기 위해서 키운 것이지만 잘 익은 오디가 주는 달콤한 맛은 먹을 것이 부족하던 시절 시골 아이들에게 아주 귀한 먹을거리였다. 뽕밭에서 따는 다소 굵고 큰 오디도, 산에 있는 산뽕나무에서 따는 작은 오디도 모두 맛있다. 조금 덜 익은 것은 시큼하지만 그래도 맛있다.

아이들이 오디에 미련이 남아 뽕밭을 떠나지 못한 채 장난이라도 치고 있으면 어른들은 "뽕나무에서 떨어지면 약도 없다"라고 주의를 주곤 한다. 약이 있다면 똥물이 약이라는 말에 아쉬워하며 뽕나무 곁을 떠나는 동심은 생각만 해도 정답다. 오디에는 당분을 비롯하여 호박산 배당체, 플라보노이드 등 여러 성분이 들어 있으므로 이 개구쟁이 어린아이들에게 좋은 먹을거리였음이 틀림없다.

어른들은 오디로 오디주를 담가 먹는다. 잘 익은 오디를 따서 으깨어 두었다가 삼베로 즙을 짜 한 번 끓인 뒤에 소주와 설탕을 넣어두었다가 마시면 건강에 아주 좋다고 한다.

산뽕나무나 뽕나무는 정원수로도 가치가 있다. 그러나 이를 알고 있는 이는 무척 드문데, 그 이유는 뽕잎을 많이 생산하기 위해 자꾸 가지를 쳐서 키우는 높지 않은 채 많은 가지가 나오도록 만들어 잘 자란 나무를 보기 어렵기 때문이며, 산뽕나무 역시 산속에서 여러 나무들 사이에서 제 모습을 한껏 과시할 기회를 잃었기 때문이다. 어떠한 환경에서도 잘 자라고 옮겨심기도 쉬우므로 가지치기만 잘 해주고 병충해 관리만 적절히 해준다면 정원에도 심어봄 직하다.

『시경』에 보면, "뽕나무의 신록은 그늘로서 시원하여 좋더니 한 잎 두 잎 따 가니 이젠 쉬어 갈 그늘이 없어라" 하고 노래한다. 뽕나무의 조경수로서의 가능성을 한껏 인정해주는 대목이다.

경복궁에 가면 '아! 뽕나무도 저렇게 자랄 수 있구나' 하고 생각할 만큼 미끈하게 자란 뽕나무를 구경할 수 있으며, 강원도 정선에는 고씨 문

뽕나무 수피

중이 받드는 100살이 넘은 뽕나무가 살고 있는데 키가 25미터에 이른다고 하니 믿기 어려울 정도이다. 또 경북 상주의 유씨 가문에서 관리하는 300살이 더 된다는 뽕나무는, 장차 마을에 좋은 일이 생기게 되면 잎이 위로 들리고 나쁜 일이 일어날 것이면 아래로 처져 길흉사를 점치는 나무로 잘 관리되고 있다. 그 밖에 뽕나무 싹이 길게 나오거나 생장이 좋으면 그해 눈이 많이 온다고 점치기도 한다.

뽕나무는 한방에서도 이용한다. 뽕나무의 겉껍질을 제거한 뿌리를 상백피라 하여 이뇨제를 비롯하여 소염제, 진해제로 이용하고, 가지는 경기나 부종에, 꽃은 뇌빈혈에, 잎은 습진이나 월경통에 효과가 있고, 오디는 변비에 효과가 있다고 한다. 또 상백피를 물에 끓여 누룩을 넣어 술을 빚으면 뽕나무술이 되는데 몸에 아주 좋아 불로장수 약이라고 한다. 또 뽕나무 뿌리를 달인 물로 모근毛根을 적시면 탈모증을 비롯하여 머리카락 끝이 갈라지는 지모증, 꼬불거리는 곡모증, 머리털 중간에 백색 마디가 생기는 사모증이나 적모증에 효과가 있다고 하니 머리카락 때문에 고민하는 이들은 한번쯤 시도해볼 만하다. 이 머리카락 이야기는 『동의보감』에도 나오는데, 장복하면 새 이가 나고 머리가 검어진다는 무병장수 명약 경옥고는 인삼, 생지황, 백봉연, 꿀 등을 섞어서 만드는데 구리 냄비에 넣고 반드시 뽕나무 장작으로 사흘간 달여야만 한다는 것이다.

민간에서는 이 뽕나무가 중풍에 좋다 하여 목재로 식기나 젓가락을 만들어 사용한다. 또 간질병 환자가 발작할 때 활처럼 구부러진 뽕나무 가지가 떨어져야 발작이 끝난다는 믿음도 있고, 백일해나 홍역 같은 병이 유행할 때면 뽕나무로 표주박을 만들어 목에 걸거나 허리에 차면 이 병들이 피해 간다는 미신적인 처방도 전해지고 있다. 그 밖에 개고기를 먹다 체하면 오디가 약이라는 말도 있다.

옛 기록에 뽕나무로 만든 활이 좋다고 한다. 그래서 뽕나무를 궁간목 즉 군용 물자로 사용하면서 각 고을에서 의무적으로 뽕나무를 나라에 바치게 한 적도 있었다. 태종 16년에는 산에서 자라는 야생 산뽕나무에게도 보호령을 내려 나라가 위급할 때 쓸 수 있도록 하였다.

이러한 뽕나무는 위급한 상황에서는 구황 식물 역할도 하였는데 중국에서는 위나라, 금나라에서도 전쟁 중이나 대기근에 뽕나무로 굶주림을 면했다는 기록이 남아 있으며, 우리나라 역시 상황은 마찬가지여서 봄에 어린잎을 나물로 먹거나 식량이 귀할 때면 잎이 무성한 여름에 잎을 따서 말렸다가 빻아 곡식 가루와 섞어 먹기도 하였다.

서양에서도 뽕나무에 얽힌 이야기들이 심심치 않게 나온다. 성경에 나오는 키 작은 세리 '삭개오'가 예수를 만나려고 올라간 나무도 뽕나무이다.

뽕나무는 봄에 가장 늦게 싹을 틔워 꽃샘추위에 피해를 받을 염려가 없으므로 기다릴 줄 아는 지혜의 나무로 알려져 있으며, 그래서 고대 로마인들은 이 나무를 지혜의 여신 미네르바에게 바쳤다고 한다. 뽕나무에 싹이 늦게 나오면 늦서리가 없다는 비슷한 믿음이 영국에서도 전해지고 있다.

여느 나무처럼 뽕나무에도 미신이 얽혀 있다. 『예기』를 보면 옛날 중국에서는 상봉육지桑蓬六志라 하여 아들을 낳으면 뽕나무로 만든 활에 쑥대로 살을 만들어 사방에 쏘면서 그 아들이 앞으로 성공하기를 기원한다는 고사가 있는데, 이것은 점차 사악한 마귀를 쫓는 의식으로 변하여 내려오고 있다. 독일에서는 악마가 자기 집을 검게 칠하는 데 오디 열매를 쓴다고 믿어 아이들에게는 먹이지 않았다. 일본에도 재미있는 믿음이 있는데 자연에 있는 모든 것에는 다 신이 깃들어 있지만 오직 뽕나무에만 신이 없으므로 뽕나무는 더러운 것을 묻혀도 되는 부정한 것이라고 믿었으며, 그래서 위대한 하늘의 신인 천둥 번개는 부정한 뽕나무에는 떨어지지 않는다는 믿음도 전해지고 있다.

옛날 분들은 이러한 뽕나무 묘목을 얻기 위해서 잘 익은 오디를 새끼줄에다 손으로 으깨어 검붉게 되도록 바르고 땅속에 묻어두어 싹을 틔우는 방법을 사용했는데, 요즈음은 파종하거나 접을 붙인다. 특히 우리나라에서는 주로 눈을 대목에 접붙이는 방법을 많이 사용한다.

전해 오는 옛이야기 가운데 뽕나무에 관한 좋은 교훈이 하나 있다. "거북이와 뽕나무를 삼간다"라는 '신상구愼桑龜'라는 말은 말조심하라는 뜻으로 쓰이는데, 여기에는 다음과 같은 사연이 있다.

옛날 어느 바닷가 마을에 효자가 살고 있었다. 아버지의 오랜 지병이 심해져 죽을 날을 앞에 놓고 있자 효자 아들은 아버지를 살리겠다는 생각으로 용한 의원과 좋은 약을 찾아 백방으로 뛰어다녔다. 어느 날 오래 산 큰 거북이를 고아 먹이면 된다는 이야기를 듣고 거북이를 찾아 나서게 되었다. 그러기를 며칠, 아들의 효심에 하늘도 감동했는지 아들은 1,000년은 산 듯한 큰 거북이 한 마리가 물 밖으로 기어오르는 것을 발견하였다. 이 거북이가 얼마나 크고 무겁던지 거북이를 지고 오던 효자 아들은 뽕나무 그늘 아래 지게를 놓고 잠시 땀을 씻게 되었다. 그러자 거북이는 느긋하고 거만하게 입을 열었다. "여보게, 젊은이, 자네가 나를 지고 이렇게 수고해도 소용없네. 나는 힘이 강하고 영험한 거북이로 자네가 나를 솥에 넣고 100년을 끓여도 죽지 않네." 그러자 옆에 서서 이 말을 듣고 있던 뽕나무는 이렇게 말했다. "이보게 거북이, 너무 큰소리치지 말게. 자네가 아무리 신비한 거북이라도 나 뽕나무 장작으로 불을 피워 고면 당장 죽을 것이네. 나야말로 진정 강한 나무라네." 실제로 집에 와서 거북이를 아무리 물에 넣고 고아도 죽지 않자 효자는 낮에 뽕나무와 거북이가 하던 대화가 생각났다. 얼른 도끼로 그 뽕나무를 베어다 불을 지피자 거북이는 당장 죽고 물을 마신 아버지는 곧 병이 나아 기운을 차리게 되었다는 것이다.

물론 이 이야기는 효성이 갸륵한 아들을 칭찬한 이야기이지만 우리는 여기에서 더 큰 교훈을 얻는다. 쓸데없는 자랑은 삼가라는 것이다. 만일 거북이가 자신의 힘을 자랑하지 않았던들 뽕나무의 참견은 듣지 않아 죽지 않았을 것이고, 뽕나무 역시 괜한 자랑을 하지 않았다면 장작으로 베이지 않았을 것이다.

또 중국에는 〈맥상상陌上桑〉, 즉 밭둑가에 서 있는 뽕나무란 제목의 옛 민요가 있는데, 이 노래는 전국 시대에 진나부라는 여자가 지은 것으로 지금까지도 사람들에게 널리 불리며 다음과 같은 사연이 전해진다.

초왕의 가신 가운데 왕인이란 사람이 있었는데 진나부는 왕인의 아내로 뛰어난 미인이었다고 한다. 어느 날 길가에 서 있는 뽕나무에서 뽕잎을 따고 있는 아름다운 진나부를 본 초왕은 한눈에 마음을 빼앗겨 사랑을 고백했다. 진나부는 남편을 생각하고 은근히 자신의 남편을 자랑하는 노래 〈맥상상〉을 불러 초왕의 사랑을 뿌리쳤고, 그 후로 이 노래는 진나부를 칭송하는 많은 사람들에게 불리며, 길가의 뽕나무는 변함없는 여자의 정조를 상징하게 되었다고 한다.

뽕나무는 분명히 아주 중요한 섬유 자원이지만 만물의 영장이라는 사람의 힘만으로는 고운 비단실을 뽑을 수 없다는 사실이 재미있다. 창조주는 뽕나무의 이 오묘한 섭리를 통해서 인간이 자연을 파괴하고는 살 수 없으니 자연을 잘 보호하라는 교훈을 이미 오래전부터 말해주고 있다.

차나무

겨울을 눈앞에 둔 11월, 그 스산한 계절에 꽃을 피우는 식물이 있을까? 지상의 온갖 꽃들이 피고 지고, 열매를 맺어서 후손을 번성시키는 임무마저 무사히 마치고는 때깔 고운 단풍으로 마지막 자태를 한껏 뽐내다가도 더 이상 매서운 찬바람의 위협을 견디지 못하고 마지막 잎새마저 떨구는 때에 차나무는 한껏 아름다운 꽃을 피워낸다. 그것도 아무도 기대하지 않았던 키가 작은 나무에서 희고 소담스런, 동백처럼 노란 수술이 유난히 고운 아름다운 꽃을 피운다. 10월부터 12월까지 찬 서리를 맞으면서 더욱더 영롱해지는 차나무의 꽃을 두고 시인들은 운화雲華라고 불렀다. 사실 이 계절에는 차나무의 꽃만을 볼 수 있는 것은 아니다. 대부분의 나무들이 꽃이 지고 나면 그 자리에 열매가 달리지만, 차나무는 지난해에 맺어놓은 열매가 여무는 즈음 한쪽에서는 또 다른 꽃이 피니 아름다운 흰 꽃과 조랑조랑 매달리는 귀여운 열매가 아름다운 조화를 이루는 때야말로 차나무의 계절이라 할 수 있다. 차나무는 이렇듯 꽃과 열매가 마주 본다 하여 실화상봉수實花相逢樹라고도 한다.

사실 차나무는 우리나라가 고향이냐 아니면 중국에

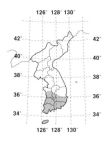

- **식물명** 차나무
- **과명** 차나무과(Theaceae)
- **학명** *Camellia sinensis* L.

- **분포지** 경상도 및 전라도 등 남부 지방
- **개화기** 10~11월, 유백색
- **결실기** 10월, 다갈색
- **용도** 식용(음료), 약용
- **성상** 상록성 관목

서 들여온 나무이냐 하며 논란이 많다. 우리 것과 내 것에 대한 애착이 강한 이들은 서기 719년 신라의 왕자 김교각金喬覺이 당나라의 구화산九華山에다 절을 세울 때 신라에서 가져간 차의 씨를 가지고 차밭을 일구었다는 중국의 기록을 두고 우리나라의 자생 식물이라고 주장한다. 또 다른 이들은 신라 선덕여왕 때 당나라에서 들여와 차를 즐겨 마셨다는 기록을 비롯해서, 신라 흥덕왕 3년 당나라에 사신으로 갔던 김대겸이 들어오면서 차나무 씨를 가져와 왕명으로 지리산에 심었다는 『삼국사기』의 기록을 근거로 중국에서 들여온 나무라고 주장한다. 사실 지리산의 한 기슭 화개를 비롯해서 양산 통도사나 남해 금산, 울산의 학성 등에 야생 상태로 자라고 있는 차나무를 볼 수 있지만 대부분 그곳에서 오래전 차나무를 재배했다는 기록이 있는 곳이고 보면 아무래도 애초부터 우리나라에서 자생하는 차나무는 없는 듯싶다. 그러나 차나무의 고향이 어느 곳이든 이 나무는 아주 오랜 옛날부터 우리나라와 인연을 맺으면서 긴 세월을 이 땅에서 함께 살며 사랑을 받아왔으며 이미 야생으로 퍼져 스스로 씨 맺고 자라는 나무들이 있으니 이젠 우리 나무인지 아닌지 하는 논란

차나무 꽃

차나무 열매

을 벌이기보다는 팔을 넓게 벌려 우리 품에 담아 안고는 우리 나무로 인정해주고 더욱 잘 키워내는 일이 멋지지 않을까?

그러나 한편으로 차나무 잎으로 만드는 차가 무엇인지 정확히 알지 못하는 이들도 있다. 요즈음 젊은이들은 차를 마시러 가자면 카페로 향한다. 서양에서는 레스토랑의 웨이터나 비행기 안의 스튜어디스들이 'Tea or Coffee' 즉 차를 마시겠냐 커피를 마시겠냐고 물어서 '티'라고 대답하면 홍차를 준다. 그러나 차나무의 잎을 따서 말려 만든 진짜 차는 녹차를 말한다. 홍차도 분명 차나무 잎으로 만든 차이기는 하지만 동방에서 귀한 녹차를 배에 싣고 서양으로 가져가는 동안 푸른 잎이 변질되어(발효) 생겨난 것이다. 녹차는 16세기경 중국에서 유럽으로 건너갔는데 동방을 오가는 배의 선원들이 비타민C 부족으로 괴혈병을 앓고 죽어갔으나 녹차를 실은 배의 선원들만이 살아남았다는 이야기로 더욱 진가를 발휘하게 되었다.

서양에서는 차나무에 대한 전설이 전해 내려온다. 수양을 많이 한 어느 도인이 수도하던 중 졸았다. 깜박 졸다 잠이 깬 그 도인은 이 사실을 후회하고 반성하면서 자기의 의지와 상관없이 감겨버린 눈꺼풀을 잘라 땅에 버리면서 신께 용서를 빌었다. 이를 안타깝게 지켜본 신은 땅에 떨어진 눈꺼풀에서 나무가 자라도록 했는데 그것이 바로 차나무였다. 그래서 차나무의 잎 가장자리는 속눈썹이 붙은 눈꺼풀 모양으로 되어 있고 차나무 잎을 달여 마시면 잠이 깨는 효능이 있다고 한다. 물론 차에는 카페인이 있어서 수면을 방해한다는 것은 과학적으로 입증되어 누구나 알

차나무 잎

덖은 찻잎

고 있는 사실이다.

차의 역사가 가장 오래된 나라는 역시 중국이다. 차의 본고장인 중국에는 차나무 잎으로 처음 차를 마시게 된 사연으로 다음과 같은 이야기가 전해지고 있다. 중국 수나라의 문제文帝가 왕이 되기 전, 신이 나타나 뇌의 골을 바꾸어놓는 꿈을 꾸었는데 그 후 계속 두통에 시달리게 되었다. 여러 약방문을 써보았으나 효력이 없어 고통스런 나날을 보내던 중 어느 날 한 승려가 나타나 이르기를 산중의 명초(차나무)를 달여 마시면 두통이 낫는다고 일러주었고 그 말대로 한 문제는 두통에서 완전히 해방되었다고 한다. 이 나무의 효험을 지켜본 사람들은 그때부터 이 식물을 달여 마시게 되었다는 것이다.

차나무는 잎을 따는 시기에 따라 일찍 따는 것을 '차茶', 늦게 따는 것을 '명茗'이라 하였으니 문제를 살린 이 명초가 분명 차나무인 듯하다. 그러나 중국에서는 이미 기원전 7세기 주나라 때부터 차를 마셨고, 기원전 2세기에는 재배가 시작되었다는 기록이 있으니 앞의 전설은 그야말로 전설에 그칠 뿐이다. 차를 가장 널리 보급시킨 데는 칭기즈칸의 공헌이 크다고 하는데 그는 자신의 군대가 물을 잘못 마셔 탈이 나지 않도록 꼭 끓여 마실 것을 명령하였고, 맹물을 그냥 끓여 마시는 일보다 고역은 없는지라 잎을 넣어 끓여 마시기 시작한 것이 칭기즈칸이 정복하는 곳마다 퍼져나갔던 것이다.

우리나라에도 차에 얽힌 이야기가 많다. 『삼국유사』에 보면 경덕왕이 구정문에 다녀오는 길에 바랑을 메고 남쪽에서 오는 충담이란 스님을 만났다. 어디서 오느냐는 왕의 물음에 충담은 미륵세존에게 차를 드리고 오는 길이라고 대답하고 왕에게도 차를 달여주었는데 맛이 훌륭하고 또한 기이했다는 이야기를 비롯하여 많은 사연과 이야기가 전해 온다.

차 문화는 불교를 통해 이어졌고 주로 승려나 왕족, 화랑 등과 같은 상류 계급의 전유물이었다. 고려 시대에는 궁중에 차를 공급하는 관청이 생겼는데 이를 '다방茶房'이라고 하였고 연등회나 팔관회 같은 연중행사나 국가의 대제전 의식, 왕자나 왕비가 책봉되는 대례식이나 공주가 시집가

보성의 다원

는 하가의에도 반드시 차를 재배하여 바치는 마을을 만들었는데 아직도 통도사에는 다촌이 남아 있다. 그러나 조선 시대에 들어와 불교가 쇠퇴하고 차의 공출이 심해지자 백성들이 점차 차 재배를 기피하여 더욱 귀해졌다고 한다. 생각해보면 예전에는 다방도 궁에 있었고 차는 귀족의 몫이었으며 차나무 밭은 백성들이 과세를 짊어지는 곳이어서, 구수한 숭늉과 맑은 샘물이 지천에 있던 백성들에게는 차가 그리 달가웠을 것 같지 않다. 그래서 우리나라의 차 문화가 아주 일찍 시작되었으면서도 크게 발달하지 못했다고 한다. 반상의 구분이 없어진 지 이미 오래고 도심이나 시골 어디에 가든 다방을 만날 수 있는 요즈음, 차는 우리에게 아주 친숙하다. 심지어 최근에는 다양한 풍미의 녹차가 개발되고, 티백으로 번거로움 없이 쉽게 마실 수 있으며, 녹차로 만든 캔 음료까지 등장하고 있으니 말이다. 이러한 과정에서 막연히 약용식물로만 여기던 이 식물의 성분이 과학적으로 분석되고 가장 좋은 건강 음료의 하나로 입증되고 있다. 더욱이 현대 의학이 천연물에 관심을 집중하면서 최근에 서방이나 일본의 학자들은 차가 암, 심지어 에이즈 예방에까지 효과가 있고 차를 늘 마시는 사람이 확실히 오래 산다는 통계 자료를 발표해 주목을 받고 있다. 어쨌든 중국에 가면 음식점에서 끊임없이 녹차를 따라주는데 중국 사람들이 돼지고기를 비롯한 기름진 음식을 많이 먹으면서도 건강을 유지하는 것을 보면 분명 녹차에는 기호 식품 이상의 큰 의미가 있음을 짐작할 수 있다.

차나무는 차나무과에 속하는 상록관목이다. 차나무의 꽃은 다섯 장의 깨끗한 흰 꽃잎을 가지고 있다. 이러한 차 꽃의 흰색은 우리 민족에게는 백의민족의 의미를, 군자에게는 지조를, 여인에게는 정절을 상징해온 색이다. 다섯 장의 꽃잎은 녹차가 가지는 다섯 가지 맛인 고苦, 감甘, 산酸, 신辛, 삽澁에 비유해 인생을 너무 힘들게苦도, 너무 티酸를 내지도, 너무 복잡辛하게도, 너무 쉽고 편甘하게도, 그렇다고 너무 어렵게苦도 살지 말라는 깊은 뜻을 담고 있다. 또 일부에서는 딸을 시집보낼 때 예물에 차를 넣어 보내기도 하고, 시어머니가 새로 맞이한 며느리에게 차의 씨앗을 선물하기도 하였는데 이는 차나무가 직근성으로, 옮겨 심으면 쉽게 죽어버리는 성질이 있기 때문에 차나무를 본받아 다른 곳에 마음을 두거나 개가하지 말고 가문을 지키라는 무언의 약속이 숨어 있는 것이다. 혼례식을 끝낸 신부가 친정에서 마련한 차와 다식을 시댁의 사당에 드리는 풍속도 같은 연유로 생겨난 것이다. 이러한 풍습을 봉차封茶라고 하는데, 지금까지도 이어지는, 결혼 전 시댁에 예물을 보내는 봉채封采라는 풍속이 여기에서 유래한 것이라 한다.

우리나라에서 차를 주고받으며 정절을 맹세하던 풍속은 조선 시대에 들어서 사라져버렸으나, 그 대신 일본의 규슈 지방에 전해져 이 지역 사람들은 지금까지도 혼숫감에 차나무 씨 두 알을 넣어 신부의 집에 보낸다고 한다.

몇 년 전 전라도 보성을 중심으로 몇 군데 다원茶園을 구경한 적이 있다. 다원은 쉽게 말해서 차나무 밭인데, 생울타리처럼 가지런히 단정하게 가지를 쳐놓은 그 정경은 정원처럼 아름답다. 허벅지께 높이의 차나무 이랑 사이를 오가며 정결한 몸으로 어린잎을 따는 여인의 모습은 더욱더 아름답다.

차나무는 잎으로 차를 만들기 때문에 온통 잎에만 관심을 두지만, 차나무의 목재로는 고급 단추를 만들기도 한다. 또한 생울타리의 가능성이야 다원의 멋진 풍광만 보아도 잘 알 수 있는 터이고, 무엇보다도 꽃과 잎이 아름다우니 정원에 심어두고 보면 좋을 듯하다.

날씨가 쌀쌀한 늦가을, 커다란 분에 차나무 한 그루 심어두고 향긋한 다향과 다기에서 옮겨지는 따뜻한 기운을 느끼며 차나무의 늘 푸른 잎 사이로 매달리는 고운 꽃을 구경하노라면 마음이 더없이 넉넉해질 것이다. 봄이 되어 어린잎이 나거들랑 한두 잔의 적은 양이라도 정성껏 말려 사랑하는 이와 나누어 마시는 일도 아주 흐뭇할 듯싶다.

닥나무

닥나무 하면 이 나무를 한 번도 구경하지 못한 이들도 종이를 떠올린다. 예전에는 닥나무 껍질이 소중한 종이의 원료로 이용되었다는 사실 정도는 알고 있으니 말이다. 그러나 이제 종이의 원료는 나무가 대부분이고 닥나무는 창호지에 국화 잎이나 단풍나무 잎을 사이에 끼워놓고 곱게 펴 바르던 문짝, 윤기로 반질거리는 안방의 장판만큼이나 구경하기 어려운 추억 속의 나무가 되었다.

닥나무는 낙엽성 관목으로 대개 3미터 정도 자란다고 하나 이보다 훨씬 높이 자라는 나무도 있다. 닥나무는 우리나라 전역의 그리 높지 않은 곳에서 자라며 이웃 나라 일본과 중국에도 분포한다. 그러나 야생하는 닥나무를 구경하기보다는 마을의 논둑이나 공터 혹은 뒷산과 이어지는 나지막한 둔덕에서 보았을 터이고, 또 종이 문화는 중국이 시조인 것을 아는 까닭에 중국의 나무가 아닌가 의심받기도 한다.

닥나무의 줄기는 여러 개가 휘어져 올라온다. 더러는 오래 자라 굵은 줄기로 교목상을 보이는 나무도 있다. 타원형의 잎은 길이가 5~12센티미터이고 잎에 커다란 결각이 없는 것도 있는데 혹 두세 개 생기기도 하여 변

- **식물명** 닥나무
- **과명** 뽕나무과(Moraceae)
- **학명** *Broussonetia kazinoki* Siebold

- **분포지** 전국의 낮은 산야
- **개화기** 5~6월, 암수한그루
- **결실기** 6~7월, 공처럼 둥근 붉은색 열매
- **용도** 섬유 자원, 약용, 식용
- **성상** 낙엽성 활엽 관목

이가 심하다. 잎의 앞면을 만지면 다소 거칠게 느껴진다. 5~6월에 피는 꽃은 아주 재미있는 모양을 하고 있다. 닥나무의 꽃은 암꽃과 수꽃이 따로 있는데 위쪽에는 실 같은 붉은 암술대가 둥글게 모인 암꽃이 달리고 아래쪽에는 미색 꽃밥을 가진 수술이 있는 수꽃이 달린다. 여름이 시작되면서 꽃은 공처럼 둥근 열매로 변하는데, 색이 산뜻한 주홍색이어서 이 또한 보기 좋다.

닥나무에는 아주 비슷하게 생긴 변종이 있다. 잎과 열매가 작고 줄기도 덩굴처럼 가늘게 이어지는 나무를 애기닥나무라 하는데 위봉산, 내장산, 울릉도, 완도에서 드물게 자란다. 닥나무와 가장 가까운 친척은 꾸지나무다. 많은 사람들이 꾸지나무를 닥나무로 잘못 알고 있는 경우가 많다. 그러나 이 두 나무는 식물학적으로 확실히 구분해야겠지만 한지의 원료가 되는 것부터 약용, 식용에 이르기까지 거의 구분 없이 사용된다. 꾸

지나무의 잎은 마치 포도 잎처럼 결각이 심해 닥나무와는 쉬이 구별할 수 있다. 그러나 한때 식물학자들도 혼동했던 것 같다. 닥나무의 학명은 브로우소네티아 카지노기*Broussonetia kazinoki*인데, 속명은 프랑스 몽펠리의 의사이며 자연과학자인 브로소네트*Broussonet*의 이름에서 유래되었지만 종소명 '카지노기*kazinoki*'는 꾸지나무의 일본 이름 '가지노키梶の木'에서 따와 닥나무에 붙여놓았으니 말이다.

우리나라에서는 닥나무를 딱나무라고 부르기도 한다. 그래서 죽을 때 자기 이름을 한 번 부르고 죽는 나무가 무엇이냐는 수수께끼가 나왔다. 닥나무의 가지를 꺾으면 딱소리를 내며 죽으니 정답은 '딱나무' 아니 닥나무이다. 한자로는 닥나무를 저목楮木이라고 한다. 여기서 저楮라는 글자는 한지를 말하기도 하는데 조선 시대에 들어와 만들어진 종이 화폐를 저화라고 하였다. 요즈음처럼 반질하고 하얀 종이 말고 우리의 멋과 정이 넘치는 한지가 바로 닥나무로 만든 종이다.

우리나라에 종이를 만드는 기술이 언제 전해졌는지는 아직 확실한 기록이 없다. 그러나 고구려 때 담징이 일본에 종이 만드는 기술을 전수했다고 하니 우리는 이미 그 전에 종이를 만들어 썼을 것으로 추측한다. 물론 닥나무로 만든 한지를 말한다.

닥나무로 만든 한지에도 종류가 많았다고 한다. 전북 순창 부근에서 나는 질기고 광택이 있는 종이를 상화지, 강원도 평강에서 나는 종이는 설화지라고 따로 불렀으며, 글씨를 쓰는 데 쓰는 종이를 선지 또는 화선지라 부르고 그중 폭이 좁고 두꺼운 것은 옥판선지, 얇은 것은 선익지라 부른다.

또 가장 일반적으로 쓰였던 창호지는 대호지였는데 한지 가운데 가장 저급한 종류에 속했다. 또 닥나무의 겉껍질을 벗겨 표백하여 만든 종이를 백지, 벗기지 않고 만든 검은 종이를 생록지라 하고 두껍고 색이 누런 것을 삼첩지라 구분하였다.

한지는 글씨를 쓰거나 그림을 그리고 책을 만드는 일 외에도 합죽선,

장판지, 창호지를 비롯해서 염할 때 삼베 대신 쓰기도 한다.

이제 한지의 전성기는 지나갔다. 그래도 인사동 거리를 가다 보면 곳곳에 한지를 파는 곳이 보이고 요즈음 사람들의 기호에 따라 색색으로 염색한 편지지, 포장지도 판매되고 있다. 또 닥나무 한지는 섬유의 길이가 길고 질겨 오랫동안 보존이 가능하므로 요즈음도 창호지나 표구할 때 쓰는 화선지는 꾸준히 쓰이고 있다. 한지를 원료로 인형을 만드는 한지 공예도 주목을 받고 있다. 닥나무로 만든 종이에 기름을 먹이면 아주 강해지므로 군인들이 싸움터에서 치는 천막으로도 이용되었다고 한다.

다시 조선 시대로 거슬러 올라가, 종이 문화가 발달하면서 조지서라는 관청이 생기기도 하였고 닥나무 원료가 한정되어 있기 때문에 대나무 잎, 볏짚, 버드나무 잎 같은 것을 섞어서 잡초지를 만들곤 하였다. 그러다가 인조 때에는 무겁고 가시랭이가 있는 우리나라 재래종 닥나무보다 일본의 왜저로 종이를 만들면 가볍고 광택이 있어 질이 더 좋다 하여 이를 들여와 남쪽 해안 지방에 심었다고 한다. 이 왜저가 어느 나무인지는 확실치 않은데 산닥나무라고도 하고 삼지닥나무라고도 한다. 두 나무 모두 섬유질이 좋아 좋은 종이를 만들 수 있다.

닥나무로 종이를 만드는 방법은 나무줄기를 잘라 솥에 넣고 껍질이 흐물거리며 벗겨질 때까지 푹 삶은 다음 껍질을 벗겨 볕에 말린다. 이를 다시 물에 불리고 밟아 하얀 내피를 가려내고 양잿물에 섞어 담가두었다가 물기를 짜낸다. 이렇게 뭉친 종이 덩어리를 닥풀 뿌리를 으깨어 나온 끈적끈적한 물에 넣어 풀리도록 잘 섞고 발을 걸어 떠서 말리면 종이가 된다. 우리는 닥나무 섬유를 종이 만드는 데에 이용했지만 하와이나 사모아에서

종이나 천을 만들기 위해 껍질을 말리는 모습

닥나무 암꽃차례

닥나무 수피

는 천을 짜 옷이나 깔개를 만들어 쓴다고 한다.

한방에서는 꾸지나무와 함께 열매를 저실이라고 하여 약재로 쓰는데 익기 시작하면 채취하여 볕에 말렸다가 물을 붓고 달이거나 가루로 만든다. 자양 강장 작용이 있으므로 신체 허약증, 정력 감퇴, 불면증, 시력 감퇴 등에 효과가 있다고 한다.

어린잎을 나물로 무치거나 쌀과 섞어 밥을 짓기도 하고 익은 열매를 말려두었다가 먹거나, 반쯤 익었을 때 꿀에 절여두었다가 먹기도 한다. 대개는 흉년이 들어 양식이 없을 때 먹는 경우가 많다.

닥나무의 번식은 대개 어미 나무의 뿌리에서 많이 생겨나는 맹아를 포기나누기하는 경우가 많고, 종자를 채취하여 바로 뿌리거나 노천 매장을 하였다가 이듬해 봄에 뿌린다. 삽목을 해도 잘 산다. 추위에 강하지만 햇볕을 좋아하며 부식질이 많은 곳에서 잘 자란다.

닥
나
무

마가목

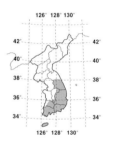

동해의 외딴섬 울릉도에는 성인봉이 있다. 길고 긴 원시림을 지나 힘겹게 성인봉 정상에 오르면 섬이 발아래 가깝게 보인다. 섬과 이어진 바다, 그리고 바다와 만나는 하늘까지도 모두 보인다. 이 성인봉 가장 높은 곳에서 성인처럼 살고 있는 나무가 바로 마가목(정확히는 당마가목)이다.

그래서 산정에서 만나는 마가목을 볼 때마다 가장 높은 이상을 지닌 나무는 마가목이 아닐까 하는 생각이 들곤 한다. 마가목을 보노라면 소나무나 대나무마저도 속세의 굴레를 벗어나지 못한 속인처럼 느껴진다.

우거진 숲의 높디높은 산꼭대기에서 세상을 아래로 굽어보며 구름을 이고 사는 마가목은, 희고 풍성한 꽃으로 순결한 품성을 드러내다가도 잡다한 빛 한 점 뒤섞지 않고 오직 붉기만 한 열매로 불타는 열정과 카타르시스를 보여주며, 가지런한 잎새는 마치 우주의 조화로움을 가르치고 있는 듯하다. 세상사에 초연한 채 산 위에 올라서서 자리 잡고 산정을 정복한 이들에게 기쁨이 되어주고, 애써 만든 열매를 선뜻 산새들의 먹이로 내놓기도 하고, 그런가 하면 병들어 죽어가는 이들을

- **식물명** 마가목
- **과명** 장미과(Rosaceae)
- **학명** *Sorbus commixta* Hedl.

- **분포지** 제주도, 강원도, 전남 및 경남의 높은 산지
- **개화기** 5~6월, 백색 복산방화서
- **결실기** 10월, 붉은색 이과
- **용도** 관상수, 약용
- **성상** 낙엽성 활엽 소교목

위해 껍질을 벗어주기도 한다. 세상의 도리를 깨치고 초탈하여 산에 묻혀 사는 선인의 모습인 것이다.

마가목은 장미과에 속하는 낙엽성 활엽수이며 대개는 7미터 남짓 자란다. 관목이기는 하나 굵은 줄기가 있고 키도 크긴 하나 또 그리 높이 자라지 않아 소교목이라고 부른다. 그러나 산꼭대기에서 바람을 맞고 자라는 나무들은 마치 관목처럼 자라고, 그 아래서 숲을 이루는 나무들은 교목처럼 10미터씩 높이 올라가기도 한다.

다소 거칠어 보이는 줄기에 무성하게 달리는 잎은 길쭉하고, 가장자리에 톱니를 나란히 만들고 있는 작은 잎들은 깃털처럼 모여 복엽을 이룬다. 늦봄에 피어나는 마가목 꽃 하나하나는 작지만, 이 작고 귀여운 흰 꽃들이 모여서 작은 다발을 만들고 이 작은 다발들이 다시 여러 개 모여 10센티미터 남짓한 큼직한 꽃다발을 만들어 멀리서 바라보면 풍성한 초록빛 잎새와 어울려 아주 시원스럽고 아름답다. 그러나 마가목의 가장 아름다운 모습은 열매에 있다. 꽃송이가 풍성했던 만큼 그 줄기마다 가득 달리는 열매 송이 또한 큼직하고 보기 좋다. 게다가 그 열매의 붉은빛이라니. 간혹 유난히 파란 가을 하늘이라도 만나면 아직 남아 있는 초록빛 잎새, 불타는 듯한 열매가 어우러져 더욱 아름답다. 붉게 물들었던

마가목 꽃

잎새마저 다 떨어지고 앙상한 가지가 그대로 드러난 계절에도 열매는 다소 탄력을 잃기는 해도 여전히 붉고 아름답게 달린 채 겨울을 맞이한다.

우리나라에는 마가목의 일가친척들이 많이 살고 있다. 우리가 구분 없이 마가목이라고 부르는 나무 가운데 상당수는 당마가목이다. 게다가 마가목은 우리나라에서 제주도를 비롯하여 전남과 강원도에서 주로 자라는 반면 당마가목은 주로 중부 이상의 지역에서 자란다. 작은 잎의 수가 열세 개가 넘고 잎의 뒷면에 흰빛이 돌면 당마가목이며 작은 잎의 수가 아홉 내지 열세 개이고 잎 뒷면이 녹색이면 마가목이다.

이 밖에도 우리나라에는 마가목의 변종으로 잎 뒷면에 남아 있는 털의 종류에 따라 잔털마가목, 녹마가목으로 구분하기도 하고 당마가목의 변종으로 흰 털이 있는 흰털마가목, 갈색 털이 있는 차빛당마가목, 잎이 넓은 넓은잎당마가목 등이 있다.

그러나 우리 땅의 이러한 마가목도 제대로 알아보지 못하고 구분하여 가꾸지 못하는 실정에서 한 해에 들어오는 서양마가목 종자들이 수천만 개에 달한다고 하니 걱정이다. 서비스 트리Service tree, 즉 '봉사하는 나무'라는 이름을 가진 유럽의 마가목이 있고, 열매가 유난히 붉고 무더기로 달려 오래가는 미국마가목이 있는가 하면, 열매에 흰빛이 나는 중국 원산

마가목 열매

의 호북마가목도 있다. 서양의 마가목들은 대개 우리나라 마가목보다 추위에 견디는 힘이 약하다고 알려져 있다. 이와는 반대로 1980년대에 들어서 미국으로 건너간(수출한 것이 아니고 미국인들이 직접 와서 채집해 간 것임) 우리 마가목이 미국에서 재배, 판매되기도 한다. 세계적으로 온대에서 아한대에 걸쳐 80여 종의 마가목이 있다고 하니 이 땅에 들어와 우리 마가목과 경쟁할 나무들은 이 밖에도 많다.

사실 요즈음은 여러모로 마가목의 수난 시대를 맞이하는 듯싶다. 앞에서 말한 바와 같이 마가목의 관상적 가치가 부각되면서 우리 것을 개발하려는 생각은 뒷전으로 하고 외국의 마가목을 들여오려는 시도가 더욱 기승을 부리는 것이 그 첫 번째 수난이고, 두 번째는 마가목의 약용으로서의 가치가 알려지면서부터 시작되었다.

마가목은 오래전부터 약용식물로 이용되어 왔다. 대개는 종자를 마가자라고 하여 처방하는데 열매가 익으면 채취하여 볕에 말렸다가 물에 달여 복용한다. 이뇨, 진해, 거담, 강장, 지갈 등의 효능이 있어 신체 허약증을 비롯하여 기침이나 기관지염, 폐결핵, 위염 등에 쓴다. 민간에서는 장기간 복용해야 할 경우, 열매를 술에 담가 반 년 이상 두었다가 매일 아침 저녁으로 마시면 피로를 회복시켜주고 강장 작용을 한다고 알려져 있다.

마가목 수피

또 이 마가목 술은 약간 신맛이 나서 양주와 섞어 마시면 아주 맛이 좋다고 한다.

그러나 얼마 전부터 열매가 아닌 마가목의 수피가 각종 성인병에 좋다는 소문이 나기 시작하면서 그 깊은 산의 나무들의 껍질이 모조리 벗겨지고 있다. 아주 외진 산속, 힘겹게 오른 높은 산에서 인정 없이 껍질이 벗겨진 채 서 있는 마가목들을 바라볼 때면 말문이 막힐 지경이다. 건강해지려고 하는 마음을 탓할 바는 아니지만 이 수피의 효능에 대한 구체적인 증거가 공식적으로 발표되었다는 이야기를 아직 듣지 못하였고 그토록 깊은 산중에 올라가 껍질을 벗겨 갈 만한 정성이라면, 또 그토록 효과가 뛰어나다면 구태여 나무를 죽이고 자연을 훼손하지 않아도 얼마든지 대량으로 증식하여 쓸 수 있는 방법이 있을 텐데 하는 생각이 들어 안타깝다.

마가목은 종자로 어렵지 않게 번식시킬 수 있으며 경우에 따라서는 취목 또는 접목을 한다. 공해에도 강하고 이식도 잘 되고 땅도 특별히 가리지 않지만 배수가 잘 되어야 하므로 혹 물이 나는 곳에 심을 때에는 따로 흙을 돋우고 높이 심어야 한다. 또 뿌리와 줄기가 연결되는 부분에 햇볕이 직접 내리쬐는 것을 싫어하므로 가능하다면 지피 식물과 함께 심는 것이 좋다.

산수유

흔히 산수유는 봄을 알리는 대표적인 나무로 알려져 있다. 산수유는 개나리나 벚나무보다 훨씬 일찍 꽃을 피운다. 매화나 동백이 산수유보다 더 일찍 꽃을 피우나 대개 남쪽에서 자라고, 또 따사로운 봄보다는 아직 추운 겨울 꽃이라는 느낌을 지울 수 없다. 그래서 사람들은 저마다 봄을 알리는 대표적인 나무로 산수유를 꼽는다. 즉 산수유는 겨울과 봄의 획을 긋는 나무다.

산수유를 조금만 가까이 보면 어느 때나 그 나름의 특색을 가지고 순간순간을 맞이함을 알 수 있다. 날씨가 풀리며 노랗게 터뜨리는 꽃망울은 물론이려니와 사랑스러운 잎새는 여름내 보기 좋다. 가을이 되어 맺는 열매의 모양도 모양이려니와 그 귀한 쓰임새는 산수유의 계절이 가을인 듯싶게 하기도 한다. 하지만 눈여겨 바라보면 한 해를 끝맺음하는 열매 옆이나 가지 끝에 작은 눈들이 자리 잡고 있음을 보게 된다. 겨울이 한창인 때라도 마당에 나가 관심을 갖고 보면 당장 발견할 수 있을 만큼의 크기인 이 눈 속에는 내년 봄 꽃이 되어 태어날 수십 개의 꽃들이 포개져 자리 잡고 있다. 우리가 알고 느끼는 결실의 순간에 이미 또 다른 세대가 잉

- **식물명** 산수유
- **과명** 층층나무과(Cornaceae)
- **학명** *Cornus officinalis* Siebold & Zucc.

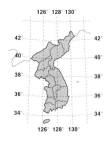

- **분포지** 광릉에 자생하나 전국에 식재
- **개화기** 3~4월, 잎보다 먼저 노란색 꽃, 산형화서
- **결실기** 8~9월, 적색, 긴 타원형
- **용도** 정원수, 약용
- **성상** 낙엽성 소교목

태되고 있는 것이다. 이 모습을 두고 어떻게 한 생애를 마감한다고 할 수 있겠는가. 마지막이 아니라 이미 새로이 시작되고 있는 것이다. 우리가 아무리 많은 것을 정하고 만들어도 결국은 대자연이라는 절대적인 진리 속에 있음이 새삼 경이롭다.

산수유는 층층나무과에 속하는 소교목이다. 한때 이 나무는 중국이 원산지로 알려지고 우리나라 각지에 심어져 있는 것은 모두 중국 것이려니 했는데, 1920년대에 숲이 좋기로 유명한 경기도 광릉에서 일본인 식물학자 나카이가 산수유 거목 두세 그루를 발견하였으며, 그 뒤 우리나라 학자들이 우리나라가 자생지임을 확인함으로써 이제 당당히 우리의 나무라고 말할 수 있게 되었다. 옛 기록을 보면 200년쯤 전에 서술된 『산림경제』라는 책에 산수유를 두고 2월에 꽃이 피는데 붉은 열매도 보고 즐길 만하며 땅이 얼기 전이나 녹은 후에 아무 때라도 심으면 된다고 적혀 있는 걸로 보아 이미 오래전부터 심기 시작한 것으로 생각되나 이때 심은 나무들은 아무래도 중국에서 들여와 심은 것이기 쉽다. 일본에는 1722년에 우리나라의 어락원을 통해 들어가 지금은 사방에 퍼져 있다고 한다.

산수유의 갈색 껍질은 얇은 조각으로 벗겨지는데, 그러고 나면 다시 새 껍질이 생기기를 반복하여 독특하고 운치 있는 무늬를 만든다. 꽃과 잎과 열매를 열심히 만들면서 사소한 나무껍질마저도 새롭게 거듭나기를 쉬지 않는 산수유의 부지런함에 경의를 표한다. 산수유 가지에는 봄이면 꽃송이들이 둥글게 모여 달린다. 많은 봄꽃들이 그러하듯 산수유의 꽃도 잎보다 먼저 나무 가득 온통 꽃만을 피워내는데 꽃은 노란색이다. 탁구공보다도 작고 둥근 꽃송이들은 실제로 수십 송이의 작은 꽃들이 모여 있는 꽃차례다. 작은 꽃들이 한데 모여 언뜻 화사하게 느껴지지만 좁쌀알처럼 작고 길쭉한 꽃봉오리가 벌어져 피워낸 꽃들도 콩알만 하다. 그래도 그 속에는 네 개의 꽃잎과 네 개의 수술, 한 개의 암술 등 모든 것을 완전하게 갖추고 있다. 이 모든 기관들이 예의 밝은 황금색이며 이 작은 꽃들이 마치 우산살처럼 같은 길이로 둥글게 달려 있는 것이다. 이러한 모양으로 이른 봄에 꽃만, 그것도 노란색으로 피어 혼동하기 쉬운 나무로 생강나무가 있는데, 생강나무는 꽃자루가 짧고 조밀하여 쉽게 구분되나 그것도 어려우면 나무를 조금 잘라 비벼 생강 냄새가 나는지 확인하면 된다.

꽃이 지면서 돋기 시작하는 잎도 아주 보기 좋다. 가지에 서로 마주 보고 달리는 적당한 크기의 타원형 잎에는 반질반질 윤기가 흐르고, 그 잎맥이 양쪽으로 줄지어 나면서 잎 가장자리까지 위를 향하여 둥글고 길게 이어지는 것이 아주 특색 있다. 잎이 무성한 여름이면 봄꽃의 청초함은 간 곳이 없이 시원한 그늘을 만들어준다. 게다가 워낙 가는 가지에 달린 잎새들이라 작은 바람에도 금세 살랑이는데 이 나뭇잎이 만들어내는 사각거리는 바람 소리가 여름을 더욱 시원하게 해준다.

산수유에는 석조, 촉산조, 계족, 서시, 육조 등 여러 한자 이름이 있는데 여기서 주로 등장하는 '조'라는 글자는 대추나무 조棗 자다. 아마도 그 길쭉한 열매가 대추를 닮아서인 듯싶다. 열매는 실제 대추보다는 작고 훨씬 날씬하지만 붉은 열매는 대개 둥그런 규칙을 깨고 길쭉하다. 노르스름하

산수유 꽃

산수유 열매

산수유 수피

게 익기 시작하여 점차 붉어지면 잘 익은 열매의 붉은색은 아주 맑고 선명하며 가을 햇살을 받고 유난히 반짝인다. 일찍 결실을 시작한 열매는 겨울이 오고도 한참 더 달려 있다.

산수유의 학명은 코르누스 오피키날리스Cornus officinalis이다. 여기에서 속명 '코르누스Cornus'는 각角이라는 뜻의 라틴어 '코르누cornu'에서 유래되었으며, 이 나무의 특징을 서술한 종소명 '오피키날리스officinalis'는 '약용한다'는 뜻이다. 산수유는 어느 한약방에 가보아도 산수유라고 적힌 약서랍이 있을 만큼 중요한 약재다. 지리산 자락에 있는 마을 산동이나 산내면에서 산수유 열매를 약재로 팔기 위해 심었는데, 한때는 이 나무가 세 그루만 있어도 자녀를 대학에 보낼 수 있다 하여 '대학 나무'라는 별명이 붙을 만큼 수익이 좋았다고 한다.

한방에서는 이 나무의 잘 익은 열매를 따서 씨를 빼고 말려서 쓴다. 그러나 산수유는 과육이 씨에 붙어 있어서 쉽게 떨어지지 않으므로 예전에 산수유를 많이 재배했던 경기도 이천이나 여주 같은 곳에서는 마을 처녀들이 입에 열매를 넣고 씨를 발라서 뱉으며 과육을 입속에 모으는 방법을 썼다고 한다. 입을 빨리 움직이는 처녀는 하루에 한 말까지 발라냈다는데, 이렇게 처녀들이 입으로 모은 것은 더욱 약효가 좋아 정력을 높인다는 소문으로까지 비약한 적이 있다고 한다. 산수유의 맛은 시기도 하고 다소 떫기도 한데, 이 가운데 신맛이 정력 증강과 관련이 있다고 한다. 이 신맛은 몰식자산, 마릭산, 주석산 등으로 구성되며 체내에서 수렴 작용을 하기 때문에 잠잘 때나 활동할 때 유난히 땀을 많이 흘리는 허약한 체질인 사람이 복용하면 새 힘이 생긴다고 한다. 그 외에 콩팥의 기능이 감퇴하면서 생기는 유정과 조루증이나 소변을 참지 못하고 자주 봐야 하는 노인성 증상을 비롯하여 어린이들의 야뇨증에 효과가 있다. 장복하면 성신경을 자극한다. 허리나 무릎이 저리고 아픈 사람, 어지럼증이 있거나 귀에서 소리가 날 때, 하체에 무력감이 느껴질 때도 복용한다. 여자들에게는 빈혈이나 심한 월경 출혈 등에 쓴다고 한다. 이렇게 다양한 증상에 처방되는 산수유에 대한 수요가 워낙 많아서 우리나라에서 나는 것을 모두 쓰고도 모자라 일부는 수입하는 실정이라고 한다.

산수유 열매로 만든 술도 아주 유명하다. 특히 옛날부터 정력 강장제로 소문난 보약제가 되는 술이다. 산수유 열매를 따다가 소주에 몇 개월 밀봉해 담갔다가 걸러서 두고 마시는데, 색이 진해지는 붉은 열매로 담은 다른 과실주와는 달리 발그레한 볼처럼 약한 홍조를 띠는 반투명한 술빛이 아주 은은하다. 하지만 향기가 없는 것이 흠이라면 흠이어서 다른 향기로운 과실주와 섞어 마시면 더욱 좋다.

산수유는 한번 알고 나면 깊이 매료되어 심어 가꾸고 싶은 나무다. 대개 종자를 뿌려서 번식시키며 삽목은 잘 안 된다. 가을에 채취한 열매의 과육을 잘 씻어서 종자를 젖은 모래와 섞어 땅에 묻거나 저온에 저장한다. 씨를 뿌리고 2년이 지나야 싹이 트므로 느긋하게 기다려야 한다. 게다가 열매도 한 해 걸러 많이 달렸다가 적게 달렸다가를 반복하므로 염두에 두어야 한다.

웬만한 곳이면 어디나 잘 자라지만 이왕이면 양지바르고 비옥하며 건조하지 않은 곳이 좋다. 그러면 큰 병충해를 입지 않고 빨리 자란다. 심은 지 7~8년이 지나면 열매 수확이 가능하고 30~40년 된 큰 나무에서는 한 나무에서 열매를 60근 가까이 딸 수 있다고 한다.

산돌배

봄에는 화사하고 아름다운 과일 나무 꽃들이 많이 피어난다. 사과, 배, 복숭아, 살구에 앵두꽃까지 모두 꽃망울을 터뜨리면 봄은 절정에 이른다. 곱기로 따지면 분홍빛 꽃이 더욱 화사할 듯싶은데 우리나라 사람들은 유난히 배꽃을 좋아한다. 백설처럼 희고 정갈한 배꽃이 백의민족인 우리에게는 가장 가깝게 와 닿는 꽃인가 보다.

배나무에는 여러 종류가 있다. 산과 들에서 자라는 우리나라 야생 배가 있고 과일 나무로 재배하는 것이 있는데 그 가운데에도 아주 오래전부터 재배해온 재래종이 있는가 하면 요즈음 과수원에서 만나는, 최근에 들여왔거나 개발된 품종도 많다. 산돌배는 그 가운데 가장 자주 만날 수 있는 야생하는 우리 배나무이다.

가을 산행에서 황토빛으로 잘 익은 산돌배를 만나면 우선 반갑고 정겹다. 번번이 속으면서도 으레 손을 내밀어 하나 따서는 베어 물게 된다. 퍼석거리면서도 신물과 단물이 배어나는 산돌배는 시장에 나오는 물 많고 시원한 배 맛을 느낄 수는 없어도 그래도 풋풋한 자연의 향기가 묻어 있어 좋다.

산돌배는 장미과 배나무속에 속하는 낙엽성 교목이

- **식물명** 산돌배
- **과명** 장미과(Rosaceae)
- **학명** *Pyrus ussuriensis* Maxim.

- **분포지** 산지나 마을 근처
- **개화기** 5월, 백색 꽃
- **결실기** 10월, 황토색 이과
- **용도** 식용, 약용, 관상수
- **성상** 낙엽성 활엽 교목

다. 산에서도 자라고 마을 근처에서도 볼 수 있다. 둥근 잎새는 그 끝이 뾰족하게 돌출해 있고 가장자리에는 침 같은 작은 톱니가 가지런히 나 있다. 몇 개씩이고 모여 달리는 하얀 산돌배나무의 꽃은 지름이 손가락 마디 하나 길이만큼 큼직하여 시원스러워 보기 좋다. 가을에 익는 산돌배는 지름이 3~4센티미터 정도로 작아 귀엽고 정답다. 산에서 만날 수 있는 야생 배나무가 우리나라에는 여럿 있다. 산돌배의 변종만도 전남의 백운산에서 자라는 백운배, 잎이 타원형인 금강산돌배, 여러 곳에 털이 있는

남해배, 꽃의 크기가 더욱 큰 문배, 열매에 햇볕이 닿으면 붉은빛이 도는 취앙네 등 여러 종류가 있으며, 다른 종류로 중부 이남에서 자라며 열매의 크기가 5~10센티미터나 되는 돌배나무가 있고, 황해도 이남 지역에서 가장 흔히 볼 수 있는 콩배나무가 있는데, 이 나무는 이름 그대로 꽃도 작고 열매는 콩보다는 조금 커서 앵두만 한 배가 달린다. 이러한 야생 배나무들은 열매를 따 먹을 욕심에서보다는 하얀 배꽃과 귀여운 열매를 즐기는 관상수로 더 적합할 듯싶다.

오래전부터 북부 지방에서 과수로 재배해오던 배나무는 참배라고 부른다. 양 끝이 오므라지는 열매는 지금의 배와 비교하면 매우 작은 편이

산
돌
배

산돌배 꽃

산돌배 수피

어서 지름이 6센티미터쯤 된다고 한다. 세계적으로 배나무를 과수로 재배한 역사는 매우 오래되었으며 많은 세월이 흐르는 동안 수없이 많은 품종이 개발되어왔다. 크게 나누어 보면 서양배와 중국계, 일본계로 나누어지는데 재래종 과수는 중국계 배나무가 많았으나 요즈음 가장 인기가 높은 '신고' 같은 품종들은 대개 일본에서 만든 품종이다. 그러나 배 맛은 이러한 품종을 만들어낸 일본에서보다도 우리나라가 단연 좋은데 이것은 우리나라는 배가 익는 가을에 비가 적고 햇볕이 많아 더욱 달고 맛있는 배가 생산되기 때문이다.

예로부터 배나무 하면 남쪽보다는 북쪽이 더 유명했다. 특히 황해도의 봉산배가 가장 유명하고 그 외에도 황주, 함흥, 원산, 안변, 의주, 가산의 배가 이름이 높았다. 남쪽에서는 아직까지도 나주 배를 알아주고 태릉 일대의 먹골 배는 지금도 명맥을 유지하고 있다. 하기야 몇십 년 전까지만 해도 서울의 압구정동 역시 배 밭이었다고 하니 북한의 그 유명한 배 산지들은 어떻게 변했을까? 들리는 말에 의하면 북한에서는 고 김일성 주석이 옛날의 그 배 맛이 좋다 하여 전혀 개량하지 않고 기른다고 한다. 북쪽 지방에서도 아주 추운 곳에서는 배를 얼려서 먹는다고 한다. 우리 생각으로야 언 배의 맛을 상상하기 어렵지만, 밖에 놓아두어 꽁꽁 얼었던 배를 뜨거운 물에 넣어 얼음을 빼고 흔들면 시꺼먼 껍질은 저절로 갈라져 벗겨지고 이것을 꺼내어 한번 먹어보면 시기도 달기도 하면서 녹아내리는 그 맛이 가히 천하 일미라는 것이다. 그 신맛으로 인해 이것을 산리酸梨라고도 부른다.

배는 정말 맛이 좋다. 달면서도 그렇게 시원할 수가 없다. 그러나 요즈음 잘생기고 품질 좋은 배 하나 값이 만만치 않아 서민들은 마음 놓고 먹기도 어렵게 되었다. 게다가 배는 고기를 재는 데, 육회를 먹을 때, 냉면이나 김치를 담글 때 등 여러 음식에 쓰이는데 값이 비싸서 고스란히 과일로 먹기에도 아까울 지경이다. 배가 이렇게 음식에 들어가는 것은 뭐니 뭐니 해도 배에 들어 있는 효소가 고기를 연하게 하고 소화를 돕기 때문이다.

배나무 아래 송아지를 매어놓았더니 송아지는 간데없고 고삐만 남았다는 이야기가 있다. 즉 배나무가 묶어둔 송아지를 다 소화시켰다는 이야긴데 물론 재미있게 과장한 이야기지만 배의 왕성한 소화력만은 잘 말해준다.

약으로 쓰면 담, 기침, 변비, 이뇨 등에 효과가 있는데 특히 배 즙에 생강즙과 꿀을 타서 마시면 담과 기침에는 특효약이라고 전해지며, 전주에서는 이렇게 세 가지를 섞어 빚은 술이 내려오는데 이를 이강주梨薑酒라고 하며 최근 전통주로 많이 보급되고 있다.

이 밖에도 배를 이용한 기침약이 많은데 속을 파낸 배에 붕사와 꿀을 넣어 봉한 뒤 진흙을 발라 구운 것, 배의 속을 파서 콩나물과 꿀을 넣어 하루 동안 따뜻한 아랫목에 묵혀 고여 나는 즙 같은 것이 모두 가래를 삭히고 기침을 멈추게 하는 민간약이다. 복통이 오면 배나무 잎을 진하게 달여 자주 마시기도 한다.

우리나라에서 배는 먹을거리로 사랑받았던 것은 물론이고, 하얀 배꽃은 문인들의 사랑을 받아 고전에는 이화 즉 배꽃을 소재로 한 노래가 숱하게 등장하며 배와 관련되는 속담도 많아 우리 생활과 얼마나 깊은 관계를 맺고 있었는지 짐작하게 해준다.

유명한 속담 몇 가지만 이야기해 보면, '오비이락烏飛梨落' 즉 '까마귀 날자 배 떨어진다'라는 속담은 우연히 동시에 생긴 일을 두고 말하며, '배

먹고 이 닦기'란 속담은 배를 먹으면 이가 하얗게 되므로 한 가지 일을 하고 두 가지 이익이 있을 때 쓰는 말이다. '다문 입에 배 안 떨어진다'라는 속담은 노력하지 않는데 좋은 일이 생길 리 없다는 뜻이다.

이렇게 여러모로 가까웠던 배나무를 사랑하는 마음에서였는지 예로부터 배나무는 용왕이 지켜주는 나무라는 믿음과 함께 전설이 하나 전해진다.

옛날에 임금인 용龍에게 이무기 아들이 있었다. 이무기는 어느 절에 있는 연못에 살면서 절에서 많은 일을 돕곤 했는데 그러던 어느 해 나라에

콩배나무 꽃

콩배나무 열매

돌배나무 꽃

돌배나무 열매

배나무 꽃

배나무 열매

큰 가뭄이 들었고 모든 백성들이 고통을 당하자 그 절의 스님은 이무기에게 비를 내려줄 것을 부탁하였다. 이무기는 이를 쾌히 승낙하고 단비를 내려 온 백성을 기쁘게 해주었다. 그러나 이를 지켜 본 하늘의 옥황상제는 이무기가 자기 분수에 넘치는 일을 했다며 화를 내고 죽이라는 명령을 내렸다. 다급해진 스님은 이무기를 부처님 불상 아래 숨게 해주었는데 하늘에서 죽음의 사자가 내려와 이무기를 찾자 스님은 절에 있는 오래된 배나무를 가리켰다. 그러자 사자는 배나무에게 벼락을 치고는 돌아갔고 배나무는 시름시름 죽어갔다. 용은 아들 대신 죽어가는 배나무가 측은하여 어루만져 다시 생기를 주고 살아나게 해주었으며 그때부터 배나무는 용의 보호를 받게 되었다.

식용과 약용 외에도 배꽃이 필 때는 꿀이 많이 나서 양봉업자들에게 환영을 받으며(최근에는 농약 때문에 날아드는 벌이 많이 죽으니 이 또한 문제다), 목재는 매끄러우면서도 단단하여 예전에는 염주알이나 다식판 등을 만들었고 주판알과 각종 기구재로 쓰였다고 한다.

산돌배야 종자로 번식하면 그만이지만 배를 얻기 위해 특별한 품종을 심을 때는 삽목을 하거나 접목을 한다. 이식하는 것을 싫어하고 배나무에 병을 옮기는 중간숙주 역할을 하는 향나무를 곁에 심어서는 안 된다.

대나무

나무도 아닌 것이 풀도 아닌 것이
곧기는 뉘가 시켰으며
속은 어이 비었는가
저렇게 사시에 푸르니 그를 좋아하노라

물, 돌, 솔, 대, 달, 다섯 가지 자연의 친구에 대해 노래한 고산 윤선도의 「오우가」 중 대에 관한 노래다. 대의 쭉 뻗어 올라간 곧은 성품, 속이 비어 마음을 비운 듯 청렴하고 늘 푸른 모습을 보이는 대나무에 대한 각별한 애정이 잘 나타나 있다. 이 노래를 잘 들어보면 우리 민족이 왜 대나무를 좋아하는지 알 수 있다.

대나무는 풀일까 나무일까. 한번 쭉 자라난 대나무 줄기는 이듬해가 되어 더 굵어진다거나 더 높아지는 일이 없으며 대나무 죽竹자는 풀 초艸 자를 거꾸로 해서 만든 글자이니 풀에 가까운 듯하고, 겨울에 땅 위의 부분이 얼지 않고 살아 있으며 이름 끝에도 나무라고 적혀 있으니 나무임이 틀림없는 듯하다가도 모든 나무는 목재라고 하지만 대나무는 목재라 않고 죽재라고 하니 또 이상하다. 식물학적으로는 형성층이 발달하여 부피

- **식물명** 대나무(왕대)
- **과명** 벼과(Gramineae)
- **학명** *Phyllostachys bambusoides* Siebold & Zucc.

- **분포지** 남부 지방, 중부 해안가
- **개화기** 수십 년 만에 한 번씩 개화, 녹황색
- **죽순이 나오는 시기** 5~6월
- **용도** 각종 세공품, 가구재, 식용, 약용
- **성상** 상록성 교목

죽순

494

생장하는 나무와 달리 풀의 특성을 가진 반면, 목질부가 있으니 당연히 나무인 듯도 하다. 대나무는 벼과의 상록교목이다. 학자에 따라서는 대나무의 위치가 벼과 중에서도 매우 독특하므로 대나무과로 따로 나누기도 한다.

사실 대나무는 종류가 아주 많아서 생김새와 쓰임새가 각각 다르고 식물학적으로도 구분이 가능하다. 크게 세 가지 부류로 나눌 수 있는데 첫째는 그야말로 하늘 높은 줄 모르고 곧게 뻗어 자라는 굵은 왕대류가 있고, 둘째는 마을 옆에 모여 자라며 키가 5미터를 넘지 못하고 굵기도 가는, 흔히 시누대라고 부르는 이대의 종류이며, 셋째는 산죽이라고 부르는 것으로 산속에 작은 키로 자라는 조릿대 같은 종류가 있다. 여기에서는 지면 관계상 첫 번째 종류에 대해서만 이야기하겠으며 특별히 종류를 구분할 필요가 없는 경우에는 그냥 대나무로 통칭한다.

이 대나무류는 두께가 팔뚝 굵기만큼 되고, 식물학적으로는 죽순이 자라 올라오면 이를 싸고 있는 껍

대나무 꽃

대나무 줄기

질이 금세 떨어지는 특징이 있다. 참대라고도 하는 왕대와 분죽, 담죽이라고도 하는 솜대, 맹종죽이라고도 하는 죽순대가 여기에 포함된다. 식물학적으로는 모두 필로스타키스*Phyllostachys* 속에 속하는데 이는 그리스어로 '잎'이라는 뜻의 '필론*phyllon*'과 '이삭'이라는 뜻의 '스타키스*stachys*'의 합성어로 작은 이삭이 잎 모양의 포에 싸여 있다는 뜻이며, 이것이 이 식물 분류군의 특징이다.

대나무는 정말 빨리 자란다. 죽순이 올라오고 일정한 높이로 자라는 데 두 달이 채 안 걸린다. 이 대나무 자라는 속도가 얼마나 빠른지 재어보았는데 최고 기록은 하루 동안에 54센티미터까지 자란 예가 있다고 한다.

우리가 흔히 날짜를 말할 때 한 달을 셋으로 나누어 초순, 중순, 하순이라고 한다. 이 말도 알고 보면 죽순에서 나온 말인데, 대나무가 얼마나 빨리 자라던지 죽순竹筍이 나오고 열흘旬이 지나면 대나무가 되어 먹지 못하니 빨리 서두르라는 경고의 뜻이 들어 있다고 한다.

대나무는 따뜻한 곳을 좋아하여 주로 남쪽 지방에 가야 잘 자란 대나무 숲을 만날 수 있다. 해안을 따라서 서쪽으로는 서산까지, 동쪽으로는 강릉까지도 올라간다. 그러나 가장 북쪽의 한계선에서 자라는 대나무보다는 남쪽의 대들이 훨씬 생장이 좋다.

대나무가 좋아하는 곳은 물론 따뜻한 곳이지만, 땅이 기름지고 습기도 넉넉한 곳을 좋아한다. 그래서인지 좋은 대밭은 강가에 많다. 유명한 대나무 산지로 담양의 영산강 상류, 하동 섬진강가, 동쪽으로는 울산의 태화강가에 가면 좋은 대밭을 구경할 수 있다. 이렇게 마을 주변에 자리 잡은 대밭은 많은 먹을거리와 가공품 외에도 겨울에는 차가운 북풍을 막아주고 여름에는 시원한 바람을 보내주어 여간 고마운 것이 아니다.

　대나무가 많이 자라는 곳의 사람들의 생활은 대나무와 연관 없는 것이 없을 정도이다. 심지어는 대나무가 있으면 의식주를 다 해결할 수 있었다는 말도 있는데 대나무를 잘라 집을 짓고 죽순을 먹고, 옷 중에도 대나무를 잘게 쪼개 만들어 입는 시원한 여름옷이 있으니 그리 틀린 말은 아니다. 대나무로 여름이면 물총을, 겨울이면 연을 만들며, '죽마고우竹馬故友'라는 말이 나타내듯 대나무 막대기를 말로 삼아 놀다가 정월 대보름이면 대를 잘라 마당에 달집을 지어놓고 불을 피우며 신나게 놀던 어린 시절의 추억이 있다. 어른이 되어도 대나무가 가까운 것은 마찬가지다. 부친상을 당하면 대나무를 잘라 상장喪杖을 만드는데 사람들은 아버지를 잃은 슬픔을 이 상장에 의지하며 곡을 한다. 대쪽 같은 선비, 대나무처럼 절개가 곧은 아낙 등 살아가는 데 귀감으로 항상 우리 곁에 있는 나무가 대나무이다.

　생활 속으로 들어가면 이 대나무의 요긴함은 더욱 더하다. 사립문을 싸리 대신 대나무를 잘라 엮어 만들고 마당에는 대갈퀴가 보이고, 부엌에 들어가면 채반과 광주리가 걸려 있으며, 사랑채로 건너가면 붓통과 벼루집이 모두 죽제품이다.

　이러한 죽제품을 만드는 데 가장 많이 쓰이는 것은 역시 왕대이다. 왕대는 중국의 호북성이나 복건성이 그 원산지라고 하지만 우리나라나 일본에서 화석이 발견될 정도이니 우리나라에서 심기 시작한 지도 꽤 오래되

뿌리줄기와 죽순

었다. 남부 지방에서 가장 많이 심는 종류로서 줄기가 굵고 쪼개면 결이 곱게 나와 죽제품을 만드는 데 가장 좋다. 대나무 잎이 달린 아랫부분을 보면 짧은 털이 나 있는데 왕대에는 이 털이 많고 떨어지지 않은 채 오래 남아 있어 다른 대나무와 구별된다. 물론 왕대의 죽순도 먹지만 약간 쓴 맛이 있어 고죽苦竹이라고도 한다.

쓸 만한 대를 고를 때에는 줄기의 빛깔을 보고 고른다. 어린놈들은 연둣빛이 나는데 아직 줄기가 굳지 않았으므로 내년을 위해 놓아두고 세 살쯤 되어 황록색인 대를 잘라내야 질기고 튼튼한 제품을 만들 수 있다. 너무 나이 든 대도 피해야 한다. 대나무는 보통 일곱 해나 여덟 해를 넘기고 죽는데 나이가 꽉 차면 줄기가 황색으로 변하며 너무 굳어버려 얇게 쪼개지지 않아 좋은 재료가 못 된다.

반면 솜대는 마디가 곧으면서도 짧아 낚싯대로 많이 쓰이며 죽순은 먹지 않지만 잔뿌리를 뜯어 말려 놓았다가 우려서 차로 마시면 건강에 좋다고 한다. 또 왕대보다 살이 가늘어서 광주리나 바구니, 부채 등에 많이 쓴다.

우리가 잘 알고 있는 오죽도 솜대의 일종이다. 줄기의 빛깔이 까마귀처럼 검은색이어서 오죽 또는 검죽이라 부른다. 강릉의 율곡 선생 생가에는 이 오죽이 많아 오죽헌이라고 부르며 아직도 오죽이 자라고 있다. 왕대만큼 굵지는 않으며 옻칠을 한 듯 반들거리는 오죽의 검은빛은 매우 독특해서 이 오죽으로 만든 담뱃대는 아주 유명하다. 대나무 가운데 오죽을 골라 담뱃대를 만든 선조들의 풍류가 멋지다. 특별히 오죽을 길러 지팡이를 만들거나 가구 장식에 쓰기도 한다. 오죽 숲에 가보면 줄기가 더러 초록색인 것도 있는데, 오죽은 처음 죽순이 자라 올라 첫 봄에는 초록색이다가 가을부

오죽

솜대

이대

터 점차 오죽의 특색인 검은빛을 띠기 시작하여 한 해를 넘기고 나서야 완전한 오죽이 된다.

60년 만에 한 번씩 핀다는 대나무 꽃이 피고 나면 대나무는 일제히 죽었다가 다시 나는데, 이때는 처음에는 솜대처럼 자라다가 한 10년쯤 지난 후에야 비로소 제 빛깔이 된다고 한다.

솜대와 오죽의 중간으로 반죽이라는 것도 있는데 푸른 줄기에 검은 점이 박혀 있다. 사람들의 취향은 각색이어서 꼭 이 반죽만을 고집하며 기르는 이들도 있다. 반죽 가운데 아주 유명한 소상반죽이 있다.

중국의 순 임금이 민정을 살피러 나갔다가 오래도록 돌아오지 않자 걱정이 된 왕후가 임금을 찾아 나섰으나 찾지 못하고 어느 달밤 소상강가에 이르러 애절한 마음으로 거문고를 뜯다가 눈물을 흘렸다. 흐르는 눈물을 손으로 씻어 뿌렸는데 옆에 있던 대나무 줄기에 떨어져 얼룩진 반죽이 되었고, 이를 소상반죽이라 부르는데 최초의 대나무 품종이라고 하여 아주 귀히 여긴다.

맹종죽(죽순대)도 왕대처럼 줄기가 굵고도 연하여 죽제품을 만드는 데 많이 쓰지만 그보다는 주로 죽순을 먹기 위해 재배한다. 고향은 중국인데 일본을 통해 우리나라에 들어와서 일본대라고도 하고 중국 양자강 남쪽에서 자라므로 강남죽이라고도 한다. 먹는 대나무라 하여 식용죽이라고도 부른다. 맹종죽이 많이 자라는 곳에서는 한번 죽순 맛을 보면 상장도 부수어 먹는다는 말이 있다. 얼마나 죽순이 맛있으면 상을 당하여 짚고 있는 대나무 지팡이를 먹으려 할까. 이 죽순에 얽힌 이야기가 하나 있다.

옛날 맹종이라는 효자가 늙은 어머니와 살고 있었다. 어느 날 노모가 깊은 병에 걸려 아무리 좋은 약을 써도 소용이 없었다. 노모는 죽기 전에 죽순 한번 먹는 것이 소원이었다. 어머니의 말씀인지라 죽순을 찾아 나섰지만 때는 마침 겨울이어서 죽순은 어느 곳에도 없었다. 너무도 비통해 하는 맹종을 보고 하늘이 감동했는지 낙엽 속에 숨어 있던 죽순이 하나 보이는 게 아닌가? 맹종이 가져온 죽순을 먹고 노모는 기운을 차렸다고 한다. 그래서 이 대나무는 맹종죽이라는 이름을 얻게 되었다.

죽순은 영양분이 많고 섬유질이 독특한 고급 음식이다. 우리가 중국 음식에서 주로 먹는 죽순은 대개 통조림으로 된 것이지만 새로 난 죽순을 바로 맛본 이들은 살이 깊은 탐스러운 죽순의 맛과 향기에 모두 반해 버린다. 우리나라에서는 거제도에서 죽순이 특히 많이 나 때를 맞추어 그 곳에 가면 죽순의 참맛을 볼 수 있다.

몇십 년 만에 한 번씩 꽃이 핀다는 대나무 꽃은 모든 이들에게 신비의 대상이다. 더욱이 한번 꽃이 피고 나면 일제히 대나무가 다 죽어버리니 말이다. 대부분의 식물이 꽃을 피우는 것은 열매를 맺고 종자를 만들어 후손을 퍼뜨리기 위한 것인데, 꽃이 피지 않아도 잘 키운 대밭은 잘도 퍼 져가니 이 또한 신기하다.

대나무에는 우리가 보는 땅 위의 줄기 외에도 땅속에 줄기를 키우고 있다. 이 땅속줄기에는 마디가 촘촘히 있고 이 마디마다 뿌리가 돌려나 있으며 마디에는 눈도 하나씩 붙어 있는데, 이 땅속줄기가 자라면서 뻗 어나가고 눈이 싹터서 새로운 죽순을 내보낸다. '우후죽순雨後竹筍'이라는 말이 있다. 비라도 내려 수분이 충분해져 조건이 좋아지면 땅속에서는 많은 눈이 잠에서 깨어 죽순을 땅 위로 올려 보낸다.

대나무가 번성하는 데도 꽃이 필요 없다면 꽃은 정말 왜 있을까? 대나무 꽃이 갑자기 피는 이유에는 여러 가지 설이 있다. 60년 혹은 120년 등 일정한 기간 만에 핀다는 주기설이 있는가 하면, 영양소가 부족하면 위기의식을 느껴 꽃을 피운다는 생리설, 또 태양에 흑점이 많이 나타날 때 핀다는 설 등 분분하지만 어느 것도 학술적으로 증명되진 못했다. 하지만 꽃을 피워 어렵게 번식하는 대신 뿌리줄기를 퍼뜨리는 무성생식으로 세를 떨치다가 스스로 경쟁하며 공멸하기 전에 꽃을 피운다는 생리설이 가장 설득력 있다.

우리나라에서는 1956년부터 전남 강진에서 왕대 꽃이 피었다는 소식이 전해지더니 한 20년 동안 전국을 휩쓸고 지나가 온 나라의 대나무 밭을 처참하게 만든 적이 있다고 한다. 부산 용두산 공원에 있는 대밭에 꽃이 피어 화제가 된 적이 있고 2007년 경북 칠곡 솜대, 2008년 경남 거제 칠전도 맹종죽, 2012년 경남 김해 용두산 이대, 2014년 진주성 논개 사당 오죽에서 대나무 꽃이 피었다는 소식이 연이어 들렸다. 그래도 사람이 태어나서 대나무 꽃을 한번 구경하기란 그리 쉬운 일이 아니다.

사람들은 이 대나무 꽃이 피는 일이 길조라고도 하고 흉조라고도 한다. "봉황은 오동나무가 아니면 앉지 않고 대나무 열매가 아니면 먹지 않는다"라는 이야기가 전해오며, 예로부터 성인이 나타날 때 봉황이 앞서 나타난다고 한다. 말하자면 앞으로 나타날 성인을 위해 봉황새가 나타날 것이며 대나무는 꽃을 피우고 열매를 맺어 봉황새를 맞이할 채비를 한다는 것이다. 또 대는 60년을 주기로 꽃을 피우고 죽는데 음양설에 따라 60년을 상서로운 징조로 풀이하기도 한다. 물론 이들은 길조라는 믿음에서 나온 전설들이다. 반면에 대나무가 꽃을 피워 열매를 맺고 나면 숲 전체가 말라 죽어 나라에 흉사가 생기거나 전쟁이 일어난다는 흉조를 믿는 이들도 있다.

식물학 쪽에서 보거나 대나무 자신, 혹은 대밭을 가진 이들 쪽에서 보아도 꽃이 피는 것은 그다지 좋은 일이 못 된다. 대나무 꽃은 잎이 날 자리에 대신 달려 대나무 줄기에 꽃만 있게 되니 자연히 잎에서 광합성하여 양분을 만드는 일이 정지되고 이듬해에는 죽게 된다. 한번 꽃이 피면 땅속의 줄기까지 모두 죽는데 그런 가운데서도 군데군데 풀처럼 작은 싹이 터 올라 자라다가 꽃을 피워 다시 죽기를 두 번, 즉 어미대나무가 죽고 다시 살아난 대나무들이 두 번 죽고 나면 네 해 째 봄에 나는 작은 대는 꽃을 피우지 않고 살아남아 새로운 세대가 시작된다. 그러나 이렇게 새롭게 나온 대들이 이룬 대밭은 마치 잡초처럼 들쭉날쭉하여 좋지 못하고 예전의 탐스러운 대밭을 다시 만들려면 10년 이상의 수고가 있어야만 한다. 인공위성이 발사되는 이 시대에도 꽃이 피는 것을 막을 방법이 없다니 자연의 이치는 어디까지 가야 알 수 있을까.

우리나라에서 대나무와 관련된 문화가 나타나기 시작한 것은 꽤 오래 전이다. 신라의 고분 천마총에서 출토된 유물 가운데 말안장 밑에 까는 장리라는 것은 대나무 껍질로 만든 방석이고, 고려 시대로 건너와서 송광사에는 결질이라는 왕대로 만든 도구가 남아 있으며, 조선 시대로 오면 한양에 경공장이라는 것을 두어 갖가지 죽제품을 만들어 대궐에 진상하고 지방에는 외공장을 두어 대나무로 우산이나 부채를 만들게 하였다.

꽃나무에 등급을 준 『양화소록』에 보면 대나무는 1등급에 들어 있으며, 사군자의 하나로 시인 묵객들에게 매우 사랑받는 나무의 하나이기도 하다. 곧은 충절의 상징이기도 해서 유명한 문장가 소동파는 "고기 없는 식사는 할 수 있어도 대나무 없는 생활은 할 수 없다. 고기가 없으면 몸만 수척해지지만 대나무가 없으면 사람이 저속해진다"라고 했으니 옛사람들의 대나무에 대한 애정이 얼마나 각별한지 알 수 있다.

십장생 중 호랑이가 사는 곳이 대나무 밭이라고 묘사되어 있다. 신라나 백제 그리고 가장 최근에는 조선 순종 때 경희궁에 호랑이가 들어왔는데 이는 대나무 밭이 있었기 때문이라고 한다. 결혼식 초례상 위에 소나무와 대나무를 양쪽에 꽂아두고 청실홍실로 연결하여 신성함을 주고 장수와 번영을 기원하는 풍속도 있다.

신라 14대 유례왕 때는 적군이 갑자기 쳐들어와 막을 길이 없던 중에 어디선가 귀에 대나무 귀고리를 한 대군이 나타나 적을 무찌르고 감쪽같이 사라졌다. 아무리 찾아도 군인들은 볼 수 없고 선왕인 미추왕의 능침에 대나무 잎만이 수북한 것을 보고 선왕이 나라를 걱정하여 대나무 잎으로 싸우게 만들었다고 믿고 그 능을 죽현릉竹現陵이라고 불렀다고 전해진다.

세월이 좀 흘러 신라 31대 신문왕 때도 대나무에 얽힌 이야기가 나온다. 어느 일관日官이 동해의 작은 섬에서 큰 보물을 얻을 것이라는 점괘를 얻고 그 섬에 가보니 머리는 거북이 같고 등 위에는 대나무가 있는데 낮에는 둘이지만 밤에는 합하여 하나가 되곤 하였다. 신문왕이 이를 듣고 가보니 대나무가 합하여 하나가 되면서 7일간 천지가 진동하고 비바람이 계속되었다. 7일 후 날이 개어 다시 한 번 왕이 찾아가니 어디선가 용이 나타나서는 흑옥대를 바치면서 이 대나무로 피리를 만들어 불면 천하가 화평해질 것이라고 말하여 왕이 대나무를 베어 배에 오르자 용과 섬이 사라져버렸다. 이때부터 왕이 피리를 불면, 쳐들어왔던 적군이 물러가고, 병이 낫고, 가뭄이 사라지고, 폭풍우가 잠잠해지는 등 만 가지 파란이 잠잠해져 이 피리를 만파식적萬波息笛이라 부르며 국보로 삼았다고 한다.

이렇듯 대나무에는 신비한 이야기도 많지만 역시 양반들보다는 서민의 냄새를 풍긴다. 죽제품 하면 떠오르는 담양 같은 고장에 가면 나무 아래에 앉아 솜씨 있게 대를 다듬고 대칼로 종이처럼 얇은 대가닥을 만드는 남정네들의 모습이나, 한 집에 모여 앉아 손가락마다 굳은살이 박이도록 죽제품을 만들고 있는 아낙들의 모습을 그리 어렵지 않게 구경할 수 있다. 죽향竹鄉이라는 담양에는 352개의 마을이 있는데 이 가운데 대나무 밭이 없는 곳은 읍내의 4개 리里뿐이라고 한다. 그러나 담양이 죽향이 된 것은 대밭이 많아서가 아니고 이곳에서 자라는 대나무가 강하면서도 탄력이 좋아 세공하기에 가장 좋기 때문이다. 대나무가 유명한 고장으로는 담양 말고도 금화, 나주, 영관, 옥구 등이 있다.

죽향에서 만드는 죽제품에는 죽부인이 있다. 두껍게 잘라낸 겉대의 가닥으로 사람의 키만큼 엮어놓은 원통형 죽부인은 한량들이 여름에 부인 대신 안고 자는 침구로, 대나무의 찬 느낌도 좋고 바람도 솔솔 잘 통해서 무더운 여름밤을 나기에는 그만이다. 쪽을 찌는 할머니들의 필수품이던 참빗도 대나무로 만든다. 겉대를 얇게 벗겨 머리카락이 들어가게 촘촘히 겹쳐 만드는 이 참빗으로 머리를 만지면 고운 쪽머리가 된다. 그 밖에도 대자리나 대발을 비롯하여 먼 길을 떠나는 선비들이 즐겨 쓰던 삿갓(신라와 백제인들이 많이 쓰던 것이라 하여 나제립이라 부른다)과 죽장, 서민들의 패랭이, 할머니가 시집올 때 가져와 귀중한 문서와 금붙이를 넣어두던 고리, 가지각색의 소쿠리, 오줌싸개가 소금을 얻으러 갈 때 쓰는 키 등이 모두 대표적인 죽제품이다. 대나무 제품을 만드는 데는 낙죽이라는 것이 있는데 겉대에 인두를 달궈 여러 무늬를 만드는 것으로 여러 죽물을 이 낙죽으로 멋을 내었다. 담양에는 이 낙죽 기술로 무형문화재가 된 이도 있다. 국악기 중에도 대금, 중금, 소금, 피리, 당적, 단소, 퉁소 같은 것들은 모두 대나무로 만들었으며 죽부라고 한다.

얼마 전부터 이렇듯 소중한 죽제품들이 값싼 중국산에 밀려 사양길에 접어들고 있다. 담양을 비롯한 대나무 마을 사람들은 예전에는 대나무 밭을 생금生金 밭이라 하여 금을 캐듯 소중히 여겼으나 이제는 천덕꾸러기가 되었다고 울상이다. 우리나라에서 자라는 대나무도 여러 종류가 있지

만 이러한 왕대나 죽순대, 솜대는 모두 중국이 고향이다. 중국의 나무를 가져다 심어 잘 가꾸어 훌륭한 우리 문화를 이어온 선조들이 저승에서 다시 중국의 죽제품에 밀려 설자리를 잃고 있는 대나무를 바라본다면 얼마나 한심해 하실까.

한방에서는 대나무의 겉껍질을 벗겨내고 가운데 층을 얇게 깎아 그늘에 말려 쓴다. 디글루코스, 규산, 석회, 칼리 등의 성분이 들어 있으며 해열, 진해, 진토, 거담, 지갈 효과가 있어 구토, 기침, 신열, 황달, 입덧, 어린이 간질, 정신 불안 등에 처방한다. 대나무 잎으로 만든 죽은 고혈압과 노화 방지 효과가 있어 노인들이 자주 먹으면 좋고, 근래에는 죽순이 스태미나 음식으로 알려져 인기가 높아지더니 항암 작용까지 한다는 보고가 나와 더욱 값을 높이고 있다. 요즈음은 대나무 통에 소금을 넣어 구운 죽염이 전국을 휩쓸고 있다.

대나무 잎으로 떡을 싸면 방부 작용을 해 쉽게 상하지 않고, 동치미에 대나무 잎을 띄워놓으면 겨울이 다 가도록 군내가 나지 않는다고 한다. 또한 죽순으로 죽순채, 죽순탕 등 여러 가지 음식을 만들기도 하고 죽엽주 또한 빼놓을 수 없는 민속주이다.

미국에서는 옛날부터 대나무를 이용하여 종이를 만들었는데 지금까지도 대나무로 만든 종이는 매우 고급품에 속한다고 한다. 그 밖에 낚싯대, 악기, 세공품, 약 그리고 중요한 예술품의 소재로 이용한다고 기록되어 있다. 에디슨이 백열등을 처음 발명하면서 쓴 탄소 섬유는 대나무로 만든 부채를 태운 것이라는 사실도 아주 재미있다.

서양에서는 대나무를 뱀부Bamboo 라고 부른다. 그 유래는 우리 북방의 대나무와는 달리 말레이시아 같은 남방계 대나무들은 포기나누기를 하는데, 폭풍우가 치면 줄기가 흔들리다 마찰하여 불을 일으키고 낙엽에까지 옮겨붙어 타면 줄기가 팽창하여 펑(뱀bam) 하고 터지는데, 이때 뜨거워진 증기 속에서 여러 포기들이 푸(부boo) 하고 나오므로 그런 이름이 붙었다고 한다.

매실나무

매화나무라 할까 아니면 매실나무라 불러야 할까? 같은 나무인데도 이른 봄 꽃을 피우면 매화나무가 되고 여름에 열매를 맺으면 매실나무가 된다. 이 나무는 열매의 값어치를 생각하면 매실나무라 불러야 하고 그 단아한 꽃송이의 깊이 우러나는 아름다움을 생각하면 매화라 불러야 제격이지만 여기서는 일단 매실나무라고 부른다. 그러나 꽃을 생각하고 혹은 열매를 생각하며 빼앗기는 마음에 따라 매화 혹은 매실나무라 오락가락하는 것을 과히 허물 삼지 말기를 바란다.

먼저 꽃 이야기를 하자. 매화는 아주 오랜 옛날부터 우리 조상들의 아낌없는 사랑을 받아왔으며 난초, 국화, 대나무와 함께 군자의 고결함을 품고 있어 사군자에 들었다. 강희안의 『양화소록』을 보면 옛 선비들이 매화를 귀하게 여긴 것은 첫째는 함부로 번성하지 않는 희소함 때문이고, 둘째는 나무의 늙은 모습이 아름답기 때문이며, 셋째는 살찌지 않고 마른 모습 때문이며, 넷째는 꽃봉오리가 벌어지지 않고 오므라져 있는 자태 때문이라고 한다. 단아하면서도 매서운 추위를 뚫고 꽃을 피워내는 그 의연한 기상이 사람들의 마음을 끌었으리라.

- **식물명** 매실나무
- **과명** 장미과(Rosaceae)
- **학명** *Prunus mume* Siebold & Zucc.

- **분포지** 중국이 원산지이나 우리나라에 널리 식재
- **개화기** 2~3월, 백색 또는 분홍색 꽃
- **결실기** 6~7월, 녹색에서 황록색으로 익음
- **용도** 관상용, 약용, 식용
- **성상** 낙엽성 활엽 교목

매화에게는, 시인 묵객의 사랑을 받는다 하여 호문목好文木이란 별명도 있다. 이를 뒷받침하듯 중국 진나라 때는 문학이 한창 번성하면서 곳곳에 매화가 만발하더니 문학이 쇠퇴하자 꽃을 구경조차 하기 어렵게 되었다고 한다. 여인들은 매화에 관한 애정을 이마에 치장하는 매화장이라는 매화꽃이나, 매화꽃을 새긴 비녀 매화잠으로 대신하기도 했다.

매화의 자태와 비견할 또 하나의 매력은 향기에 있다. 어떤 이는 매화 향기가 '귀로 듣는 향기'란다. 바늘이 떨어지는 소리도 들릴 만큼 마음을 가다듬은 잔잔한 분위기에서 비로소 진정한 향기를 느낄 수 있기 때문이리라. 홍만선이 말한 대로 겨울에 피어나 진한 향기로 사람을 감싸고는 뼛속까지 싱그럽게 만든다는 그 향기가 귀하게 느껴진다.

매화의 꽃을 따 빚은 술은 매화주, 매실을 넣어 만든 술은 매실주가 된다. 흰죽이 다 쑤어질 무렵 깨끗이 씻은 꽃잎을 넣어 만드는 매화죽이나 꽃잎을 말려두었다가 끓여 마시는 매화차는 향기를 아는 이들이 즐기는 음식이다.

이 나무의 열매 매실은 꽃만큼이나 보배스럽다. 5월이 되면 꽃이 진 매화나무는 녹두만 한 매실을 매단다. 매실로서는 이때가 중요한데 햇볕이나 거름이 부족해도, 비가 모자라거나 지나쳐도 그 시기를 넘기지 못하고 떨어져버리기 때문이다. 그래서 풍성한 가을을 예고하는 비가 내리면, 이 비는 매실을 튼튼하게 하는 비라 하여, '매우梅雨'라고 부른다.

전해지는 기록에 의하면 처음에 우리나라는 매실을 얻기 위해서 이 나무를 들여왔으며 이 꽃을 즐기는 문화는 그 뒤에 생겼다.

우리나라에서는 특히 매실을 애용한다. 매실로 만든 각종 건강식품, 음료, 술 등 어딜 가나 매실이 득세하는 것이 요즈음의 현실인데, 이것은 매실이 몸에 얼마나 좋은지 재인식되었기 때문일 것이다. 매실 중에서 익어도 푸른 기운이 가시지 않거나 혹은 덜 여문 푸른 열매를 청매라고 부르고 누렇게 다 익은 것을 황매라고 한다. 설익은 매실을 먹으면 배탈이 나

는데 이는 씨의 껍질에 있는 성분이 효소의 작용으로 시안산이라는 독성이 강한 물질로 분해되기 때문이다. 그래서 과육과 씨를 분리하는 기술을 저마다 열심히 개발하여 비법으로 삼고 있다.

매실은 저장하는 방법에 따라 구분한다. 황색의 매실을 따서 연기나 불에 쐬어 말리면 까마귀 빛처럼 검게 되는데 이를 오매烏梅라 하고, 소금물에 담가 말리면 겉에 소금이 돋아 희게 보여 백매白梅라고 한다. 한방에서는 주로 오매를 쓴다. 설사를 멈추게 하고 기생충 구제, 해열, 위를 튼튼하게 해주는 효능이 있어 여러 증상에 처방된다. 이 밖에 뱃멀미에도 매실이 좋다 하고 매실 씨를 가루로 볶아 먹으면 강장 효과는 물론 눈을 맑게 해준다고 한다. 나이가 조금 드신 분 가운데는 덜 익은 매실을 사다 씨는 버리고 과육만 갈아서 은근한 불로 달여 고약처럼 끈끈하게 만들어서 '매실고'라고 하여 집안의 구급약으로 쓴 것을 기억하는 이도 있을 것이다. 매실고는 약이 귀한 시절 만들어두었다가 소화가 안 되거나 배가 아프고 구토가 날 때, 이질에 걸렸거나 설사가 심할 때 두루두루 요긴하게 쓰였다. 요즈음은 이 매실이 알칼리성 식품으로 성인병에 특히 좋다

하여 더욱 인기가 높다.

옛날 중국 위나라 때 조조가 군대를 이끌고 안휘성의 매산이라는 곳을 지나고 있었는데 마침 군사들은 지치고 갈증이 심하여 힘든 지경에 이르러 있었다. 조조는 이 산을 넘으면 큰 매실나무 숲이 있으니 거기서 매실을 따 먹고 갈증을 해소하자고 병사들을 독려했다. 물론 산 너머에도 매실나무는 없었으나 병사들은 매실의 신맛을 떠올리며 입안에 침이 돌아 갈증을 덜었다는 이야기가 전해질 정도로 매실은 시다. 이 신맛은 구연산과 사과산에서 나온 것인데, 성인병의 원인이 되는 유산의 과잉 생산을 억제하고 몸 밖으로 내보내며 몸속의 여러 독을 없애는 구실도 한다고 한다.

매실로 만든 매실주의 역사는 오래되었으나 최근에는 술 회사마다 앞에 '매' 자 달린 술을 개발하여 판매에 열을 올린다. 일본에서 도시락에 맛 삼아 멋 삼아 넣는 '우메보시梅干し'란 것은 매화에 소엽이라는 붉은 물이 드는 잎을 함께 넣고 초절임하여 만든 것이다. 일본에서는 이것을 먹으면 복이 온다고 믿어 항상 챙겨 먹는 반찬이다. 우리나라는 이제 갖가지 매실 제품 생산에 불이 붙기 시작하였지만 일본에서는 이미 매실로 만든 음료와 식품이 예순 가지가 넘는다고 한다. 매실 즙 원액은 일본에 수출되기도 한다.

이렇듯 매실나무는 우리 곁에 가까이 있지만 사실 고향은 중국 사천성이라고 한다. 우리나라에 들어온 연대는 정확하지 않다. 고려 때라고 짐작하고 있지만 이미 신라 때 모례라는 여자가 불교를 전해주러 온 화상과의 인연을 두고 써놓은 시가 있고, 백제의 왕인 박사가 일본에 귀화한 후 읊은 시에도 매화가 등장하고 있음을 미루어 아주 오래전이려니 싶다. 일본에는 우리나라를 통하여 전해졌다 한다.

매화는 중국의 나라꽃이기도 하다. 한때 중국은 모란을 국화로 삼았으나 너무 화려하다는 이유로 탈락시키고 매화가 추위에 강한 점이 혁명

매실

청매실

정신에 부합한다고 하여 새로이 지정하였다. 그러나 중국의 나라꽃이며 그곳에 자생지를 가진 매화가 서양에는 일본살구로 알려져 있으니 이 또한 재미있는 사실이다. 간혹 어떤 책에는 우리나라에 야생하는 매화 이야기가 나오곤 하는데 혹 그렇게 보이는 나무가 있다면, 오래전에 심었던 나무가 사람들의 손길을 놓친 지 오래되어 그리된 것일 뿐이다. 특별히 접붙이지 않은 이런 상태의 매화을 두고 '강매'라고 한다.

매화는 식물학적으로 보면 장미과 벚나무속에 속하는 낙엽성 관목으로 사람들이 이를 가까이한 역사가 오래이다 보니 수없이 많은 품종이 만들어졌다.

꽃을 보기 위해 만든 품종을 보면 꽃의 빛깔에 따라 흰매, 홍매로 나누고 꽃잎의 수가 많으면 만첩매, 가지가 늘어지면 수양매가 된다. 그러나 특히 꽃을 즐기는 이들은 그 어느 품종보다도 흰 홑겹 꽃이 꽃을 일찍 피우고 향기가 짙다 하여 귀히 여기는데, 그중에서도 자색이 들어 있지 않은 녹두색 꽃받침잎을 가진 '청악소판'이란 품종을 가장 높이 친다. 또 열매에 중심을 두고 만든 것은 소매실, 소청, 청축 등 수없이 많다. 우리나라에도 전해 내려온 재래 품종이 여럿 있었으나 많은 사람들의 무관심 속에서 사라져갔고 요즈음은 우리가 전파해준 일본에서 여러 품종을 거꾸로 들여와 우리의 매실나무 밭에 심고 있다는 사실이 못내 안타깝다.

이렇듯 종류를 가리지 않더라도 백 가지 꽃의 우두머리라는 뜻으로 '백화괴百花魁', 모든 꽃의 어머니란 뜻의 '화형花兄'이라 부른다. 한때 조선시대를 배경으로 한 텔레비전 사극 중 〈설중매〉란 제목이 있었는데, 이는

매화

만접홍매실 꽃

홍매 꽃

봄이 오기 전 눈이 내릴 때 꽃이 피는 나무를 두고 말하며 사람에 따라 찰 한(寒) 자를 써서 한매寒梅 또는 동매冬梅라고 부르기도 한다.

우리나라에는 오래전 부여의 신리라는 곳에 이 설중매가 있어서 12월이면 꽃을 피웠다고 한다. 이 나무는 이씨 성을 가진 이 마을 사람의 선조가 사절단으로 중국에 갔다가 가져왔다는 나무로, 한때는 천연기념물 제105호로 지정되는 영예를 안기도 했지만, 1964년 몹시 추운 겨울을 넘기지 못하고 죽어서 모든 이들의 마음을 아프게 하더니만 죽은 뿌리 옆에서 새순이 돋아 희망을 안겨주고 있다.

매화는 건조에 강하고 추위도 잘 견디므로 우리나라 어디서나 키울 수 있다. 성장도 빠른 편이고 가꾸기도 쉬우며 또 아주 오래 살면서 깊은 맛을 더해준다. 번식은 7월쯤 잘 익은 열매의 씨만 모아 젖은 모래에 묻어 두었다가 이듬해 봄에 뿌리면 되고, 꺾꽂이는 2월 하순쯤 지난해 생긴 가지를 잘라 삽수를 만든다. 특별히 마음에 드는 품종을 그대로 얻고자 할 때는 접붙이기를 한다. 가지치기는 꽃이 핀 후 해야 한다.

봄이 아직 오지 않아서 유난스레 봄소식이 기다려지는 즈음에는 매화 꽃구경이 제격일 듯하다. 오래된 절이나 정원이 있는 곳이라면 으레 오래된 줄기 사이에서 피어나는 고아한 꽃을 구경하는 일은 그리 어렵지 않을 터이니 말이다. 사람들의 이야기를 들으면 섬진강가 하동에 매화 밭이 유난스레 마음을 끈다 하고 또 목포를 가까이 둔 어느 산자락에 만들어놓은 매실나무 밭의 매화가 장관이라 한다. 서울의 한복판 창경궁 후원에도 아주 오래 살아 제대로 격이 든 매화꽃이 피고 있다.

벽오동

아마도 나무에 식견이 많지 않은 사람들이 모두 그러할 터이지만 지은이가 처음 벽오동을 알게 된 것은 한 가수가 한탄스럽고도 시원스럽게 부른 〈벽오동〉이라는 노래를 듣고서이다. 그저 사연 많은 우리의 나무로만 여기던 이 나무를 처음 보게 된 것은 훨씬 뒤의 일이다. 이 나무에 대해 알게 되자 벽오동이 중국의 나무라는 사실이 무척 이상했다. 우리나라 사람들은 왜 중국 나무를 그리 좋아하여 시로도 남기고 노래로도 남기며 즐겨 심었을까? 그러나 이에 대한 내력을 알게 되면서 이 나무는 역시 우리만의 혹은 중국 나무가 아닌 동양의 나무라는 믿음이 생겼다.

식물학적으로 벽오동은 오동나무와는 전혀 다른 나무이다. 그러나 중국에서는 벽오동을 오동이라고 불렀으며, 게다가 시원스레 큼직한 나무 분위기가 비슷하다 보니 많은 사람들에게 혼란을 준다. 그래서 벽오동은 줄기가 푸른 특징을 따서 구분하여 부른다. 그러나 옛 기록에는 그저 오동이라고 부르는 경우가 많으니 주의해야 한다. 벽오동의 한자 이름 가운데는 오동 외에도 청오, 청피수, 청동목, 동마수, 이동 등이 있다고 한다.

- **식물명** 벽오동
- **과명** 벽오동과(Sterculiaceae)
- **학명** *Firmiana simplex* W. F. Wight

- **분포지** 중국을 비롯한 동아시아 원산, 우리나라 중부 이남에 식재
- **개화기** 6~7월, 황백색 꽃, 암수딴그루
- **결실기** 10월, 막상포엽에 둥근 종자가 달림
- **용도** 관상용, 약용, 식용, 기구재, 섬유 원료
- **성상** 낙엽성 활엽 교목

예로부터 상상 속의 상서로운 새인 봉황새는 오동 즉 벽오동에만 둥지를 틀며 벽오동이 아니면 울지 않았다고 전해진다. 이 길상의 상징인 봉황이 나타나면 천하가 태평하다는 믿음이 있었기 때문에 사람들은 벽오동을 심고자 했으며 귀히 여겼다. 알고 보니 지은이가 오래전에 들었던 그 가요는 옛 시조에 곡을 붙인 것인데, 내용을 되새겨보니 노래 하나에도 깊은 사연과 바람이 묻어 있음이 새삼스레 느껴진다.

벽오동 심은 뜻은 봉황을 보렸더니
내 심은 탓인지 기다려도 아니 오고
무심한 일편명월이 빈 가지에 걸렸더라

　이러한 벽오동과 봉황새에 관련된 이야기는 역사 속에서 또 만날 수 있다. 『동국여지승람』에는 옛 가야의 함안 읍지에 오동림, 죽림, 유림 즉 벽오동림, 대나무림, 버드나무림을 조성하였는데, 풍수지리로 볼 때 함안의 뒷산은 봉황이 머물지 않고 쉽게 떠나는 형상이므로 봉황이 머물러 나라가 태평하도록 하기 위해서 흙으로 봉황새의 알을 만들고 북동쪽에 벽오동 1,000그루를 심어 대동수라 이름 지은 기록이 있다 한다. 또 봉황새는 대나무의 열매만 먹었다고 하니 대나무를 심은 것은 너무나 당연한 일이다. 우리 나라 청와대의 문장에 봉황이 그려져

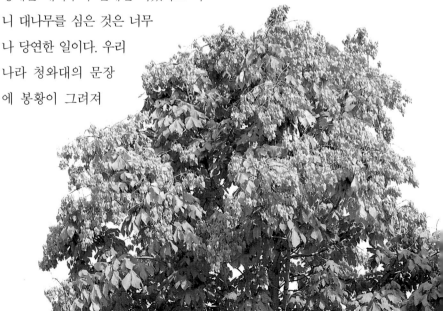

벽오동 꽃　　　　　벽오동 열매　　　　　벽오동 수피

있고, 일본 황실의 문장이 벽오동으로 되어 있는 것만 보아도 우리나라는 물론 중국과 일본에서 이 벽오동을 얼마나 귀히 여겼는지 짐작할 수 있다. 우리나라에서는 벽오동이 깨끗하고 푸르고 곧게 올라가 절개 높은 선비의 정신을 나타낸다고 하여 서당과 같은 곳 근처에 심었다고도 한다. 그러나 서양에서는 이를 보는 관점이 조금 달랐던지 차이니즈 파라솔 트리Chinese parasol tree 또는 피닉스 트리Phoenix tree 등으로 부른다.

벽오동은 벽오동과에 속하는 낙엽성 교목으로 다 자라면 15미터까지도 올라간다. 이 나무의 푸른 줄기는 곧고 빠르게 자라는데 한 해에 한 마디씩 쭉 자라다 보니 가지는 좀 엉성해지지만 푸르며 반지르르한 줄기가 보기에 좋다.

꽃은 6~7월에 핀다. 유백색 작은 꽃들이 모여 초여름의 풍성한 꽃차례를 이루어 보기에 좋다. 벽오동은 열매 역시 매우 독특하다. 가을이 되면서 암술이 성숙해서 다섯 갈래로 갈라지는데 마치 작은 표주박 다섯 개를 동그랗게 모아놓은 듯 가운데가 오목하다. 그래서 어떤 이는 이 열매의 모양을 보고 바람개비 같다고도 하고 돛단배 같다고도 한다. 더욱 재미난 것은 갈색의 팥알 같은 작은 종자가 그 가장자리에 달려 있는데, 당장이라도 떨어질 듯한 종자는 열매가 바람에 날려 멀리 날아가도록 단단히 붙어 있다. 자연이 만들어내는 모습은 참으로 다양하고도 신기하다. 이 열매의 모습 때문인지, 아니면 커다란 잎이 뚝뚝 떨어지는 낙엽이 인상적이기 때문인지 벽오동은 한여름에 가장 왕성하고 푸른데도 가을의 나무라고들 한다. 어쩌면 벽오동 잎이 하나 떨어지는 것으로 천하에 가을

이 왔음을 알았노라는 옛 시조의 유명한 대목이 이러한 감상을 부추겼는지도 모르겠다.

이 열매의 독특한 모양과 연관되어 벽오동의 슬픈 전설이 전해 내려온다.

옛날 전라도의 어느 마을에 문씨 성을 가진 총각이 살고 있었다. 이 총각은 본디 좋은 가문에서 태어났으나 부모를 여의고 집안이 몰락하였는데 일가친척들마저 없자 어느 마을 김 진사의 집에 몸을 의탁하게 되었다. 김 진사가 문씨 총각을 부려먹으며 억지 머슴살이를 시키자 김 진사의 마음씨 착한 딸 분선이는 이를 불쌍히 여겨 남몰래 음식도 남겨주며 마음을 써주었다. 이렇게 세월이 흐르고 문 총각의 가슴에는 어느덧 분선이를 짝사랑하는 마음이 점점 커가고 있었다. 그러던 어느 날 분선이는 나이가 되어 집안 좋은 이웃 마을 최 진사 집에 시집을 가게 되었고, 문 총각은 시집간 분선이를 잊지 못하여 상사병에 걸려 그날부터 시름시름 앓기 시작하였다. 문 총각은 병이 깊어 죽어가면서 자신이 죽으면 분선이가 살고 있는 집이 보이는 곳에 묻어달라는 유언을 남겼고 이를 불쌍히 여긴 마을 사람들은 그 소원을 들어주었다. 문씨 총각이 묻힌 그 언덕에서는 그를 닮은 아주 늠름한 나무가 자라났는데, 그 나무가 바로 벽오동이며 해마다 가을이면 이 나무에서는 종자가 달린 열매가 바람을 따라 분선이네 집으로 어김없이 날아갔다고 한다.

벽오동은 사연도 많은 친숙한 나무인 만큼 그 쓰임새도 다양하다. 그 가운데 종자를 오동자라 하여 식용, 약용으로 쓴다. 종자를 그냥 구워서

꽃이 핀 모습

먹으면 고소한 맛이 나고 한동안은 볶아서 커피 대용으로 많이 마셨는데 맛은 차치하고 지방유와 단백질을 함유하고 있고 카페인까지 들어 있어 차 대용으로는 제격이다. 이 오동자는 한방에서도 이용하는데 기와 위를 순하게 하여 소화를 돕고 위통을 치료하는 데 효과가 있다고 한다. 민간에서는 미역국을 먹고 체한 데 이 나무의 껍질을 달여 먹고, 줄기와 뿌리는 해소나 진해에 먹는다고 하며 살충제가 신통치 않던 시대에 구더기를 없애는 데도 이용했다고 한다. 또 이 나무의 꽃을 말려 가루로 만들어서 화상 입은 자리에 발라 치료했다고 한다.

드물게는 벽오동 수피에서 섬유를 뽑아 이용하기도 했는데 수피의 섬유질을 정제하면 질기고 물에 강한 흰 섬유가 되어 중국에서는 이를 동마桐麻라고 하여 베옷처럼 짜 입거나 마구를 만드는 실이나 밧줄로 이용했다고 한다.

벽오동은 목재로서는 썩 좋은 축에는 들지 않으나 예전에는 거문고나 비파를 만드는 재료로 귀히 여겼으며, 특히 벽오동으로 만든 거문고를 사동絲桐이라고 불렀다. 요즈음은 건축재, 기구재, 펄프재 등으로 이용한다.

요즈음은 벽오동의 그 시원하고 독특한 생김새 때문에 정원수로나 녹음수로 새롭게 인식되고 있다. 독립수도 아름답고 군식을 하거나 줄지어 심어도 나름대로 색다른 멋을 풍기니 좋고, 조금만 모양을 다듬어주면 모양도 단정해지고 수세도 왕성해진다. 전라도나 경상도 일부 지역에서는 가로수로 심어놓은 곳이 있다. 추위에 약한 결점이 있으나, 어릴 때만 잘 넘기면 중부지방에서도 잘 자란다. 번식은 여러 방법으로 가능하지만 주로 실생으로 한다. 노천 매장을 해두었다가 봄에 파종하면 발아가 잘 된다.

"동쪽 뜰에 벽오동을 심으니 나뭇가지에 초승달 걸리는 것이 좋구나" 하던 옛 노래처럼 너른 뜰이 있다면 벽오동 한 그루 심어놓고 태평성세도 기원하고 가을도 느끼며, 벽오동 잎새에 떨어지는 빗방울 소리도 듣고 새로 뜨는 달을 구경도 하고 싶다.

오갈피나무

오갈피나무는 잎이 다섯 갈래로 되어있는 데다가 껍질을 약으로 쓰기 때문에 이러한 이름을 얻었다. 오갈피나무를 좀 더 쉽게 소개하자면 '나무인삼' 쯤으로 말해야 할까? 오갈피나무는 인삼과 함께 두릅나무과에 속한다. 사실 두릅나무과에는 이 밖에도 두릅나무나 음나무처럼 몸에 좋은 식물들이 여럿 포함되어 있지만 그 가운데서 오갈피나무는 오랜 옛날부터 약효를 널리 인정받고 있는 식물이어서 나무인삼이라는 별명이 조금도 아깝지 않다.

오갈피나무는 낙엽성 활엽수이며 그리 높이 자라지 않는 관목으로 다 자라야 4미터 남짓 큰다. 우리나라에서는 경상남도를 제외하고는 전국 각지의 산에서 볼 수 있으며 만주를 거쳐 중국에까지 퍼져 있다. 흑갈색의 줄기에서는 아주 드물게 가시가 달린다. 다섯 개 혹은 세 개의 길쭉한 잎들이 한자리에 둥글게 모여 달려 마치 손가락을 펴놓은 것 같은 특이한 모양이어서 이 나무를 본 적이 없는 사람이라도 산에서 만나면 '아! 이 나무가 오갈피나무구나' 하고 쉬이 짐작할 수 있다.

꽃은 이른 여름에 달리기 시작한다. 황백색에 자주색

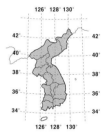

- **식물명** 오갈피나무
- **과명** 두릅나무과(Araliaceae)
- **학명** *Eleutherococcus sessiliflorus* S. Y. Hu

- **분포지** 전국의 산지
- **개화기** 7~8월, 적황백색 산형화서
- **결실기** 10월, 검은색 장과
- **용도** 약용, 식용, 관상수
- **성상** 낙엽성 활엽 관목

이 섞인 작은 꽃들이 공처럼 아주 둥글게 모여 달려 매우 독특하다. 이 꽃
송이들이 만들어놓은 모양 그대로 열매가 성숙하기 시작하는데 10월쯤
이면 까맣게 잘 익는다.

　우리나라에는 오갈피나무와 비슷한 형제 나무가 몇 그루 자라고 있다.
그 가운데 가장 유명한 것은 지리산이나 태백산 또는 계방산 같은 깊은
산속에서 자라는 가시오갈피나무인데 가지 전체에 바늘 같은 긴 가시가
있을 뿐 아니라 꽃이 일찍 핀다. 중요한 것은 여러 오갈피나무 가운데 이
가시오갈피나무가 가장 약효가 뛰어나다는 점인데 이 때문에 심산에 가
뜩이나 드물게 자라는 이 나무가 수난을 당하기도 한다. 또 제주도 바닷

가에는 우리나라 특산종인 섬오갈피나무가 자라며, 잎 가장자리에 작은 톱니가 있고 꽃잎의 수가 다섯 내지 일곱 개이면 오가나무이고 지리산에 자라는 지리산오갈피나무는 잎 뒷면에 가시 같은 돌기가 있다.

오갈피나무는 예로부터 문장초, 오화, 오가 등으로 불렸다. 생약 이름으로는 오갈피 또는 오가피라고 부르는데 이것은 이 나무의 뿌리껍질을 말하는 것이다. 간혹 수피를 함께 이용하기도 한다. 여러 가지 약효가 있지만 특히 정력에 좋다고 하여 인기가 높다. 또 허리나 배가 아플 때도 달여 마시며, 근골을 튼튼하게 하고 피로를 회복하는 데 각별한 효과가 있다고 한다. 이 밖에 신경통, 관절염, 타박상, 옴, 종기 같은 증상에 처방한다. 파리에서 연구하고 있는 구소련의 한 약리학자는 이 오갈피나무의 약효가 인삼을 능가한다는 결과를 발표하여 주목을 받기도 하였다.

약으로 달여 마셔도 되지만 술을 만들어 약술로 마시기도 한다. 특히 이 뿌리껍질로 담근 오가피주는 약효는 물론이고 향기와 빛깔 또한 일품이다. 대개 집에서는 오갈피 뿌리껍질에 소주를 붓고 한 달 이상 두었다가 마시지만 제품으로도 나와 있는 그 유명한 중국의 오가피주는 누룩과 술밥을 섞어 빚으며 여기에 원지를 넣기도 한다.

잎은 나물로 무쳐 먹는데 피부의 풍습을 제거한다. 나물을 할 때에는 어린잎을 따서 소금을 넣은 물에 살짝 데쳐 찬물에 헹구거나 담가두어 떫은맛을 제거한다. 보통 나물 무치듯 양념하여 먹으면 되지만 겨자와 간장을 넣어 무쳐도 맛이 색다르다. 또 이 어린잎으로 나물밥을 해 먹기도 한다. 이것을 오가반五加飯 즉 오갈피 밥이라고 하는데 충분히 삶아서 행군 오갈피의 순과 잎을 잘게 썰어서 밥에 비벼 먹는다.

청명쯤에는 제대로 벌어지지 않은 잎을 따서 차를 끓여 마시기도 하는데, 구기자나무의 어린잎과 차나무 잎을 각각 건조시킨 후 혼합하여 달여 마셔도 좋고 또 볶은 껍질을 그냥 달여두거나 음료수를 만들어 항시 마셔도 좋다. 또 오갈피나무는 꿀이 많이 나는 귀한 밀원식물이다.

가시오갈피나무

오갈피나무 열매

　이 밖에도 관상용으로 기르는 것도 괜찮다. 이 오갈피나무의 다양한 용도 때문에 부러 집 주변에 심어 기르기도 하고 대량으로 재배를 시도하기도 하는데, 집 주변에 군식하거나 생울타리 같은 것을 만들어놓으면 보기도 좋고 쓰임새도 요긴하다. 수량이 많을 경우에는 수입원이 될 수도 있다. 게다가 병충해가 거의 없어 농약을 칠 일도 없고 농약 친 잎을 따서 먹을 일도 없으니 마음을 한시름 놓게 하는 나무다. 또 오갈피나무는 나무 자체에 독특한 향기가 있어 한껏 품위를 높이고 겨우내 매달려 있는 열매는 새들을 불러 모으니 이 또한 오갈피나무의 가치를 높여준다.

　번식은 종자를 뿌리거나 삽목 또는 포기나누기를 통해 하는데 종자는 2년 동안 노천 매장을 해놓아야 비로소 싹이 트니 미리 잘 계획하여 종자를 확보해야 하고, 봄 또는 여름에 가지를 잘라 삽목을 하는 것이 일반적이다. 근삽 즉 뿌리를 잘라 하는 번식은 가을에 캐어 겨울을 날 때 모래에 거꾸로 묻어두면 뿌리가 잘 내린다고 한다. 오갈피나무는 볕이 잘 들며

오갈피나무 수피

계곡 같은 다소 습하고 바위가 많은 지역에서 잘 자라므로 이를 고려하여 심는다. 아래쪽에서 가지를 많이 만들어 수형이 좋고 전정에도 잘 견디니 모양을 만들기에도 적합하며 추위에도 잘 견딘다.

5장

우리나라를 대표하거나 사라질 위기에 처한 나무

개나리

봄이 오면 온 거리에 노란 칠을 해댄 듯 샛노란 개나리의 물결이 가득 차 우중충한 회색 도시는 금방 활기가 넘친다. 따사로운 농촌의 풍광 속에서도 개나리는 곧잘 어울린다. 해맑은 어린아이처럼 맑고 밝게 개나리가 꽃소식을 전하고 나면 농촌은 긴 겨울의 나른함을 털어버리고 새로운 계절을 맞는다. 우리의 개나리 사랑은 유별나서 서울, 경기를 비롯하여 전국의 41개 시와 군에서 개나리를 시화市花, 도화道花 또는 군화郡花로 지정해 놓았다.

개나리는 물푸레나무과에 속하는 낙엽성 관목이다. 지방에 따라서는 어리자나무 또는 어라리나무라고 하며, 신리화란 이름도 있다. 서양에서는 개나리를 두고 골든 벨Golden bell, 즉 황금 종이라는 예쁜 이름으로 부른다. 가지마다 꽃이 달린 모습을 보면 황금으로 만든 작은 종들이 금세 고운 종소리라도 울릴 듯 느껴진다. 중국에서는 연교連翹라고 부르는데 가지가 길게 자라서 꽃을 달고 있는 모습이 마치 새의 긴 꼬리 같다고 해서 붙여진 이름이다. 노란 꽃은 그 끝이 네 갈래로 갈라져 있고 그 속에서는 마주 보는 두 개의 수술과 한 개의 암

- **식물명** 개나리
- **과명** 물푸레나무과(Oleaceae)
- **학명** *Forsythia koreana* Nakai

- **분포지** 한국 특산종으로 전국에 식재하고 있으나 자생지는 발견되지 않음
- **개화기** 3월~4월, 노란색
- **결실기** 9월, 삭과
- **용도** 관상용, 약용
- **성상** 낙엽성 활엽 관목

술이 오도카니 자리 잡고 있다. 개나리는 수꽃과 암꽃이 따로 있어서 꽃에 따라 암술대가 길게 달리기도 하고 수술이 더 길게 달리기도 하는데 이 두 종류의 꽃 사이에서 수분이 일어나야만 비로소 열매를 맺을 수 있다. 그래서 그렇게 지천으로 많은 꽃이 피는데도 개나리 열매를 구경하기는 그리 쉽지 않다.

개나리 잎은 꽃이 지기 시작하면 한쪽에서 삐죽삐죽 고개를 내민다. 축축 늘어진 가지마다 달리는 싱싱한 진초록 잎새는 워낙 무성하고 싱그러워 한여름의 무더위마저 잊게 해준다.

개나리의 학명은 포르시티아 코레아나*Forsythia koreana*이다. 개나리 종류

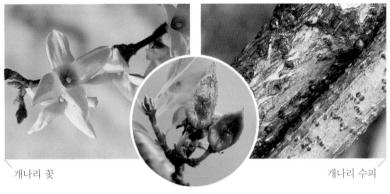

개나리 꽃

개나리 열매

개나리 수피

를 모두 통칭하는 속명 *Forsythia*는 1908년 네덜란드의 식물학자가 영국의 유명한 원예학자 윌리엄 포시스William A. Forsyth를 기념하여 붙인 이름이며 종소명 *koreana*는 수많은 개나리 종류 가운데 이 나무가 한국을 대표하는 특산 식물임을 알려준다. 개나리는 우리나라 말고도 중국에 자란다는 이야기도 있고 일부에서는 중국 것은 일본 것처럼 우리 개나리와는 다른 종류라는 이야기도 있는데 아직 확인되지 않고 있다. 그러나 온 세계로 퍼져나가 세계인의 사랑을 받으며 많은 원예 품종이 만들어져 지구를 덮고 있는 개나리가 우리의 개나리라는 데는 이견이 없다. 우리나라의 특산 식물이며, 봄이면 이렇듯 온 나라를 뒤덮는 개나리의 자생지가 밝혀지지 않은 것은 참 신기한 일이다. 개나리는 전남 대둔산에서부터 북쪽으로는 묘향산까지 전국에 자란다는 기록만 있을 뿐이다.

우리나라에는 개나리 말고도 산개나리와 만리화 그리고 장수만리화 등 특산 개나리가 세 종류나 더 있다. 산개나리는 개나리보다 꽃이 가늘고 색도 연하다. 꽃이 다 피어도 꽃잎이 뒤로 젖혀지지 않으며 잎자루에 털이 나 있다. 산개나리의 자생지는 북한산과 관악산, 수원 등으로 알려져 있다. 멸종된 것으로 전해진 산개나리가 도봉산 원각사 근처에서 아주 싱그럽게 커가고 있는 것이 발견되어 떠들썩하였고 관악산에서 어렵게 살아가는 산개나리 개체들도 지은이가 보았으니 멸종된 것이 아님은 확실하다. 또한 1997년 임실 덕천리 산개나리 군락이 발견되어 개나리로는 처음으로 천연기념물 제388호로 지정되었으나 지금은 자생 개체가 거의 없는 상태가 되었다. 다행히 완주 대아수목원에서 이를 삽목하여 증식해 둔 개체들이 군락을 이루었다니 한시름 놓았다. 보전은 그냥 잘 두는 것이 다가 아니다. 왜 사라지는지 원인을 찾아내어 어렵게 살아가는 개체들을 돕는 것이 옳다.

만약 설악산에 올라갔다가 야생하는 개나리를 보았다면 그것은 만리화일 확률이 높다. 개나리의 사촌인 만리화는 설악산과 황해도 등이 원산지이나 남한에서는 설악산에 간혹 피어 산사람들을 기쁘고 반갑게 한다. 장수만리화는 북한의 장수산이 고향인데 남북이 가로막히기 전에 남쪽에 가져와 심어놓았던 것이 서울대 수목원과 임업 연구원, 홍릉 수목원에서 겨우 명맥을 유지하고 있다. 또한 우리나라의 한 대학에서 개나리 잎에 황금색 무늬가 있는 품종을 개발하여 '서울골드Seoul Gold'란 이름을 붙였고 세계 특허까지 받아놓았다. 이러한 품종이 만들어지는 확률은 아주 낮은데 부디 이 개나리가 서울이라는 이름을 앞에 달고 세계인의 사랑을 많이 받았으면 한다.

개나리에는 전설이 하나 있다. 옛날 인도에 한 공주가 나라를 다스리

산개나리 꽃과 열매   만리화 꽃과 열매

고 있었다. 이 공주는 어찌나 새를 사랑했던지 온 세상의 아름다운 새는 모두 사 모아 궁전은 온통 새로 꽉 찰 지경이었다. 이렇듯 공주가 새에 마음을 쏟으며 나라는 돌보지 않은 데다가 신하들마저 나라 걱정을 않고 공주의 환심을 사기 위해 새에만 정신을 팔다 보니 백성들의 살림은 점차 가난해지고 원성은 높아만 갔다. 공주에게는 수많은 새장이 있었는데 그중 가장 아름다운 새장 하나가 비어 있었다. 이 새장에 넣을 만큼 아름다운 새를 만나지 못했기에 공주는 슬퍼하곤 하였다. 그러던 어느 날 한 노인이 눈부시게 찬란한 깃털과 감미로운 노랫소리를 지닌 신기한 새를 공주에게 가져왔다. 공주는 노인에게 후한 상을 주어 돌려보내고 온 마음을 이 신비한 새에게 주고 사랑하였다. 그러나 어찌 된 일인지 새는 점차

깃털이 바래고 그 곱던 노랫
소리도 점차 이상하게 변해
갔다. 혹 옛 모습을 되찾을
까 하여 목욕을 시켰는데 물
에 넣으니 아름답던 새는 새
까만 까마귀로 변해버렸다.
나라를 걱정하는 노인이 까
마귀에 색칠을 하고 목에는

새로 개발한 원예품종 '서울골드(Seoul Gold)'

소리 나는 기구를 넣었던 것이다. 너무나 상심한 공주는 마침내 죽게 되
었고 공주가 묻힌 무덤에서 돋아나온 나무가 바로 개나리이다. 사람들은
까마귀 때문에 빼앗겨버린 새장이 안타까워 공주가 긴 가지를 쭉 뻗어내
고는 새장의 모습을 한 금빛 꽃을 달고 있는 것이라고들 했다.

개나리는 약용으로 쓰기도 한다. 특히 의성 지방에서는 약용으로 중국
원산인 의성개나리를 재배하고 있다. 열매는 약으로 쓰는데 생약명이 연
교 혹은 황수단이며 해열, 해독, 소염, 이뇨, 소종 등에 효능이 있어 오한
이나 열이 날 때, 신장염이나 임파선염 또는 각종 종기나 습진의 치료약
으로 쓴다.

개나리는 간혹 씨를 뿌리거나 휘묻이 또는 포기나누기를 하기도 하지
만 대부분 삽목으로 번식한다. 3월 하순쯤 이전 해에 자란 가지를 잘라
꽂으면 뿌리를 잘 내린다. 그늘에서 살지 못하는 것은 아니지만 해가 잘
들어야 꽃이 일찍 핀다. 건조한 것을 싫어하며 새순을 갉아먹는 잎말이벌
레 등을 주의해야 한다. 어쨌든 기르기가 까다롭지 않은 나무이다.

망개나무

망개나무는 갈매나무과에 속하는 낙엽교목이다. 세계적인 희귀종으로 우리나라에서는 충북이나 경북 지방에서 드물게 발견된다. 망개나무는 이름만 불러보아도 정겹다. 우리 산야에 헤아릴 수 없을 만큼 수많은 나무들 사이에 끼여 언제나 건강하게 자라고 있을 것만 같은 그런 이름을 가진 나무이지만 실제로는 매우 희귀하다. 그러나 이 귀한 나무의 지난 세월을 더듬어보면 우리네 인생살이처럼 다사다난하여 어느 결에 친근해져 정이 간다.

망개나무가 우리나라에서 처음 발견된 것은 1935년이다. 우리나라 식물분류학의 선구자 가운데 한 분이신 정태현 선생이 충북 보은의 속리산 법주사 앞에서 발견하여 비로소 세상에 소개되었다. 이때 망개나무는 한국 특산 식물이라는 영예를 안았다. 그 후 1947년 이창복 교수는 경북 청송의 주왕산에 망개나무가 자라고 있음을 발표함으로써 자생수종이라는 확신을 안겨주었고, 1958년에 이덕봉 교수가 같은 산에서 이 나무를 발견하고 망개나무가 한반도에서 꽃을 피우고 열매를 맺어 스스로 번식해나간다는 사실을 알려 많은 이들의 마음

- **식물명** 망개나무
- **과명** 갈매나무과(Rhamnaceae)
- **학명** Berchemia berchemiifolia Koidz.

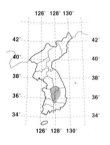

- **분포지** 충청북도와 경상북도의 산지
- **개화기** 6월, 녹황색
- **결실기** 9월, 붉은색
- **용도** 공원수, 기구재, 조각재
- **성상** 낙엽성 교목

을 흐뭇하게 하였다.

그 후로도 망개나무는 잊히지 않을 만큼 이따금 발견되어 속리산과 주왕산 외에 화양동 계곡에 비교적 큰 군락이 있으며, 문경 새재, 내장산, 충북 제원 등으로 그 분포 영역을 넓혀나갔다. 그러나 망개나무와 동일한 수종이 일본의 남부 지방과 중국의 중부 지방에서도 자란다는 것이 알려지게 되어 망개나무는 한국 특산 식물이라는 자리를 내놓아야만 했다. 하지만 일본과 중국에서도 역시 망개나무가 아주 희귀하여 매우 소중히 키우고 있었으며 결국 세계적인 희귀 수종이라는 새로운 입지가 마련되었다.

1968년에는 보은 속리산 망개나무가 천연기념물 제207호로 지정되기도 했다.

그러나 망개나무의 수난의 세월은 여기서 심화되기 시작하였는데, 망개나무의 껍질을 달여 먹으면 아들을 낳을 수 있다는 엉터리 소문이 나 아들을 낳을 수만 있다면 어떠한 일도 서슴지 않는 사람들에 의해 처음에는 껍질이 벗겨지고 점차 줄기와 가지가 잘려나가다가 나중에는 뿌리째 뽑혀나가는 지경에 이르렀다. 결국 망개나무는 고사하였다. 게다가 천연기념물이라고 하니 구경꾼들이 잎과 가지를 하나둘 따 가 나무를 죽이는 데 한몫하였다. 지금의 천연기념물 제207호 나무는 이 소식을 들은

망개나무 꽃   망개나무 열매

식물학자들이 속리산 구석구석을 조사하여 탈골암으로 들어가는 계곡에 서 있던 높이 13미터인 나무를 대신 지정한 것이다.

미국의 어떤 도시에서는 크게 자란 참나무가 정원에서 자라고 있으면 집값이 무척 싸지는데 나무가 더 크게 자라 집과 닿으면 나무를 자르는 것이 아니고 집을 허물어야 하기 때문이라고 한다. 한 그루의 나무를 이토록 소중히 여기는 이들도 있는데 아들 선호 사상에 빠져 귀한 나무로 세계에 공표한 천연기념물을 뿌리째 가져간 우리의 현실이 못내 가슴 아프고 답답하다.

이 외에 충북대학교 백승언 교수는 1970년에 충북 제천군 한수면 송계리 동산 마을의 충북대학교 연습림에서 나이가 150살이 넘는 노거수를 발견하였는데 키가 15미터를 넘고, 가지는 동서로 각각 6미터가 넘으며, 남쪽으로는 7미터가 넘게 자라 있었다. 이 나무는 1983년에 천연기념물 제337호로 지정되어 망개나무 천연기념물은 두 건이 되었다.

망개나무의 지난 세월을 보면 고난의 시대는 훨씬 전부터였다. 망개나무가 자라고 있는 지역의 마을 사람들은 대개 이 나무를 잘 알고 있다. 충북에서는 망개나무를 일컬어 멧대싸리라고도 하고 경북의 주왕산 근처에서는 살배나무라고 하는데 이 나무는 불에 잘 타 땔감으로도 아주 좋다고 한다. 그래서 그동안 계속해서 주변의 나무를 모두 연료로 사용해왔다는 것이다. 게다가 1년에 1미터 이상씩 미끈하게 자라는 가지는 농사지을 때 땅을 갈아엎어 고르게 다지는 농기구 써레의 살로 아주 적합했다 한다. 써레 살에는 검불이 끼게 마련인데, 망개나무 가지는 매끈매끈하여 살에 낀 검불이 잘 빠져나간단다. 그래서 이 땅에 제한적이나마 제법 있었을 법한 망개나무는 주변에서 거의 자취를 감추게 된 것이다.

망개나무는 여름이 시작할 즈음 꽃을 피우기 시작하여 두고두고 꽃을 피운다. 꿀을 내는 밀원식물이 넉넉하지 않은 시기에 여간 반갑지 않다. 이렇게 피기 시작한 꽃은 여름내 계속되어 한쪽에서는 벌써 새로운 꽃망울을 터뜨리기도 한다. 게다가 망개나무 꽃이 생산하는 꿀은 양도 많을 뿐 아니라 질도 좋으니 벌 치는 이들의 사랑을 받을 수밖에 없을 것이다.

망개나무는 갈매나무과에 속하는 교목으로 가을이면 잎을 떨군다. 우리나라에서 자라는 망개나무는 키가 20미터까지 자라기도 하는데 일본의 망개나무는 3~7미터 정도라고 한다.

망개나무 수피의 세로로 갈라진 무늬가 보기에 좋고 큰 줄기는 곧게 자라지만 새로 난 가지들이 늘어져 개성 있는 모습을 보여준다. 새 가지 끝이나 잎겨드랑이에는 연둣빛이 나는 노란색의 작은 꽃들이 긴 삼각형 모양으로 모여 달리는데 대추나무 꽃과 생김생김이 비슷하다.

버드나무 잎 같지만 그보다 폭이 넓은 잎에는 활처럼 휘어진 잎맥이 나란하고 짙은 녹색의 반질거리는 앞면에 비해 잎 뒷면은 분칠을 한 듯 흰빛이 돈다. 망개나무의 매력은 뭐니 뭐니 해도 붉은 열매에 있는 듯싶다. 노랗게 달려 아주 붉게 익어가는 열매가 길게 늘어진 잎새들 사이로 드러나 있는 모습은 아무리 보아도 싫증나지 않는다.

이렇게 시원스레 잘 크는 망개나무는 관상수로 곁에 두고 보아도 좋을 듯싶지만 목재로서의 가치도 눈여겨볼 만하다. 성장이 빠르고 군집성이 좋으며 재질이 견고하고 내구성이 강한 데다 가공하기에도 적합하다고 한다. 아무리 이 나무가 희귀하다고 하지만 처음 발견된 지 수십 년이 흘렀고 그간 꾸준히 관심의 대상이 되어왔는데 관상수로든, 아니면 밀원식물이나 목재로서 가능성이 큰데도 망개나무가 귀하기만 한 것은 종자 얻기가 수월치 않기 때문이다. 그나마 이 열매들은 새들도 아주 좋아해서

망개나무 수피

남아나는 열매가 없을 지경이다. 종자를 얻고 나서도 종자의 껍질을 까서 물에 담근 다음 가라앉는 좋은 종자만 골라 12월에 노천 매장을 하는데 모래와 잘 섞어 땅에 파묻어두었다가 봄에 뿌리는 수고를 거치고 나서 20일쯤 지나면 귀여운 새싹이 움터 묘목을 얻을 수 있다. 그러나 꺾꽂이로는 번식이 잘 안 되는데 특별한 호르몬 가지 처리를 하여도 뿌리내리는 데는 별 도움을 주지 못한다고 한다.

망개나무가 자라는 곳에 가면 어린 나무들을 거의 보기 어렵다. 전문가들은 이를 망개나무가 자라는 환경 때문이라고 생각한다. 이 나무는 대부분 돌이 많은 곳이나 바위틈에 자라 종자가 떨어진다 하더라도 제대로 싹을 틔울 비옥한 토양이 없는 것이다. 가끔 계곡의 모래땅에서도 만날 수 있는데 이러한 곳은 비가 많이 오면 물에 잠기는 곳이어서 어렵게 자리 잡은 어린나무들이 빗물에 뽑혀나갈 확률이 높다. 그나마 맹아력이 강한 덕택에 척박한 바위틈에서 명맥을 유지하고 있을 것이다. 관심의 끈을 놓친다면, 그래서 그대로 방치된다면 망개나무도 희귀종에서 멸종 위기 식물로 바뀌어갈지도 모른다.

무릇 식물을 공부하는 이에게 새로운 식물을 찾아내고 귀한 식물의 새로운 분포지를 알아내는 일은 큰 기쁨 가운데 하나이다. 지나간 많은 시간 동안 식물을 좇아 산과 들로 다니면서 눈뜬장님처럼 귀한 것을 보고도 알지 못하여 놓쳐버리지는 않았을까? 이 땅에 망개나무처럼 수난을 당하는 나무가 없기를 바라는 마음이 더욱 간절해진다.

사스래나무

우리 민족의 영산으로 온 겨레의 가슴속에 자리 잡고 있는 백두산, 언제나 우리의 마음을 설레게 한다. 길고 어려운 여정에도 불구하고 지은이에게 백두산 기행은 기꺼운 즐거움이었다. 특히 식물을 공부하는 지은이에게는 기록으로밖에 볼 수 없는 백두산 식물에 대한 그리움이 한껏 부풀어 그 고된 여정에 설렘이 가득 찼다.

백두산은 웅대한 산이다. 높이 2,749.6미터, 둘레가 280킬로미터에 이른다니 그 장대함이 어느 정도인지 짐작할 만하다. 그러나 백두산의 그 거대한 지역이 모두 접근할 수 없을 만큼 험준하지는 않다. 빼곡히 들어찬 원시림이 나타날 때까지는 아무도 그곳이 백두산의 한 자락임을 실감하지 못할 만큼 백두산의 산자락은 완만하게 이어진다. 산자락을 따라 오르노라면 우리의 정답고 나지막한 야산처럼 먼지를 뿌옇게 뒤집어쓴 시골길이 이어지고 그 안엔 간혹 마을도 보이고 강도 흐른다.

경사가 이어지는 야트막한 산길을 한나절쯤 달리다 보면 늪지대가 보이기 시작한다. 영화에서 흔히 보던 밀림 속에 자리 잡고 한번 빠지면 헤어나기 어려운 그런 늪이 아니므로 차라리 못이란 표현이 어울릴 듯싶

- **식물명** 사스래나무
- **과명** 자작나무과(Betulaceae)
- **학명** *Betula ermanii* Cham.

- **분포지** 백두대간의 고산 지역
- **개화기** 5~6월, 수꽃차례는 아래로 암꽃차례는 위로 달림
- **결실기** 10월, 좁은 날개가 있음
- **용도** 약용, 가구재, 가공재, 조각재, 건축재
- **성상** 낙엽성 교목

다. 노란 꽃을 피우는 수생식물이 가득 피어 물 위에 꽃잎을 띄워놓은 듯하고 그 가장자리에는 마타리와 참취가 키를 높여 핀다. 곳곳에 고동색의 길죽한 꽃차례를 매단 부들이 어울린다.

이때부터 수피가 하얀 만주자작나무를 시작으로 하늘을 찌를 듯이 들어찬 숲이 나타나면서 백두산은 본격적인 제 모습을 드러낸다. 하늘도 땅도 보이지 않는 태고의 원시림 속에서 그동안 빈약한 우리의 숲에 품었던 아쉬움은 어느새 자긍심으로 변한다. 계속해서 잎갈나무, 소나무(그 모습이 아름다워 미인송이라 부른다), 전나무 등의 침엽수 숲으로 이어지면서

늠름하게 솟아오른 나무들은 빈틈없이 들어차고 말 그대로 수해 樹海, 나무의 바다를 이루어 청록색 잎의 물결을 만든다.

사스래나무는 이 원시림의 마지막 숲을 이룬다. 두터워 보이는 회갈색 수피로 깊이와 운치를 더한 사스래나무는 자랄 대로 자라 바로 앞을 볼 수 없을 만큼 들어차 있다. 그 사이로 나무 그루터기와 촉촉이 그 위를 덮고 있는 이끼, 숲 속으로 한 발짝만 발을 들여놓아도 나무 냄새와 어울린 숲의 기운이 신비스럽기만 하다. 그 숲에는 바늘같이 긴 씨방을 가진 분홍바늘꽃, 투구와는 어울리지 않게 수줍은 각시투구꽃, 촛대처럼 하얀 꽃이 피는 촛

사스래나무 수꽃

사스래나무 암꽃

대승마 등 헤아릴 수 없을 만큼 많고 귀한 꽃들이 함께 피고 진다.

그러나 정작 사스래나무의 진정한 모습은 수목한계선에서 볼 수 있다. 백두산에서는 바람이 너무 강하여 더 이상은 큰 나무가 자랄 수 없는 그곳에 칼로 자른 듯 뚜렷한 수목한계선이 그어지는데 바로 사스래나무가 경계가 된다.

넘실거리는 천지를 등에 대고 눈 아래 원시림은 끝없이 펼쳐져 지평선까지 이어지고 이 수목한계선은 마치 바람을 상대로 싸우는 전선戰線과 같다. 해발 1,900~2,000미터 사이에 만들어지는 이 경계 너머로도 적진을 뚫고자 돌진한 몇몇 사스래나무가 보이고, 이 나무들은 한결같이 곧게 자라지 못하고 바람이 부는 방향에 따라 휘어져 있다. 이 회백색 나뭇가지를 바라보노라면 대자연의 힘이 얼마나 엄청난지 그리고 또 다른 자연, 사스래나무의 저항이 얼마나 처절한지 짐작할 수 있다.

사스래나무조차 넘보지 못하는 높은 곳에는 오히려 연약한 초본성 고산식물이 군락을 이룬다. 꽃으로 온 산을 덮은 듯 아름다운 이곳에서 특히 황금색 꽃물결을 만드는 두메양귀비에 눈길을 주노라면 바람에 일렁이는 꽃잎은 푸른 천지 너머 북녘 개마고원까지 이어진다.

백두산에는 감추어진 또 하나의 천지, 소천지가 있다. 선녀와 나무꾼의 전설이 깃든 소천지를 에워싸고 있는 것 또한 사스래나무 숲이다. 이 숲은 소천지의 맑은 물속에 비쳐 또 하나의 사스래나무 숲이 만들어진다. 이 사스래나무는 우리나라의 탄생 신화에 나오는 박달나무나 자작나무와 사촌간으로 그 모양새가 매우 비슷한데 실제로『삼국유사』에 나오는 신단수神壇樹, 단수壇樹와 박달나무를 지칭하는 단檀 자는 비슷하지만 서로 다른 글자이고 또 이 지역에서는 박달나무를 거의 볼 수 없다는 재미있는 사실을 발견하고 보면, 혹시 이 백두산의 가장 높은 곳에서 숲을 이루는 사스래나무가 그 많은 설화의 주인공이 아닐까 하는 상상도 해본다.

사스래나무는 자작나무과Betulaceae에 속하는 낙엽성 교목이다. 백두대간을 따라 우리나라의 고산에서 볼 수 있지만 가장 대표적인 곳은 역시 백두산이다.

대부분 8미터 정도까지 자라는 사스래나무는 자작나무과에 속하는 나무답게 수피가 인상적이다. 회갈색 또는 회백색 수피는 종잇장처럼 얇게 벗겨져 줄기에 남아 있는데 자작나무처럼 아주 희지도 않고 거제수나무처럼 회색에 수피가 지나치게 너덜거리지도 않아 두 나무의 중간쯤 된다. 긴 삼각형의 잎에는 7~11쌍의 선명한 가로맥이 나란히 있고 가장자리의 불규칙한 톱니는 강한 인상을 준다.

사스래나무는 목재의 재질이 좋아 여러 가지 가구재나 기구재 또는 건축재, 조각의 소재로도 적합하며 아직은 보편화하지 않았으나 그 기품 있는 모습을 보면 고산 지역에 식재하여도 좋을 듯하다. 목재로서의 용도 외에 약용하기도 하는데, 나무에 물이 오르는 봄에 수액을 채취하여 마시거나 바르면 피부병, 자양 강장제로 효

사스래나무 수피

수목한계선에서 바람의 영향으로 줄기가 휘어진 모습

사스래나무 열매

과가 있고 그 밖에도 다른 약과 함께 처방하여 쓴다고 한다. 이른 봄에 돋아나는 여린 새순은 산에 사는 짐승들의 좋은 먹이가 되기도 한다.

사스래나무는 고채목이라고 부르고 백두산 지역에서는 악화岳樺라고도 부르며 그 밖에 지방에 따라 자화수, 암화, 새수리나무, 사수레나무라고 조금씩 다르게 부르기도 한다. 또 사스레나무라고도 하는데 이는 사스레피나무라는 전혀 별개의 나무 이름과 혼동한 데서 비롯된 것이므로 사용하지 않는 것이 좋겠다.

신비롭기만 한 백두산에도 서서히 인간의 손길이 닿고 파괴의 흔적이 곳곳에 나타난다. 백두산의 최고봉까지 차를 타고 가겠다는 욕심으로 그 귀중한 고산 초원대 위로 한없이 구불거린 도로가 뚫렸다. 사스래나무 숲에도 벌써 많은 나무가 베이고 호텔들이 지어졌는데 그중 하나의 이름은 사스래나무의 이곳 이름인 '악화'를 따서 '악화빈관'이다. 백두산을 찾는 많은 사람들이 우리나라 사람들이고 보면 사스래나무 숲이 파괴되는 데 우리도 한몫한 듯싶어 안타깝기도 하다.

함박꽃나무

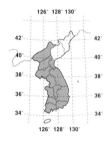

매년 봄이 가고 여름이 올 즈음이면, 우리나라의 깊은 산에는 골짜기마다 함박꽃나무가 피어난다. 함박 같은 웃음을 활짝 지으며 피는 이 꽃나무는 흰 꽃잎이 함박 눈처럼 순결하고 함지박처럼 넉넉하면서도, 아침 일찍 고개 숙인 꽃송이에 이슬을 맺고서 함초롬히 피어나 함박꽃나무라는 꼭 어울리는 이름을 얻었는가 보다.

함박꽃나무는 목련과에 속하는 낙엽성 활엽수이며 나무의 높이가 어중간하여 소교목으로 분류한다. 깊은 골짜기, 무성한 숲 사이에서 빈자리마다 많은 가지를 내어 만들고 잎을 매단다. 넓은 타원형의 잎새는 조금 이라도 빛을 더 받으려는 듯 큼직하다.

잡다한 가장자리 톱니나 뚜렷한 엽맥 같은 것을 만들지 않은 채 싱그러워 시원한 느낌을 준다. 여름이 가까워져 함박꽃나무의 잎새가 무성해질 무렵, 그 사이사이에서 하얗고 주먹만 한 꽃송이를 매달고 아름답게 피어난다. 자생하는 소박한 우리의 꽃들 가운데 꽃의 크기가 이만큼 큰 나무를 찾기도 쉽지는 않을 것이다. 꽃송이가 너무 커서 그 무게를 이기지 못하기 때문이겠지만 마치 수줍어하는 산골 처녀처럼 다소곳이 고개를 숙이

- **식물명** 함박꽃나무
- **과명** 목련과(Magnoliaceae)
- **학명** *Magnolia sieboldii* K. Koch

- **분포지** 전국 산지의 계곡
- **개화기** 5~7월, 백색 꽃
- **결실기** 10월, 붉은색 골돌
- **용도** 관상용, 약용
- **성상** 낙엽성 활엽 소교목

고 피어 있는 자태는 가히 천하일색이다. 이렇듯 큰 꽃송이가 고개를 처들고 자신을 뽐내었더라면 함박꽃나무는 매력을 잃었을지도 모르겠다. 부끄러워하는 모습이 더욱 사랑스러운 순백의 여섯 장 꽃잎 사이로 언뜻언뜻 수술과 암술이 드러난다. 납작하고 작은 조각을 겹겹이 포개어놓은 듯한 자줏빛 수술과 그 가운데로 돌출한 연한 황색의 암술이 서로 조화되어 자칫 너무 희고 커서 엉성해 보일지도 모르는 함박꽃나무의 마침표가 되어 꽃송이는 매력이 넘친다. 이 탐스러운 꽃에서 풍겨 나오는 향기또한 일품이다. 숲 속에 다른 나무들과 어우러져 있어 미처 발견하지 못하더라도 그 향기로 느낄 수 있으니 말이다.

가을에 익는 열매 또한 특색 있다. 우리의 붉은 고추와 서양의 붉은 피망의 중간 크기쯤 되는 열매는 방방이 갈라지고 그 속의 주머니에는 하얀 실로 연결되어 매달린 주홍색의 종자들이 두 개씩 고개를 내민다. 이씨앗은 새들이 아주 좋아하는 먹이가 되어 열매가 벌어질 즈음에 함박꽃

함박꽃나무 꽃   함박꽃나무 열매   함박꽃나무 수피

나무는 산새들의 놀이터가 되곤 한다.

함박꽃나무의 품종 가운데 잎에 얼룩이 있는 것을 얼룩함박꽃나무라 하고, 잎이 열두 장 이상인 것을 겹함박꽃나무라고 한다.

함박꽃나무는 우리나라의 어느 곳에서나 볼 수 있는데 함경도에서만은 너무 추운 탓인지 자라지 않는다. 일본과 중국에서도 자라지만 일본의 경우 아주 희귀하여 자생하는 군락지를 천연기념물로 지정해놓을 정도라고 한다.

사람들은 흔히 함박꽃나무를 산에서 피는 목련이라 하여 산목련이라고 부르는데 지방에 따라서는 함백이 또는 개목련이라고도 부른다. 그러나 한자 이름으로는 천녀화天女花라고 하여 천상의 여인에 비유하였으니 꽃나무를 두고 한 이보다 더한 찬사가 어디 있을까? 함박꽃이란 이름은 작약을 두고도 그렇게 부르는데 두 식물 모두 큼직한 꽃송이가 보기 좋다.

북한에서는 함박꽃나무를 목란이라고 부른다. 나무에 피는 난초 같다는 뜻일 게다. 사실 우리는 북한의 나라꽃이 진달래라고 알고 있지만 함박꽃나무(목란)로 바뀌었다고 한다. 1980년대 초반쯤에 이 꽃나무의 자태에 반한 김일성은 산속에 피어나는 함박꽃 같은 목란이 세계의 자랑이라고 하며 그때까지 북한의 국화였던 진달래 대신 함박꽃나무를 국화로 바꾸었다. 무궁화에 대한 무궁한 자긍심이 있는 상태에서 이러한 말을 하기는 좀 어렵지만 그래도 솔직히 우리나라 꽃 무궁화는 우리나라에서 자생지가 발견되지 않았다는 큰 약점이 있다. 그래서 한때는 국화를 바꾸자는 논의가 나왔었는데 그때 가장 유력시되었던 진달래는 북한의 국화라는 사실 하나로 탈락됨과 동시에 이 문제 역시 고개를 숙였다. 북한의 국화로 새로 정해진 이 함박꽃나무 또한 참 좋은 우리의 꽃나무임이 틀림없으니 괜스레 배가 아프다. 물론 한 개인의 취향에 따라 나라꽃이 바뀌는 그 현실은 가슴 아프지만.

최근에 함박꽃나무는 차츰 그 진가를 알아주는 사람이 늘고 있다. 세계 목련 학회가 열렸는데 수없이 많은 목련의 종류 가운데 그 크고 화려한 서양의 목련들을 제치고 고개 숙여 피는 우리의 함박꽃나무가 가장 많은 찬사를 받았다고 한다. 또 1992년 바르셀로나 올림픽 때에는 바르셀로나에 올림픽 공원을 만들고 그곳에 세계 각국에서 그 나라를 대표하는 나무들을 심어 서로 자태를 겨루게 했는데 우리나라에서는 다래와 만리화 등 몇 가지 꽃나무와 함께 함박꽃나무가 뽑혀 나가 그 아름다움을 뽐내고 나라를 빛내주었다.

함박꽃나무는 한방에서도 이용한다. 대개 뿌리를 이용하는데 진통, 하혈, 이뇨, 조혈 등에 효능이 있으며 꽃 역시 약재로 이용하는데 안약으로 쓰거나 두통 등에 처방한다고 한다.

또한 중국에서는 씨를 싸고 있는 붉은색 껍질을 고급 요리의 향신료로 이용한다고 하는데 종자의 껍질을 벗겨 말려서 가루로 빻으면 우리의 초피 가루처럼 맵고도 향기로운 독특한 향신료가 된다고 한다.

번식은 대개 종자로 한다. 열매가 막 터지기 시작하면 채취하여 그늘에 이삼일간 말렸다가 정선하고 겉에 있는 붉은 껍질을 벗겨낸 후 바로 뿌리거나 젖은 모래에 섞어 저온에 저장하거나 노천에 매장한다. 종자는 건조한 것을 싫어하므로 주의해야 하고 저절로 땅에 떨어진 종자들은 거의 발아하지 않으므로 번식이 그리 쉬운 편은 아니다. 묘목을 키우는 데 필요한 사항은 목련과 비슷하다. 옮겨심기를 싫어하는 절개의 나무이며 전정을 좋아하지 않는 자연의 나무이다.

무궁화

여름이 가고 멀리서 가을이 다가올 즈음이면 삼천리 방방곡곡에는 무궁화가 한창이다. 나라꽃 무궁화 심기 운동이 꾸준히 전개된 덕택인지 무궁화 없는 곳을 찾기가 어렵게 되었다.

옛 이름은 목근木槿 또는 순화舜花이던 것이 무궁화無窮花가 되었는데 꽃을 오래오래 볼 수 있어 그렇게 불린다. 여름에 시작하여 한창 피어 가을까지 이어질 듯하다. 그렇다면 무궁화 꽃 한 송이는 한번 꽃을 피우면 얼마나 오래갈까? 재미있게도 꽃 한 송이의 수명은 하루이다. 아침에 꽃을 피워 저녁에는 꽃잎을 말아 닫고는 져버리고 이튿날 아침이 오면 다른 꽃송이가 활짝 꽃핀다. 이렇게 피고 지기를 수없이 반복하는 것이다. "피고 지고 또 피어 무궁화라네"라는 노랫말을 보아도 알 수 있다.

무궁화는 수많은 꽃 중에서 우리나라의 꽃이 되는 영예를 안았지만 우리 민족의 역사만큼이나 많은 어려움을 겪어온 꽃이다. 일제의 민족말살정책에 수난을 당하였고, 우리나라에서 자라지 않는다고 해서 얼마 전까지만 해도 나라꽃으로 정하는 것이 옳으냐 그르냐 하는

- **식물명** 무궁화
- **과명** 아욱과(Malvaceae)
- **학명** *Hibiscus syriacus* L.

- **분포지** 전국 식재
- **개화기** 8~9월
- **결실기** 10월
- **용도** 약용, 정원수, 공원수
- **성상** 낙엽성 관목

논란이 계속되어왔던 것이다. 무궁화의 학명은 '히비스쿠스 시리아쿠스 *Hibiscus syriacus*' 즉 중동의 시리아 지방을 원산지로 하는 이집트의 아름다운 신 '히비스'를 닮았다는 이야기인데 우리나라의 나라꽃을 두고 세계가 공인하는 학명이 먼 나라를 이야기하고 있으니 못내 섭섭하다. 그러나 문헌을 찾아보면 이 지역에서는 무궁화를 찾아볼 수 없으며 인도 북부와 중국 북부 지방에 걸쳐 자란다는 것이다.

아직까지 우리나라에서 무궁화의 자생지가 발견된 곳은 한 곳도 없다. 그러나 중국의 지리와 풍속을 기록한 『산해경』을 보면 "북방에 있는 군자의 나라는 사람들이 사양하기를 좋아하고 다투기를 피하며 겸허하고 그 땅에는 무궁화權花가 많아 아침에 피어 저녁에 진다"라고 적혀 있다고 한다. 우리나라의 가장 오래된 기록은 신라 시대의 것으로 신라를 '근화향權花鄉' 즉 '무궁화의 고장'이라고 표현하고 있으며 무궁화가 우리나라에 자란다는 기록은 고려 시대, 조선 시대로 계속 이어지고 있다. 귀화한 식물일 수도 있다는 주장이 있으나 그럼에도 불구하고 많은 사람들이 옛 우리 땅에는 무궁화가 많이 자라고 있었을 것이라는 이야기를 의심하지 않으니 모두 나라꽃에 대한 애정이 각별해서가 아닐까? 어떤 이들은 무궁화가 들여온 꽃임을 인정하면서도 너무 오래전의 일이고 이제 전국에 퍼져 있으므로 그것을 따질 필요가 뭐 있느냐고 말하기도 한다. 더욱이 신라 시대에 외국에 보내는 문서에 신라 스스로를 근화향權花鄉이라고 했으니 이때부터 무궁화가 나라꽃이라는 인식이 굳어졌다는 견해이다. 고려 시대의 이규보 문집에 무궁화가 '무궁無窮'이냐 '무궁無宮'이냐는 논란을 적어놓은 것을 보면 한자로 '無窮花'가 먼저 생긴 것이 아니라 우리말로 '무궁화'라고 부르는 것을 적합한 한자어를 찾던 중에 '無窮'이 더 좋은 뜻이라 그리 되었다는 이야기이다.

그러나 또 한편으로는 '무궁화無宮花'란 이름은 중국 당나라 현종이 양귀비의 환심을 사려고 전국의 꽃을 모아 궁 안에 심게 하였는데 봄이 되어 모든 나무가 꽃을 피우는데 오직 무궁화만이 꽃을 피우지 않자 화가 나서 이 꽃을 쫓아내 이 꽃은 궁宮에 없는無 꽃花이 되었다는 이야기도 있으니 도무지 옛이야기란 종잡을 수가 없다.

향단

파랑새

일제 치하에서 무궁화는 큰 위기를 맞게 되었다. 무궁화를 특별히 나라꽃이라고 법적으로 제정한 바는 없지만 모든 국민은 그렇게 믿었고 나라가 어려움을 당하면서 무궁화는 민족의 가슴에 상징처럼 자리 잡게 된 것이다. 이때부터 일제는 학교나 관공서에 있는 무궁화를 뽑아 불태우기 시작하였다. 이것으로도 모자라 헛소문을 퍼뜨리기 시작하였는데 무지한 백성들이 이를 미신처럼 믿어 일제를 돕는 결과가 되기도 하였다. 그 헛소문은 무궁화를 보고 있거나 만지면 꽃가루가 눈에 들어가 눈에 핏발이 서고 눈병이 난다는 것이었는데 이를 믿은 사람들은 '눈의 피 꽃'이라 불러 기피하게 하였으며, 꽃가루가 살에 닿으면 부스럼이 나는 '부스럼꽃'이라 하여 피하게 되었다. 나중에는 무궁화가 화장실 울타리나 모퉁이에 심는 천대받는 나무로 전락하기도 하였는데 아직까지도 나이 든 분들에게는 즐겨 심지 않는 꽃이라는 인식이 박혀 있다.

해방을 맞이하면서 이미 국기의 국기봉에도 무궁화의 봉오리를 쓰고 정부와 국회의 표장도 무궁화가 되었건만 민족의 구심점으로만 바라보던 국화로서의 무궁화를 좀 더 여러 가지 시각으로 바라보게 되었다. 나라꽃으로 적합한지에 대한 논란이 생기기 시작한 것이다. 무궁화가 나라꽃으로 적합하지 못하다는 이유로는 전국적으로 분포하지 않고 자생지가 인도로 외래종이며 진딧물이 많고 꽃이 단명허세短命虛勢의 표본이 되고 봄에 싹이 늦게 트고 휴면이 길어 태만한 식물이며 꽃잎이 시들어 떨

새한

새아침

단심

소월

산처녀

어지므로 추하다는 것이다. 그러나 이에 대한 반발이 만만치 않아서 무궁화는 우리 민족과 어려움을 함께 겪은 민족의 정신이 담긴 꽃이라는 사실 외에도 은근하게 겸손하며 아침에 피어 저녁에 지는 것은 영고무상榮枯無常한 인생의 원리를 알려주고 가을까지 계속 피니 군자의 이상과 지칠 줄 모르는 민족성을 나타내며 진딧물과 같은 것은 육종으로 극복하면 된다는 이야기이다. 무궁화를 아끼는 어떤 이는 마당에 심어진 장미를 가꾸는 정성을 반쯤만 기울이면 무궁화도 진딧물 걱정 없이 얼마든지 깨끗하고 싱싱하게 키울 수 있다고 호통을 친다.

무궁화가 정원수로 가꾸기에 좋은 것은 이미 잘 알려져 있다. 전국 어디서나 어떠한 토양에서도 잘 견딘다. 전정이 용이하여 생울타리로 많이 만들고 여러 그루를 한데 모아 크고 둥근 나무처럼 심기도 한다. 무궁화는 관상용 외에 약용식물로도 유명하다. 무궁화에게는 옛 그리스어로 '약용 장미'라는 뜻의 이름이 있었을 정도이다. 우리나라 한방에서도 껍질을 목근피라 하여 약용하는 등 『동의보감』을 비롯하여 많은 의서에 그 용도와 효능이 기록되어 있다. 이질과 옴 같은 피부병에 특히 좋으며 종자는 목근자라 하여 담천, 해수, 편두통에, 꽃인 목근화는 이질, 복통 등에, 잎은 종기에 쓰는 귀한 약재였다고 하며 증상별 세세한 처방이 수없이 많다.

무궁화가 널리 퍼지고 나라꽃으로서의 관심이 많아지면서 수없이 많은 품종들이 개발되어 지금은 백여 종이 넘는다. 이제는 전문가들도 품종 이름을 정확히 말하기가 어려울 지경이 되었고 나중에는 그 수많은 품종을 모두 국화라고 해도 좋은지에 대한 논란이 일어나자 나라에서는 나라

꽃이 될 수 있는 기본적인 유형을 정하였다. 단조로우면서도 조용하고 순수하고 깨끗하며 아름다워야 하므로 기본형은 홑꽃으로 적단심, 즉 안쪽은 붉고 꽃잎의 끝쪽 대부분은 연분홍색이되 희석된 자주가 섞여야 한다는 것이다. 이러한 나라꽃의 기준은 공고까지 되었는데 이 사실을 아는 이들은 그리 많지 않다. 중심부의 붉은색은 정열과 사랑을 나타내고 이것이 불꽃처럼 꽃잎을 따라 퍼져나가는 것은 발전과 번영의 상징이다. 분홍 꽃잎은 순수와 정결, 그리고 단일을 뜻한다고 한다. 또한 품종 가운데 '화랑', '영광', '새아침', '설악', '산처녀', '첫사랑' 등 꽃이 아름답고 생육이 좋으며 병충해에도 강하여 우수하다고 판정되는 10개의 품종을 선정하여 중점적으로 권장하고 있다. 거기에 국립환경연구원에서는 공해 실험을 통하여 '산처녀', '새아침', '설악' 등이 대기오염에 강하여 오염이 심한 지역에 식재하기에 적합하다고 보고하기도 하였다.

무궁화는 아욱과에 속하는 관목이다. 다 자라면 키가 3미터쯤 되는데 드물게는 4미터까지도 자란다. 가지 끝마다 큼직하게 달리는 꽃잎의 안쪽은 유난히 더 붉다. 그 사이로 꽃술이 길게 나오는데 실제로 길게 꽃잎 밖으로 웃자란 것은 암술이며 암술대에는 수많은 작은 수술들이 달려 꽃을 더욱 화려하게 한다.

무궁화는 동서양을 막론하고 좋은 인상을 주고 있는 식물임이 틀림없다. 무궁화가 우리 국가의 상징이요 겨레의 얼인 것은 물론이려니와, 중국에서도 군자의 기상을 나타내는 으뜸 꽃으로 칭송하였고, 서양에서도 그들의 이상인 '샤론의 장미rose of sharon'로 부르며 사랑하였다. 요즈음 열대 화원에서 가끔 볼 수 있는, 붉은색의 꽃술이 유난히 길게 나오는

무궁화 꽃봉오리와 열매

꽃은 '하와이무궁화'로 하와이의 꽃이나 실제로는 중국산이다.

　나라꽃 무궁화는 역사가 오랜 만큼 수많은 시문에 등장하며 문화와도 밀접한 관계가 있어 조선 시대 과거에 급제한 사람에게 하사하여 꽂는 어사화御使花 역시 다홍, 노랑, 보라색의 무궁화였고, 궁중에서 잔치가 있을 때도 신하들은 무궁화를 꽂았으며 이를 진찬화進饌花라 했다고 한다. 무궁화는 일반 백성들에게는 기상목의 역할도 하였는데 무궁화가 피는 시기에 따라 그해 서리가 앞당겨지거나 늦추어져 농사에 도움을 주었다고 한다.

　옛날에 어느 욕심 많은 사람이 울타리로 무궁화를 심어놓았는데 한 어

린이가 누워 계신 어머니를 위해 옷의 얼룩을 빼려고 무궁화 한 송이를 달라고 간청하였으나 거절당하자 몰래 꺾다가 들켜서 심하게 맞고 있었다. 지나가던 시주승이 그냥 꽃을 줄 것을 권하자 욕심쟁이 주인은 그 꽃은 무궁화가 아니라 접시꽃이라고 대답했다고 한다. 그러자 무궁화는 정말로 접

부용

시꽃으로 변해버렸다고 한다. 무궁화가 얼룩을 빼는 데 효과가 있는지는 아직 밝혀지지 않았지만 착하고 너그러운 마음을 가지고 살라는 이야기이다. 또 접시꽃은 무궁화와 사촌쯤 되어 생김새가 비슷한 꽃이지만 초본이다.

중국에도 무궁화에 대한 슬픈 전설이 있다. 옛날 어느 마을에 앞 못 보는 남편을 극진히 사랑하고 보살피며 살아가는 아름다운 여인이 있었다. 이 여인은 노래도 잘하고 시도 잘 지을 뿐 아니라 인물도 천하일색이었다. 이 아름다운 여인에게 나쁜 마음을 품은 그 고을의 성주가 여러 번 꾀었으나 넘어가지 않자 강제로 납치하여 복종을 강요했지만 여인은 끝까지 성주의 청을 거절하였고 화가 난 성주는 이 여인을 죽여버렸다. 이를 불쌍하게 생각한 마을 사람들이 자기 집 마당에 묻어달라는 여인의 유언에 따라 집 뜰에 묻어주었더니 그 자리에서 나무가 자라고 꽃이 피어 그 집을 둘러싸버렸다. 마치 눈먼 남편을 보호하는 울타리처럼 자란 이 나무를 번리화 즉 울타리꽃이라 불렀는데 이 꽃의 속이 한결같이 붉은 것은 죽은 부인의 일편단심을 나타내는 것이라고 한다.

구상나무

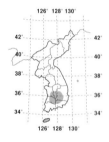

봄을 알리는 꽃소식이 더디기만 한 때, 나무들은 잎을 떨구어 앙상한 가지를 드러내고 들판의 꽃과 풀들이 말라버린 겨울에도 푸른 나무들이 있다. 진초록 잎새를 매달고 삭막한 겨울에 싱그러운 생명력을 일깨워주는 수많은 상록수 가운데 우리가 꼭 알아야 하는 나무, 그러나 잘 알고 있는 이는 그리 많지 않은 나무가 있다. 바로 구상나무이다. 지리산이나 한라산을 오르다 가쁜 숨을 고르며 문득 바라본 숲 속에서 또는 누구나 자연을 대상으로 찍은 작품 사진들 가운데서 드문드문 하얀 수피가 드러나는 고사목들을 본 기억이 있을 것이다. 멀리 구름을 이고 이어지는 산 능선을 배경으로 높은 산 위에 의연히 서서 세월과 풍파를 견디고 있는 나무가 바로 구상나무이다. 그러나 정작 우리가 구상나무를 기억해야 하는 이유는 다른 데 있다. 구상나무는 세계에서 우리 땅에만 자라는 나무라는 사실이다. 우리 강산 어느 곳에서든 자라와 한 식구처럼 생각하는 소나무도 우리의 힘이 약한 까닭에 세계적으로 일본소나무라고 소개되었고, 울릉도에 버젓이 자생하고 있는 향나무는 중국의 나무라고 학명에도 기록되어 있다. 구상나무와

- **식물명** 구상나무
- **과명** 소나무과(Pinaceae)
- **학명** *Abies koreana* E. H. Wilson.

- **분포지** 한라산, 덕유산, 지리산의 고산지대에 자생하고 전국에 관상용으로 식재
- **개화기** 5월, 수꽃화서는 자주색, 암꽃화서는 여러 색
- **결실기** 9~10월, 검은 녹색, 검은색, 검붉은 색 구과
- **용도** 정원수
- **성상** 상록수 교목

잣나무만이 세계의 나무들 사이에 떳떳이 한국을 대표하는 우리 나무로 등록되어 있다.

구상나무는 소나무과에 속하는 상록수로 다 자라면 키가 20미터에 가깝고 가지와 잎이 만드는 수관의 폭도 8미터에 이른다. 전나무와 아주 유사하고 분비나무와도 한 형제 같은 나무이다. 실제 구상나무가 자라는 곳에 가면 전나무와 분비나무를 볼 수 있는 경우가 많다. 우리나라의 한라산, 지리산, 덕유산 등에 가면 볼 수 있다. 표고 500미터부터 발견되어

구상나무 수꽃차례   구상나무 암꽃차례

2,000미터까지도 자라지만 역시 이 나무들이 군락을 이루고 자라 장관을 이루는 곳은 정상 가까운 곳이다. 이는 한반도에서라면 추운 곳이나 더운 곳을 크게 가리지 않지만 나무가 자라면서 그늘보다는 햇볕을 필요로 하기 때문일 것이다.

살아 있는 구상나무의 가지는 회갈색이다. 어린 가지의 황토색 보송한 털은 점점 없어지고 색깔도 갈색으로 변해 간다. 나이가 먹으면 껍질이 더욱 거칠어지고 회백색을 띤다. 구상나무의 길쭉한 잎의 길이는 새끼손가락 한 마디쯤 되고 너비는 2밀리미터를 조금 넘으며 위쪽의 폭이 조금 더 넓다. 반질한 광택이 나는 잎 가운데에는 하나의 또렷한 맥이 보이고 그 끝은 두 개로 조금 갈라져 오목하다. 이러한 작은 잎들은 가지를 둘러가며 조밀하게 달린다. 어린 가지의 잎은 좀 더 가늘고 길다. 잎의 앞면이 진초록인 데 반해 뒷면에는 순백색의 하얀 줄이 나 있다. 이를 기공조선이라 하며 이곳을 통해 잎이 숨을 쉰다. 구상나무의 이 기공조선은 다른 나무에 비해 유난히 희고 선명하여 멀리서 바라보면 수관 전체가 은녹색으로 보여 그 아름다움과 신비감을 더하다. 구상나무에도 꽃이 핀다. 다른 소나무과 식물들과 마찬가지로 꽃잎이 따로 없어 알아보지 못할 뿐이다. 봄이 무르익을 즈음이면 가지에 물이 오르고 빨강, 노랑, 자주, 분홍 등 다양한 색의 꽃이 핀다. 구상나무의 꽃은 꽃가루받이를 하는 데 꼭 필요한 수술만을 가진 수꽃들이 1센티미터가량의 타원형 꽃차례를 만들어 한 가지에 다섯 개 내지 열 개씩 모여 피고, 이보다 조금 더 길고 짙은 자줏빛을 띠는 암꽃들의 꽃차례는 한두 개씩 모여 달린다.

구상나무의 가장 큰 아름다움의 요소는 열매이다. 솔방울과 같은 종류의 열매를 구과라고 하는데 여름이 가고 가을이 다가서는 계절, 원통형의 녹갈색 또는 자갈색 구과가 하늘을 향해 매달린다. 길이가 어린아이 손가락 하나 길이쯤 되며 너비는 길이의 반쯤이 된다. 구상나무의 구과에는 중앙에 대가 없다. 열매가 성숙하여 벌어지는 그 하나하나의 조각을 두고 실편이라 하는데 실편 끝에 뾰족한 돌기가 나와서 뒤도 젖혀지고 그 사이사이이마다 종자가 들어 있다. 달걀 모양의 종자에 부채 같은 날개가 달려 종자가 멀리멀리 종족을 퍼뜨리는 데 한몫을 한다. 또한 구상나무 열매가 떨어질 즈음이면 개개의 실편이 조각조각 흩어져 자취를 남기지 않는다. 살아 있는 동안 그 어느 나무보다도 굳센 의지를 나타내듯 힘차게 자랐던 열매가 생애를 다하는 순간에 장렬히 산화하는 듯한 모습을 보여 준다.

　학자에 따라서는 구상나무를 열매의 색에 따라 몇 가지 품종으로 나누기도 하는데 성숙한 구과에 푸른빛이 돌면 푸른구상, 흑자색이면 검은구상, 붉은 기운이 유난히 강하면 붉은구상이라 부른다. 이러한 종류는 모두 구상나무와 한곳에서 발견되며 서로 자연 교배되어 생기는 자연 잡종도 상당수 있다.

　구상나무와 비슷해 구분이 어려운 나무 가운데 분비나무와 전나무가

붉은구상 구과

검은구상 구과

푸른구상 구과

있다. 분비나무는 구상나무에 비해 잎이 곱고 연약하며 빗살처럼 배열되고 구과의 실편 끝이 뒤로 젖혀지지 않는다. 전나무는 구상나무보다 잎이 길며 잎끝이 뾰족하다. 수피도 잿빛으로 더욱 진하고 열매의 길이는 10센티미터가량으로 더 크다는 점 등으로 구별할 수 있다.

우리나라 곳곳에 구상나무가 자라고 있지만 가장 많이 있는 곳은 역시 제주도의 한라산이다. 한라산에는 해발 약 1,500미터 되는 곳에서부터 정상까지 800만 평의 넓은 면적에 구상나무가 자라고 있다. 어느 해에 극심한 눈의 피해로 큰 나무는 대부분 죽어 흰 가지만을 남겨놓고 있지만 아직은 상당수의 구상나무가 그 힘찬 기상을 자랑하며 커가고 있다. 구상나무가 사라져간 옆에는 털진달래가 그 세력을 펼쳐나가 봄이면 온 산에 불을 붙인다. 지리산 세석평전에 그 유명한 철쭉과 함께하는 나무들 역시 구상나무이다.

구상나무는 왜 남부의 몇몇 고산 꼭대기에만 자라고 있을까? 이는 한반도의 식물 분포에 많은 영향을 끼친 제4기 빙하기의 식물 이주에 원인이 있다는 학설이 유력하다. 빙하가 남쪽으로 점차 이동할 무렵 지구를 둘러싼 공기의 온도는 매우 낮았다. 그때에 지금과는 조금 다른 구상나무, 분비나무, 전나무 종류의 나무들이 온도가 낮은 지역에서도 살고 있었다. 그러다 빙하가 퇴각한 후 기온이 올라가고 기온이 낮은 쪽에 있던

나무들은 기온의 상승을 견디지 못하고 점차 죽어갔으며, 일부 나무들이 한라산과 몇몇 남부 고산지대에 남아 있었으나 지리적으로 격리된 채 그 지역 환경에 적응하여 지금의 구상나무가 되지 않았을까 하는 이야기다. 그러고

구상나무 구과

보면 구상나무는 한반도 대자연의 역사를 말해주는 살아 있는 유물임이 틀림없다.

구상나무는 우리의 나무인데도 이렇듯 자라는 곳이 제한되었던 까닭에 많은 사람들이 모르고 지낸다. 그러나 요즈음은 정원수, 조경수로 많이 이용하고 있다. 수형이 아름다워 크리스마스 장식용 나무로 사용한다 해도 이를 따를 나무가 없을 것이다.

그러나 그동안 만들어놓은 묘목이 많지 않고 또한 높은 곳에 자라는 특성 때문에 정착이 쉽지 않으며 빨리 자라지도 않아 묘목 값이 턱없이 비싸다. 지금 웅장하게 지어진 예술의 전당 주변을 조경하기 위해 우리나라를 대표하는 구상나무를 주변에 심도록 설계했으나, 나무 값이 너무 비싸 결국은 많이 심기를 포기하였다는 이야기도 있고 보면 요즈음 구상나무의 주가가 한창 오르고 있음을 짐작할 수 있다.

구상나무를 번식시키는 방법은 9월에 충분히 익은 종자 가운데 잘 여문 것을 골라 공기가 통하게 건조한 상태로 보관하다가 종자를 파종하기 1개월 전쯤에 땅속에 묻었다 심는다. 파종하기 전에는 토양을 깨끗이 살균하여 입고병에 걸리지 않도록 해야 하고, 처음에는 적절한 그늘을 만들어주어야 한다. 심을 때에는 모래와 점토가 잘 섞인 땅이 좋으며, 잔뿌리가 적고 뿌리가 깊고 곧게 자라므로 옮겨 심을 때에는 뿌리분을 붙여 매우 조심스럽게 다루어야 한다.

시로미

젊음과 생명이 영원하기를 바라는 마음은 인간 모두의 바람이 아닐까? 그래서 진시황은 불로초를 구하기 위해 동남동녀를 보냈을 것이나, 그 누가 불로초를 구하여 영원히 살았다는 이야기는 아직 듣지 못했다. 그러나 이 불로초에 대한 희망을 버리지 못했기 때문인지 불로초에 대한 이야기는 아직도 많이 전해진다. 동방삭이 훔쳐 먹은, 하나를 먹으면 1,000년을 산다는 천도복숭아가 그러하며 말 그대로 불로초란 이름을 가진 것만도 여럿 있다. 우리가 흔히 영지버섯이라고 부르는 버섯을 불로초라 부르기도 하고, 멕시코 원산인 한 국화과 식물을 불로화라 하기도 한다. 또 백두산 주변에 가면 기생식물인 오리나무더부살이를 불로초라 하여 팔기도 한다. 제주도, 울릉도에서는 바로 시로미를 불로초라고 한다. 그래서 이 시로미는 사랑받기도 하고 아울러 수난을 당하기도 한다.

사실 불로초까지는 바라지 않더라도 사람들이 몸에 좋은 것을 얼마나 찾아다니는지 산에 가보면 잘 알 수 있다. 식물을 조사하러 산에 가면 간혹 어떤 식물의 사진을 찍기도 하고 개체 수가 많은 것은 한두 포기 수집

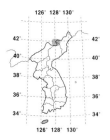

- **식물명** 시로미
- **과명** 시로미과(Empetraceae)
- **학명** *Empetrum nigrum* var. *japonicum* K.Koch

- **분포지** 제주도 한라산
- **개화기** 4~5월, 암수한그루 또는 암수딴그루
- **결실기** 10월, 둥글고 검붉은 열매
- **용도** 약용, 관상용
- **성상** 상록성 소관목

하여 표본을 만들기도 하며 이리저리 뒤집어보면서 형태를 관찰하기도
한다. 그러고 있을 때 산에서 만난 등산객들은 언제나 그 식물이 무언데
그러고 있느냐며 관심을 표명하고는 누구나 똑같이 묻는다. 그 식물을 먹
을 수 있느냐, 약이 되는 것이 아니냐, 먹는다면 몸에 어떻게 좋으냐는 천
편일률적인 질문이다. 마치 이 세상의 모든 식물들이 그러한 목적으로 생
기기나 한 것처럼. 상황이 이 정도이고 보면 몸에 좋다는 식물들이 온전
히 남아 있는 것이 오히려 이상할 정도이다. 다만 소문이 나지 않아 아무
도 그 식물의 용도를 모르길 바랄 뿐이다. 음양곽이라고도 부르는 삼지구
엽초가 있다. 정력에 좋다고 알려진 식물이다. 이 식물은 세 개의 가지가
다시 세 개씩 갈라져 아홉 개의 잎이 달려 삼지구엽초란 이름이 붙었는

시로미 꽃

데 이 식물이 산에서 동이 난 것은 물론이고 이 식물처럼 삼지에 구엽을 가진 연잎꿩의다리란 식물이 함께 수난을 당하기도 했다. 강원도 등지에서 이 식물이 삼지구엽초로 둔갑하여 비싸게 팔리는데 문제는 여기에서 그치는 것이 아니라 이 연잎꿩의다리란 식물에는 독성이 있다는 점이다. 몸에 좋은 것을 먹겠다는 욕심에 독성이 있는 것을 비싸게 사 먹는 우리 인간들의 무지한 욕심을 어이하랴.

약초로서의 시로미는 진정, 수렴, 진통, 해열, 이뇨, 두통, 신경계통의 질병, 설사, 간질병 등에 처방한다고 한다. 특히 열매는 강장제로 쓰이며 괴혈병에 걸렸을 때는 차처럼 달여 먹기도 한다. 시로미는 멸종 위기에 놓인 식물이다. 남한에서는 유일하게 한라산의 높은 지역에서만 자라는 이 식물은 만세동산쯤부터 볕이 드는 곳에 지면을 덮으며 방석처럼 깔려 있고 간혹 바위틈 같은 곳에서도 자란다. 환경부에서는 사라져가는 몇 가지 우리 동식물들을 특정 동식물로 지정하고 법적으로 보호하고 있는데 시로미도 이에 속한다.

시로미는 식물학적으로도 아주 재미난 식물이다. 시로미과에는 오직 시로미 한 종만이 포함된 1과, 1속, 1종으로 구성된 식물 가계를 이룬다. 1911년 일본인 식물학자 나카이에 의해 한라산에서 발견되어 보고되었으며 그 후에 백두산이나 관모봉에 자리 잡고 있다고 밝혀졌다. 우리나라의 남쪽과 북쪽 끝에만 있는 셈이다.

시로미는 상록 소관목이다. 쉽게 이야기하면 나무라는 뜻인데, 다 자란 키가 10센티미터 남짓하니 나무치고는 아주 작다. 작은 줄기에 아주 작은 잎들이 촘촘히 달리며, 줄기가 옆으로 뻗으면서 지면 혹은 바위를 덮는다.

시로미 꽃은 이른 봄에 핀다. 워낙 일찍 피는 데다가 워낙 작은 꽃이 달려서 식물에 여간한 관심이 없고서는 꽃을 보고서도 꽃인 줄 모르기도 한다. 겨울을 이겨낸 진초록색 잎새에 달리는 짙은 빨간색 꽃은 강렬하게 조화를 이루어 무척 아름답다.

시로미의 열매는 가을에 익는다. 콩알보다도 더 작은 열매가 가지 사이에 동글동글 맺히며 검게 익어가는 모습이 무척 귀엽다. 한자로 시로미는 오리鳥李인데 '까마귀의 오얏'이라는 뜻이다. 영어 이름 역시 크로베리 Crowberry 즉 '까마귀의 열매'이니 본디 동서양은 정서가 달라 같은 식물의 이름을 전혀 다르게 붙이는 경우가 많은데 우연히 마음이 통했는가 보다. 정말로 한라산에 가을이 오고 시로미가 익어가면 암벽 틈에 까마귀가 모여든다고 한다. 서양에서도 시로미의 열매를 먹는다. 열매로 잼을 만들기도 하지만, 불로초라는 우리의 생각과는 반대로 많이 먹으면 취해서 두통이 온다고 피하기도 한다.

이 식물의 재배상 특성은 뚜렷이 알려진 것이 없지만 시로미가 살아가는 척박한 환경으로 미루어 생각건대 그리 어렵지 않을 것이다. 산에서 귀한 식물을 채취하여 자연 파괴의 주범이 될 것이 아니라 잘 익은 종자 몇 알을 받아서 뿌려 기르면 지피를 덮는 상록 소관목으로 아주 멋질 듯 싶다.

한라산에 오르다 숲으로 막혔던 하늘이 터지고 완만한 동산이나 둔덕이 나올 즈음 시로미는 그 싱그러운 잎새를 바닥에 깔고 줄지어 나타난다. 시로미가 키가 작고 왜소해도 그 억센 제주조릿대와 영역 다툼을 하고 사람들의 숱한 발길과 채취를 당하면서도 의연히 살아가고 있는 모습을 보면 괜히 마음이 든든해진다.

시
로
미

히어리

히어리는 우리나라를 대표하는 특산 식물이다. 그럼에
도 히어리를 구경했거나 잘 알고 있는 사람은 극히 드
물다. 혹 조랑조랑 매달린 환한 꽃송이를 구경하는 행
운을 얻은 이들이라도 너무도 화사하게 아름다운 이 나
무의 모습과 히어리라는 이름이 주는 곱고도 세련된 느
낌 때문에 어느 나라에선가 들여온 관상수려니 한다.
히어리는 우리 것은 다소 우중충하고 어쩐지 촌스러우
며 조금은 왜소하다는 잘못된 선입견을 여지없이 무너
뜨려주는 나무여서 아주 대견스럽고, 또 이른 봄에 가
지 가득 노랗고 작은 꽃송이들이 마치 포도송이처럼 달
려 있는 모습이 보기 좋다.

히어리는 낙엽성 활엽 관목이다. 학명이 코릴롭시스
고토아나 버라이어티 코레아나*Corylopsis gotoana var. coreana*
이다. 속명 *Corylopsis*는 개암나무속을 닮았다는 뜻인데
잎의 모양이 정말 개암나무를 닮았다. 영어 이름도 코리
안 윈터 헤이즐Korean winter hazel 즉 '한국의 겨울 개암'이
란 뜻이다. 그러나 두 나무는 식물학적으로는 큰 관계가
없으니 이름 치고는 별로 합리적이지도 과학적이지도
못한 것 같다. 학명에서 종소명 *coreana*는 이 나무가 우

- **식물명** 히어리
- **과명**
  조록나무과(Hamamelidaceae)
- **학명** *Corylopsis gotoana* var.
  coreana T. Yamaz.

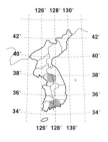

- **분포지** 지리산, 백운산,
  수원 광교산 및 남해 섬
- **개화기** 3월, 노란색 총상화서
- **결실기** 9월, 갈색 삭과, 검은색
  종자
- **용도** 관상용
- **성상** 낙엽성 활엽 관목

리의 특산임을 분명히 말해준다. 우리를 대표할 듯한 나무도 학명에 일본이나 다른 여러 형용사가 붙어 섭섭할 때가 많은 터여서 구상나무, 잣나무, 개나리 등처럼 학명에 '코리아'만 나오면 무조건 반가운 마음부터 든다.

히어리란 이름도 참 곱다. 어떤 이는 이 이름을 듣고 영어로 '히어 리 Here Lee?' 즉 '여기 이씨 있습니까?' 하는 뜻을 떠올렸다 하니 우리 특산종을 앞에 두고 영어 문장이 더 익숙한 것이 바로 우리의 현실이다. 그러고 보면 우리나라 식물 이름 끝에는 '리' 자가 붙는 것들이 우리나라 성씨 중에 이씨 성을 가진 경우만큼이나 많다. 나리, 참나리, 개나리, 싸리, 원추리, 고사리, 미나리, 수수꽃다리 그리고 조금은 귀에 선 구실사리, 윤노리, 개미자리, 솜다리 등등 다 헤아릴 수 없을 정도이다.

예전에는 히어리를 송광납판화라 불렀다. 앞에 '송광'이란 조계산 송광사가 있는 곳에서 이 나무가 발견되어 그리 되었고, '납판화蠟板花'는 꽃잎이 밀납 같다는 말일 터인데 그러고 보니 조금 두터워 보이는 꽃잎이 밀납 같기도 하지만 어느 기록에서도 이를 뒷받침할 만한 근거를 찾지 못했으니 장담할 수는 없다. 이 이름 외에도 송광꽃나무라고 부르기도 하고 북한에서는 그곳에 자라지는 않지만 납판나무라고 부른다.

히어리 꽃   히어리 열매   히어리 수피

이른 봄, 히어리는 흰 숨구멍이 남아 있는 누런 줄기에 잎보다 먼저 꽃만 매단다. 꽃이 달리는 모양은 너무나 귀엽고 개성 있어서 세상에 이런 모양의 꽃도 있었나 여겨져 신기하기도 하고, 우리나라에 히어리 말고 이러한 모양의 꽃을 피우는 식물이 있을까 싶기도 하다. 3월이면 벌써 노랗고 작은 꽃이 다섯 장의 꽃잎을 포개어 마치 작은 종지 모양으로 속에 다갈색 수술을 담고 있다. 열 개 남짓한 이 작은 꽃들은 다시 땅을 바라보며 모여 달려 초롱 모양으로 늘어진 재미난 꽃차례를 만든다. 노란색 꽃잎은 너무 순결하여 푸른 기운이 도는 듯도 하다. 나뭇가지마다 이 아름다운 꽃송이가 수백, 수천 개씩 달려 히어리가 절정일 때는 그야말로 장관이다.

개암나무 잎을 닮았다는 히어리의 어린아이 손바닥만 한 잎은 잎맥이 아주 질서 있고 힘차게 나 있어서 보기 좋고, 표면의 연한 초록색 질감이 싱그럽다. 열매는 9월에 익는다. 갈색의 삭과가 익어 벌어지면 그 속에서는 방마다 2~4개의 새까만 종자가 고개를 내밀고 내년을 기약한다.

중국의 중서부 지방에는 히어리와 사촌 격이며 히어리보다 꽃이 길게 늘어지고 가지는 바로 서는 중국히어리가 있고 일본에는 도사물나무라고 부르는 일본히어리도 있는데 지은이에게는 우리 히어리가 가장 보기 좋다.

히어리가 우리나라에서 처음 발견되어 특산 식물임이 알려지고 학계에 등록을 마친 것은 1924년이다. 일본인 식물학자 우에키에 의해서였다. 처음에는 이 히어리가 조계산과 지리산 그리고 섬진강을 사이에 두고 마주 서 있는 백운산에서 자라고 있어서 남쪽에만 자라는 나무려니 했는데 그 후에 남해의 일부 섬 지방과 경기도 수원, 용인, 수지 지구를 연결하는 광교산에서도 발견되었다. 이 광교산의 히어리 군락은 학계에 참으로 의문 덩어리였다. 남쪽 섬 지방의 나무들이야 지리산을 근거로 그러려니 싶었는데 갑자기 광교산에 자라니 말이다. 이곳의 히어리 군락은 아무리 살펴봐도 자연적인 분포 같은데 그 사이에 있는 어느 지방에서도 히어리가 발견된 곳이 없기에 결론을 내리기가 어려웠다.

그런데 이후 광교산보다 더 북쪽, 경기도와 강원도가 이어지는 백운산에서 히어리 군락이 발견되었다. 한 0.5헥타르 정도의 면적에 자리 잡은 이 군락은 새로운 자생지 발견이라는 의미 말고도 많은 기쁨을 주었다. 우리나라에서의 히어리 북한계선이 새로 설정되었고, 덩달아 입지가 불안했던 광교산의 히어리도 인정받았으니 말이다. 게다가 이곳은 서울보다도 훨씬 기온이 내려가는 곳이어서 히어리가 추위에도 잘 견딜 수 있다는 것을 보여주었다. 그러고 보면 남쪽에서 자라는 곳도 백운산이니 이 나무는 하얀 구름을 좋아하는 선상의 나무인지도 모른다.

히어리는 관상적 가치가 아주 뛰어나다는 것 말고는 아직 특별한 용도가 개발되지 않고 있다. 그러나 이것은 어디까지나 우리가 한 번도 제대로 히어리에 관심을 두고 가까이해본 적이 없기 때문이다. 가까운 중국에서 히어리의 사촌이 약용식물로 이용되는 예를 보더라도 그렇다. 약용이든 식용이든 아니면 히어리 나뭇가지나 열매로 무언가 특별한 것을 만들든 그것은 우리에게 남겨진 몫이다. 물론 보다 아름답게 히어리를 키워서 이 나무의 아름다움을 나라 전체에, 나아가 세계에 소개하는 일을 포함해서 말이다. 누가 알겠는가, 그렇게 세월이 흐르면 히어리에게도 아름다운 미담이 얽힌 전설이 하나 생겨날지.

히어리를 번식시키려면 삽목을 하거나 혹은 까맣게 익은 종자를 따서 노천 매장을 하였다가 이듬해 봄에 뿌리면 된다. 그늘보다는 햇볕을 좋아하고 추위에도 강하여 웬만한 날씨에는 끄떡없으며 건조해도 잘 견디는 편이라서 키우기가 어렵지는 않다.

녹나무

높다란 녹나무 가지에 연초록빛 잎새들이 달리고 바람을 따라 일렁이며 햇살을 받아 반짝이는 모습을 보면 감탄이 인다. 어떤 이는 말하기를 어진 사람이 세상을 사는 모습은 모래밭 가운데서 나는 금덩이와 같고 깊은 산중에 나는 녹나무와도 같다 했다. 물론 어진 이들을 두고 하는 칭찬의 말이지만 녹나무의 뛰어난 자태 역시 짐작하고 남음이 있다.

　녹나무는 녹나무과에 속하는 상록성 교목이며 활엽수이다. 아주 크게 자랄 뿐 아니라 수명이 1,000년이 넘는다. 녹나무 잎은 끝이 길게 늘어난 타원형이다. 새로 난 잎은 적갈색이 돌다가 점차 연하고 부드러운 녹색으로 변한다. 그러나 다른 상록 활엽수들처럼 혁질이어서 만져보면 두껍고 질기다. 잎에는 주맥 하나와 측맥이 하나씩 모두 세 개의 맥이 있는 데다가 울룩불룩 굽이쳐 달려서 바람이라도 불어 일제히 흔들거리면 녹색의 파도가 이는 것 같다. 꽃은 늦은 봄에 핀다. 아주 작은 꽃들이 원추상 꽃차례에 달리는데 꽃은 백색으로 피었다가 조금씩 황백색으로 변해가므로 눈에 두드러지게 들어오지는 않는다. 열매는 10월에 자색이 도는 흑색으

- **식물명** 녹나무
- **과명** 녹나무과(Lauraceae)
- **학명** *Cinnamomum camphora* J. Presl

- **분포지** 제주도
- **개화기** 5~6월, 황백색 원추화서
- **결실기** 10월, 흑자색
- **용도** 관상수, 약용, 기구재, 조각재, 선박재
- **성상** 상록성 활엽 교목

로 익는다.

옛 기록에도 녹나무는 제주도에 자라며 20미터 혹은 40미터까지 크게 자라 큰 나무의 줄기는 몇 아름이나 되었다고 하며 아름다운 생김새와 독특한 향기에 대한 것과 여러 가지 목재의 용도를 설명하고 있다. 사실 기록을 살펴보더라도 예전에는 녹나무가 제주도에 많았음을 알 수 있다. 남제주군 대정이란 곳에 가면 녹남봉이라는 나지막한 산봉우리가 있는데 녹나무가 많아서 녹나무 봉우리란 뜻으로 지어진 이름이다. 제주도 곳곳에 녹나무가 살았다는 기록들은 많지만, 제주의 녹나무들은 여러 미신적인 요소와 약효 그리고 목재

의 다양한 용도 등으로 이제는 제주도에서마저 귀한 나무가 되어가고 있다. 그래서 중문의 도순리에는 어렵게 살아남은 아주 큰 녹나무들이 천연기념물 제162호로 지정되어 보호받고 있으며, 삼성혈 부근의 숲에도 녹나무가 남아 있어 그나마 명맥을 유지하며 옛 영화를 그리워하고 있다. 일본과 중국에서도 자라는 녹나무는 한자로는 장樟으로 쓰며 예장이라 부르기도 한다.

녹나무가 이렇게 수난을 당한 이유는 여러 가지다. 제주도에서는 녹나무를 절대로 집 주위에 심지 않는데, 녹나무가 특유의 냄새로 귀신을 쫓

녹나무 꽃

녹나무 열매

녹나무 수피

는다고 믿어 집 안에 심으면 조상의 혼들이 이 나무 때문에 제삿날에도 집으로 찾아오지 않을 것을 염려해서이다. 그러나 여기서 끝났으면 좋을 것을 해녀들이 바다물질을 하는 데 혹 귀신이 해를 끼칠까 봐 각종 연장은 모두 녹나무를 베어 만들었고, 목침을 만들어 베고 자야 귀신이 접근하지 못해 편히 잠잘 수 있다고 믿어 지금까지도 노인들은 이 녹나무 퇴침을 찾을 정도이다. 또 바다에서 실수로 악귀에게 찔려 해를 입으면 녹나무로 만든 낫자루를 태워 연기를 쐬면 낫는다고 믿었다.

그러나 이렇듯 미신적으로 이루어지는 일 가운데 상당히 과학적인 근거를 가지는 일도 있다. 제주도에서는 목숨이 경각에 달린 시급한 환자는 침상에 녹나무 잎이나 가지를 깔고 그 위에 눕게 한 다음 방에 불을 지핀다. 그러면 환자를 살릴 수 있다고 믿었는데 실제로 열기로 인해 녹나무에 함유된 독성 물질이 증기에 섞여 나와 환자의 폐와 심장에 충격을 주면 깨어날 수도 있다는 것이다. 크게 보면 인공호흡과도 같은 맥락이라고 할 수 있다.

이러한 활성 물질이 정확히 무엇인지는 규명되지 않았으나 녹나무는 장뇌를 함유하고 있는 것으로 유명하다. 장뇌유는 일종의 향기나는 기름인데 캠퍼camphor라고 하여 다양한 용도로 쓰인다. 장뇌로는 셀룰로이드 첨가제, 화약 등을 만들고 여기서 추출한 기름 장뇌유는 살충제, 방부제, 인조 합성 향료의 원료, 비누 향료, 구충제 등으로 오래전부터 널리 쓰여 왔다. 일본에서는 이 장뇌가 우리나라 인삼처럼 전매품일 정도이다.

장뇌는 약용으로도 이용된다. 흥분제를 비롯하여 강심제가 되기도 하며 동상을 치료하는 데도 쓰인다. 장뇌는 녹나무의 뿌리와 줄기의 아래쪽으로 갈수록, 그리고 오래된 나무일수록 함유량이 높아지며 잎은 약 30퍼센트나 함유하고 있다고 한다.

녹나무의 목재도 아주 뛰어난 것으로 소문이 나 있다. 결이 치밀하고 고와서 불상을 만드는 조각재로 많이 이용되었으며 집 안의 여러 기구, 또 배를 만드는 데도 아주 좋다고 한다. 그래서 조선 시대에는 배를 만들기 위해 소나무와 녹나무를 보호할 것을 법으로 정했는데 그 질은 둘째 치고라도 육지의 소나무보다 바닷가의 녹나무가 운반과 제작에서 상대적으로 유리했을 것이다. 요즈음에도 이 녹나무 목재는 무늬, 색깔 등이 아주 뛰어난 데다가 목재에 함유되어 있는 장뇌의 살충 효과로 나무가 썩지 않아 악기, 고급 가구 등에 아주 귀하게 쓰인다.

녹나무 잎을 따두었다가 잎차로 달여 마셔도 상큼한 맛이 일품이라고 한다. 이렇듯 녹나무의 용도는 무궁무진한데 심지는 않은 채 계속 베어 쓰기만 했으니 이제 녹나무를 보기 어렵게 된 것은 어찌 보면 당연한 일이다.

녹나무는 가지치기를 하여도 잘 크고 병충해에도 강하여 말라 죽는 일이 거의 없다. 게다가 그 용도가 많고 무엇보다도 보기에 아주 좋으니 기후만 적합하다면 커다란 거목으로 한번 키워보고 싶은 마음이 드는 나무이다. 일본에서는 실험을 통하여 이 녹나무가 대기에 있는 오염 물질을 흡수하는 기능이 좋다는 것을 밝혀 환경 정화수로 심기를 권장하고 있다.

번식은 종자를 뿌리면 쉽게 많은 나무를 얻을 수 있는데 종자는 대개 8년 이상 된 나무에서 맺힌다. 따낸 종자의 과육을 벗기고 잘 정선한 뒤, 건조하지 않도록 모래와 섞어 저온에 저장하거나 땅속에 묻어두었다가 봄에 파종한다. 종자를 따면서 바로 파종해도 된다. 삽목에 의한 번식도 쉽게 할 수 있다.

아그배나무

사람들은 어느 것에든 의미를 부여하기 좋아한다. 어제와 다름없는 평범한 하루도 사랑하는 사람과 처음 만난 기념일이 되어 마음을 설레게 하고, 겨우내 볼 수 있는 눈도 첫눈일 경우에는 모두 반가워한다. 설날만 해도 그렇다. 한 해의 마지막 날과 새해의 첫날이 그렇게 의미를 주기 전에는 그저 어제와 오늘이었을 텐데. 날만 그런 게 아니라 돌이나 나무와 같은 자연도 의미를 부여함에 따라 새삼스레 가치를 얻고 새로 태어나곤 한다. 서론이 너무 장황했지만 아그배나무는 우리에게 특별한 의미를 가지고 태어난 나무라고 할 수 있다. 그것도 '생명의 나무'라는 다소 거창한 이름을 가지고서.

1992년 5월 브라질의 리우에서 세계 정상들이 모여 지구 환경 회의를 하였다. 지구의 환경과 이에 따른 미래를 걱정하여 열린 이 회의는 온 지구촌을 떠들썩하게 했다. 이 회의에서 세계의 열강들은 죽어가는 지구를 살릴 수 있는 최후의 보루는 바로 나무라고 결론을 짓고 그 회의의 상징물로 '생명의 나무'를 지정하고 기념식을 했다. 우리나라에서도 그해 11월 '육림의 날'에 즈음하여 생명의 나무 명명식을 했다. 단일 국가로서는

- **식물명** 아그배나무
- **과명** 장미과(Rosaceae)
- **학명** *Malus sieboldii* Rehder

- **분포지** 황해도 이남의 산지
- **개화기** 5월, 연분홍색
- **결실기** 9~11월, 핵과
- **용도** 관상용
- **성상** 낙엽성 소교목

처음으로 시작하였다는 이 행사를 주관한 곳은 서울대학교 부속 수목원
이었다. 세계 지구 환경 회의에서는 생명의 나무를 인공 조형물로 만든
것에 비해 서울대학교 부속 수목원에서 명명된 나무는 진짜 나무였는데
바로 아그배나무였다. 사실 이때 아그배나무가 뽑힌 것은 이 나무가 특별
히 지구 환경과 관계가 깊어서가 아니고 바로 명명식을 하기에 아주 적
합한 장소에 적합한 모양으로 자리 잡고 있었기 때문이다. 이 행사가 개
최되고 매스컴에 알려지면서 뜻을 같이한 여러 기관에서 후속 행사를 연
이어 계획했는데, 재미있는 일은 마치 아그배나무 자체가 환경 보호와 관
계가 있는 것처럼 알려져 사방에서 때아닌 아그배나무 묘목 구하기로 분
주했다는 후문이다. 행사 때문에 갑자기 유명해진 이 나무는 20여 년 전

아그배나무

아그배나무 꽃   아그배나무 수피

관악산 계곡에 큰 홍수가 났을 때 잘린 가지 하나가 떠내려 오다가 지금
의 그 자리에 자리를 잡고 뿌리를 내려 20여 년 동안 아름다운 나무로 자
랐으니 그 사연만 들어보아도 나무의 생명력에 감탄하고 의미를 줄 수도
있는 일이다. 속사정이야 어떠하든 기왕에 생명의 나무로 명명되었으니
이 나무를 떠올릴 때마다 환경의 중요성을 깨닫고 환경 보호 운동에 동
참하고자 하는 마음을 품는 계기가 되었으면 싶다.

아그배나무는 장미과에 속하는 낙엽성 소교목이다. 황해도 이남의 산
지에서 자라는데 산에서 만나기가 그리 쉽지는 않다. 10미터까지도 자란
다는데 아직 그렇게 큰 나무를 본 적은 없다.

가지는 짙은 밤색인데 잔가지는 보랏빛을 조금 띠고 있다. 어긋나게
달리는 잎은 평범한 타원형으로 손가락 길이쯤 되고 잎 가장자리에는 아
주 작은 톱니가 나 있다. 꽃은 봄이 한창인 5월에 화사하게 피어난다. 꽃
잎도 꽃받침도 모두 다섯 장인 사과 꽃처럼 화사한 이 꽃들은 분홍빛을
띠며 봉오리를 맺었다가 점차 흰색으로 환하게 핀다.

아그배나무는 꽃도 좋지만 가을에 풍성하게 달리는 열매도 아주 보기
좋다. 버찌처럼 긴 열매자루에 둥근 열매가 달린다. 열매의 색깔은 앵두
처럼 붉은 것 또는 병아리처럼 노란 것도 있다. 빨간 열매를 따서 심는다
고 모두 붉은 열매가 달리는 나무만 나오는 것은 아니다.

아그배나무의 열매는 보기에 먹음직스러워 보이지만 먹어보면 그리
새콤하지도 달콤하지도 않다. 또 과육이 너무 적고 씨가 큰 까닭에 과실
로 그냥 먹기에는 적합하지 않을 듯싶지만 이 열매로 과실주를 담가본

이의 말로는 연분홍빛 술 빛이 아주 고울뿐더러 향기 또한 그윽하다고 한다. 빛과 향이 좋으니 차로도 개발해봄 직한데 이 생각을 뒷받침이나 하듯 아그배나무를 산다과_{山茶果}라고도 부른다.

이름 이야기가 나왔으니 말인데 아그배나무라는 독특한 이름은 어떻게 생겨났을까? 아그배나무는 분류학적으로 볼 때 배나무보다는 사과나무와 더 가까운 사이지만 열매가 달린 모습이 돌배나무와 비슷하고 아기 배처럼 작은 열매가 열린다 하여 아그배나무가 되지 않았을까 생각된다.

아그배나무는 작고 앙증맞은 열매 덕분에 분재의 소재로도 인기가 있다. 아그배나무는 주목처럼 수십 년간 혹은 수백 년 동안 자라야 운치 있는 제대로의 모습을 만드는 것이 아니라 씨를 뿌려 5~6년이면 벌써 꽃을 피우고 열매를 맺으며 10여

아그배나무 열매

년이 지나면 제법 굵은 나무를 만들 수 있으니 아그배나무의 작은 묘목을 하나 구해다 가꾸어봄 직도 하다.

아그배나무 목재는 무겁고 단단하여 잘 갈라지지 않는 특징이 있는데 본디 크고 굵게 자라는 나무는 아닌지라 본격적으로 쓰이지는 않지만 각종 농기구의 자루, 작은 기구나 가구를 만드는 데 이용한다. 또 수피에 황색 염료가 있어서 면을 황색으로 물들이는 데 이용한다. 예전에는 사과나무의 대목으로도 많이 이용하였다.

사실 정원에서도 아그배나무를 보기가 쉽지는 않다. 그 이유는 정원용으로 개발한 여러 왜성 아그배나무 때문인데 그 대표적인 것으로 꽃아그배나무가 있다. 이 나무는 중국이 원산인데 꽃이 아름다운 반 에셀틴Van Eseltin, 도로테아Dorothea, 열매가 보기에 좋은 레드 제이드Red Jade, 고저스Gorgeous, 잎이 아름다운 로열티Royalty 등 여러 원예 품종으로 개발되어 우리나라에 들어와 있다. 이 밖에도 제주아그배나무, 중국해당, 자주아그배나무 등을 자주 볼 수 있다.

아그배나무의 번식은 실생도 가능하지만 대개는 삭접, 아접, 절법 등 주로 접목을 통하여 이루어진다. 자생종을 그대로 원할 경우에는 실생을 해야 하지만 원

꽃아그배나무 꽃

꽃아그배나무 열매

예 품종으로 개발된 여러 종류들은 실생묘를 대목으로 하여 접목을 하게 마련이다. 아그배나무는 추위에 아주 강한 편이어서 우리나라 어느 곳에 서든 잘 자란다. 토양 조건을 특별히 가리지 않지만 유기질이 풍부하고 볕이 좋은 곳에 심어야 꽃도 열매도 풍성하게 볼 수 있다. 잎에 등황색 반점이 생기는 적성병이나 가지나 줄기를 침해하여 피해를 주는 동고병에 주의해야 한다.

미선나무

미선나무는 우리나라에서만 자라는 특산 식물이다. 꽃이 아름다운 이 나무는 물푸레나무과 미선나무속에 속하는데 물푸레나무과에는 수수꽃다리속, 개나리속 등여러 속이 속해 있고 또 각 속마다 여러 식물이 있지만이 미선나무속만은 외롭게도 오직 미선나무만 있으니참으로 쓸쓸한 식물 집안이다. 이 때문에 우리나라의미선나무는 물론 미선나무속 역시 세계에서 유일한 것이다.

미선나무는 낙엽성 관목이다. 잘 키워낸 나무들의 키도 고작 1~1.5미터 정도이며 위로 높이 자라지 않고 옆으로 가지를 많이 만들며 퍼진다. 미선나무의 가지는자줏빛이 나는 진한 색깔인데 새로 나온 가지는 둥글지않고 네모난 것이 특징이다.

봄이 오면 겨우내 마치 죽은 듯 메말랐던 가지에 살며시 물이 오르고 잎보다도 먼저 꽃이 피기 시작한다.꽃 모양은 개나리를 닮았지만 꽃이 좀 작고 하얀색이며개나리보다 훨씬 일찍 핀다. 그래서 서양 사람들은 미선나무를 두고 하얀 개나리라고 부르기도 한다.

미선나무의 꽃봉오리는 이미 지난겨울부터 이듬해

- **식물명** 미선나무
- **과명** 물푸레나무과(Oleaceae)
- **학명** *Abeliophyllum distichum* Nakai

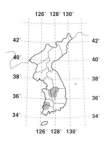

- **분포지** 충북 괴산, 진천, 영동, 전북 변산
- **개화기** 3월, 백색 또는 연분홍색
- **결실기** 9월, 부채 모양의 시과
- **용도** 관상용
- **성상** 낙엽성 활엽 관목

를 준비하며 모진 겨울을 견디어내다가 봄이 왔다고 느껴지는 즈음 가지마다 작은 꽃송이들을 가득 매달고 꽃을 피운다. 작은 초롱처럼 생겼으나 가장자리는 네 갈래로 벌어지고 한 자리에 적게는 서너 개에서 많게는 십여 개의 꽃들이 함께 모여 달리는데 이러한 꽃 무더기가 일정한 간격으로 층을 이룬다. 이 꽃은 화사한 봄처럼 고울 뿐 아니라 향기가 그윽하여 봄기운에 들뜬 마음을 더욱 설레게 한다. 꽃은 하얀 색깔이지만 조금씩 다르게 나타나기도 하는데, 학자들은 이것에 따로 품종 이름을 붙여 부르기도 한다. 연분홍 꽃이 달리면 분홍미선이고, 상아색 꽃이 피면 상아미선이다. 그리고 푸른미선은 꽃잎이 아니라 꽃받침의 빛깔이 푸르다.

미선나무

미선나무 꽃

    미선나무 잎은 꽃이 지면서 비로소 고개를 들기 시작한다. 새끼손가락 길이쯤 되는 잎새들은 가지에 양쪽으로 사이좋게 마주 모여 일렬로 정렬한다.

이 나무의 학명이 '아벨리오필룸 디스티쿰*Abeliophyllum distichum*'인데 여기서 속명 *Abeliophyllum*은 댕강나무 잎을 닮은 데서 유래하였으며 종소명 *distichum*은 이 잎이 달린 모양을 따서 '두 줄로 나란히'라는 뜻을 가지고 있다. 학명에서는 꽃보다 잎에 비중을 두고 있다.

    미선나무라는 이름은 열매 때문에 붙은 것이다. 미선은 아름다운 부채란 뜻이 아니라 꼬리 미尾 자에 부채 선扇 자를 쓴다. 미선이라고 부르는 이 부채는 대나무 줄기를 잘게 쪼개어 가는 살을 여러 개 만들고 이것을 둥글게 펴서 거기에 종이나 명주천을 붙여서 만든 둥근 것이다. 텔레비전극이나 만화 영화에서 임금님을 가운데 두고 시녀들이 들고 서 있는 부채를 연상하면 된다. 미선나무의 열매는 이 부채와 똑같다. 그것도 길이 3센티미터 남짓 되는 앙증스런 부채이니 난쟁이 나라에서나 쓸까? 파랗게 달리기 시작할 때의 모양 자체도 보기 좋거니와 발그스름하게 익어가는 모습을 보면 정말 아름다운 미선의 모습 그대로이다. 이 열매 속에는 종자가 두 개씩 들어 있다.

미선나무 열매

　미선나무가 자라는 곳은 충북 진천군과 이와 인접한 괴산군이다. 미선나무가 자라는 곳에 가보면 흙조차 제대로 붙어 있지 못하는 온통 돌밭이다. 어떻게 이런 곳에서 자리 잡고 이제까지 살아남았을까? 떨어진 열매의 특성상 돌 틈 사이가 아니면 제대로 싹을 틔워 살아남기 어려운 탓이거나 다른 나무들과의 경쟁력이 약한 까닭에 조건이 열악하여 다른 나무들은 살지 않는 이러한 곳에서 경쟁을 피하는 것이다.

　워낙 귀한 나무인지라 자생지 자체를 천연기념물로 지정하여 보호하고 있다. 괴산의 송덕리에 있는 제147호 미선나무 자생지는 1955년에 발견되어 1958년에 지정되었고, 제220호 괴산군 추점리의 자생지는 경사면이 급한 산록에 비교적 넓게 자리 잡고 있으며, 제221호 율지리의 것은 마을이 멀리 않은 야산 중턱에 있다. 이후 다른 자생지가 발견되어 학자들의 관심을 모았다. 그 가운데 영동읍 외곽에 있는 용두봉이라는 작은 산에 있는 미선나무는 괴산에 살고 있는 나무들보다 훨씬 상태가 좋고 또 자생지로의 가치도 인정되어 1990년 천연기념물 제364호로 지정되었으며 이 밖에 변산반도가 있는 전북 내변산 직소천 유역에 집단 자생지가 발견되어 제370호로 지정되었는데 부안댐이 건설되어 이 지점이 댐 수위보다 35미터 아래에 위치해 사라질 위기를 맞자 인근 지역의 다

상아미선 꽃   분홍미선 꽃

른 서식지를 찾아 대체 지정을 하게 되었다.

초등학교 교과서에도 괴산을 미선나무 산지로 소개하고 있는데 이렇게 다른 지역에도 자생지가 발견되고 보면 예전에 불렸다는 미선나무의 별칭, 조선육도목이란 이름이 설득력 있게 느껴지며 또 오래전에는 우리나라 곳곳에 살지 않았을까 하는 추측도 해보게 된다.

지금 미선나무는 천연기념물로 곳곳에 지정하고 여러 곳에 묘목을 만들어 키우며 관심을 두고 있어 한시름 덜고 있지만 한때 미선나무는 이 땅에서 사라질 위기를 맞이하기도 하였다. 일찍이 천연기념물로 지정하여 보호하려던 것 중에서 진천 초평리에 자라는 나무들이 있었다. 그런데 아무도 눈여겨보지 않던 잡목이 갑자기 귀히 여겨져 울타리도 만들고 간판도 세워놓으니 무관심하던 사람들도 혹 이득이 될까 하여 한 가지 두 가지 꺾어 가다가 나중에 작은 나무를 뿌리째 캐어 가기 시작하였고 양심을 버린 어떤 이는 마지막 남은 큰 나무까지 캐어 가 나무는 없고 천연기념물이란 표지판만 남아 결국은 지정이 해제되었다. 이렇듯 특별히 지정된 곳 말고도 괴산군의 군자산 자락에서는 곳곳에서 미선나무를 구경할 수 있었는데 미선나무의 관상적 가치가 알려지면서 돈에 눈먼 일부 몰지각한 사람들이 당시 한 그루당 10원씩 사 모으면서 씨를 말려놓았다고 한다. 이렇게 우리의 무지로 영원히 사라질 뻔한 미선나무는 1975년 이창복 교수가 자연보호협회의 도움을 얻어 종자를 받아 싹을 틔우고, 삽목을 하여 수많은 묘목을 만들어서 근처의 초등학교마다 심어 교육하고 보호하게 하는 한편 나무들이 사라져간 자생지에 다시 옮겨 심는 작업을 통하여 일단 사라질 위기를 넘겼다. 게다가 1980년에 들어서서 특산 식물에 대한 관심이 높아지자, 괴산군 사람들은 미선나무 보존회를 조직하여 국민과 국가가 힘을 합쳐서 이 귀한 나무의 자생지를 보호하는 데 애쓰고 있어 늦은 감이 있지만 보는 이들을 흐뭇하게 하고 있다.

우리나라에서 이 나무가 처음 발견된 것은 1919년이었는데 그 뒤 유럽에는 1924년, 일본은 1930년에 이미 건너갔고 그곳에서 아름다운 정원수로 평가받은 바 있다. 관상용으로 정원에 심는 것 외에도 꽃꽂이 소재로 많이 쓴다.

미선나무 2년생 종자를 심기도 하지만 가장 손쉬운 방법은 삽목 번식이다. 싹이 트기 전, 이전 해에 자란 가지를 잘라 하루 동안 물 올림을 하고 땅에 깊이 꽂으면 활착률이 좋아 많은 뿌리가 내린다.

미선나무는 추위에 강하고 특별한 토양을 가리지 않으나, 너무 비옥한 곳이면 엉성하게 웃자랄 수 있으며 다소 건조하고 척박한 곳에서 자라야 맹아지(휴면 상태의 눈에서 자라난 가지)를 많이 만들어 알찬 그루터기가 된다. 또 한 가지 주의해야 할 일은 전정할 때는 가지 밑쪽의 삼분의 일 정도만 남기고 과감하게 모두 잘라줘야 새 가지가 충실하게 나와 보기 좋은 모양이 된다는 것이다.

만병초

만병초는 진달래과에 속하는 상록성 활엽 관목이다. 진
달래과에 속하는 식물 가운데는 진달래나 철쭉처럼 낙
엽성인 나무와 월귤처럼 상록성인 나무로 나뉜다. 흰
눈이 하얗게 덮인 설악, 그 순백의 겨울에는 모든 식물
들이 잎을 떨구고 몸을 웅크리며 견디어내고 있건만 이
만병초만은 짙푸른 잎새를 싱그럽게 드러내며 그 기상
을 떨치고 있다. 봄이 오면 뒤로 말렸던 잎이 펴지고 가
지 끝에 5~7개씩 모여 나는 긴 타원형의 잎들이 열심
히 양분을 만든다. 여름이 오면 그 사이에서 희고 아름
다운 꽃들이 핀다. 깔때기 모양의 예쁜 꽃들이 열 송이
이상 한자리에 모여 달리므로 무척 소담스럽다. 열매는
9월에 갈색으로 익는다. 만병초는 남쪽에서는 지리산,
울릉도와 설악산 같은 깊고 외진 곳에나 가야 볼 수 있
다. 북부 지방에서도 자란다.

우리나라에는 만병초 외에도 울릉도에 자라는 꽃이
붉은 홍만병초와 노란 꽃이 피는 노랑만병초가 있다.
울릉도에서만 자라는 홍만병초는 붉은만병초라고도 부
르는데 연분홍 혹은 조금 진한 분홍빛의 꽃 색이 아름
다워 많은 이들의 사랑을 받지만 지금은 멸종 직전에

- **식물명** 만병초
- **과명** 진달래과(Ericaceae)
- **학명** *Rhododendron brachycarpum* D.Don ex G.Don

- **분포지** 설악산, 지리산, 울릉도 등
- **개화기** 7월, 백색 통꽃
- **결실기** 9월, 갈색 삭과
- **용도** 관상수, 약용
- **성상** 상록성 활엽 관목

있다. 노랑만병초는 북부 지방에서 자란다. 꽃 색이 연한 황색인 이 나무는 북한의 낭림산 노봉, 백두산의 정상 부근 등 아주 높고 깊은 산의 가장 높은 곳에서 군락을 이루며 자란다. 조금 낮은 곳에서는 1미터씩 크기도 하지만 대개는 수목한계선을 넘어 올라가 바람을 피해 바닥에 엎드려 온 대지를 덮으며 퍼져나간다. 백두산에 여름이 오기 전 초록빛 융단 위에 노란 수를 놓은 듯한 노랑만병초 군락은 장관이다.

만병초는 한방에서 중요한 약용식물이다. 만병초는 물론 노랑만병초와 홍만병초의 잎을 쓰는데 생약명은 만병초, 석남엽 또는 풍엽이라 하며 내상 음위를 고치고 강장과 최음 효과가 있으며 특별히 여자들이 오래 복용하면 정욕이 높아진다는 소문이 나 있다. 고혈압을 비롯하여 강장제, 이뇨제, 신장 약으로 주로 쓰이며 감기, 두통, 불임증, 발기부전, 관절통 등에도 처방한다. 민간에서는 귓병이 나거나 담이 들리고 뼈마디가 쑤실 때도 효과가 있다고 알려져 있으니 진짜 만병통치약인지도 모르겠다. 그러나 이 만병초 잎에는 안드로메도톡신이라는 유독 성분이 있어 함부로 사용하면 위험하다. 이 성분은 호흡 중추를 마비시켜서 잘못 복용하면 식도가 타들어가는 듯하고 설사와 구토가 난다. 홍만병초는 거의 멸종 위기에 있는 식물이어서 환경부에서는 특정 식물로 지정하여 보호하고 있다.

내장산의 유명한 굴거리나무는 상록성의 길쭉한 잎이 아래로 처져 달리는 것이 만병초와 비슷하므로 이 나무로 오인을 받아 끊임없이 수난을 당하고 있어 덩달아 생존의 위협을 받고 있다.

만병초의 줄기는 관목이므로 구불거리지만 재질이 치밀하면서도 부드러워 지팡이를 즐겨 만든다고 한다. 게다가 이 만병초 지팡이는 중풍을 예방한다 하여 노인들이 이것을 선사받으면 건강하게 오래 살라는 뜻으로 알고 귀하게 여기며 반가워한다. 물론 그 뜻이야 좋지만 지팡이 하나로 중풍이 예방된다는 것은 아무리 생각해도 과장된 억측이고 이 지팡이를 만들 때는 잎만 몇 장 따는 것과는 달리 줄기를 완전히 잘라야 하므로 만병초가 사라지는 데 더 치명적이다.

만병초가 수난을 당하는 또 하나의 원인은 그 아름다운 모습에 있다. 반질반질 윤이 나는 주걱 같은 잎새들이 모여 달리고 그 사이로 철쭉꽃을 닮은 곱디고운 꽃들

만병초 꽃

만병초 수피

이 무더기로 모여 피는 데다 사시사철 싱그러워 보는 사람들의 마음을 밝게 만드니 관상적 가치가 이보다 더 좋은 것이 어디 흔하랴. 그래서 이 나무가 자라는 산 아래 마을에는 만병초 나무를 캐어다가 심어놓은 화분 이 하나둘쯤은 으레 있게 마련이다.

만병초를 두고 중국에서는 석남화란 이름 외에 칠리향이나 향수라는 이름으로 부르니 그 자태는 물론 향기 또한 좋음을 알 수 있다.

만병초는 가을에 익는 종자를 따서 이끼 위에 뿌려야 싹이 나오며, 자생지에 가면 종자가 저절로 땅에 떨어져 스스로 커 나온 작은 나무들을 많이 볼 수 있다. 잘 기르려면 낮과 밤의 기온차가 적은 곳이 좋고 습기가 많아야 하며 햇볕은 많지 않아도 잘 견딘다.

백서향

이 세상에는 향기로 한몫하는 식물들이 많다. 꽃 가게 단골인 프리지아라는 서양 꽃이 그러하고 수선화의 그 은은히 퍼지는 향기도 어디에 빠지지 않으며 나무로 치자면 겨울을 앞두고 피어나는 금빛 꽃의 금목서와, 은빛 꽃의 은목서, 그리고 향기가 백 리를 가는 백리향과 이보다 더 고운 섬백리향이 그러하다. 이들의 향기도 빼어나지만 백리향보다 더 진한 향기로 천리향이란 별명을 가진 중국산 서향과 한국산 백서향 또한 그 향기가 으뜸이다.

　백서향은 팥꽃나무과에 속하는 상록성 활엽 관목이다. 키는 오래도록 자라봐야 기껏 1미터를 넘기 어렵다. 자그마하게 커나가 정원 한 켠에 심어두고 꽃과 열매와 향기를 즐기기에는 더할 나위 없는 꽃나무이지만, 추운 곳에서는 살 수 없으므로 중부지방에서는 분에 심어 실내에서 키워야 한다. 백서향이 사는 곳은 경남의 맥도, 전남 흑산도, 그리고 거제도와 제주도의 바다 가까운 곳의 숲이다. 일본의 일부 지방에서도 볼 수 있다.

　백서향은 일찍 꽃을 피워 봄소식을 알리는 꽃 중의 하나이다. 서둘러 꽃을 피우기 시작하면 미처 봄이 오기도

- **식물명** 백서향
- **과명** 팥꽃나무과(Thymelaeaceae)
- **학명** *Daphne kiusiana* Miq.

- **분포지** 제주도 및 남해 섬 지방
- **개화기** 2~3월, 백색, 암수딴그루
- **결실기** 5~6월, 붉은색 둥근 장과
- **용도** 관상수, 약용
- **성상** 상록성 활엽 관목

전에 꽃망울을 맺기 시작하고 봄이려니 싶으면 벌써 꽃은 활짝 피어 있다.

백서향은 벚꽃이나 개나리보다도 먼저 봄을 알리는 우리의 꽃이다. 위로 선 줄기 사이사이에 청감색의 작은 가지들이 자라나 안정된 나무 모양을 만들어주고 손가락 길이쯤 되는 길쭉한 잎은 상록성이므로 늘 푸르게 반질거리며 달려 있다. 이 두터운 잎들은 서로 어긋나게 달리지만 가지 끝에서는 아주 촘촘히 자라서 마치 가지 끝에서 돌아가며 난 듯 느껴지고 그 사이로 희고 작은 꽃들이 둥글게 모여 달린다. 마치 신부의 부케를 보듯 순결한 흰 꽃을 가운데 두고 푸른 잎새로 둘레를 두른 것같이 보인다. 꽃은 쥐똥나무의 꽃처럼 통꽃으로 보이지만 사실 이 나무의 꽃잎은 퇴화하고 꽃받침 잎이 꽃잎처럼 보인다. 백서향은 꽃을 일찍 피운 만큼 열매도 일찌감치 만들어놓는다. 다른 식물들이 꽃 피우기에 열중할 5월이나 6월이 되면 꽃이 달렸던 자리에 붉고 둥근 열매가 생긴다. 이 열매는 앵두처럼 먹음직스럽게 보이지만 독성분이 있으므로 주의해야 한다.

백서향은 은행나무처럼 암나무와 수나무가 서로 다르다. 두 가지 모두 꽃에는 암술, 수술이 다 있으나 암꽃은 암술이 크고 수꽃은 수술이 더 크다.

백서향의 친척 나무 가운데 중국이 고향인 서향이 있다. 중국인들은

서향

워낙 서향의 향기를 높이 치고 정원에 심어 가꾸며 사랑하여 왔으니 애호 식물에서만은 전적으로 중국의 영향을 받은 우리나라에서도 서향을 귀히 여기며 향기를 즐겼다. 강희안의 『양화소록』을 보면 서향이 우리나라에 들어온 것은 고려 충숙왕 때로 보고 있다. "한 송이가 겨우 피어 뜰에 가득하더니 꽃이 만발하여 그 향기가 수십 리에 미친다. 꽃이 지고 앵도 같은 열매가 푸른 잎새 사이로 반짝이는 것은 차마 한가한 중에 좋은 벗이로다." 이보다 더 서향의 매력을 잘 노래할 수 있을까?

서향은 꽃 중에서 가장 상서로운 행운의 꽃이라고 한다. 음력으로 따지는 새해에 향기로운 이 꽃이 피기 시작하면 사람들은 좋은 징조를 예감했을 것이다. 아무리 곱고 향기로운 꽃들도 서향이 일단 꽃을 피우면 그 앞에서는 빛을 잃으니 서향을 두고 '화적花敵' 즉 꽃들의 적이라고 했다. 서향 꽃이 피면 밤길에서도 보지 않고 바로 서향인 줄을 알고, 그 내음은 향수를 가득 뿌린 미인이라고도 하니 앞에서 말한 천리향 외에도 침정화沈丁花 또는 침향沈香이라고 부른다. 잠을 자다가 향기로 알게 된 꽃이라고 하여 수향睡香이라고도 한다. 이러한 이름을 얻게 된 데는 다음과 같은 사연이 있다.

옛날 중국의 여산에 한 비구니가 살고 있었다. 어느 날 산길을 오르다 피곤하여 잠시 쉬다가 선잠을 자게 되었다. 꿈에서 아름다운 향기를 따라 끝없이 쫓아가보니 극락세계의 문 앞이었고 거기에는 작은 꽃이 피어 있는 나무 한 그루가 있었는데 자신을 이끈 향기는 바로 그 나무의 꽃에서 나는 향기였다. 비구니는 그 꽃에 얼굴을 묻고 한참 동안 향기를 맡다가 깨어났다는 것이다. 꿈에서 알게 된 향기를 잊지 못한 비구니는 몇 번이고 그 근처를 살피고 다녔고 어느 계곡에 다다랐을 때 꿈속에서와 같은 향기가 나기 시작했다. 이를 따라가보니 아름다운 꽃나무가 자라고 있었고 이 나무의 꽃이 극락의 꽃이라고 생각한 비구니는 한 송이를 꺾어다 마을로 내려와 사람들에게 물었으나 아무도 그 꽃을 아는 사람이 없었다. 그래서 잠을 자다가 알게 된 꽃이라 하여 수향이라는 이름을 붙여주었고 또 극락으로 이끄는 상서로운 향기의 나무라 하여 서향이 되었다.

서향은 백서향과는 꽃 빛깔부터 조금 다르다. 순백의 백서향에 비해 서향은 꽃잎의 안쪽은 희고 바깥 면은 진한 자주색이다. 잎은 아주 많은데 색이 진하고 서로 붙어 달리므로 싱그러워 보인다. 서향 외에도 변종으로 중국에서 가져와 기르는 나무 가운데 백화서향, 일명 흰서향(백서향과 구분하여 부른다)이 있고 역시 서향의 변종으로 잎 가장자리에 연한 미색 테를 두른 무늬서향, 분홍색 꽃이 피는 분홍서향 등이 있다. 서향을 두고 외국에서는 달콤한 향이 나는 서향나무라는 뜻의 스위트 스멜링 다프네Sweet smelling Daphne 라고 부르며 꽃말은 '불멸', '명예'이다.

서향은 한방에서도 이용한다. 백서향이나 그 밖에 비슷한 종류를 함께 쓰기도 하나 뚜렷한 차이는 아직 발표된 것이 없다. 한방에서는 각 부위에 따라 쓰임새가 다른데 뿌리는 백일해, 가래 제거, 타박상에 또는 지혈제, 강심제 등으로 처방되며 껍질이나 잎은 어혈, 소독, 종창이나 종독, 감기 후유증 등에 다른 약재와 함께 처방하여 썼다고 한다.

백서향이나 서향을 키우려면 따뜻한 기후 조건이 우선이고 건조한 데서 강하지만 습기에는 매우 약하므로 배수가 잘 되는 곳이어야 한다. 이 나무들의 자생지가 그러하니 반음지에서도 별 탈 없이 커나가며 바닷바람에도 강하다. 들리는 말에 의하면 이 꽃나무들은 인분을 아주 싫어하고 특히 사향의 냄새와는 아주 상극이어서 사향 냄새만 맡아도 곧 죽는다고 한다. 이러한 냄새가 서향이나 백서향의 향기를 가리므로 과장되게 나온 이야기인지 정말 그러한지는 아직 확인해보지 못해 확언할 길이 없다.

번식 방법으로는 여름에 다른 나무들보다 일찍 성숙하는 열매를 따서 그 자리에서 바로 심어두면 된다. 꺾꽂이로도 번식이 가능하다.

백서향

잣나무

서울대학교 부속 수목원에는 잣나무가 줄지어 심어져 있다. 항상 싱그럽고 짙푸른 잣나무 잎새들은 그 늠름한 기상으로 보는 이에게 강한 인상을 주곤 한다. 정문에서부터 유독 잣나무를 수백 그루 심어놓은 것은 이 잣나무가 한국을 대표하는 소나무이기 때문이다.

대대로 우리 민족의 정서를 대변해준 우리 나무는 소나무인데 잣나무가 웬 말이며 더욱이 잣나무를 두고 대표적인 소나무라는 말에 의문을 가질 수도 있다.

잣나무는 소나무과 소나무속Pinus에 속한다. 소나무속에는 소나무와 잣나무 말고도 리기다소나무, 백송, 곰솔 등 우리나라에만 십여 종, 세계적으로는 수백 종류가 있으며 이들은 모두 소나무의 일종으로 영어로는 파인Pine이라고 부른다. 그 가운데 우리가 잘 알고 있는 소나무는 재패니즈 레드 파인Japanese red pine 즉 일본적송이라고 알려져 있으며, 잣나무가 코리안 파인Korean pine 즉 한국소나무로 소개되어 외국인들은 우리가 그 열매를 잣이라고 부르든 말든, 소나무가 우리나라에 더 많다는 것에 상관없이 그저 잣나무가 한국을 대표하는 소나무라고 알고 있다. 잣나무의 학명도 피누스 코라이

- **식물명** 잣나무
- **과명** 소나무과(Pinaceae)
- **학명** *Pinus koraiensis* Siebold & Zucc.

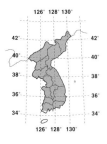

- **분포지** 중남부 지방의 표고가 높은 산악 지대, 북부 지방
- **개화기** 5월, 암꽃과 수꽃
- **결실기** 이듬해 10월, 구과
- **용도** 약용, 식용, 목재, 공원수
- **성상** 상록성 교목

엔시스*Pinus koraiensis*여서 이 나무가 한국의 나무임을 분명히 하고 있다.

　잣나무는 높은 곳에서 잘 자란다. 우리나라 어느 곳에서나 볼 수는 있지만 한대성 나무이므로 남쪽 지방에서는 표고가 적어도 1,000미터 이상 되어야 하고, 중부 이북에서는 300미터 이상 되는 지역이어야 하며, 북부 지방에서는 더 많은 잣나무를 구경할 수 있다. 압록강 상류나 백두산에 가면 잣나무가 가문비나무와 함께 이루어낸 아름다운 숲들이 있다. 지금은 어떠한지 알 수 없지만 예전 백두산 산골 사람들은 가을걷이를 끝내고 잣송이를 한껏 따서는 방 안에 놓아두고 겨우내 모여 앉아 잣을 까먹으며 겨울을 보냈다고 한다. 잣에 들어 있는 많은 단백질과 유지방으로 추위를 이겨냈으리라. 일본, 중국, 시베리아에도 드물게 분포한다.

　잣나무는 상록성 교목으로 잘 자라면 40미터까지도 큰다. 잣나무가 숲을 이루고 서 있으면 그 기상이 돋보인다. 줄기는 결코 허리를 굽히지 않은 채 곧게 올라가고 가지런한 곁가지들은 단정함을, 흑갈색 수피는 깊이를 더해준다. 10센티미터쯤 되는 잎은 유난히 짙푸르고 무성하여 넘치

잣나무 1년생 열매　　　　　　　　　성숙한 열매

는 힘이 느껴지며 가장자리에 작은 톱니가 있어서 야성미가 넘친다. 게다가 기공조선이라고 하는 흰 선이 운치를 더해준다. 5월에 피는 꽃은 바람의 힘을 빌려 수분을 하고 열매를 키워가는데 1년을 넘기고도 10월이나 되어야 제대로 익었다가 11월쯤 떨어진다. 솔방울처럼 생겼으나 훨씬 긴 열매 잣송이가 벌어지면서 종자 잣이 드러난다. 잣송이 하나에서 한 100개 정도의 잣이 나온다. 열매를 맺으려면 적어도 나무의 나이가 열두 살 이상 되어야 하며 25년 정도가 지나면서부터 결실이 많아진다. 한때 외국을 본떠 원숭이를 훈련시켜 잣을 따게 하는 방법이 심각하게 고려되기도 했다.

우리나라에는 잣나무의 변종으로 설악산과 금강산 꼭대기에서 자라는 눈잣나무와, 울릉도에서 자라는 잎 길이가 짧은 섬잣나무가 있다.

잣나무와 비슷한 여러 소나무를 구별하는 방법은 여러 가지인데 소나무와 곰솔은 바늘 같은 잎이 두 개씩 묶여 있고, 리기다소나무나 백송은 세 개씩 묶여 있는 반면 잣나무는 다섯 개씩 한 묶음으로 달린다. 그래서 잣나무를 오엽송이라고 부른다. 잣나무에는 이 밖에도 특징에 따라 여러 가지 이름이 있다. 잣나무의 목재는 옅은 홍색을 띠므로 홍송紅松, 열매인 잣을 중히 여겨 과송果松, 잎이 흰 서리를 맞은 듯하여 상강송霜降松, 기름이 많아 유송油松이라고도 하며, 중국에서는 해송자海松子라고 했는데 중국의 입장에서 보면 우리나라가 바다 건너 외국이므로 그리 불렀다 한다. 한때 중국에서 부른 이름 가운데는 신라송이란 것도 있다. 우리나라

잣나무 수꽃차례 잣나무 암꽃차례

사신들이 중국에 갈 때 인삼과 함께 잣을 많이 가져가서 팔았기 때문에 얻은 별명이다. 당시 중국에서는 잣을 옥각향玉角香, 용아자龍牙子라고 불렀으며 매우 귀히 여겨 선물하곤 하였는데 특히 신라인들이 가져간 잣이 제일이어서 특별히 우리 잣나무를 신라송, 신라송자라고 불러 구분했다고 한다. 그래서 사람들은 잣이 우리나라에서 나온 최초의 임산물이라고 말한다.

그 후로 중국에 보내는 공물 목록에 잣이 들어갔는데 점차 이를 위한 수탈이 심해져 백성들의 원성을 샀다. 고려 말기에는 전국에서 잣을 강제 징수했음은 물론 잣이 나지 않는 곳에까지 부과하는 악폐가 있었고, 조선 시대에도 중국이 우리나라의 잣을 탐내어 많은 공물을 요구하여 우리 조정에서는 이를 충당하기 위해 잣나무 심을 것을 권장하기도 했고 많은 잣을 공출해 백성들을 괴롭혔다.

이렇듯 심어놓은 잣나무는 귀한 약과 음식이 되기도 했으며 흉년에는 허기를 이기는 데 힘을 주기도 했다. 잣으로 만든 음식 중에 잣죽이 가장 유명하고 강정을 만들기도 하며 수정과, 식혜나 각종 전통차에 띄우기도 하고 많은 전통 음식에 고명으로 넣기도 한다.

한방에서는 잣을 해송자 또는 송자인이라고 부르며 대표적인 자양 강장제로 쓰는데 폐와 장을 다스리므로 신체 허약, 기침, 폐결핵, 어지럼증, 변비 등에 처방한다. 허준의『동의보감』에는 잣을 장복하면 몸이 산뜻해지고 불로장수하며 조금만 먹어도 영양이 되므로 죽을 만들어 상복하라

잣
나
무

고 적혀 있다. 그래서 요즈음도 아침마다 잣죽을 끓이는 집이 많다. 민간에서는 충치, 태독, 코피, 해소에, 열매의 속껍질은 화상에, 송진은 상처에, 잎은 원기 촉진에, 잎을 태운 재는 임질이나 매독에 사용했다고 한다.

잣 술은 덜 익은 파란 솔방울을 넣어 만드는데 향기가 일품이다. 고려 명종 때에는 왕의 허약한 체질을 고치는 치료제로 이용한 기록까지 있으니 우리나라에서 가장 오랜 역사를 가진 과실주이며 약이 되는 술이었다. 이 어진 왕은 백성들이 잣을 따느라 힘들 것이므로 잣 술을 마시지 않겠다고 했다 하니, 모든 왕이 백성을 대상으로 공출만 강요한 것은 아니었나 보다.

잣나무는 목재로도 한몫한다. 연하고 무늬도 아름다우며 색도 좋고 틀어짐이나 수축과 팽창이 적고 가볍기까지 하여 우리나라에서 가장 좋은 목재로 취급된다. 송진이 많아 가공이 어렵기도 하지만 이 결점이 보전력을 강하게 하는 장점이 되기도 하며 향기가 아주 좋다. 전통 가구의 구조재를 비롯하여 건축재, 가구재, 토목재, 선박재 등 용도가 다양하다. 자료에 의하면 성경의 창세기에 나오는 노아의 방주를 잣나무로 만들었다고 하는데, 잣나무의 분포를 생각하면 이 말은 믿기가 어렵지만 아주 오래전 이야기이고 보면 잘라 말하기는 어렵다.

이렇게 오래전부터 잣나무와 우리 민족은 잘 사귀어왔으나 지금까지 남아 있는 오래된 거목은 드문 편이다. 천연기념물로 지정된 나무는 아예 없고 그나마 노거수 몇 그루가 전설과 함께 남아 있다.

경북 군위에 있는 200년 된 잣나무는 홍씨 종중에서 받드는 나무이다. 이 홍씨 종중에서는 잣나무로 노래헌의 대청을 만들었는데, 이곳에서 잠시 자다 꾼 꿈에 용이 내려와 이 기둥에 몸을 감는 것을 보고 깨어났고, 마침 이튿날이 과거여서 응시한 후 벼슬길에 올랐다고 한다. 그래서 이 나무를 문중의 등용목이라 하여 받들고 있다.

안동에는 퇴계 선생을 잣나무로 상징하여 후조당이라고 이름 지은

300살 가까이 된 잣나무가 있고, 정선에는 호랑이가 마을의 개를 물어가는 것을 막아준 나무가 있는가 하면, 평창에는 잣에 벌레가 꾀면 마을 청년이 다친다 하여 벌레가 없도록 보호하는 나무도 있다.

불과 20여 년 전까지만 해도 정월 대보름이 되기 전날 잘 고른 잣 열두 개를 바늘에 꿰어 열두 달을 정하고 불을 붙여서는 잘 타는 달은 일도 잘 풀린다고 믿어 한 해를 점치는 풍속이 있었다. 또 잣 술을 담갔다가 정월 초하루에 마시면 액운을 물리칠 수 있다고 하고, 전라도 일부 지방에서는 문간에 심어놓으면 질병이 없어진다는 믿음도 있다.

잣나무는 음수여서 그늘에서도 잘 견디지만 자라면서 점차 햇볕을 좋아하게 된다. 추위에는 잘 견디나 건조, 바람, 불에는 약하다. 잣나무의 번식은 대개 종자로 하는데 9월쯤 덜 벌어진 열매를 따다가 말려 씨앗을 빼어 바로 뿌리거나 저온에 저장 또는 노천 매장을 해두었다가 봄에 뿌린다. 어릴 때에는 생장이 아주 느리지만 10년쯤 지나면 빨라진다.

크기에 따른 용어

교목 喬木

10미터 이상 자라는 키가 큰 나무를 말한다. 그중에서도 큰 나무의 경우 30미터가 훌쩍 넘게 자라기도 한다. 줄기와 가지의 구분이 명확하고 가지가 시작되는 부분까지의 길이가 길다. 교목은 크게 자랄 수 있는 나무이지만 생육 환경이 좋지 않을 경우 소교목이나 관목 크기로 자라기도 한다. 정원 등에서 가꿀 때는 미관상 일부러 작게 가꾸는 일도 있다.

버드나무

소교목 小喬木

키가 5미터에서 10미터 사이로 자라 교목보다는 조금 작은 나무를 말한다. 전체적인 특징은 교목과 비슷하다.

꽃아그배나무

진달래

관목 灌木

다 큰 키가 2미터에서 5미터 정도인 나무를 말한다. 보통은 사람의 키와 비슷하거나 작은 2미터 정도의 나무를 지칭하지만 생육 환경이 좋으면 최고 5미터까지 자라기도 한다. 나무의 뿌리나 줄기 밑부분에서 가지가 여러 개로 갈라져 나므로 원줄기와 가지가 명확하게 구별되지 않으며 가지가 우거져 덤불처럼 보이기도 한다.

으름덩굴

덩굴식물

위로 뻗어나가며 자라는 다른 나무와 달리 지면을 기어가거나 다른 나무나 물체를 휘감아 오르며 자란다. 덩굴손이나 흡반(빨판과 같은 작은 뿌리)이 있는 것이 특징이다.

꽃에 따른 용어

암수한그루
한 나무에 암꽃과 수꽃이 함께 피는 나무로 자웅동주(雌雄同株)라고도 부른다.

암수딴그루
암꽃과 수꽃이 각기 다른 나무에 달리는 나무로 자웅이주(雌雄異株)라고도 부른다.

화서
꽃이 붙어 달리는 모양을 뜻하며 꽃차례라고도 부른다. 화서에는 여러 종류가 있다.

조릿대 꽃

수상화서 작은 꽃들이 꽃대에 다닥다닥 붙어 전체적으로 긴 모양을 이룬다.

칡 꽃

총상화서 긴 꽃자루에 여러 개의 작은 꽃자루가 어긋나게 달린다. 아까시나무 꽃이 여기에 속한다.

작살나무 꽃

취산화서 꽃자루 중앙에 꽃이 피고 양쪽으로 가지가 갈라져 다시 꽃이 피는 형태를 반복한다.

꼬리조팝나무 꽃

원추화서 중심 꽃자루에서 여러 꽃자루가 나오는데 위로 갈수록 점점 좁아지는 원뿔형을 이룬다.

산수유 꽃

산형화서 전체적으로 우산살 형태를 이루며 퍼지는 꽃차례이다.

자귀나무 꽃

산방화서 꽃자루가 시작되는 부분은 각기 다르지만 꽃이 피는 높이는 편평하게 같다.

마가목 꽃

복산방화서 줄기에 산방화서가 여러 개가 붙어 있지만 꽃이 피는 높이는 모두 편평하게 같다.

오리나무 꽃

유이화서 작은 꽃들이 다닥다닥 꽃대에 붙은 수상화서가 꼬리처럼 길게 축 늘어진다.

잎에 따른 용어

낙엽성 | 가을이 되거나 건기에 접어들었을 때 그해에 돋아난 잎을 떨어뜨리는 나무를 뜻한다.

상록성 | 사계절 내내 푸른 잎을 유지하는 나무로 잎이 한번 나면 최소한 1년 이상 붙어 있다. 대부분 침엽수를 떠올리는데 실제로 침엽수는 대부분 상록성이다. 그러나 활엽수 중에도 사철나무, 후박나무, 녹나무 등 상록성인 나무가 있다.

침엽수 | 잎이 뾰족한 바늘처럼 생긴 나무로, 이러한 잎을 바늘잎이라 부르기도 한다. 잎의 중심에서 잎맥이 뻗어나가 퍼지지 않고 중심 줄기가 그대로 자라 하나의 잎을 이룬다. 추위에 강하므로 난대림과 온대림은 물론 아한대림과 한대림에서도 잘 자란다.

활엽수 | 잎이 넓게 발달한 나무이다. 활엽수의 잎은 잎맥이 많고 그물처럼 연결되어 있다. 난대림과 온대림에서 자란다.

열매에 따른 용어

취합과 | 산딸기처럼 자잘한 열매가 모여서 하나의 열매를 만드는 형태. 취과, 집합과라고도 부른다.

이과 | 씨를 둘러싼 씨방의 겉부분에 과육이 붙어 열매가 된다. 사과나 배가 여기에 속한다.

핵과 | 복숭아, 버찌처럼 중심에 딱딱한 핵이 있는 열매.

장과 | 과육이 연하고 수분이 많으며 열매의 겉껍질이 얇다. 감, 포도, 토마토가 여기에 속한다.

구과 | 단단한 목질의 인편(비늘잎)이 모여 원형이나 타원형을 이루는 열매이다. 흔히 솔방울이라 부른다.

시과 | 얇은 날개 모양의 막처럼 생긴 열매이다. 단풍나무 열매가 여기에 속한다.

수과 | 작고 건조하며 단단한 열매이다. 바람에 잘 날아가는 민들레 씨처럼 생겼다.

견과 | 호두나 밤, 도토리처럼 단단한 껍질이나 껍데기가 종자를 감싸고 있는 형태의 열매다.

삭과 | 다 익으면 말라서 벌어지는 열매. 동백이나 개나리 열매가 여기에 속한다.

골돌 | 여러 개의 씨방이 하나의 봉합선을 따라 벌어지는 열매.

협과 | 콩처럼 꼬투리 형태로 달리는 열매.

| 찾아보기 |